国家自然科学基金项目成果
（批准号：71303198）
中央高校基本科研业务费项目成果
（20720151247）
“农田灌溉合作行为的演进与促发机制研究
——社会—生态耦合系统的视角”

农田水利基础设施合作治理的制度安排

Institutional Arrangement of Irrigation Collaborative Governance in China

蔡晶晶◎著

中国社会科学出版社

图书在版编目（CIP）数据

农田水利基础设施合作治理的制度安排／蔡晶晶著．—北京：中国社会科学出版社，2017.12

ISBN 978－7－5161－9952－7

Ⅰ．①农…　Ⅱ．①蔡…　Ⅲ．①农田水利—基础设施—水利建设—研究—中国　Ⅳ．①S279.2

中国版本图书馆 CIP 数据核字（2017）第 042069 号

出 版 人　赵剑英
责任编辑　赵　丽
责任校对　王佳玉
责任印制　王　超

出　　版　中国社会科学出版社
社　　址　北京鼓楼西大街甲 158 号
邮　　编　100720
网　　址　http://www.csspw.cn
发 行 部　010－84083685
门 市 部　010－84029450
经　　销　新华书店及其他书店

印　　刷　北京明恒达印务有限公司
装　　订　廊坊市广阳区广增装订厂
版　　次　2017 年 12 月第 1 版
印　　次　2017 年 12 月第 1 次印刷

开　　本　710×1000　1/16
印　　张　30
插　　页　2
字　　数　447 千字
定　　价　116.00 元

序

水是生命的源泉，是农业的命脉。到目前为止，中国农村很多地方的农业，如果没有很好的农田水利设施，基本上还是靠天吃饭。可见，农田水利设施可以说是中国农业的命脉。

蔡晶晶博士《农田水利基础设施合作治理的制度安排》一书以诺贝尔经济学奖获得者奥斯特罗姆教授制度分析与发展（IAD）框架及公共资源治理的制度理论为逻辑原点，结合作者近年来农村实地调研的数据资料，融合了对复杂性科学和社会—生态系统观理论的理解，从适应性治理和促进内生性灌溉合作行为的视角出发，综合应用数理统计、基于主体建模、社会网络分析、制度分析等多学科方法，梳理了我国农田水利基础设施治理的制度变迁、现实困境、影响因素和制度机理，尝试性地提出了我国内生型的灌溉合作治理框架以及合作治理的阶段类型，并指出了如何从初级合作到高级合作形态转变的可行路径。

该书是作者继其博士毕业之后继续学习和应用奥斯特罗姆教授思想的努力成果，也是将我的治道变革、治理之秩序维度理论应用于对中国农村灌溉事务的探索和尝试。

从秩序角度来看，传统中国农村的灌溉事务是属于国家秩序的事情。农民要出工出力，以大干快上的精神建设好农村公共物品，这样的计划经济秩序以行政为抓手，能够在百废待兴的社会里较迅速地集聚资源，短期内集中办好村庄公共工程。但是在现代社会，随着农业副业化、农户兼业化、农民老龄化程度的加深，农村很难找到大量有如此工作热情的劳动力资源。特别是在税费改革后，乡镇财政进一步收紧，农田水利“最后一公里”问题凸显。

在这一秩序里，计划经济的色彩浓厚，财政支出专项化与项目化成为行政科层化的一种新的表现形式，水利基金项目管理的形式按一定的指标分年度划拨。重点项目、重点工程得到的项目资金多些，没有排上议程的就得不到财政补助，灌溉难题就突出些。能申请到多少项目资金，用水协会和乡镇领导、村委干部、水利局等部门间的关系很重要，领导人的人脉和社会关系网也起着相当重要的作用。

在扩展的社会秩序里，用水户自身就是一个专业社会，可以形成多中心的内在专业秩序。邻里关系、亲朋好友等的社群关系所构成的社会网络起着至关重要的作用。占用者可以自行组织起来制定符合本地社区用水习惯的灌溉制度，惩罚不合作的“搭便车”者，制定纠纷解决机制，选举领导班子组成用水协会。协会可以和外界非营利组织、社团合作，也可以代表用水户开展水权交易，进行多角化经营。

扩展的市场秩序，是多中心、扁平化、结构化和动态的秩序。在这个秩序中，灌溉水资源将实现供需满足，投资、生产、服务供给、融资等，都将结构化，并在结构化动态的市场里，实现其价值。

当前中国农村的灌溉系统，还是以计划经济和官僚为中心的秩序，市场和社会只是起到了辅助性的作用。问题的核心还是权力没有转变为权利。权力是简单化的治理结构，会让民与官的关系越来越简单，以适应官僚化运作的需要。权利则是复杂化的内生发展的治理结构，会让市场越来越复杂，从而让官僚无法干预，凸显出人、社区的作用，甚至凸显出投资者、管理者、非营利组织的作用。权力的秩序结构应转变为利益的、权利的秩序结构。在这个权利结构里面，用水户的权利和责任，社会的权利和责任，政府部门的权利和责任，都需要思考。思考权利而不是权力结构，会更好地厘清新的治理结构的生长机制。

在本书中，作者认为，农田水利基础设施合作治理结构应从外源型合作转变为内生型合作，提出了我国农田水利内生型合作的治理框架，这些都是对上述基于权利的农田水利内生发展机制的探索。

当然，由于本书是由若干份相对独立的研究报告组成，各章还带有明显的独立成篇的痕迹。但总体而言，这是一本从中国实际出发，有一定研究发现和知识贡献的专著，值得一读。

毛寿龙

2016 年 12 月于北京

前　言

农田水利基础设施在保障我国的粮食安全、推动“三农”问题的解决与保持社会稳定方面发挥着关键作用。然而，由于重建轻管、体制不顺，灌区基础设施老化、渗漏损毁严重，农田灌溉效益低下，政府为此承担了较重的财政支出。在推行农村家庭联产承包责任制后，农户分散经营，集体经济衰退，加上农村税费改革等政策的实施，农村公共物品供给不足，农田水利基础设施“最后一公里”问题凸显。同时，由于农民兼业现象普遍，以及受限于财力、人力和社会资本，农民在公共资源管理方面难以实现合作。本书的一个核心目标是阐述在当前的经济社会背景下重构作为农村水资源集体管理的组织载体——农民水利合作组织的重要性，分析农田水利基础设施合作治理面临的困境，从农户、村庄、国家各个利益层面，从物理规则—社群规则—制度规则分层交叠思想来探讨影响农户参与水利灌溉合作管理的因素，分析其制度演进的机理，研究有助于促发成功自组织管理的体制机制等制度安排。

农民用水协会是20世纪80年代以后，国际上较为流行的农民用水合作组织形式，在一些发达国家和发展中国家取得了良好的实践效果，但目前在发展中国家的推进过程中也存在一些亟待解决的问题。实际上，农民参与灌溉管理在中国并不是一个全新的事物，我们对水资源的集体管理已有数千年的历史。然而，用水协会的宏观制度环境是市场经济体制，它与我国过去对水资源的村集体管理方式有着本质的区别。在我国农民用水协会推广比较成功的地区，实际上有着深厚的集体管理基础，即集体行动的社会资本比较充裕。农民用水协会的推广应根植于中国的制度环境和文化背景，是国外经验的本土化过程。

自1995年湖北省漳河灌区成立我国第一个农民用水协会之后，在短短的几年时间里农民用水协会就在我国的十多个省区得以推开。但由于中国各地实际情况千差万别，用水协会的执行情况也不尽相同，普遍体现的问题是农民对协会的认知和参与意愿还较低，协会发展还面临人、财、物、制度与政策缺乏等各方面的困难，其组织运行管理也存在一些问题。本书通过对全国15省430户农户的摸底调查，从面上了解用水协会目前发展的整体情况，在此基础上选择华中、华南等地成功与失败的用水协会实践过程作为案例进行实证研究，涵盖了世行项目区与非世行项目区、沿海经济发达地区与欠发达地区、内陆经济发达地区与欠发达地区等不同地方的案例。通过案例分析可以看出，当前我国农民用水协会的管理方法和法律框架并不成熟，面临着一系列问题和制约因素，但从总体上讲，它对改善灌区水利基础设施状况、水费收取、改善用水秩序、减少水事纠纷、提高用水效率和提高农民收入，从而推动灌区可持续发展方面具有促进作用。当前，国家进一步加强了基层水利服务体系的人员和经费保障，强化了基层水利服务功能，但是，水利站等基层服务机构同样需要农民用水协会在水利事务上的分工与协助，需要它们具备自我管理辖区水利公共事务的可行能力，实现基于社区的内生型合作治理结构。当然，农民用水协会并非唯一的农民用水合作组织模式。

本书将农田灌溉系统视为一个复杂性系统，从复杂性的视角研究整个农田灌溉社会—生态系统中利益相关行为主体的互动与合作，既从宏观层面综合考虑政治、社会、经济和生态方面的影响因素，兼顾治理行为的社会效应和生态效应，也从微观上抓住影响治理结果的关键变量和探究对利益相关者的有效激励机制，促进制度改进和优化制度绩效。从完善农户参与灌溉管理的财产权利基础和提升灌溉管理集体行动空间的角度出发，本书提出通过改善制度转换过程中的内外部环境变量来为农民用水协会的发展提供一个良好的制度空间，通过充分的灌溉管理职权转移重构灌区农业用水集体管理的组织载体，提升社区社会资本，形成一种基于社区、政府与市场适当介入的合作治理体系，以促进灌区灌溉系统的持续高效运行和发展。

目　　录

第一章　导论

第一节　研究缘起

一　问题的提出

20 世纪 80 年代以来，世界上许多国家在灌溉管理上面临着一系列问题，如灌溉系统老化失修、灌溉面积萎缩、灌溉效益低下及农业生产力下降等。研究普遍认为，日益增加的财政负担和低效的管理是导致这些问题的主要原因（Beckett，Herbert L.，1968；Ostrom，1992）。为了减轻维持农田水利工程运行的财政负担，提高水资源供给和利用的效率，提高灌溉系统的运行绩效，促进灌区的良性运行，许多发展中国家和一些发达国家都实现了水资源灌溉由集体管理向农民组织或其他私营实体管理的转变（Vermillion，1998）。改革的核心是实现灌溉管理权责的分权化，主要改革方式是参与式灌溉管理或灌溉管理转移（IMT），主要做法是将灌溉系统的管理权由政府机构移交给农民用水组织，如用水者协会（WUA）或其他非政府组织 NGO（Gheblawi，2004）。目前，国际水资源研究所（IIMI）、世界银行（WB）、国际食品政策研究所（IFPRI）等很多国际机构都对这一问题进行了广泛的研究。

在我国，农田水利一直是新中国的战略性议题。新中国前 30 年，在“以粮为纲”时代背景下，水利是农业的命脉。分田到户后，承包制调动了农民的积极性，农业生产形势一度大好。到 20 世纪 90 年代，由于农民负担沉重，粮价低迷，农民种粮积极性下降，农田水利建设投入不足，在国家汲取资源的背景下，乡村利益共同体形成，“三农”问题逐步成为影响国家发展的重大问题。税费改革后，乡村组织逐步脱离农田灌溉，农户成为独立的农田灌溉单位，又因为国家积年的水利欠账，农田水利基础设施出现严重毁损，农田水利再次陷入困境（贺雪峰、郭亮，2010）。在此背景下，学界也开始关注用水协会，对这种制度创新的思路进行可行性分析和绩效评价。理论界认为，灌溉管理权转移是分权改革的过程，是通过农户或用水户的参与，重新有效地分配各种利益集团的责任和权利。灌溉管理转移的一个重要假设是地方用户能比中央资助的政府机构更有动力，使灌溉水资源管理更有效率和可持续性。通过在社区层面上提供激励，农民的参与可以促进水资源有效管理。理论界普遍认为灌溉管理转移改革可以通过对用水者提供适当的激励来促进中国水管理的效率和公平。

因此，我国在 20 世纪 90 年代中后期也开始进行参与式灌溉管理试点。在世界银行的资金帮助下，我国最早开始这项工作的项目是华中地区湖北省和湖南省的长江水资源贷款项目，目的是改建湖北的四个大型灌区，新建湖南的两个大型灌溉系统。1995 年，我国在湖北漳河灌溉区成立了第一个正式的用水协会——红庙支渠用水协会，2000 年后在全国 402 个大规模灌溉区推广。用水协会在大规模灌溉区已经快速地发展起来，“2006 年，全国用水协会已发展到两万多个”（水利部农水司，2006）。

这种源于国外的经验在中国的实践中面临什么样的实际问题，它能否通过建构村民之间的合作情境来有效改善乡村水利的治理绩效呢？目前，已有一些研究认为，用水协会发挥的作用有限（罗兴佐，2006；贺雪峰，2010；王亚华，2013）。在实践上，用水协会在东部、中部、西部的绩效各是怎样的？2012 年水利部、中央编办、财政部印发《关于进一步健全完善基层水利服务体系的指导意见》（水农〔2012〕254 号），2014 年水利部《关于加强基层水利服务机构能力建设的指导意见》（水农〔2014〕189 号）均指出，要求各省市水利局（水务局）等进一步健全规范基层水利服务体系，全面提高基层水利服务能力和水平。那么，改革后的基层水利服务组织或机构相对于原有的组织或机构有何改进之处？用水协会和基层水利服务机构两种制度的运行方式是怎样的，两种制度中不同类型的行为主体的利益有什么差别，导致他们的行为目标和行为规则有什么差异？两种方式的绩效有什么差异？如果用水协会和水站都不能有效提高农村水利的灌溉效益，那么，什么样的合作治理形式才能促进乡村水利资源的可持续发展与利用？

本书认为，农村灌溉管理制度改革不能仅落在农民参与这一层次上，还要逐渐上升到建立一种适应农村社区需要和环境治理需要的治理系统，形成一种更加全面的合作治理模式。农户参与是合作治理的前提和重要因素，但只成立用水协会而不进行配套治理系统改革，不能很好地解决灌溉管理中的问题。合作治理不等于参与式管理。“合作治理在行为模式上超越了政府过程的公众参与，它以平等主体的自愿行为打破了公众参与政府过程的中心主义结构”（蔡岚，2010）。它也不能盲目以产权明晰为由推行市场化，而是需要国家、乡村组织和农户在不同层面进行合作，形成基于社区（community-based）的“合作治理”格局。目前，已有学者从政治社会学、行政学、制度经济学等角度对合作治理的内涵和特征、合作治理的制度设计和制度安排进行了阐释（张康之，2004；唐文玉，2011），对亲社会情感、他涉偏好、信任与互惠等促进合作的因素进行了理论探索和实验研究，探讨了如何达成有效的集体行动和解决合作的困境（Björn Vollan，2010；黄少安，2000；周业子等，2013）。

基于上述问题，本书通过实地调查全国农田水利管理制度、运行机制与面临的困境，研究农户合作管理水资源的方式、效果，特别是对用水协会这种农户参与式管理组织的实践效果与存在问题开展案例研究，比较、分析、评价不同村庄的做法，研究完善基层水利服务体系，探索构建与现行激励政策相兼容、可操作性更强、应用范围更广的合作机制，发展以农户为主体、基于社区的农田灌溉治理结构。这将使人们更系统、全面地认识农田灌溉面临两难困境的制度根源，有助于探究适应我国经济社会转型条件下的新型农田灌溉治理模式，以提高农田灌溉治理绩效和实现农田灌溉系统的可持续发展。

二　选题的意义和预期目标

（一）选题的意义

在公共灌溉资源的语境下，合作治理是解决水利基础设施“集体行动困境”的有效方法；有效的制度安排是农田水利基础设施合作治理得以形成和可持续的关键。本书研究农田水利基础设施合作治理的制度基础，在实践上回应了2011年中央一号文件提出建设农村水利基础设施基础性制度体系的要求，有利于确立制度建设的基本方向和内容；在理论上，如哈丁（Hardin，1994）所说，“公地悲剧”实则是“未经良好管理的公地悲剧”（The Tragedy of the Unmanaged Commons），本研究从“管理”维度出发，探究公共灌溉资源面临的困境及其内在机理，有助于拓宽对水利基础设施乃至公共资源治理的认识，为解释“公地悲剧”增添新的理论视角。

此外，本书立足于复杂系统的视角，将农田灌溉系统视为人类社会系统与自然生态系统长期互动的产物，运用计算机仿真技术，考察农田灌溉中的动态博弈及其演进机理，合作行为的契约实施与促发机制，以及治理结构的制度绩效等问题。这有助于推动当前国际上社会—生态耦合分析（Coupling Human and Nature）的前沿理论在我国的应用和本土化，为理解我国公共灌溉资源治理中人与自然的复杂互动提供一个新的视角。同时，研究将深化人们对各种制度环境下利益主体的合作激励和合作模式的认识，促进形成灌溉水资源治理与制度变迁的新范式。

在实际应用价值方面，研究农田水利基础设施合作治理的激励机制及制度安排，有助于在充分了解农民参与意愿和选择的基础上，明确政府、市场和村民的作用边界，为小型农田水利工程的合作治理提供科学决策依据；有助于甄别不同治理制度的绩效，建设相互衔接与配套的治理体系，进而提高各利益相关方参与水利管理的积极性，推动小型农田水利工程的可持续发展，保障粮食安全及因地制宜地推进新农村建设。

（二）预期目标

我国农田灌溉系统面临一个两难困境：一方面农田灌溉用水总量

匮乏；另一方面灌溉效率低下且水资源浪费严重。这种困境看似是水资源供给短缺和灌溉工程建设与维护投入不足所导致的矛盾，实质上是一种治理危机。本研究并不把农村缺水问题仅仅看作简单的人口与资源关系紧张的结果，而是将其放在公共资源或公共物品产权制度安排的问题框架中去思考和分析。研究目标是围绕合作治理这一主题，选择福建、河北、山东、江苏、广西等地为实地研究对象，系统、全面地分析研究农田水利基础设施的有效管理模式及其制度绩效。按照这一研究目标，本项目在全面综述国内外相关研究成果和实践经验的基础上，建立一个整合经济学、管理学等多学科视角的分析框架，探索当前农田水利基础设施缺乏资金、劳动投入和持续发展能力的成因，分析不同制度的适应性能力和治理绩效差异，揭示从初步的参与管理向进一步的合作治理转变的必要性和意义，提出合作治理的阶段划分和我国内生型的合作治理框架。在此基础上，探索构建与现行激励政策相兼容、可操作性更强、应用范围更广的合作机制，发展以农户为主体、基于社区的农田灌溉治理结构。这将使人们更系统、全面地认识农田灌溉面临两难困境的制度根源，有助于探究适应我国经济社会转型条件下的新型农田灌溉治理模式，以提高农田灌溉治理绩效和实现农田灌溉系统的可持续发展。

第二节　研究综述

一　国内外研究现状

农田灌溉基础设施作为农村发展必不可少的公共服务，既具有提高农业产出水平和生产效率的经济意义，也蕴含着丰富的制度、治理、历史和文化内涵，是国内外学者研究的热点话题之一。

国外相关研究可以归纳为以下研究路径和成果：①资源—技术途径，主要从水资源使用范围、效率和收益的角度研究农田水利基础设施的建设、利用和分配过程，对各项水利活动的边际成本和边际效应进行总结（Keller et al.，1998；Molden et al.，2000；Hayami et al.，1976）；主要分析工程技术对提高灌溉用水效率和缓解水资源紧张局面的作用，指出技术性和经济性的估值方式是引诱农民采用节水技术的必要手段（Coupal and Wilson, 1990; Santos, 1996; Arabiyat, Segarra and Johnson, 2001）。②制度—政策途径，主要针对第二次世界大战以来世界各国尤其是东亚国家（中国、巴基斯坦、印尼等）在农田灌溉系统的投入却没有达到理想效果的现象，分析宏观制度安排、中观组织结构与微观集体行动对基础设施建设的影响（Shivakoti and Ostrom，2002；Turral, 1995; Chen and Ji, 1994; Lohmar, 2001; Wang, 2001; Jiang, 2003），指出政府管理并不总是唯一或最好的共有资源管理模式（Ostrom, 1990; Tyler, 1994）；研究协会、利益集团等非正式制度、社会资本之于基础设施的积极作用，探讨灌溉管理转移（Irrigation Management Transfer, IMT）和用水者协会（Water Users Association，WUA）等政策工具的应用和推广（Vermillion and Carces-Restrepo，1996；Martin and Yoder, 1987；Meinze-Diek，1997；Vermillion, 1997；FAO，1999）。③社会—生态途径，加入社会—生态系统耦合分析的视角，从复杂自适应系统思维来看待人与资源的紧张关系，注重深化人类与自然之间的复杂关系的认识（Ostrom，1992；Low B. C.，1999；Radman C.，1999；Kinzig A. P.，2001；Holling C.，2001；Dietz T.，1998），探究个体微观行为与源于微观行为的宏观模式之间的联系，旨在实现农田水利基础设施的可持续发展。

在我国，2000年启动农村税费改革后，农田水利基础设施的困境突显出来。在此背景下，学者们对近年来农田水利基础设施存在的老化陈旧、发展滞后问题进行了深入分析（贺雪峰、罗兴佐，2003；罗兴佐，2007、2008；薛莉等，2004；马培衢、刘伟章，2006；陈潭、刘建义，2010），指出水利管理制度创新的重要性，分析参与式灌溉、用水协会的影响和作用（陈雷、杨广欣，1998；王金霞等，2000；向青、黄季，2000；陈菁等，2004；J. Wang et al.，2009；刘静等，2008；黄少安、宫明波，2009），并探讨了农村水利基础设施的供给机制、融资方式和影响评估（孔祥智、涂圣伟，2006；刘欣，2007；郑春美等，2009）。还有学者从历史传统角度研究分水案例以及水利共同体和灌溉系统的演变，以此揭示我国独特的“治水”与“社会”关系（赵世瑜，

2005；钞晓鸿，2006；钱杭，2008；行龙，2008；陈阿江，2009；董晓萍、蓝克利，2003）。

总的来说，国内外农田灌溉系统研究可以归纳为对资源因素（土地、劳力、水资源）与技术因素（水坝、管井、水泵）、制度与政策因素（水权、管理）和社会—生态因素（复杂系统观）的演变过程和互动结果的探讨，具体而言，农田灌溉国内外研究现状可以从以下三个阶段进行梳理。

（1）资源—技术途径：主要探讨农田灌溉的研究现状，处于一种静态的要素分析，着重技术要素，视灌溉为一种技术结构或者政治结构。

早期的文献着重探讨农田灌溉中水资源的利用和分配问题，视灌溉为提高用水效率的一种技术结构或技术要素，主要从水资源使用范围、效率和收益的角度研究农田灌溉系统的建设、利用和分配过程，对各项水利活动的边际成本和边际效应进行总结（Keller et al.，1998；Molden et al.，2000；Hayami et al.，1976）；强调改造、培训、新技术、信息和决策支持系统以及其他管理和技术的改进，主要分析工程技术对提高灌溉用水效率和缓解水资源紧张局面的作用，指出技术性和经济性的估值方式是引诱农民采用节水技术的必要手段（Coupal and Wilson，1990；Santos，1996；Arabiyat，Segarra and Johnson，2001）。

国内研究方面，有学者探讨农业灌溉现状及节水模式（刘景华，2002），对农户灌溉技术选择行为的影响因素进行实证研究（韩青、谭向勇，2004；韩洪云、赵连阁，2000），指出应实行有效的促进节水灌溉技术推广的政府支持政策，完善基层节水灌溉技术推广机构的服务功能等。一些学者分析了农田灌溉系统的供给—需求、融资方式和影响评估（孔祥智、涂圣伟，2006；刘欣，2007；郑春美等，2009）；强调公共财政在水利建设中发挥主导作用的必要性（胡永法，2006；孙开、田雷，2005）；主张农田水利必须现代化，技术进步与创新是现代化的核心和动力，要从基础理论、技术方法和应用推广各方面全面推进，取得突破性进展（戴旭，1995；冯广志，1999）；也有学者着重介绍和引进国外节水技术（如以色列）（张国祥，1994；吴景社，1994；曲小红、王仰仁，2000）。

总体而言，此阶段的研究侧重从宏观管理维度分析一些发展中国家农田灌溉设施老化、技术落后、投入不足、灌溉效率低下等弊端，处于一种静态的要素分析，着重技术要素和政府支持体系的建设，强调政府公共财政的投入、节水灌溉技术的引进、调整和改革水价政策等，以解决水资源的短缺问题。

（2）制度—政策途径：研究农田灌溉的组织与管理行为，引入动态的博弈、制度和公共池塘资源分析技术，视灌溉为一种制度结构或社会结构。

由于第二次世界大战以来世界各国尤其是东亚国家（中国、巴基斯坦、印度尼西亚等）对农田灌溉系统的投入却没有达到理想效果，学界对制度在灌溉系统及其绩效中的重要作用取得了共识，认为物质技术的投入并不必然提高灌溉绩效，有效的制度才是避免灌溉系统这样的公共池塘资源处于低度供给和过度使用的关键（Ostrom，1993；Clark，Colin W.，1973；Larson，Bruce A. and Daniel W. Bromley，1990）。

国内研究方面，近年来许多学者通过实证研究，也认为我国灌溉系统中存在的问题不仅仅是工程技术落后和物质投入不足，更是一个制度性问题（裴少峰，2003），建立和完善有效的激励机制对于灌溉管理体制改革的成功、改革效果是否具有可持续性将起到非常关键的决定作用（王金霞、黄季焜，2004）。多数学者分析了农田灌溉中合作的困境，及困境的社会、组织和制度根源（贺雪峰、罗兴佐，2003；罗兴佐，2007、2008；薛莉等，2004；马培衢、刘伟章，2006；陈潭、刘建义，2010），探讨产权、参与式灌溉、用水者协会等新型政策工具的影响和作用（陈雷、杨广欣，1998；王金霞等，2000；陈菁等，2004；胡继连等，2005；J. Wang et al.，2009）；探讨各利益主体参与意识不足，缺乏有效激励机制的原因（向青、黄季焜，2000）及影响因素（黄祖辉等，2002；孙亚范，2003；郭红东等，2004；黄季焜等，2010）；分析了影响用水协会有效发挥作用以及协会本身可持续性的条件（刘静等，2008；张宁，2007；郭善民，2004），对这种制度创新的思路进行可行性分析和绩效评价（赵永刚、何爱平，2007；李树明等，2007）；提出形成集体行动、政府管制与市场机制相融合的一体化复合型水资源治理结构的构想，实现农户参与灌溉管理的制度保障（穆贤清，2004）。

从此一阶段国内研究内容可以看出，我国灌溉系统治理逐渐从工程治理转向资源治理，从“重建轻管”的不可持续治理转向“建管并重”的可持续治理，重视制度激励对灌溉系统“良治”自我实施能力的强化作用成为当前乃至今后很长时期内灌溉系统治理改革的重心。

（3）社会—生态途径：加入社会—生态系统耦合分析的视角，引入复杂性、恢复力（resilience）、持续力等要素，视灌溉为一种社会—生态系统结构。

随着复杂性科学的兴起，国外对资源与环境议题的研究已经开始从复杂系统观的角度出发，引入社会—生态耦合分析视角，视灌溉系统为一种社会—生态系统结构，研究工具也日趋多元化，体现出交叉学科的前沿特征。

“复杂性”科学起始于1928年，以奥地利生物学家贝塔朗菲（L. V. Bertalanffy）在其《生物有机体》论文中首次提出“复杂性”的概念（1968）为标志。随后，美国学者司马贺（H. Simon，1969、1981、1996），在1969年率先构思出“人工科学”的概念，据此将经济学、认知心理学、学习科学、设计科学、管理学、复杂性研究等贯穿联系起来，给人以启迪。1985年杂志 *Journal of Complexity* 创刊，对复杂性问题的研究起到了很大的推动作用。美国学者霍兰于1994年引入了复杂适应性系统（Complex Adaptive System，CAS）的概念（Holland J.，1992）。区别于传统的理论研究方法，复杂适应系统的研究方法强调采用计算机仿真作为主要的研究工具，这也是当前复杂系统研究的最大热点之一。

在复杂系统思维下，从20世纪80年代起，陆续有学者提出不应该将人类与自然系统分离出来进行研究，而应该探索“社会—生态”（social-ecological）或者“人类—环境”（human-environment interactions）的互动方式与结果（Ostrom，1992；Low B. C.，1999；Radman C.，1999；Kinzig A. P.，2001；Holling C.，2001；Dietz T.，1998）。随着这

种讨论的深入，“社会—生态”耦合分析已经形成一系列富有创新意义的研究途径，最具代表性的项目和研究机构有美国国家科学基金会（NSF）启动的“自然与人类耦合系统的动力学”（Dynamics of Coupled Natural and Human Systems）、Beijer 生态经济学国际研究所（Beijer international Institute for Ecological Economics）、恢复力联盟（Resilience Alliance）、联合国政府间气候变化专门委员会（IPCC）等。总的来说，根据连接社会与生态系统的研究轨道，学者们已经从不同层面深化了对人类与自然之间的复杂关系的认识，提出了众多创新性的观点，并且一部分已经在实践中得到推行。

二　研究发展动态

当前，国内外学者对灌溉系统的关注点发生了新的变化：一是从工程建设、技术应用层面向制度建设、人文心理层面的“由硬到软”转变，更强调人与制度的作用，着重分析宏观制度安排、中观组织结构与微观集体行动对基础设施建设的影响（Shivakoti and Ostrom，2002；Turral，1995；Chen and Ji，1994；Lohmar，2001；Wang，2001；Jiang，2003）；二是从正式制度、集体管理层面到社会资本、参与式管理层面的“由上到下”转变，强调基层参与和合作，主要研究协会、利益集团等非正式制度、社会资本之于基础设施的积极作用，探讨灌溉管理转移（Irrigation Management Transfer，IMT）和用水协会（Water Users Association，WUA）等政策工具的应用和推广（Vermillion，1997；Martin and Yoder，1987；Meinze-Diek，1997；FAO，1999）；三是从国家作用、政府调控层面到市场机制、产权制度层面的“由内而外”转变，强调发挥水价、水费机制的作用来减轻政府财政负担（Dinar A. and Subramanian A.，1998；Sampath R. K.，1992；Rogers P. et al.，2002；Johansson R. C. et al.，2002）。

近年来，随着社会—生态耦合分析途径的兴起，国外学者对农田灌溉、森林、草场、渔业等公共池塘资源属性的物品研究也更加注重人—自然、社会—生态间的复杂互动与多元演变。其中，灌溉系统因其独特的性质成为“社会—生态”耦合分析的焦点之一。这是因为，灌溉系统既包含了物理基础设施（泵站、渠道和堰塘）、社会基础设施（如信任、互惠、结构关系）、制度基础设施（激励、合作、博弈）等社会—生态系统的关键要素，又容易经受不同治理体制、集体行动的影响而发生资源利用问题，形成难以理解的复杂性。例如，工程师和政策分析家就很难理解为何农民在灌溉系统中应用不同的治理规则并根据不同条件进行转换。为此，越来越多的研究者开始从社会—生态系统的角度来研究灌溉系统的复杂性和不确定性因素（Lansing，1991；Baker，2005；Barker and Molle，2004；Regmi，2008；Cifdaloz et al.，2010），还有一些学者应用基于主体建模（Agent-Based Modeling）等方法来探索灌溉系统中的恢复力机制（resilience mechanism）、多样性（diversity）和管理介入技术（Schlüter and Pahl-Wostl，2007；Perrings，2006；Anderies et al.，2004）。

国内外研究的丰富成果为本研究提供了很好的理论基础、分析视角和经验材料。但总体上，农田灌溉合作行为的研究与实践在我国尚处于起步阶段，从现有国内的研究成果看，还存在几个可以深入的研究空间。①非合作博弈层面的分析较多，合作与自组织的“管理”维度的研究则有所欠缺。②将农田灌溉系统视为孤立系统，忽视了它与生态环境、水资源系统、使用者行为、治理组织的关联性，并且在经济属性上表现出多样性和层次性。③治理对策比较静态和一维，忽视了不同使用者属性和物品属性下治理结构选择的动态性和适应性。本研究拟在制度经济学研究的基础上，添加行为、适应性和复杂性等维度，从新的角度（包括第二代集体行动、适应性治理和复杂社会—生态系统）探索农田水利基础设施可持续发展的制度安排和治理结构。④多数研究从分立的利益主体角度切入，但促进灌溉合作的核心是重新建构相关利益的配置机制，关键在于利益相关主体之间的合作与行为激励，只有将这些相互关联的利益主体动态地放入制度框架，才能更好地理解复杂社会—生态系统下灌溉合作行为的演进机理。基于此，本书拟从复杂自适应系统的视角，对农田灌溉过程中的人类合作行为机理开展深入研究，丰富这一题材的研究成果，并为未来的政策设计提供新的参考。

三　研究思路与方法

（一）研究思路

本书认为，应该把我国农田水利基础设施的制度安排和治理绩效放在公共资源（commons）治理的问题框架中去思考和分析，核心是解决“公地悲剧”所反映的机会主义和缺乏合作问题。本书应用新制度经济学的前沿成果和方法探索农田水利基础设施可持续发展的制度安排和治理结构。各章节的内容如下（见图1－1）。

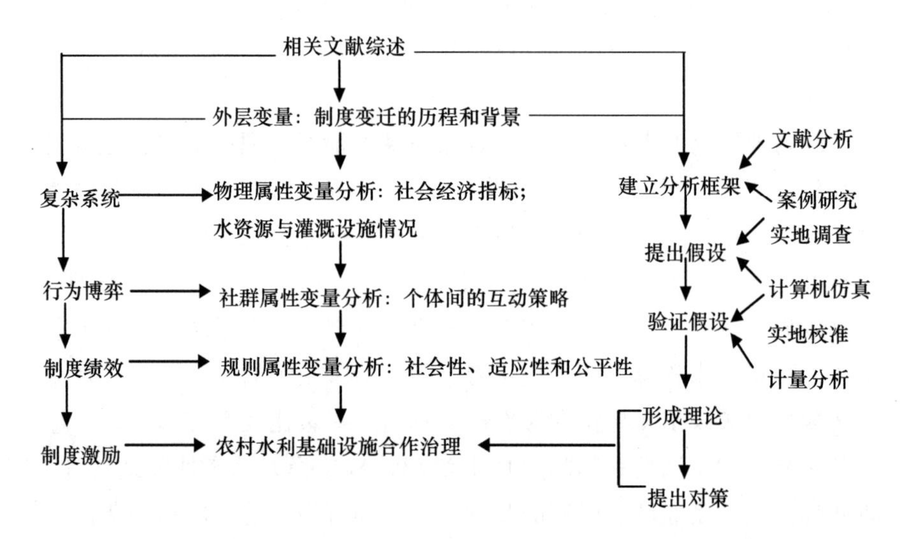

图1－1　具体研究思路流程

（1）农田水利基础设施的制度变迁研究。在梳理我国农田水利基础设施的制度和政策变迁基础上，构建物品（服务）、使用者和社会—生态系统的三维分析框架来揭示制度变迁的成功与失败因素，分析当前水利基础设施制度体系的内在问题。

（2）“合作治理”的内涵与重要价值。基于政策网络、公共资源治理等相关理论，阐明合作治理是农田水利建设过程中社会力量成长的结果，是对传统政府管理的超越，对参与式管理的提升。合作治理尊重政府与市场的作用，但更重视不同情境下水利建设管理所需要的激励结构和责任机制，反对片面的政府控制、市场竞争或精英控制。一言之，合作治理是一种“平权式”治理结构（世界银行，2006），是由“参与”到“共治”的转变，更强调普通民众对水利的积极响应和有效约束，甚至行使终极的管理和监督权力。

（3）农田水利利益相关主体的行为博弈研究。从第二代集体行动理论出发，摒弃人是普遍自利的假设，认为人的行为具有复杂性（既有自利行为，也有利他和互惠行为），微观行为系统（合作程度和社会学习能力等）对基础设施的可持续发展具有“蝴蝶效应”。基于这个假设，本研究以全国15省430户农户的实地调查数据为基础，对各利益主体（国家、地方政府、村社、农户、灌区）的合作态度、合作意愿及行为取向进行统计分析，运用回归模型对利益主体的合作行为及其影响因素进行实证研究。

（4）农田水利基础设施合作治理的制度选择。农田水利作为“公共资源”，在生产、供给和消费过程中具有不同的物品属性，同时，不同行动单位所构成的村庄类型（协商文化）不同、自然条件和种植结构不同，与此相关联的水利亦十分不同，要求匹配多样性的制度安排，而不是盲目以产权明晰为由推行市场化或全盘回归政府控制。本部分一是概括农田灌溉治理结构的演变及主要特征，基于典型案例的实证比较分析，研究促发农田灌溉合作行为的机制设计与选择逻辑，从内部与外部、宏观与微观、社会与生态等多层面探讨与不同物品属性和使用者行为属性相匹配的多样性制度选择（如农户自组织和村集体管理）；二是从降低交易成本角度研究国家、村社集体和农民间合作的纵向制度安排（责任和权利分配）；三是从促进自主治理角度研究政府让利于市场、分权于社区，实现三者间合作的横向制度安排。

（5）农田灌溉合作行为的“基于主体模型”研究。基于复杂社会网络视角，将农田灌溉系统视为人—自然复杂互动的产物，将农村社区模拟为以农户为节点、以农户之间的各种社会关系为连边的社会网络；运用计算机仿真（Computer Simulation）技术考察灌溉自组织中异质性主体合作行为的扩散机制和主体之间的社会关系对扩散机制的影响，进而讨论农户自组织治理的制度绩效等问题。这样做的意义在于：①将网络和网络上流动的知识视为一个互动的整体来研究，通过灌溉系统中各个主体间多层次、非线性的网络关联，揭示主体间的复杂互动关系，分析灌溉治理中公共合作的扩散机制及影响因素，这有助于深化人们对各种制度环境下利益主体的合作激励和合作模式的认识，理解异质性主体自愿供给群体公共品的合适治理机制，促进形成灌溉水资源治理与制度变迁的新范式。②通过计算机仿真研究，“自下而上”（Bottom-up）模拟合作扩散的“有机”过程，观察个体之间局部、微观的交互行为在宏观上涌现出的种种规则，比如合作行为规范等，这些涌现出来的宏观规则反过来又影响和限制了主体间的交互行为方式。这种基于过程的动态分析方法能促进我们对灌溉合作行为演化过程的理解，有助于推动复杂性科学的前沿理论与工具在我国资源环境管理领域的应用和本土化，促进学科的交叉、综合和统一。

（6）农田水利设施合作治理的制度安排：可持续发展之路。农田水利嵌套在复杂的社会—生态系统中，需要超越政府权威和市场机制，和改善乡村治理结构（法律保障、财政支持、制度建设、体制衔接等）结合起来，形成基于社区的“合作治理”格局。本部分也指出，“社会—生态”系统视角下的农村用水合作组织应该从外生型合作向内生型合作发展，只有建基于村庄与当地灌溉系统特点、纳入利益相关者的观点和体现社群民意、具备一定的造血功能和管理能力的用水合作组织，才能有效解决我国农田水利困境，实现人口、资源、环境的可持续发展。

（二）研究方法及技术路线

（1）文献分析。以国内外对复杂系统理论、社会—生态耦合分析、人类行为演进与制度变迁、农田灌溉合作行为的激励与促发机制的相关文献为研究对象，进行系统梳理、归纳和分析，为理论研究提供支持，提出理论假设。

（2）基于主体建模。运用 NetLogo 软件工具模拟以利益相关者为中心的农田灌溉系统的行为主体、运行环境及其自适应过程，通过调整变量的参数和主体的行为方式进行计算机实验，从而考察关键变量的影响，揭示不同行为规则下利益相关者合作与对抗方式及其对治理绩效的影响。

（3）社会网络分析。基于对微观主体互动方式的考察，对农田灌溉利益相关者的关系结构进行量化分析，为农田灌溉合作行为的演进机理提供经验基础以及“宏观”与“微观”之间的桥梁，探究利益相关者合作行为的模式。分析的两大方向为：从行动者之间的同质性或异质性来探讨关系纽带的强弱；根据行动者所处网络的位置结构来探讨关系纽带的优势（如社会资本）。

（4）统计分析。根据分析框架，提出理论假设，通过深度访谈、参与观察、问卷调查等实地调查法对利益相关者的合作态度、合作意愿及其行为取向进行数据编码和统计分析。运用因子分析、相关分析等多元统计方法验证预想的假设或理论。在此基础上，应用二元 Logit 回归分析方法对农户灌溉合作意愿与行为的影响因素进行实证研究，并进行相关模型的推导，进一步验证预想的模型、假设或理论。

（5）案例研究（实地调查）。在实地调查中，对不同村庄、不同灌区在实践中涌现的各种合作治理模式进行个案研究，通过参与观察、焦点团体访谈、深度访谈等质的研究方法对典型案例进行扎根研究。通过对典型案例的比较制度分析，提炼出理性认识和一般规律，验证农田灌溉合作行为的关键影响变量和因果关系。

（6）比较分析。根据不同标准（社会规范、适应性治理和经济成本标准）建立农田灌溉系统可持续发展的制度绩效评估框架，在异质性的村庄物理特点和社群属性下，对农村用水合作组织的绩效进行比较分析。

（三）样本分布及数据收集方式

本书涉及的社会调查前后历经了三年时间，2013 年暑假及 2014

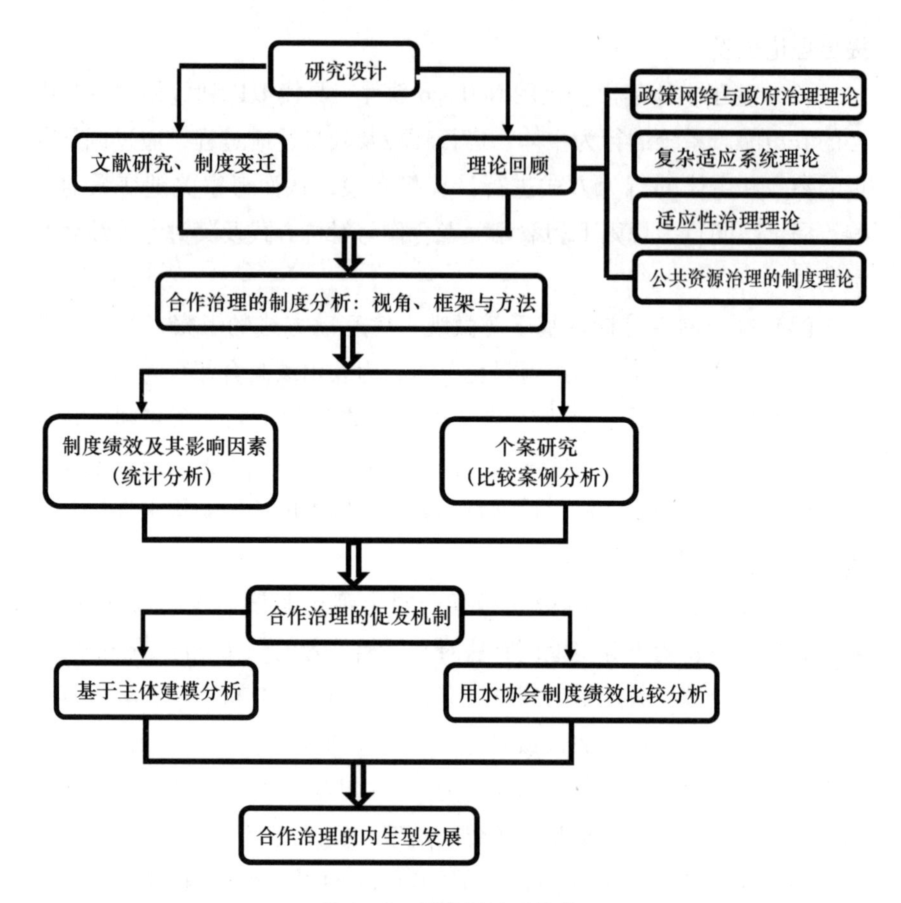

图 1－2　研究的技术路线

年、2015 年的寒暑假。其中，2013 年的调研是以福建省清流县为主的定性调查，以入户访谈和参与观察为主。2014 年的社会调查分两个阶段进行，第一阶段是摸底调查，对全国 15 个省份，东部、中部、西部各地区的农田水利资源情况进行问卷调查，调查员均由厦门大学各专业的本科生和研究生组成，利用大学生寒暑期社会调研时间，以就近便利为原则，根据生源地进行随机的摸底调查。调查员经过系统的指导和培训后，在 2014 年 1—2 月进行实地驻村调研，目的是摸清现有农田水利基础设施的整体情况、农村灌溉水资源管理与维护的绩效、农户合作组织运行情况及用水协会的实际作用等，并从中挖掘典型案例点为第二阶段的个案分析做准备。第二阶段在2015年7—8月暑假期间进行，对第一阶段中涌现的一些典型地区案例开展进一步的参与观察（湖北当阳市东风三干渠农民用水协会）和深入访谈（当阳市黄林支渠农民用水协会），了解影响农田灌溉合作的主要因素，从产权、制度等方面深入挖掘事件背后的原因与结果。此次调查将东风三干渠用水协会所辖的8个自然村，以水文为边界，上游、中游、下游各抽取两个村，每个村再根据与主要水源地的距离，分别对处于水源上游、中游、下游的农户随机抽样，各抽取4户，由该户户主填写问卷，共回收有效问卷72份。对协会干部、基层政府人员（村干部、水利站）则采取焦点团体访谈方式收集资料。调查选取湖北宜昌当阳市用水协会为案例区，依据在于东风三干渠协会是世界银行在中国最早支持成立的协会之一，协会是在世行专家的指导下，依据世行制订的标准组建的。目前，东风三干渠农民协会与黄林支渠用水协会是湖北省运行最好的两个协会，通过将成效好与成效差的其他协会进行对比，有助于我们更好地总结和提炼出灌溉合作行为扩散的理论预设。基于这个研究假设，构建基于主体模型进行政策仿真研究。2016年1月，为了检验计算机运行得出的仿真结论，验证理论假设，课题组再次对湖北省6个乡镇涉及4个灌区的20个村庄开展了问卷调查，共回收有效问卷298份，采用Stata、SPSS等统计软件进行数据分析和整理。

1. 数据收集

2013年的定性访谈调查构成了第七章中对福建Q县农民用水协会案例分析的内容，第五、六章的定量统计则基于2014年的问卷调查。2014年的调查问卷根据受访对象分成四类问卷（附录）：村庄问卷——问村干部或对村里情况很熟悉的村民，一个村至少问3个人；村民问卷——问村民（主要是户主，或熟悉家里情况的其他成员），每个村随机抽取10%—20%的农户；用水协会问卷——如果本村有用水协会或类似组织，问协会负责人或熟悉协会情况的人，每个协会至少问2个人（用水协会的负责人）；基层政府问卷——问本村所在的乡镇政府、基层水利服务机构、水利局、财政局/农村事务办公室、民政局等相关部门，每个调研员至少完成3份。

考虑到寒假期间临近春节，基层政府年末事情繁多，客观题耗时长，与开放性问题相比，不易在短时间内获得充足和可延伸的信息量，因此基层政府问卷全部由主观描述性问题组成，其余三类问卷结构均分为客观性问题和描述性问题两类。客观题主要了解村庄的物理属性，如水利基础设施情况、水源、种植结构、是否有农户合作用水组织、基层水利服务机构执行情况；农户的社会属性，如性别、受教育程度、收入情况、对用水协会的认识，参与合作组织的意愿与影响因素、农户的领导力与社群间关系（社会资本）；用水协会的成立时间和方式、用水协会的制度建设、人员结构、经费开支等情况。描述性问题主要了解村委会或村干部在本村农田灌溉/村民合作用水中发挥怎样的作用；村民自治的实施情况、用水协会在水利事务方面的制度绩效；面临的障碍或困境；本地有否响应国家号召对基层水利服务组织或机构进行相应的改革；新的基层水利服务机构与村庄所在的用水协会之间关系如何，前者是否促进后者更好地开展工作。此次调查共回收问卷522份，有效问卷493份，问卷有效率为94.44%。其中，村庄问卷34份，农户问卷430份，用水协会问卷10份，基层政府问卷19份。

2016年1月的问卷调研内容涉及户主个人特征，农业生产特征（灌溉水源、灌溉设施与方式、灌溉面积、劳动力、灌溉投入与成本等），社会资本（担任领导职务的经历、参与合作组织的经历、参与用水协会的动机、与邻居朋友的交往情况及在灌溉事务上的合作协调情况等），灌溉组织特征（用水协会性质、职能、水利设施产权情况、水费收取情况、会长选举制度、协会的资金来源及与地方政府的财政关系、协会对“搭便车”者的惩罚规则、农户对协会成立前后的绩效评价、协会的造血功能或可持续发展能力等）四个板块，基本涵盖了村庄灌溉系统物理属性、社群属性和灌溉组织制度属性三个层面我们所关心的内容。另外，对地方水利局、基层水利工作站、灌区管理处和用水协会领导，我们采取质性访谈和参与观察方式收集了调研区域的社会经济数据和自然地理概况（农户生计、种植作物、水源地理、风土人情等）、调研单位职责内容（如经费来源、主要职能、管理体制；灌溉计划与设施维护；基层水利工作站、灌区管理处与用水协会之间的关系和工作衔接）、水价制度改革与财政状况（如农业水价综合改革计划及进展；用水协会的财政收支；末级渠系工程产权的运营等），具体样本分布见表1－1。

表1－1　　湖北省调研样本村的分布

灌区名称	协会名称	村名	问卷份数	小计
百里灌区	半月镇余家龙协会	半月镇红光村	20	29
	人工河三支渠协会	两河镇胡场村	7	
	人工河三支渠协会	两河镇富里寺村	2	
东风灌区	半月镇段店支渠协会	半月镇宇宙村	18	57
	官道河南干渠	玉泉办事处官道河村	12	
	东风灌区双莲协会	王店镇双莲村	12	
	东风灌区泉河协会	王店镇泉河村	15	
漳河灌区	河溶镇董岗支渠协会	河溶镇前进村	21	144
	河溶镇董岗支渠协会	河溶镇前程村	20	
	河溶镇董岗支渠协会	河溶镇前华村	1	
	河溶镇董岗支渠协会	河溶镇董岗支渠协会	35	
	河溶镇董岗支渠协会	河溶镇郭场村	18	
	漳河一干渠支渠白庙支渠协会	消溪镇胜利村	20	
	漳河一干渠支渠白庙支渠协会	消溪镇联合村	5	
	漳河西干渠用水协会	消溪镇中山村	24	
巩河灌区	黄林支渠协会	坝陵办事处精耀村	4	68
	黄林支渠协会	坝陵办事处黄林村	9	
	黄林支渠协会	坝陵办事处鲁山村	19	
	黄林支渠协会	坝陵办事处国河村	7	
	巩河灌区群建协会	玉泉办事处焦堤村	18	
	草埠湖镇协会	草埠湖镇邵冲村	11	
合计				298

表1－2　　田野调查、访谈及参与观察记录

编号	访谈次数	参与观察	职位/称
BYSL	4	2	湖北省当阳市半月镇水利站站长
DFBYYZ	1	1	湖北省当阳市半月镇宇宙村村书记（段店支渠农民用水协会）
DFSXH	4	5	湖北省当阳市东风三干渠农民用水协会会长
DFSXZ	1		湖北省当阳市东风三干渠农民用水协会用水小组组长
DFGGL	1	1	湖北省当阳市东风灌区管理站
DFZLS	1		湖北省当阳市东风灌区子龙村村书记
DFHYS	1	1	湖北省当阳市东风灌区合意村村支书、东风三干渠农民用水协会副主席
YQCZ	1		湖北省当阳市玉泉村村长
GHHZ	2	3	湖北省巩河灌区黄林支渠协会会长（坝陵办事处黄林村）
ZHHRS	1	1	漳河灌区河溶镇水利站站长
ZHHRQJ	1	1	漳河灌区河溶镇前进村村书记
ZHHRQHS	1		漳河灌区河溶镇前合村村书记
ZHHRQHS	1		漳河灌区河溶镇前华村村书记
ZHHRDGXH	2		漳河灌区河溶镇前进村支保主任（河溶镇董岗支渠协会会长）
ZHYXS	1	1	漳河灌区淯溪镇水利站站长
GHJDS	1		湖北省当阳市玉泉办事处焦堤村村书记（巩河协会副会长）
DFSLXH	1	1	湖北省当阳市东风灌区双莲农民用水协会会长
DFYQGDC	1	1	湖北省当阳市玉泉办事处官道河村主任（官道河南干渠协会负责人）
总计	26	18	

2. 实地质量控制

访问方式：采用访员读录法和自填问卷法相结合的方式，一些年纪较大或文化知识水平较低的受访者，由访员读出问卷，受访者回答，访员填写问卷，每个访问持续 30 分钟左右；另一些受教育水平较高的受访者采用自填问卷的方式。访问完毕给付调查对象纪念品一份。

问卷审核：由课题组负责人在访问现场对抽样和访问工作进行指导、监督和抽查，对每一份完成问卷实行卷面审查，卷面要求不符合规定的及时返工，确保问卷的有效性与完整性。

电脑差错复核：问卷内容录入数据库后通过逻辑差错并辅助以电话对访问质量加以复核，删除逻辑错误出现率较高的问卷，并在对问卷进行描述性统计基础上，找出录入出错的记录逐一核对更正，删除空白记录，确保原始数据库的准确性。

3. 技术说明

所有有效问卷使用 SPSS20. 0 软件进行数据录入，获得原始数据库；使用的统计方法包括频数分析、交叉分析、因子分析、回归分析等统计分析方法；在 95% 的置信度下进行差异性检验，显著性检验 P 值取 $P < 0.05$。

第二章　农田水利基础设施合作治理的制度变迁

国际水资源协会的 Vermillion 在对亚洲灌溉农业的研究基础上提出，现代社会的灌溉发展经历了两个阶段，并已进入第三阶段（Vermillion，1997）。第一阶段是 1950—1970 年，资本赞助式扩张阶段，强调灌溉系统的投资、建造和运营；第二阶段（1970—1980 年），增量改进阶段，强调改造、培训、新技术、信息和决策支持系统以及其他管理和技术的改进。其特点是组织结构过于庞大，吃饭财政；依赖基础设施的外部融资，雇用人员过多，他们经常忙于与地方一起寻找赞助；政府拥有灌溉基础设施，控制着水资源的发展和分配，管控了主要的公共灌溉系统，容忍现场操作人员的拉赞助行为。第三阶段，授权式参与阶段，是一种新型的制度模式，对原有的灌溉管理制度是一种根本上的制度结构调整。对灌溉部门进行授权式参与模式改革最为关键的五标准原则为：政府机构改组，授权给用水户资源调配的权力，建立双方的伙伴关系与责任制，重新强调政府援助以刺激地方投资，选择服务商。授权式参与能够真正摆脱束缚很多亚洲国家的灌溉农业生产力发展和持续发展的恶性平衡。我国农田水利建设与管理的历史体现出了类似的阶段特征。

第一节　我国农田水利建设与管理的历程回顾

1949 年新中国成立以来，我国水利事业取得了长足发展，初步形成了一个集防洪、排涝、灌溉、发电、水土保持、养殖为一体的农村小型水利工程体系。20 世纪 50—70 年代期间，我国农村实行合作社和人民公社集体所有的经营管理体制，按照“民办公助”的原则，对集体经济兴建的农村小型水利工程给予补助，实行集体所有、集体管理的制度模式。但在农村实行家庭联产责任制以后，水库、机井、渠道、桥闸涵等小型水利工程不能再分到户，出现“集体”虚设现象，造成所建的许多小型农田水利工程“重建轻管”，工程质量不高，长期处于病险状态；个别工程出现塌方垮坝，浪费了人力、物力、财力；不少排水治渍工程效果不好，渍水低产田改造达不到标准；有的小（一）型水库渠道尚不完善，影响灌溉效益。20 世纪 70 年代初，在大力兴建水轮泵时，国家盲目推行“五无”电站，出现不少报废工程。少数工程管理工作还不够完善，水土保持、水资源保护等工作力度不够等问题普遍存在。

近几年来，为了适应社会主义市场经济的一般规律和农田水利发展特殊规律的要求，政府开始进行宏观调控、引导扶持，逐步按“谁受益、谁负担、谁投资、谁所有”的管理原则，对小型水利工程进行管理体制改革，组建各种用水合作组织，实施水利工程产权改革，落实水利工程管理的维护责任。但在实践中，由于私人利益缺乏对农村公共物品的投资激励，水利基础设施产权改革的效果与预期的政策目标不符，出现了承包者的利益与当地农户或地方政府的利益、承包者的私人利益与公共利益之间的冲突。又由于税费改革实施后，乡村财政吃紧，农田水利“最后一公里”问题始终没有得到很好解决。有研究表明，正是税费改革以后基层政权的“悬浮”、市场化机制供给农田水利的“困局”以及二者的相互作用和推动，导致了最近几年农田水利条件的恶化和农民上访行为的骤增（焦长权，2010）。2012 年，为了贯彻落实 2011 年中央一号文件和中央水利工作会议精神，加快健全完善基层水利服务体系，水利部、中央机构编制委员会办公室、财政部 3 部（办）制订出台了《关于进一步健全完善基层水利服务体系的指导意见》（以下简称《意见》）。为了进一步健全规范基层水利服务体系，全面提高基层水利服务能力和水平，《意见》要求各省市水利局（水务局）以乡镇或小流域为单元，健全基层水利服务机构的经费保障机制、改进人员管理方式、改善工作条件等。我国农田水利基础设施基层治理的制度变迁大体经历了以下几个阶段。

第一阶段，新中国成立到20世纪70年代末80年代初的近30年：传统的人民公社体制时期。

新中国成立之初，我国展开了轰轰烈烈的土地改革运动，由于合作化的完成，土地实现了公有制，个体劳动变为集体劳动，掀起了大兴农田水利的高潮。"大跃进"开始后，一些大中型水利设施开始动工，由于较大规模的农田水利设施常常是跨社、乡甚至跨县，单靠一乡一社的人力物力很难完成，一些地方开始打破社、乡间的界限搞劳动协作。人民公社时期政社合一的集权权力体制，为传统体制时期的水利建设提供了牢固的政治和组织基础（罗兴佐，2006）。正如黄宗智所说，"水利过去很大程度上归于地方和乡村上层人士的偶然引导和协调。解放后，水利改进的关键在于系统的组织，从跨省区规划直到村内的沟渠。基于长江三角洲的地质构造，盆地中部有效的排水要求整个盆地的防洪与排水系统协调……很难想象这样的改进能够如此低成本和如此系统地在自由放任的小农家庭经济的情况下取得。集体化，以及随之而来的深入到自然村一级的党政机器，为基层水利的几乎免费实施提供了组织前提"（黄宗智，2000）。可以说，这一时期的合作，主要是国家强力介入的合作，基本上实现了农田水利的现代化。但这时期的水利工程由于建设质量标准低，工程质量不高，存在"重建轻管"现象，灌溉效益低下。

第二阶段，从改革开放深入发展到2002年税费改革前。

这一时期国家输入的资源开始减少，启动了市场化取向的水利体制改革，原来由国家承担的组织农民的责任转由基层自治组织承担。伴随着家庭联产承包责任制的兴起，人民公社组织体制开始解体，村民委员会、地方乡、镇人民政府等新的制度组织形式逐渐取代人民公社成为重构农村社会新秩序的组织载体。这种"乡政村治"体制不仅"重新构造了农村基层的行政组织与管理体系，也力图重新划定国家权力与社会权力、农村基层政府与农村基层自治组织的权力边界，从而为乡村社会的自我组织和管理提供了一定的社会与政治空间，也为农民的经济自主和政治民主提供了制度和组织框架"（项继权，2002）。

1985 年，经国家编委和水利电力部批准，建立乡镇水利水保管理站，作为县级水利部门派出机构，每站配备 5—7 名水利干部，负责乡镇的水利、小水电、水土保持工作的建设和管理，行政归口乡镇政府领导，业务归县水电局领导。1988 年，全国推广山东“莱芜经验”，水利站人、财、物的管理权下放到乡镇，实行块块为主的领导体制。国家提倡和鼓励农户或联户按照统一规划兴建农村水利，坚持“谁建设、谁经营、谁受益”的原则，要求各地水利部门做好服务，加强技术指导。1980 年以来，伴随着农村经济体制改革的展开，水利工程先后实行了生产承包责任制，水利工程管理单位进一步下放以及转制为企业化经营，水利站的职能逐渐弱化。水利工程的私人承包也出现了一些问题，如水库承包者由于养鱼污染了水库水质；广西灵山县六角山水库承包后，业主为了捕鱼迅速放干库水，使大坝纵向出现断裂 1 米深（黄按，2001）。

另外，地方水管部门自身也存在内部管理运行不善问题。第一，在 2001 年水利部水管单位体制改革课题组普查统计的 5432 个国有水管单位中，有国家财政拨款的单位 1753 个，占 32.17%，无拨款的单位 3679 个，占 67.73%（罗兴佐，2006），多数是差额补助事业单位或自收自支的事业单位，工程损耗与维护管理，甚至职工的工资也缺乏保障。第二，由于水价、电价偏低，水费收取困难，供水不能收回成本，农业供水水价仅为成本的 1/3 左右，而且收取率仅为 40%—60%。第三，人员编制不足，结构性人才缺乏。各地水管单位急需的工程技术人员严重短缺，无法实现规范的技术管理，水利工程管理粗放，水平低，普遍缺乏科学规范的量水设备、测量仪器等，水资源渗漏问题严重，导致水费更难收取。乡村组织多数通过税费、共同生产费形式弥补水费缺口，农民负担日益沉重，干群关系紧张，农田灌溉效益低下，不能满足农业生产生活的需要。

2002 年 9 月 3 日，国务院体制改革办公室发布《水利工程管理体制改革实施意见》（以下简称《意见》），全面启动了水利工程管理体制改革。《意见》内容包括全面推进水管单位改革，划分水管单位类别和性质，严格定编定岗，严格资产管理，积极推进管养分离；建立合理的水价形成机制，强化计收管理，由原来的按亩收费逐步推广为按方或立方米计量；积极培育农民用水合作组织，改进收费办法，提高水费收缴率；税收扶持政策；改革小型农田水利管理体制，采用承包、租赁、拍卖、股份合作等灵活多样的经营方式和运行机制。例如，在井灌区，通过对机井等小型灌溉工程设施进行产权制度改革革新了旧的集体供水制度，使灌溉供水主体呈现多元化，井灌区以农户或农户联合为主的供水主体呈现了高效的供水行为及绩效（胡继连、武华光，2007）。但改革中仍然存在一些问题，如水利政策与土地政策的协调安排不畅、灌溉设施产权流转制度不健全、设施产权合同管理不规范、水利市场监管机制、股份制或股份合作制水利企业还未健全等。

第三阶段，2002 年税费改革后至今的农田水利基础设施治理。

自 20 世纪 90 年代初开始，全国 50 多个县（市）进行了以减轻农民负担为目标的农村税费改革试验，这是中央政府为减轻农民负担而采取的重大举措。税费改革后农民负担确实比改革前减轻了许多，但随着改革的深入，也出现了一些新问题，如基层政府的财力普遍大为削弱，提供农村公共服务的能力进一步萎缩；与税费改革配套的基层政府机构改革，裁并了许多涉农机构，一些涉农事务被分散到各个部门单独以项目制的形式运行。这些问题对农田水利基础设施的供给与治理都产生了深远的影响。

2000 年初，税费改革试点在安徽省全面展开，3 月 2 日，中共中央、国务院正式下发《关于进行农村税费改革试点工作的通知》，明确以“三个取消，一个逐步取消，两项调整和一项改革”为主体内容的改革措施。税改后，由于乡镇财政困难，债务沉重，便将许多应该由政府负担的农村公共服务推向市场，导致公共物品供给严重不足。同时，税费改革中的某些政策规定，如取消“两工”，村内农田水利基本建设、修建村级道路、植树造林等集体生产和公益事业所需劳务，必须遵循“量力而行、群众受益、民主决策、上限控制”的原则，实行“一事一议”，由全体村民或村民代表大会民主讨论决定，也给农田水利建设带来巨大挑战。现在村庄水利工程每年的水损修护、防洪加固、清淤除草等工作，均需通过付费方式，让农户分段负责，有的地区则是基层水利服务站付钱请人，有的地区是村委会或用水协会承担这块支出，各地普遍反映财政支出负担加重，农田水利工作的建设管理工作更难开展。这标示着曾经作为投资者、组织者的国家进一步退出了农田水利建设，基层水利“最后一公里”问题面临缺人、缺钱、没人管，也管不好的境地。

鉴于基层水利服务体系建设相对滞后、管理不规范、经费保障不足等问题较突出，2012 年 6 月 7 日，为加快水利改革发展，健全基层水利服务体系，夯实基层水利工作基础，全面提高基层水利服务能力，水利部、中央编办、财政部联合发文《关于进一步健全完善基层水利服务体系的指导意见》，强调“以乡镇或小流域为单元，健全基层水利服务机构，强化水资源管理、防汛抗旱、农田水利建设、水利科技推广等公益性职能，按规定核定人员编制，经费纳入县级财政预算”，进一步明确基层水利服务机构的性质和职能，理顺基层水利服务机构的管理体制；科学设置基层水利服务机构，合理确定人员编制；建立经费保障机制和改进基层水利服务机构人员的管理方式，以及改善基层水利服务机构的工作条件等。可以看出，国家侧重加强基层水利服务体系功能，重建基层水利服务机构，从经费、人员、行政级别、管理体制等各方面加强保障，目的是解决“没人管，也管不好”的农田水利建设难题。这一次的基层水利服务机构和以往的水利站名称不同，在组建原则上更加因地制宜：“流域特点明显的地区以跨乡镇的流域为单元设立……跨乡镇水利工程较多或是乡镇幅员面积较小的地区以若干乡镇为单元设立片区基层水利服务机构；水利工作任务繁重、乡镇幅员面积较大的地区以乡镇为单位设立基层水利服务机构”。另外，基层水利服务机构的地位也得到了提升：可以作为县级政府的派出机构，不再是以往乡镇政府的一个处室，人员编制纳入公务员编制，专业技术人员比例不低于80%。

然而《关于进一步健全完善基层水利服务体系的指导意见》中没有改变的是，基层水利服务机构“实行以乡镇管理为主，上级水行政主管部门进行业务指导的管理体制”，本质上仍然是“条块”结合的双重管理体制。这在实践中常导致部门间利益冲突和权责不清，基层水利服务机构承担过多乡镇摊派的繁杂事务，无法集中有限人力物力解决农田水利建设等问题。值得注意的是，有研究表明（折晓叶、陈婴婴，2011；陈家建，2013），在基层行政资源紧张的情况下，上级部门为了推进自己的工作目标，越来越多地通过项目制来调动基层政府的积极性。目前各部委常见的项目化经费管理方式可以说是权衡“条块”利益下采取的一种制度安排，项目发包则是为实现这种安排而尝试的具体机制，即依据国家有关“三农”的大政方针，由部委设计出项目意向而向下“发包”：“上级部委以招标的方式发布项目指南书，下级政府代表地方或基层最终投标方的意向，向上申请项目。申请过程具有行政配置和自由竞争的双重性，而后上级部委作为发包方，将项目管理的一揽子权力发包到获得项目的地方政府，地方政府则有权确定行政配置那一部分的最终承包方，并且对各类项目的各项事务实施条线管理”（折晓叶、陈婴婴，2011）。例如，国家部门通过“发包”项目，自上而下地发布农田水利建设管理重大问题的焦点事项，向地方传达国家发展农田水利的意图和责任，动员地方财政、乡村、农户以配套的方式向项目指引的专项建设任务投入。

2009 年国家开始试行中央财政小型农田水利重点县建设项目（以下简称“小农水”重点县项目），探讨中央和省级政府共同负责分成投资、县级政府统筹规划、乡村组织自主申报和农民“一事一议”参与管理相结合的农田水利建设新思路。2010 年中央一号文件进一步强调要实行中央和地方共同负责制，逐步扩大中央和省级小型农田水利补助专项资金规模，对农民兴修小型农田水利设施给予补助，建立农田水利建设投入问题稳定增长机制。我们在实地调研中发现，各地对这种项目化管理方式又采取了灵活处理：有的以小农水重点项目为名推动农民用水协会的组建工作，凡是按照有关规定成立一个农民用水协会的村，补贴三万元，有的则将项目资金划拨到基层水利服务机构去分配，他们将申请到的项目经费用于水利工程的修护加固、防汛抗旱以及弥补水费缺口等，有的则以开发、扶贫、农林、水利、交通、能源等专项资金名义分散发包到各种涉农部门（水利局/水土保持局、财政局、农综办/农委、林业局、村两委等），农民用水协会等基层自组织需要向各种部门提出申请，往往要靠会长个人具有获得政府信息、行政人脉和运作关系的能力，向上争取项目资金，再将零散争取到的“条线”资金“打包”转移支付用于协会负责的各种农田水利事务，包括工程建设与管护、水费收缴不足等费用。

可以显见，项目勾连着中央、地方和基层单位之间的权力、利益博弈和创新关系，难以避免层次繁多的政府机构因为自身的利益而违背公共利益。大多数项目只能进入那些有相当财力、建设基础好、有资源动员能力的村庄，从而进一步加大了项目示范村与其他普通村庄的差别，这种资源分配不均，势必会阻碍公共服务在基层公平公正的提供。同时，项目制的集权化管理有可能会拉大政策制订与基层实际之间的距离，让保持上层权威与地方有效治理之间的矛盾更加严重（周雪光，2011），很难针对地方的实际需求来运作资金，更不能满足村庄社区和村民多样性、多层次的用水需求。

第二节　我国灌溉管理组织制度的变迁

我国灌溉管理组织制度大体可以划分为改革开放以前的灌溉管理组织制度、改革开放后至20世纪90年代的灌溉管理组织制度、20世纪90年代至今的灌溉管理组织制度三个阶段。

（一）改革开放以前的灌溉管理组织制度

20世纪50年代末，由于各种因素及体制的制约，我国仍未形成完善的水利行政管理体系。灌溉工程主要由农村基层组织公社（乡）、村（队）进行管理。随着水利部与电力工业部的合并，我国逐步完善了水利行政管理体系，从而改变了灌溉工程的管理形式，形成了以各级水利行政管理部门和乡（公社）、村（队）共同管理的灌溉管理体制。水利部是中央一级的水行政主管部门，农业灌溉的行业指导以及宏观管理是其主要职责。而大多数灌溉工程的管理是由市（地区）水利局或县水利局负责的，受益范围跨两个市以上的大型灌溉工程直接由省水利厅管理。在这种管理体制下，水利骨干工程实行专管与群管相结合的模式。

《灌区管理暂行办法》第七条规定：“国家管理的灌区，属哪一级行政管理单位，即由哪一级人民政府负责建立专管机构，根据灌区规模，分级设管理局、处或所。”专管机构，比如灌区管理或管理委员会等是由水利行政管理部门建立的。对于跨乡的灌区、跨县的灌区以及跨市（地区）的灌区则需要建立相应的县级、市级和省级水利行政主管部门的管理机构。灌区管理委员会或灌区管理局作为专管单位主要负责管理支渠及支渠以上的工程和用水。群众集体管理则主要负责支渠以下的工程和用水管理，主要由受益户推选出来的支斗渠委员会或支斗渠长进行管理，支斗渠委员会或支斗渠长受灌区专管机构的领导和业务指导。对于小型农业水利工程，如水库、塘坝、小型泵站及机电井等主要由乡（公社）、村（队）进行管理，即由受益户直接推选管理委员会或专人进行管理，实行民主管理，县级水利行政主管部门予以技术指导和服务。专管与群管相结合的灌溉管理体制如下图所示（见图2－1）。

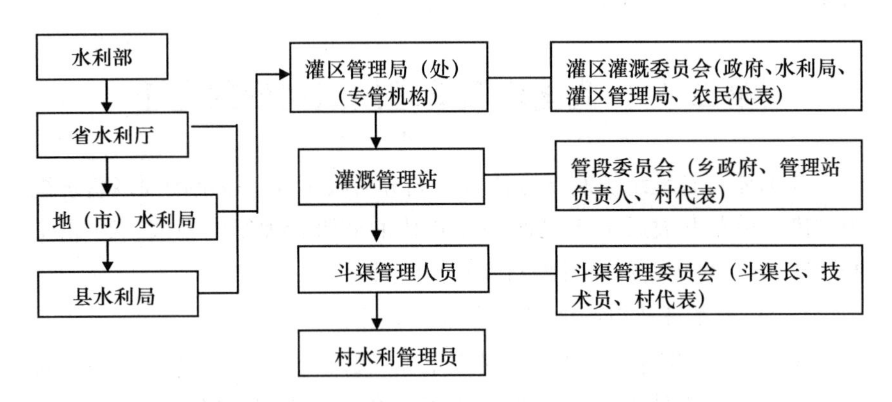

图2－1　改革开放前的灌溉管理组织制度

一个配套完整的灌溉工程一般包括以下三个部分：①渠首蓄水、引水和主要输水系统（包括总干渠和分干渠）是灌溉工程的核心，工程的修建、管养和投资通常是根据工程的规模、灌溉面积大小、行政界限等分别由省、地、县、市各级政府负责。②配水系统包括支渠和分支渠的修建和资金筹措则由地方政府负责，受益农民自愿投劳或由政府给予部分补助。③斗渠及田间配水渠道则主要由受益农民自筹资金和劳力，政府给予部分资金或建筑材料。

专管机构和群众管理是相互结合的整体，彼此相互分工与合作。但由于1978年以前我国主要是集中的计划经济，在灌溉管理体制上也是以集中管理为主，灌区管理权力过多地集中在专管机构，灌区管理委员会作用没有得到充分发挥，农民参与程度较低，灌区代表大会也没有起到灌区最高权力机构的作用。群众管理组织的作用也仅限于田间用水管理工作和提供维修渠道的劳力等，实际上被完全排斥在灌区管理决策之外。

（二）改革开放后至20世纪90年代的灌溉管理组织制度

在计划经济时期的政府或集体单一集权灌溉组织模式下，灌溉工程设施产权不清，不尽合理的水价形成机制造成水价偏低。灌溉用水制度无法对农户产生节水激励，落后的灌溉技术及用水计量方式使得灌溉水资源浪费严重。

在供水管理方面，灌区供水活动受政府行政行为影响明显，不能自主行使管理权，灌区管理单位体制僵化，管理效率低下；灌溉设施管护建设缺乏合理的投入机制，降低了设施供水效率，缺乏科学的水价形成机制以及合理的水费收缴管理制度。农村灌溉管理体制亟待改革以更好地提高灌溉农业的效益。

1978年党的十一届三中全会以后，我国实施改革开放政策，农村实行家庭联产承包责任制，国家的经济体制从计划经济体制向市场经济体制转变。与之相适应，灌溉管理体制也在逐步调整。特别是20世纪80年代至90年代初，全国已有不少灌区在国家改革大环境的带动下，推行承包经营责任制，实行所有权与经营权的部分分离。但这一时期我国农业水资源管理组织制度安排基本上仍然是计划经济时代留下来的“专业管理与群众管理相结合，以专业管理为主”的格局。

为与经济体制改革相适应，这一时期的农业水资源管理组织制度主要在以下方面进行了调整。一是灌区经费来源，由财政预算统一支付国有灌溉工程管理经费转变为用水户承担水费。在计划经济时期，灌溉工程管理经费主要由各地财政统收统支，经过1978年到1984年灌溉水费改革的探索，1985年水利部《水费计收管理办法》颁布后，灌区水利工程管理经费主要由所收取的水费负担，管理方式也由全额成本管理转变为成本监控管理，灌溉工程管理划分为自收自支和定额补贴两种。除了那些兼有防洪排涝及高扬程提水的灌溉工程为定额补贴外，其余工程均为自收自支。那些现有的骨干工程的扩建改建配套等所需资金，由各级财政和受益对象共同承担。二是农村小型水利工程运行维护费用由集体和农户自行承担。政府逐步退出了灌溉工程管理，灌区管理单位尽管是事业单位，但大多实行自主经营的企业化管理，在具体的经营方式上出现了诸如承包租赁、股份合作等多种方式。

1985 年《关于改革水利工程管理体制和开展综合经营问题的报告》指出，“全国大、中、小型水利工程管理单位都要实行经费包干和经营承包责任制……各级主管部门对所属水利工程单位逐个落实工程安全，调度运用，综合经营等方面的经济技术考核指标和生产经营承包责任制，并与之签订经费包干、经营承包合同。增收节支获得的效益，同水利工程管理单位利益挂钩，使其有责、有权、有利。”这段话意味着农村小型水利工程和其他大中型水利工程都要实行经费包干和开展经营承包责任制。随后，全国各地开始尝试水利工程管理与家庭联产承包制接轨的办法，试行各种形式的责任制包括合同制。但是，这一时期灌溉管理组织制度的权责关系仍旧沿袭了计划经济时期的做法，灌区的专管机构并没有完全摆脱行政部门的制约，而成为独立的服务实体。如图2－2所示，省水利厅及市县两级的水利局为灌区管理局或灌区管理委员会的上级行政主管部门，由于控灌规模的大小不同，水管单位可能直属于省水利厅，市或县水利局。在水管单位的干渠或支渠管辖范围内设有负责相应干支渠运行维护工作的管理所，而斗渠一般设有相应的管理站，村委会直接负责管理农渠与毛渠。水费一般用于水管单位的工资、管理费用及续建改造费用等。

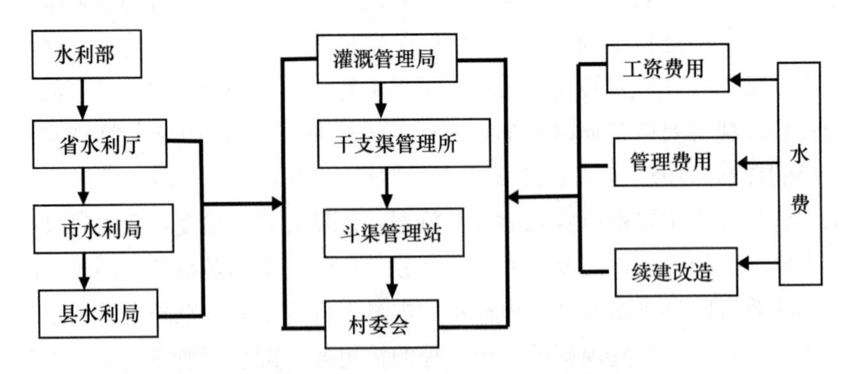

图 2－2　改革开放至 20 世纪 90 年代灌区管理体制示意

（三）20 世纪 90 年代至今的灌溉管理组织制度

1992 年党的十四届三中全会提出了建立社会主义市场经济的重大决策，同时在邓小平同志南方谈话的鼓舞下，水利部根据中央的布置结合水利改革工作的实践经验，于 1993 年在水利会议上提出了进行水利五大体系——水利投资体系、水利资产经营管理体系、水利价格收费体系、水利法制体系和水利服务体系建设的战略部署，进一步推动了以产权改革为核心的农村灌溉管理制度变革。黑龙江、山东、河南、陕西、河北、山西、四川等省进行了积极的探索和有益的尝试，产权改革的形式由单纯的承包扩展为承包、租赁、股份制、股份合作制和拍卖等形式，通过采取户办、联户办、个人承包、股份合作制等形式兴办小型水利工程。国家开始鼓励支持水利产权改革，全国出现了辽宁、河南的“五小”农水工程拍卖、股份制、股份合作制，陕西的“民办水利”，浙江的“五自”工程政策（“自行筹资、自行建设、自行收费、自行还贷、自行管理”）等一批典型，而浙江省更于 1997 年首先放开了建设权。至 1997 年全国约有小型水利工程 1600 万处，已有 241 万处进行了产权制度改革，其中实行股份合作制的小型水利工程约有 51 万处，进行拍卖的小型水利工程 32 万处（万里，1998）。

不过，就全国范围而言，这一时期农村小型水利工程产权制度改革仍然处于探索阶段，改革的理论指导和经验基础依旧很薄弱，还存在一些问题。大中型灌区的整体改革还没有开始，灌区管理体制与运行机制没有得到根本性变革。

1998 年 10 月党的十五届三中全会作出的《中共中央关于农业和农村工作若干重大问题的决定》中明确指出“鼓励农村集体、农户以多种方式建设和经营小型水利设施”，并发出建设社会主义新农村的号召。从此，全国各地掀起了“小农水”多种形式建设和经营的高潮。该阶段，我国结合大中型灌区更新改造和续建配套工作，在世界银行和国际灌排组织的支持下，开展了“用水户参与灌溉管理的改革试点”的实践，这一实践的典型形式是“自主管理灌排区”的建立，基本内容是在试点地区（灌区）建立农民用水协会（WUA）。国家对“小农水”的治理又增加了组织架构方面的尝试。

自主管理灌排区（Self-management Irrigation and Drainage District，SIDD），是国际上一种先进的灌溉管理制度，是在明确水利界限的条件下，改革计划经济体制下的灌溉排水区的管理体制和运行机制，并按照市场经济法则要求，通过灌区运行主体的自主管理、独立核算和用水户参与，逐步增强和完善自我维持能力和良性运行机制，最终实现灌溉排水区的良性运行。SIDD 通过组建供水公司（WSC）和农民用水协会（WUA），实行“公司＋协会＋农户”的组织形式。其中，供水公司按企业机制运行，自负盈亏；农民用水协会是由农民用水户自愿组成的非营利性管水用水组织。WSC 和 WUA 二者经济上相互独立，它们之间只是供水—用水合同关系。（管理模式见图 2－3）

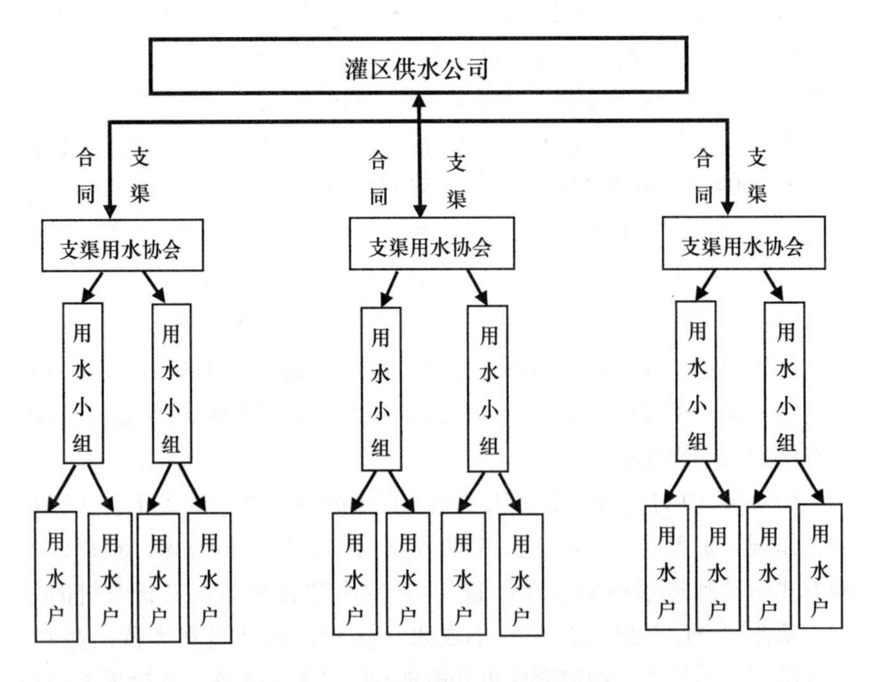

图 2－3　自主管理灌排区组织架构

自主管理灌排区的核心是通过农民用水协会的组建使用水户参与到灌溉管理活动中去，包括新建或维修水利工程开始时的勘察定位、规划、设计，以后的施工、质量监督，后来的水费收缴、资金筹集使用、订立制度、管理运行、维护，以及整个系统的监测、评估，参与和供水单位、水行政管理机构的对话以及决策。在实践中，灌区以支渠和大型斗渠为主分成多个渠域，每个渠域成立一个农民用水协会，协会在本渠域内行使独立的权力，制订和实施供水收费和渠道维护的规则，实现参与式管理。

1996年，在水利部农水司的支持下，由中国灌区协会在都江堰召开“用水户参与灌溉管理改革研讨会”，随后参与式灌溉管理工作在全国的各个灌区逐渐推广开来。随着参与式灌溉管理实践的深入，2000年国务院、水利部、国家农业综合开发办公室等或共同或先后发文针对灌区怎样实施参与式灌溉管理进行了规定，要求灌区进行管理体制和经营机制改革，建立良性循环的运行机制。特别是，文件中除了体现参与式灌溉的内涵外，还把发展农民用水协会提到了政策的高度。在2002年颁布的《水利工程管理体制改革实施意见》中，提到“积极培育农民用水合作组织，改进收费办法，减少收费环节，提高缴费率”“要充分发挥用水户的监督作用，促进供水经营者降低供水成本”“小型农村水利工程要明晰所有权，探索建立以各种形式农村用水合作组织为主的管理体制”。用水协会既集中体现农民参与的成果，又是政府、水管单位与农民交流沟通的载体。2003年，水利部发文《小型农村水利工程管理体制改革实施意见》，提出“通过改革，力争在3—5年内全面完成小型农村水利工程的管理体制改革，逐步建立适应社会主义市场经济体制和农村经济发展要求的工程管理体制和运行机制。”从这些政策的调整可以看出，国家希望将农村灌溉设施产权结构多元化，治理形式多样化，其中的主线就是提倡用水者农民进入“小农水”治理领域，发挥其主观能动性。

2005年水利部、国家发改委、民政部联合发布《关于加强农民用水户协会建设的意见》，提出农民用水协会建设指导意见，正式将农民用水协会作为灌区主要的参与式管理方式确定下来。另外2004—2011年连续8年，中央出台的“一号文件”中都强调要大力发展农田水利建设，其中2007年将农民用水协会的发展作为灌区改革的方向提上了议程，2011 年“一号文件”明确提出“从土地出让金中提取 10% 用于农田水利建设”，加大公共财政对水利的投入，大幅度增加中央和地方财政专项水利资金，为用水协会未来的发展提供了重要的政策支撑。这既反映了新形势下水利的战略地位，也是水利建设明显滞后的必然要求。

（四）我国农民用水协会发展现状

在我国农村基层的治水实践中，由于日益增加的财政负担和低效的管理，政府集中供给灌溉基础设施出现了灌溉系统老化失修、灌溉面积萎缩、灌溉效益低下和农业生产力下降等难题。2003 年开始的小型水利设施产权制度改革，反而使农田水利条件极度恶化，使农民应对干旱天气的能力大大降低。税费改革后，乡村组织逐步脱离农田灌溉，农户成为独立的农田灌溉单位，又因为国家积年的水利欠账，农田水利基础设施出现严重毁损，农田水利再次陷入困境（贺雪峰、郭亮，2010）。由此，农田水利的市场化、私有化改革及其过程中的市场“困局”和税费改革后“乡村治权”的弱化及治理能力的衰减所导致的政权“悬浮”（焦长权，2012）两者相互作用与影响，在实务上导致农田水利“最后一公里”问题趋于复杂化，在理论上也使农村灌溉合作用水组织如何可持续发展再次成为学界关注的焦点。

从 1995 年开始，在中央、省、市各级领导的重视和世界银行的帮助下，湖北省漳河灌区率先进行自主管理灌区试点工作，按照“供水单位 + 农民用水协会”的模式对灌区管理体制进行全面改革。改革内容涉及对灌溉主系统管理单位进行内部体制改革，对支、分渠以下末级渠道组建农民用水协会。1995 年 6 月 16 日，漳河灌区三干渠洪庙支渠农民用水户协会在全国率先组建成立并投入运行。全国第二个农民用水协会则于 1995 年 12 月 19 日出现在湖南铁山灌区。1997 年我国又在世界银行贷款支持下加强灌溉农业二期项目区建设，选择山东、河南、江苏、河北、安徽 5 省进行“经济自立灌排区”的试点。仅江苏省皂河灌区从 1998 年开始就在其所辖县（区）民政部门登记注册了 18 个农民用水协会。2006 年，在世行贷款加强灌溉农业三期项目区计划中又加入了内蒙古、吉林、重庆、宁夏、云南 5 省和自治区。其中内蒙古河套灌区 1999 年开始建立农民用水协会，现已有 50% 的支渠、斗渠建立了农民用水协会。全国其他地方也纷纷出现了与农民用水协会性质基本相同的自治组织，如浙江诸暨水利会、水业合作社等，只是名称略有不同。从全国各地实践来看，农民用水协会的出现，促进了我国灌区管理体制与运行机制的整体改革。

本书基于对全国多个省份农民用水协会的实地调查，分析和总结了现阶段农民用水协会发展面临的主要问题和影响协会绩效的主要因素，通过挖掘主要案例点，进行比较制度分析，探究在不同的村庄属性、社群属性和规则属性下，协会运转成功与失败的原因。在此基础上，基于复杂社会网络视角，将农田灌溉系统视为人—自然复杂互动的产物，将农村社区模拟为以农户为节点、以农户之间的各种社会关系为连边的社会网络；运用计算机仿真技术考察灌溉自组织中异质性主体合作行为的扩散机制和主体之间的社会关系对扩散机制的影响，进而讨论用水协会的制度绩效等问题，深入分析用水协会这种农户自组织形式如何得以可持续发展的制度机理。在结论部分，研究指出，目前农民用水协会多数还是由外力推动形成，以政府主导为主，带有浓厚的行政色彩，容易出现“科层化”。首先，在自组织发展初期，这种外力推动是非常有必要的，但从长远发展来看，农民自组织最终还是需要实现内生性发展。其次，用水协会内部管理不够规范，自我造血功能不足，协会运转的好坏与会长个人的经营能力有很大关联，这与集体计划经济下中央集权配置资源的制度背景有关，需要从制度规则上为农户自组织创造更多的发展空间。最后，社会资本对自主治理结构的形成并非是决定性的，但是，社会资本对自主治理结构的维持与巩固有着重要的作用。

第三章　农田水利基础设施合作治理的理论回顾

第一节　政策网络与政府治理理论

“政策网络”（policy networks）是20世纪70年代末以来西方政治科学研究中的重要流行术语。在早期，公共政策过程的网络分析主要是作为一种解释多元利益相关者在公共政策过程中的复合博弈和交互作用的分析框架出现，也是试图调和宏观国家—社会分析与微观理性制度主义之间张力的理论探索。20世纪90年代后，政策网络主要被当作一种公共治理的新解释框架和管理工具，许多政策网络研究学者逐渐把网络分析法与近年来兴起的治理理论进行联姻，促使政策网络的分析单元从互动行为解释转向公共治理实践。如英国的罗茨，在他的新书《理解治理：政策网络、回应性与责任》《新的治理》中，就已经把政策网络的研究重点转变到政府的网络治理问题（Rhodes，R. A. W.，1997）。这种研究上的经验转向，极大地延伸了政策网络的应用维度，弥补了政策网络作为分析模型缺乏经验印证的缺陷，并使政策网络在社会公共治理层次上彰显出新的生命力。

一　政策网络：发展脉络与研究趋向

“政策网络”是一个发展脉络相当庞杂和宽泛的概念，人们对它的理解也存在着不同程度的分歧。但是，相当广泛的学者同意政策网络是一种中层的概念，是政策制订过程中利益团体与政府部门关系的微观分析以及宏观分析的联结桥梁。一般来说，它是一系列非等级性、交互性的相对持久而稳定的关系网络，网络的参与者对政策过程存在比较一致的利益诉求，他们通过交换自身资源的合作过程获取利益报酬或达成共同目标（Tanja A. Borzel，1997）。在早期，政策网络主要作为研究国家与压力团体之间利益协商、调解活动的分析框架，它的出现与20世纪60年代以来多元主义和统合主义在解释国家与利益团体关系上产生的争议紧密相关。

众所周知，第二次世界大战之后，在西方国家，“多元主义”是一个与“极权主义”相对的名词。它蕴含一个规范性信念，即权力与政治权威应该广泛地分配于各种团体，国家并不具有宰制地位，不能仅以正式的宪政结构和官僚组织解释国家的治理。而公共决策主要是由利益团体利用不同资源和策略竞争，左右决策过程后的结果。可以说，长期以来，多元主义在解释国家与利益团体关系的研究中占有支配性地位。20世纪70年代后，多元主义受到统合主义的严峻挑战，统合主义批判多元主义难以解释现实社会中利益团体、官僚机构和立法机关之间共通的政治利益和资源交换现象，认为国家为了处理阶级冲突而发展统合模式，将利益团体整合到政府决策制订过程，让组织化的利益团体分享国家主权，在合作的安排下实现共享目标。著名的“亚政府”和政策“铁三角”等理论就是在这种背景下提出的。“亚政府”理论认为，政策制订过程的研究不能忽视官僚、国会与利益团体互动的亚系统，而政策“铁三角”则以更为尖锐的“隐喻”凸显了政府、国会以及利益团体之间的亲密关系。

由于政策“铁三角”理论与传统的多元主义相左，20世纪70年代末期，美国学者赫克罗试图修正“铁三角”封闭的决策运作体系，强调开放性的“议题网络”在政策过程中的重要作用，以此捍卫多元主义的解释框架。他认为“铁三角”和“议题网络”分别是政策系统光谱的两个端点，议题网络的参与者不断变换，没有铁三角的制度化，比较不稳定（Heclo，H.，1978）。而麦芬兰德也追随赫克罗议题网络的用法，把议题网络定义为在一些政策领域内那些有兴趣的成员构成的交流网络，包括政府权威、立法者、商人、游说者、学者和记者（McFarland，1987）。可以看出，议题网络的概念已经具备了政策网络的基本雏形。随后不久，英国学者罗茨（R. A. W. Rhodes，1988）试图摆脱多元主义和统合主义二分的桎梏，发展了议题网络的概念，系统地建构起政策网络的理论框架。罗茨运用政策网络的概念来分析英国地方政府以及次级的中央政府（sub-central government），描述了在政策网络中中央与地方政府采用的各种游戏规则和战略，如合并、咨询、讨价还价、回避、激励、劝说以及职业化等。他还对政策网络关系类型进行划分，把政策网络界定为利益集团介入政府决策后形成的资源交换与权力依赖的结构化关系。

与这种侧重把政策网络作为分析方法或解释框架的英美研究取向不同，近年来，以德国和荷兰的部分学者为先驱，许多政策网络学者逐渐把网络分析方法与治理理论结合起来，使网络理论从政策分析工具向社会治理解释框架转型。他们认为，现代社会以结构分化和亚系统自主化为鲜明特征，公共与私人行动者在政策制订过程中产生了功能上的相互依赖性，政府越来越依赖于进行资源交换和水平合作的政策网络机制进行治理。政策网络平等、协调、自我统合和资源互赖等特质，容易培养出共同的价值与信任并形成一套问题解决的水平协调机制。可以说，“政策网络不仅描述了政治体系中的结构变化，还刻画了一种与官僚机制、市场机制鼎足而立的新治理模式”。（Kenis Patrick and Volker Schneider，1991）

至此，我们可以描绘出网络分析的两个研究取向：利益协调类型和治理模式。前者以美英研究为代表，认为政策网络是“多元主义”和“统合主义”的替代模式，政府与利益团体之间的互赖关系是分析重点；后者以德荷研究为代表，认为政策网络是一种特定形态的治理，是政治资源广泛分布于公共与私人部门时的动员机制。利益协调途径更多的是从经验事实角度描述部门的政策制订与次级部门的政策制订；而治理途径则更多从理论创新角度把政策网络解释为相对稳定与持久的关系网，是动员广泛分布的政治资源和协调集体行动的治理机制。而后者，则逐渐成为20世纪90年代后政策网络研究的主流趋势，并为政府治理日益多元、流动和交结的现代社会提供了新的理论资源。

二　政策网络与公共治理：关系与维度

实际上，作为新治理模式的政策网络与现代社会的分化和交互结构是相互契合的，网络型的政治社会生活的日渐凸显，在某种程度上构成了政策网络概念模式研究转型的现实基础。在20世纪后期，网络作为一种具有节点、洞眼和环路特点的结构化形态，早已成为人们分析环境生态系统、社会自组织状态、市场制度安排和公司治理的时髦话语。甚至，许多社会理论家将网络理解为后市场、后工业化社会和政治结构的新形式。例如，学者Castells根据技术、金融、生产、通讯和政治领域中发生的变化描述并解释了网络社会的轮廓和发展缘由，认为这些领域的变革恰恰是政治国家终结的信号。政治国家受到非政府的民间网络的严峻挑战，Castells将这种网络描述为资本、生产、商业、犯罪、跨国组织、超国家军事组织、非政府组织、跨国宗教和公共舆论运动，并认为“国家的未来发展……将逐渐成为权力网络的交叉点……成为施行权力和抗拒权力的网络体系。国家本身是无权力的，因为它依赖于一种更为宽广的权威体系并受到多层次资源的影响……这种情况对政治国家的理论和实践产生了深远的影响”（Castells M.，1997）。

正是在国家与社会日益交结互缠、社会结构日趋网络化的背景下，作为治理模式的政策网络显示出尤为积极的意涵：政府权力在自愿进入、资源交换和信念共享的政策议程中扩散，从而使公共政策的形成与执行告别“政治黑箱”时代。这种网络关系的特点是互惠与相互依赖，不是竞争；是以信任为基础的战略，不是零和博弈。在部分学者看来，政策议程的主体扩大与过程秩序已经架构出与治理理论联姻的政策网络的基本特质：①参与组织的相互依赖性；②成员交换资源和协商利益的持续互动；③互动按照“游戏规则”进行，并能产生信任；④国家干预之外的社会实质性自主（Rhodes R. A. W.，1997）。作为治理的政策网络关注社会无序与不确定性，认为政策网络中的行动者并不能预设为带着确定利益和议程的，因为他们的行为都是网络中社会互动的结果。可以说，“政策网络是公共部门与私人部门、官僚制度与市场结构之间的桥梁，也是特定政策问题或议程的准制度性联结形式，其中，没有一个单一的行动者有足够的权力垄断网络中的战略行动”（Kicker T. et al.，1997）。总之，政策网络研究对政府治理改进的启示可以从以下几个维度来理解。

首先，政策网络中主体复合依赖和权力交叉流通模式，为政府结构从科层治理向网络治理形式发展提供了理论框架。公共政策作为一种权威性的价值分配方案，任何一项具体政策都涉及其相关群体的利益。这意味着公共政策的形成与执行必须经过充分的合法性论证，经过多层次利益相关群体的博弈和协商。同时，在公共与私人组织互赖性日益增强的现代社会，任何脱离民间网络支持的公共政策都会极大地增加政府治理的交易成本。作为治理结构的政策网络，描绘了公共政策责任主体多元化的图像，预示着政府在推行公共政策过程中既要避免单向的控制机制，又要充分注重政策效果反馈的回路；既要承担起领导、协调的关键角色，又要重视与社会网络组织建构合作和交流机制。有不少事实证明，网络治理对复杂社会问题的解决比科层治理更为有效。美国学者兰道在其研究旧金山湾区有关交通系统的重复建制问题时，认为该区交通系统是由政府、非营利组织以及其他混合型机构组合而成，并不是由传统所谓的政府部门来统一管理，而是自组织的网络架构，集体领导的有效网络治理系统。而这种系统比单纯的政府科层化管理效果要好（Landau M. ，1991）。

其次，政策网络所强调的权变情境和复合议程，为政府选择、组合和优化适当政策工具提供了现实平台。在政策网络中，不确定性和无序是社会问题的一个基本情境，因此，在政策设计与执行时，必须把政策目标落实为具体政策行动，通过各种可供选择的工具类型达成预期政策目标。换言之，政府必须针对不同的政策环境（例如环保、治安、烟酒或能源等），在其工具箱中，选择单一或多重组合的有效工具（例如传统权威管制、经济诱因、志愿性工具等），促成标的团体的主动接受或服从。正如加拿大学者霍莱特和拉梅什（M. Howlett and M. Ramesh）所说，政策工具的选择不仅要考虑目前的预算限制、公民与政策次级系统的支持，还要考虑文化规范与制度决策工具的合法性（Howlett，Michael and Ramesh M. ，1995）。这意味着，政府必须把民间组织、压力集体和普通公民，以及信任、社会资本、非正式关系、文化等社会网络关系纳入政策选择程序，根据政策网络中的权变情境和资源依赖程度，在政策执行工具的光谱上选择介入的层次和方式（见图3－1）。对作为治理模式的政策网络而言，强制性工具（管制性工具）由于强调一致性，缺乏弹性而无法在网络环境中发挥功效。因此，政策网络管理更需要依赖具有诱因性、沟通性、契约性和自愿性的政策工具。

家庭与社区	信息与规劝	管　　制
志愿组织	补　　助	公共事业
私有市场	征税与使用者付费	直接提供服务

低　政府介入层次 → 高

自愿性工具	混合性工具	强制性工具

图3－1　政策执行工具的光谱

资料来源：Howlett, Michael and Ramesh M. *Studying Public Policy*: *Policy Cycles and Policy Subsystems*, Oxford: Oxford University Press, 1995, p. 82。

最后，政策网络中的互动合作机制和学习交流机制以及在此基础上建立的一致性知识、观念、信仰和价值，为政府通过政策学习提高治理能力提供了价值支持。20世纪90年代后，许多学者通过对政策网络中的学习与交流行动进行分析，认为德国马克思—普朗克学派（Max-Planck-School）的理性制度主义视角，忽略了政策网络中的一致性知识、观念、信仰和价值。他们认为，政策网络成员享有一致性的知识和集体价值体系——“一系列基本价值信念和问题认知”，能够形成“倡导联盟”（advocacy coalitions）或“辩论联盟”（discourse coalitions）并影响政策结果，而这种联盟并不依赖于理性选择而是依赖于交流过程，如政策协商。在萨巴蒂尔看来，网络中特殊的团体拥有较为一致的核心概念，当团体间产生分歧时，这些核心的概念可作为沟通的桥梁，让彼此经由相互学习解决歧异，进而促成政策的改变（Paul A. Sabatier, 1993）。可以说，公共政策的选择过程并不完全是理性选择的结果，也不能以客观的理性加以描述，而是一个受到政策工具特性、问题情境、政府过去处理类似问题的经验、决策者主观偏好以及政策利益相关团体所影响的渐进调适过程和学习过程。而政策网络中的协商和交流机制，使政府可以通过内生型学习，如教训吸取和外生型学习，如社会学习，提高治理行为的适应性和生命力。

三 作为新治理框架的政策网络

20 世纪 90 年代以来，网络型的社会形态逐渐浮现，全球化与信息化使得现代社会组织结构及其关系面临新的挑战。Castells 在其《网络社会的崛起》一书中曾说："网络社会以全球经济的力量，彻底地摇动了以固定空间领域为基础的国家或其他任何组织形式。以往我们习惯思考社会的知识范畴，在信息化的社会中已经变得过时了。"（Castells M.，1996）可以说，网络社会相互纠结并交错在各个社会组织之中的多元化权力核心，将强烈挑战传统的政府制度。正如德国的法兰克福学派认为的那样，现代社会的复杂性、动态性与多元性，国家机关已无法单独治理。地域功能的分化使得政治系统有效地解决问题必须结合次级系统的能力与资源，国家与社会的许多组织已形成绵密互动、相互依赖的政策网络，政府治理日渐依赖于层级控制体系之外参与者的联合资源与相互协作（Kooiman，1993）。作为新治理框架的政策网络正是以其水平协调、自我统合、相互联结等鲜明特征，回应日益网络化的现代社会，弥补科层化治理机制的不足。不过，从理论研究角度看，目前的政策网络研究依靠的多是案例研究，注重经验研究而缺乏对政策网络本身的理论研究，更没有形成一套完整的政策网络理论，从而使政策网络不能像社会学中社会网那样有一套相对完备的理论架构及丰富的研究路径和方法。因此，政策网络研究与其说是理论创新不如说是经验叙述，与其说是对政策结果的预测不如说是对历史的回顾（李瑞昌，2004）。从这个角度看，政策网络分析似乎难以跨越描述性层次而发挥政策解释功能；而从实践创新角度看，作为治理模式的政策网络以政策行动者为主体，试图通过平行的网络协调机制协助政府处理政治系统中日趋复杂性、动态性与分歧性的社会问题，但是它却可能导致科层体系与行政功能的过度分割化，弱化了政治系统中的民主监督和社会责任机制。此外，政策网络是一个相对不透明、难以渗透的利益代表结构，容易形成私政府（Private government），因为，网络成员并非由民主机制产生，不一定都具有社会代表性，其自身利益与社会利益往往存在落差。

应该说，尽管作为治理模式的政策网络概念尚未成熟，也缺乏系统的理论支持，但是，政策网络与治理理论的联姻尝试，使政策网络得以架构在社会公共治理层面上，为政府治理日益多元、流动和交叉的现代社会提供了新的理论资源。在复杂、动态和多元的现代社会中，国家与社会的许多组织已形成绵密互动、相互依赖的政策网络，这实际上已经构成了公共政策过程中一个难以回避的外在因素。在某种程度上可以说，现代政府治理面临的一个重要挑战就是在高度交互性的社会中不断革新管理方式、机制。在这方面，政策过程从分析框架向治理模式的研究转型无疑为政府治理方式的改进提供了思想资源和现实路径。

第二节　复杂适应系统理论

随着社会公共治理范围的扩大，公共政策的施政对象也日益多元化，涉及人与自然或社会—生态交界的各种复杂问题。尽管关于人类与自然互动的研究并不少见，但人们对这种互动的“复杂性”仍缺乏深入或及时的认识（Berkes F.，Colding J. and Folke C.，2003）。例如，从20世纪30年代开始广泛使用应用氟利昂的电冰箱起，人类足足过了将近50年才意识到氟利昂对臭氧层的严重破坏作用。许多人类习以为常的行为，却足以给自然带来灭顶之灾。譬如，世界某地居民对奢侈品的需求，可能对千里之外的自然系统状况造成不利——欧洲人热衷于购买从巴西苏木中提取的糖和红色纺织染料，就永久性地改变了位于南美洲的大西洋沿岸森林的状况（联合国千年生态系统评估理事会，2007）。

20世纪70年代以来，为了研究这种自然与社会领域中的非线性、不确定性和混沌的“蝴蝶效应”现象，一场试图从生物学、经济学、计算机科学、物理学、数学、哲学等多个领域的复杂系统之间找出共性的跨学科研究革命——复杂科学（the science of complexity）开始兴起。

复杂科学的发展为自然资源环境治理的研究带来了新的启示，人们开始认识到社会系统和生态系统是不可分离的整体，每一项挑战当代社会环境难题（如气候变迁、森林砍伐、物种流失）的原因都是“多种多样、分散的和复杂的，并超出了那些传统地依靠科学活动进行管理和控制的学科内容”（Jasanoff S. et al.，1998）。

复杂性科学是一个以系统理论为基础，通过考察事物之间的复杂关联与互动来研究问题的交叉学科（Holland，2014），其核心内容为复杂系统理论。该理论认为，社会现象是社会系统中各类相关行为主体相互作用而呈现出的状态。在一个社会系统中，各类行为主体按照一定的规则行动和相互作用，这些个体层面上的互动能够在宏观层面上涌现出新的属性和机制，这个过程往往不需要外力的干预，而是通过个体的自我组织和自我协调来实现自身的秩序，这类系统也被称为复杂适应系统（Complex Adaptive Systems）（Miller and Page，2009）。

复杂性是物质世界以及人类社会在演化中所展现出来的重要特征，复杂性科学已经成为一种学科交叉综合的新研究范式，是目前方法和理论研究的新热点。复杂性科学关注的系统演化、涌现、自组织、自适应、自相似等特征是众多社会问题的共同特征。通过发展非线性、多智能体与复杂网络等模型和方法，复杂性科学不断为复杂问题的解决提供新思路、方法和工具（杜海峰，2009）。

（一）在理论上，复杂性科学为灌溉治理问题的研究提供了一个跨学科的研究范式

灌溉系统作为一种复杂的自适应系统，它既包含了物理基础设施（泵站、渠道和堰塘）、社会基础设施（如信任、互惠、社会关系网络），还包含了制度规则设施（如激励、合作、监督与惩罚）等人与自然耦合系统的关键要素，又容易经受不同治理体制、集体行动的影响而发生资源利用问题，是一个难以从单一学科角度来研究的复杂性问题。理解这种复杂自适应系统的演化过程需要多学科知识的交叉与融合。综合应用自然科学与社会科学的多种分析工具和方法，才能更好地揭示灌溉治理中主体合作行为的本质规律、形成机制和演化路径。

以往，学术界对这一问题的研究多是分立的，呈现出典型的“碎

片化”特征。如水利水电、农业工程等工科领域，往往视灌溉为提高用水效率的一种技术结构或技术要素，主要从水资源使用范围、效率和收益的角度研究农田灌溉系统的建设、利用和分配过程，对各项水利活动的边际成本和边际效应进行总结（Keller et al.，1998；Molden et al.，2000；Hayami et al.，1976），着重探讨农田灌溉中水资源的利用和分配问题，侧重从宏观管理维度分析一些发展中国家农田灌溉设施老化、技术落后、投入不足、灌溉效率低下等弊端，处于一种静态的要素分析（韩青、谭向勇，2004；韩洪云、赵连阁，2000；戴旭，1995；冯广志，1999）。生物学、地理学、环境科学等则从生态系统服务功能（动植物栖息、景观生态、生物多样性、气候调节）、生态足迹（虚拟水）、地形地貌（地理信息系统与水资源勘测）、水资源变化（如水质、水量、水循环）、水污染（水源涵养、河川保护、灾后修复）等角度来分析和评估灌溉水资源的利用情况。而社会学、经济学、政治学等社会科学则主要关注农田灌溉的组织与管理行为，一般采用社会冲突、集体行动、动态博弈、制度分析、成本—效益分析、乡村治理等技术方法与理论视角，将灌溉系统作为一种制度结构或社会结构来研究。

在不同学科的多种研究范式下，对灌溉治理问题的研究如同多种语言和种族的“巴别塔”，学科之间缺乏对话的桥梁，在分析和处理复杂系统问题时，存在“头痛医头、脚痛医脚”的片面做法，研究视角较为单一，无法从微观行为机制上把灌溉系统中非线性因素在统一的目标、内在动力和相对规范的结构形式中整合起来，形成灌溉系统的宏观时空结构或有序功能结构的自组织状态，对微观利益主体的复杂互动在宏观涌现的发生机制也欠缺深入的考察。而以多学科交叉为特征的复杂性科学为上述问题提供了可能的解决途径。计算机仿真模型可以最大限度地接近社会系统及社会治理的实际，我们可以像自然科学家做实验一样，通过对虚拟社会情境进行“沙盘推演”，同时结合数学模型，虚、实研究方法相结合，模拟灌溉自组织治理的机制和治理行为，就可以做到未行先知，然后有目的、有针对地实施自组织治理行为。

特别地，灌溉自组织治理行为主体之间的交互关系是并行的、局部的（非完全信息）、无中央控制的。这些局部的、微观的交互在宏观上涌现出种种规则，比如合作行为规范等。这些涌现出来的宏观层面的模式反过来又影响和限制了主体间的交互行为方式。这样的“有机”过程或说合作形成的微观机制是怎样的？这个过程能否仿真出来？这种有机过程往往是非线性、难以预测的，可以尝试通过社会网络来模拟，例如可以考察什么样的社会网络结构容易产生自组织治理结构。这种社会网络结构中合作的扩散机制是如何形成的？这些为今后对有关灌溉治理合作行为的研究留下了进一步探索的空间。

（二）在研究方法上，复杂性科学为研究集体行动和合作秩序的涌现提供了有效的分析工具

1. 计算机仿真是考察从微观行为到宏观现象之动态形成机制的有力工具。不同于数学模型，计算机仿真模型直接模拟微观个体的行为过程，能够在模型中融入个体的异质性、个体之间的互动等因素，为考察从微观个体的行为动机到宏观结果的形成机制提供了一个新的平台。运用计算机仿真技术模拟社会经济现象进行科学研究的具体方法有多个，常用的包括基于主体建模、微观仿真、系统动态等。本研究主要涉及基于主体建模，主体建模和微观仿真方法的数理依据和技术手段是一致的，区别在于：（1）基于主体建模中的运行规则是基于个体的微观行为设置的，适用于与行为机制相关的理论和实证分析；微观仿真中的运行规则是基于宏观政策设置的，适用于检验政策的实施结果。（2）基于主体模型是一般均衡模型，而微观仿真模型是局部均衡模型。

在本书第八章中，基于主体建模将被用于对农户等各类利益相关者在社会关系网络上的互动进行建模，从而探究灌溉合作行为发生与灌溉自组织治理形成的机理，并据此提出相关政策建议，运用微观仿真（模拟如何通过调整政策参数以影响农户的合作行为，进而又对整个合作机制的形成施加作用）来分析该建议的有效性及其后续影响。在操作上，上述两种仿真方法均可以通过 NetLogo、R 和 Matlab 等社会仿真工具来实现，图 3－2 显示了一张模拟社会网络中合作扩散过程的 NetLogo 界面。

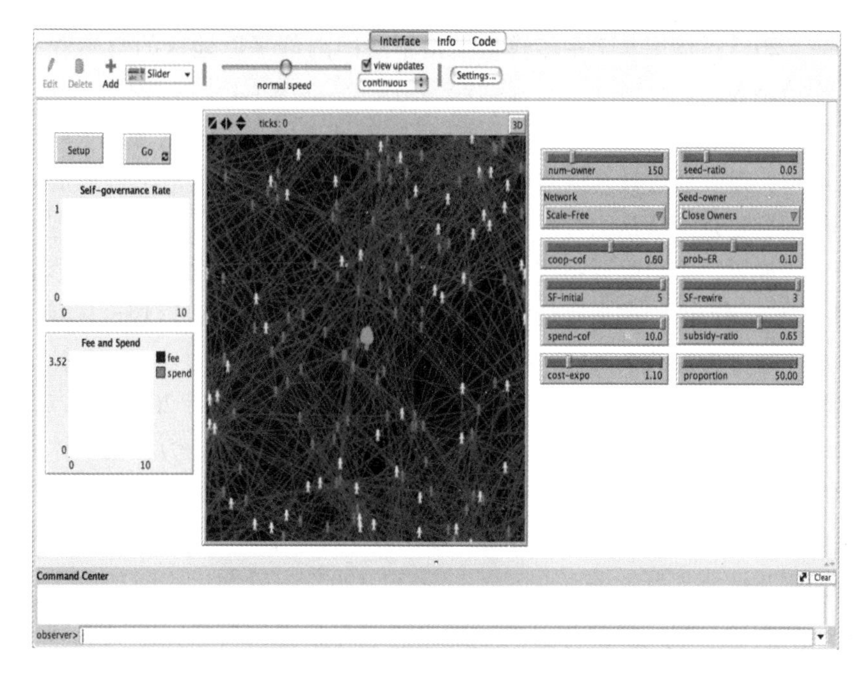

图 3-2　仿真社会网络中合作扩散过程的 NetLogo 界面

基于主体建模方法在公共池塘资源研究中已经得到了广泛应用，尤其发展中国家农业与森林资源、灌溉水资源的管理。例如，以印尼东加里曼丹的社区林业为案例，对各种利益主体在参与式森林管理情境下的互动行为与结果进行参与式建模（H. Purnomo et al.，2005），该模型的研究思想被认为有助于激励主体参与协商和制订决策。这种研究方式在南太平洋基里巴斯共和国珊瑚岛居民的参与式实践（Dray et al.，2006）、泰国东北部（Naivitit et al.，2010）、哥伦比亚亚马逊地区（Pakand Brieva，2010）和越南等地（Castella et al.，2005；D'Aquino et al.，2002）已经取得了成功。相当一部分文献将基于主体建模方法应用于一系列案例研究中，如 Barreteau et al.（2001）应用参与式建模，解释了塞内加尔河流域的灌溉计划失败的原因。他们利用一个角色扮演游戏和称为 SHADOC 的多主体系统，模拟了在灌溉区域不同地块的水资源配置决策中，各利益相关者之间的互动模式。Gurung et al.（2006）应用参与式建模分析了不丹中西部地区灌溉水资源管理的协商过程；Etienne（2013）运用基于主体模型模拟了法国南部平原地区的自然资源管理策略等。

2. 复杂网络分析（Complex Network Analysis）为考察人际关系网络的结构，以及通过社会网络所发生的个体互动行为提供了一个有效的理论模型。复杂网络是综合以往的自组织理论、非线性理论与复杂性理论研究的成果，突出强调系统中行为主体之间的关联及其拓扑结构而形成的一门新的理论。作为复杂系统的一般抽象和描述方式，该理论从网络结构角度分析复杂系统的结构形态，提出了可以应用于自然系统和社会经济系统的普适性研究视角和分析平台（史定华，2005；陈禹，2005）。它将复杂系统模拟为由点和线组成的网络结构，为考察个体之间的关联与互动提供了一个有力的分析工具，相关模型和方法在国外社会学领域已经被广泛研究和应用，如社会支持网络的特点、内容以及社会关系与社会支持的关联（Van delpoel，1993），社会讨论网（也称人际交往网络）对个体意识、行为的影响以及个体如何通过网络影响其他个体（Marsden P. V.，1987）等。

本研究主要运用复杂网络分析考察我国农田水利社会关系网络的基本特征（连通性、聚集性、可达性和网络距离等）与拓扑结构，探讨这些网络与典型性复杂网络（随机网络、无标度网络）的相似性。此外，我们还将复杂网络作为个体的行为规则纳入常见的扩散模型来分析农户灌溉合作行为的扩散，从数量上识别出影响扩散的因素。上述分析均可以通过 Gephi、UCINet 和 R 等网络分析工具来实现。

在公共合作领域，新近一些文献揭示了社会网络结构对社会群体中合作行为的产生所起的作用，例如苏萨卡（Takuji W. Tsusaka，2015）以菲律宾灌溉和非灌溉区农户为实验对象，分析了合作行为中的“同伴效应”，发现内生型的社会合作是否形成取决于当地的灌溉条件、社会行为类型以及邻居类型，只有那些集体灌溉管理活动能够增强当地社会联系的灌溉区域，利他的合作行为才会受到同伴效应的影响。哈佛大学研究人员的实证性研究揭示了坦桑尼亚北部哈扎猎人（Hadza）之间的社会合作网络具有现代社会网络的特征，如高聚集性、同质性和互惠性等（Apicella C. L. et al.，2012），表明社会网络的一些结构特征以及合作机制可能在人类早期就已经形成。雷德（Rand D. G.，2011）基于实际网络中的博弈实验，发现合作行为只有在网络快速演化时能够维持，对其他情况，合作行为则随着重复博弈的递进呈明显下降趋势。此外，快速动态演化的博弈网络的度分布更广。Watts（2012）做了类似的研究，也发现结构动态演化可以促进合作和同配特性的涌现。西班牙学者研究了更大规模网络上的人类博弈实验（Gracia-lazaro C. et al.，2012），发现合作水平随着时间演化而递减，且不同结构的网络上合作水平相似，这与前期理论研究得到的异质网络结构促进合作的结论相悖。此外，个体合作倾向性与邻居合作数目（而不是邻居收益）相关。莉（Lee，2011）研究了一个多层次适应的动态网络演化博弈模型，认为博弈动力学的多尺度演化导致了层次结构的涌现。此外，在气候变化方面，研究人员发现，无标度网络上参与博弈的群体规模多样性有利于全局协作，容易达到抑制气候变暖的目标（Santos F. C. and Pacheco J. M.，2011）。

过去二十多年的理论研究表明，人们通过各种社会关联所结成的社会网络能够有效地抑制机会主义行为，使得个体之间的互惠得以保护，从而促进自发的合作行为的涌现。

我国复杂网络研究相对比较滞后，相关成果多集中在跟踪性介绍或是概念应用，对复杂网络系统深入的研究成果相对较少，而有独创性的成果则更少，但是国内研究者已经开始关注社会网络及其应用（刘军，2004；罗家德，2005）。例如，有学者以复杂社会网络的视角研究绿色行为采纳者与绿色行为的交互、从众效应以及网络动态演化对资源型企业绿色行为扩散的影响（郝祖涛，2014）；基于创新网络的形成演化机制、复杂消费者网络结构与创新扩散的关系，构建复杂消费者网络的创新扩散模型（黄玮强，2008）。也有研究者通过合理抽象网络舆情演化过程中的个体行为和个体交互特征，研究复杂社会网络中的社会舆情演化模型（张伟，2014）；从复杂网络视角研究渠道关系网络中渠道权力结构的确定及其影响因素（张闯，2007）。总体而言，多数文献用静态的数据采用统计方法分析合作网络的结构、规律，很少涉足网络的形成机制以及如何根据网络拓扑结构在合作网络上研究新思想和新实践的提出与传播，这也将成为未来复杂网络研究的新动向。

第三节　适应性治理理论

在复杂系统思维下，从20世纪80年代起，陆续有学者提出不应该将人类与自然系统分离出来进行研究，而应该探索“社会—生态”（social-ecological）或者“人类—环境”（human-environment interactions）的互动方式与结果（Ostrom，1992；Low B. C.，1999；Radman C.，1999；Kinzig A. P.，2001；Holling C.，2001；Dietz T.，1998）。随着这种讨论的深入，“社会—生态”耦合分析已经形成一系列富有创新意义的研究途径，最具代表性的项目和研究机构有美国国家科学基金会（NSF）启动的“自然与人类耦合系统的动力学”（Dynamics of Coupled Natural and Human Systems）、Beijer生态经济学国际研究所、恢复力联盟（Resilience Alliance）、联合国政府间气候变化专门委员会（IPCC）等。总的来说，根据连接社会与生态系统的研究轨道，学者们已经从不同层面深化了对人类与自然之间的复杂关系的认识，提出了众多创新性的观点，并且一部分已经在实践中得到推行。

社会—生态系统的复杂性特征表现为非线性关系、阈值效应（threshold effects）、历史依赖性、多种可能结果和有限的可预测性、科层结果、时滞性等（Scheffer M. et al.，2001；Liu Jianguo et al.，2007）。例如，生物有机体（如鱼类、野生动物）的空间分布变化，不仅与生物本身的习性有关，还与人口密度、生活方式等人类行为有关（Dietz T.，Ostrom E. and Stern P.，2003）。针对这种特征，不少学者认为人类需要建立新的治理途径，形成新的规则、制度和诱因（Hughes T.，Bellwood D.，Folke C. et al.，2005；Ostrom E.，2005；Holling C. S.，1978）。加拿大生态学家霍林等学者指出，基于静态生态系统（如生物数量稳定、物种多样化、自动平衡）的传统治理方式已经难以应对社会—生态系统的复杂性（Holling C. S. and Goldberg M. A.，1981；Berkes F. and Folke C.，1998），管理体制需要具有足够的弹性来适应变化着的环境，形成适应性管理策略。具体地，这种策略的提倡者认为，社会—生态系统的一个重要特征就是具有巨大的不确定性（如原因与结果的非线性），这就使它很难预期特定行动的后果。因此，管理体系应该具有足够的弹性来适应变化的环境，避免形成静态的、僵化的管理方式；管理者应该根据变化着的环境来不断学习，能够观察、监控特定行动的结果，从中进行学习。“干中学”应该成为管理者的“信条”。

此后，适应性管理作为一种全新的生态系统管理模式[①]，被欧美国家率先运用于森林系统管理中，并取得了许多成功的案例（金恒镳，2008）。2003 年，美国印第安纳大学教授奥斯特罗姆（2009 年诺贝尔经济学奖获得者）及其同事在适应性管理概念的基础上提出了适应性治理（adaptive governance）概念。在他们看来，“管理”是一种技术性的政策——执行管理的是自然资源管理机构，被管理对象是生态系统，因此，社会和政治行动者、制度就不可避免地被视为一种外在于管理过程的阻碍因素，而不是连接社会—生态系统的有机组成部分。而治理的观点传达了控制的难度、了解不确定性的需要以及处理具有不同价值、利益、视角、权利和信息的人群和组织之间的广泛冲突的重要性。由此，“适应性治理”所要处理的，就是包含了多元行动者和多元化利益下的集体行动问题，或者说是一种包含了行动者和生态系统的问题。它提供了一系列不断演进、符合地方实践、能够回应反馈、朝向可持续发展的策略体系，这包括不同利益团体和行动者（地方和国家）之间的对话；发展复杂、重复和分层的制度；能够促进实验和在变化中学习的制度类型、设计和策略的结合（Dietz，Ostrom and Stern，2003）。

在奥斯特罗姆等看来，适应性治理是摆脱哈丁公地悲剧困境的关键所在，也是人类治理公共资源的重要策略。适应性治理包括信息提供（providing information）、处理冲突（dealing with conflict）、诱导规则服

① 生态系统管理是在对生态系统组成、结构和功能过程加以充分理解的基础上，制订适应性管理策略，以恢复或维持生态系统整体性和可持续性。它起源于传统的自然资源管理和利用领域，形成于20 世纪90 年代。生态系统管理要求收集被管理系统核心层次的生态学数据并监测其变化过程，是在明确管理目标、确定系统边界和单元的前提下，以对生态系统的深刻理解为基础，选择适宜的尺度和等级结构，理解生态系统不确定性，进行适应性管理，同时强调部门与个人间的合作，把人类及其价值取向作为生态系统的一个成分。

从（inducing rule compliance）、提供基础设施（providing infrastructure）、为变化进行准备（be prepared for change）、分析性对话（analytic deliberation）、嵌套（nesting）、制度多样性（institutional variety）八个方面的具体策略（见图3－3）。

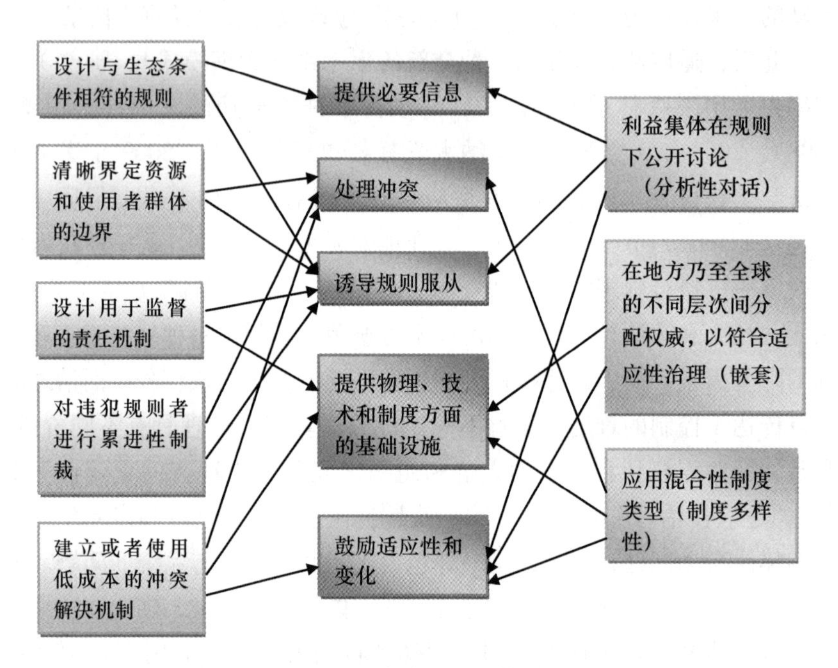

图3－3　适应性治理的基本原则

资料来源：Dietz T.，Ostrom E.，& Stern，P.，2003，The Struggle to Govern the Commons，*Science*，302（5652）：1907－1912。

从合作治理的角度出发，近年来学者开始将之前盛行的“共管”（co-management）引入适应性管理当中，提出了“适应性共管”（adaptive co-management）的观点。我们知道，“共管”所传达的主要意思就是要改变原本的“自上而下”政策导向，走向引导多元组织共同合作的治理根据。之所以要提出“适应性共管”的概念，就是要探索在不断变化、高度不确定和复杂的生态系统中的共管形式、内涵和机制。由此，生态和社会的不确定性被视为治理的内在要素，要应对这种不确定性，就必须要强调合作过程和知识的多样性。“合作性共管”的核心特征包括①强调“干中学”；②不同知识系统的集成；③合作，在社区、区域和国家层面上分享权力；④管理弹性，而有助于形成这些特征的策略包括利益群体与行动者（地方和国家）之间的对话、复杂互动和分层治理制度的发展等。

第四节　公共资源治理的制度理论

作为人类社会互动的游戏规则，制度在不同层面发挥着重要作用。对制度的研究，已经成为经济学与政治学整合研究的重要途径，也成为20世纪以来社会科学界最为显著的领域之一。从20世纪70年代起，美国著名的政治经济学者埃莉诺·奥斯特罗姆就开始了对制度的研究，在她看来，“制度”这个词为政治科学和经济学创造了交流的桥梁，也为涉入复杂的政治经济互动情境的法律、公共官僚、市场组织研究构建了共同的框架。在形成制度分析框架的过程中，博弈论扮演了重要的角色。在奥斯特罗姆看来，博弈论能够使研究者发展出特定情境下的数学分析模型，并预测理性个体在这种情境下的行为。在博弈论的启发下，奥斯特罗姆从人类活动的行动情境入手，以公共物品的属性出发，设想一个能涵盖正式与非正式规则的人类行为互动的情境结构，从而形成了七种影响人类行动选择的规则类型（图3-4）——边界规则（Boundary rules），影响参与者；位置规则（Position rules），影响参与者的位置和立场；选择的规则（Choice rules），影响行动；范围的规则（Scope rules），影响结果；聚合规则（Aggregation rules），影响控制与转换；信息规则（Information rules），影响信息的流动；收益规则（Payoff rules），影响成本与收益 。

在一定的界限范围内（通常以产权为界），不同的参与者处在各自不同的位置和立场上（这样的行动者是具体位置上的行动者），在一定的信息规则和聚合规则下做出不同的选择和行动（这样的行动也是在具体的位置上做出的）。各种信息流作用于特定位置上的行动者，可能发生一定的控制与转换行为，在收益规则的作用下，行动者通过成本与净收益的比较做出不同的选择，产生不同的结果。这七种规则都可以由理性的资源占用者通过自我协商，相互协调起有效的集体行动来加以制订和执行。

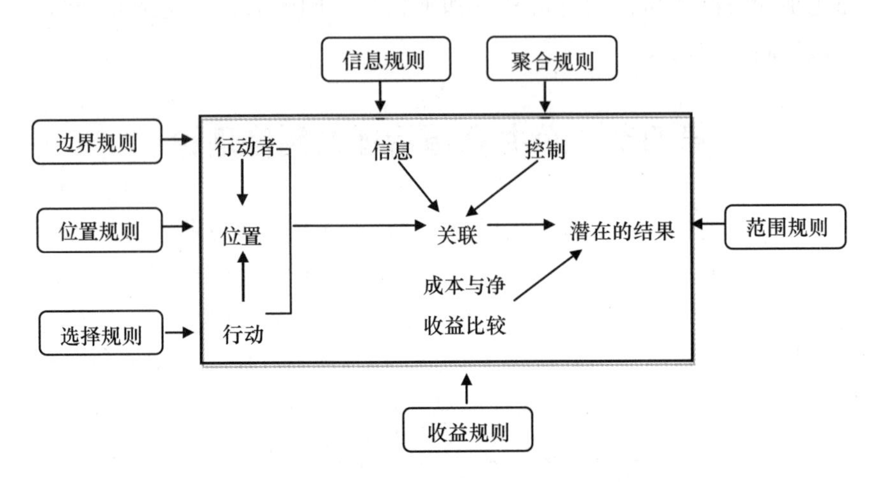

图 3-4　七种规则直接作用于具体的行动情境

资料来源：Elinor Dstrom，Understanding Institutional Diverstty，Princeton University Press，2005，p. 189。

在此基础上，埃莉诺开展了一系列针对灌溉、渔业等公共资源的实证研究，初步形成了制度分析与发展框架（参见图3-5），并在公共池塘资源（CPRs）的研究上做出了卓越的贡献。

根据IAD框架，政策过程和结果会在某种程度上被以下四种类型的变量所影响：①物理世界的属性；②嵌入行动者的社群的属性；③创造诱因和限制特定行动的规则；④与其他个体的互动。通过运用IAD框架进行实证研究，埃莉诺发现哈丁所提出的“公地悲剧”——人们不可能放弃短期利益而追求长期利益，进而导致资源的过度利用（Hardin G.，1968）——问题并非无解，也并非总是需要利维坦（政府集中控制）或者私有化的方式来解决这一问题。相反，人们可以依靠相互之间的信任来建立行动规则，解决利益纠纷，从而使公共资源获得良好的治理。

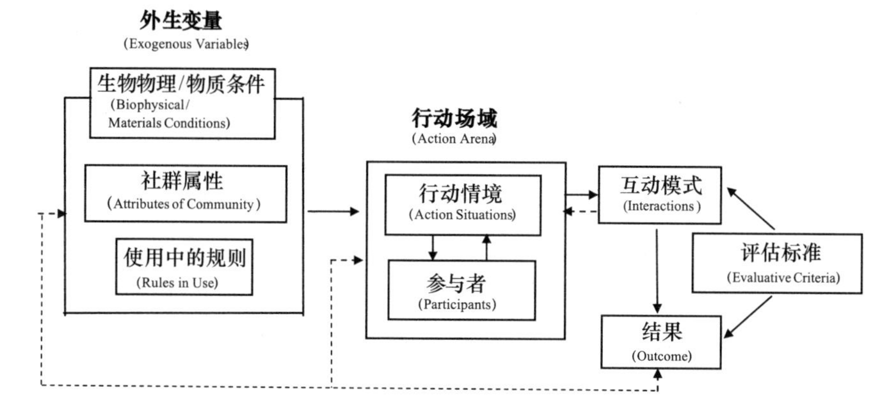

图3－5　制度分析与发展框架（Institutional Analysis and Development，IAD）

资料来源：Ostrom E. et al.，*Rules*，*Games*，*and Common Pool Resources*. Ann Arbor：The University of Michigan Press，1994，p. 37。

对这些研究思想，埃莉诺在其后出版的《公共事物的治理之道——集体行动制度的演进》一书中进行了系统的阐述。在这本书中，埃莉诺用"公共池塘资源"一词概括那些人们共同使用的具有非排他性（难以或不可能阻止其他使用者使用）和消费的竞争性（每个消费者的边际成本大于零）的自然或人造资源，如鱼塘、地下水、草场、共享性森林和灌溉系统等。按照传统的理解，由于个体追求短期利益最大化、搭便车、机会主义的存在，开放进入状态下的公共池塘资源势必出现哈丁所谓的"公地悲剧"现象——过度使用而导致衰竭。因此，公共池塘资源的管理要么政府集中化，要么进行私有化。埃莉诺经过大量的实证分析指出，还存在第三种解决方式——资源使用者在相互信任的基础上通过设计持续性的合作机制来自主治理。在她看来，传统理解公共池塘资源管理的三种主导模型——"公地悲剧""囚徒困境"和"集体行动的逻辑"并不全面，他们只可能在高折现率、极少相互信任、缺乏沟通能力等情境下产生，而现实社会并非总是如此，人们在面对复杂的资源困境时，资源使用者经过多次重复博弈，往往能够创造（虽然并总是如此）复杂的规则与制度来规范、指导个体之间的博弈行为。这意味着，资源的使用者愿意组织起来制订共同的行为规范以惩罚违约者，从而使资源得到良好的利用。这种理解，极大地丰富了人们对于公共池塘资源治理的认识，对更大范围内的人类合作的研究也起到了非常重要的启示作用，这也正是埃莉诺获得诺贝尔经济学奖的最重要原因之一。

在埃莉诺看来，之所以要运用制度理论来分析公共池塘资源，就是要破除狭隘的“公共”与“私人”、“国家”与“市场”乃至“政治科学”与“经济学”的二元理解。她认为，正是这种非此即彼的认识，使得部分经济学家发现市场失灵之后，就主张应该由政府接管，而政治科学家或政策分析家发现集中控制的政府难以维持时，就主张私有化，而这些主张，对于那些已经有深厚历史传统、成功自主运行的制度、规范与行动而言，无疑是一种忽视甚至损伤。在这个意义上，埃莉诺的制度分析路径的发展方向——无论是理论研究、实地研究还是实验研究——均是为自主组织或者自主治理理论创造有效、可靠的认识基础。而这正是在《公共事物的治理之道》一书出版后的近 20 年里，埃莉诺所在的政治理论与政策分析研究所致力探讨的中心问题。

在她看来，公共池塘资源系统要能有效运作，需要满足八条产权设计原则（Ostrom，1990）。①清晰界定边界。公共池塘资源本身的边界必须予以明确规定，有权从公共池塘资源中提取一定资源单位的个人或家庭也必须予以明确规定。②占用和供应规则与当地条件保持一致。规定占用的时间、地点、技术和/或资源单位数量的占用规则，要与当地条件及所需劳动、物资和/或资金的供应规则相一致。③集体选择的安排。绝大多数受操作规则影响的个人应该能够参与对操作规则的修改。④监督。积极检查公共池塘资源状况和占用者行为的监督者，或是对占用者负有责任的人，或是占用者本人。⑤分级制裁。违反操作规则的占用者很可能要受到其他占用者、有关官员或他们两者的分级的制裁（制裁的程度取决于违规的内容和严重性）。⑥冲突解决机制。占用者和他们的官员能够迅速通过低成本的地方公共论坛，来解决占用者之间或占用者和官员之间的冲突。⑦对组织权的最低限度的认可。占用者设计自己制度的权利不受外部政府威权的挑战。⑧对于大型系统的部分资源：分级业务（nested enterprises）。自主治理规范应包含不同层次的规则，以处理占用者与占用者、占用者与外部资源使用者、政府官员与使用者之间的关系。通过多层次规则的运作，可以使自主治理组织的结果更趋周延、自主管理规则的执行更加彻底。因此，对于大型系统的部分资源，可透过多层次的分支业务，对使用、供应、监督、强制执行、冲突解决和治理活动加以组织。

第四章　农田水利基础设施合作治理的制度分析：视角、框架与方法

在IAD框架的基础上，本书将农田灌溉政策过程和结果理解为处于三种规则层次下的集体行动过程。在操作层次，具体灌溉行动由直接受影响的个人或政府官员实施，这些行动以某些明显的方式直接影响社会，并产生明显的政策结果，图4－1中带箭头的虚线表示从结果到过程中各步骤的反馈。界定与制约操作领域农户和官员行动的原则确立于集体选择层次；修改这些规则的规则在宪法选择层次得以确立。

图4－1显示了奥斯特罗姆独特的嵌套性制度分析思想。村庄物理

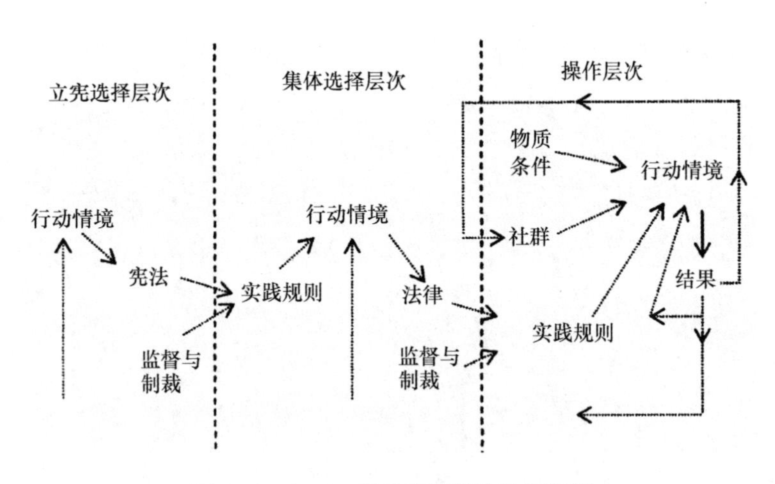

图4－1　Ostrom的嵌套性制度分析框架

资料来源：根据埃莉诺·奥斯特罗姆《公共事物的治理之道：集体行动制度的演进》（上海三联书店2000年版）第85页的内容修改。

属性、物质条件等变量作用于具体的行动情境，在七种实践规则的影响下，行动者间的互动产生了不同的结果，进而会反作用于嵌入行动者的社群的属性。在集体选择层次，社群属性变量在具体的行动情境下，对操作层次的行为执行相应的监督与制裁，从而对该层次的集体行动产生影响。同样，在宪法选择层次下，监督与制裁行动作用于集体选择层次的实践规则，进而对具体行动情境下的结果造成影响。三种层次之间的变量嵌套交织在一起，发生复杂的互动。

从农村用水合作组织的组建角度，我们可以将这一嵌套性的制度分析框架应用于对参与式灌溉管理的理解。我国学者王亚华（2005）在《水权解释》中提出了水权的科层制治理，说的是将水权根据使用者的边界范围进行划分，可以将我国从中央到地方涉水的行政机构和组织划分为不同规则层次下的治理情境，体现出一种科层水资源治理模式。我国各大流域资源水权属于国有，具体的治理政策由国务院—水利部—各个流域管理机构作出，可以理解为这是一种宪法选择层次下的集体行动；受国务院管辖的地方政府则拥有本辖区范围内水资源的公共水权，与之同层次的是地方水务管理部门，在纵向上需要接受上一层次水利部与流域管理机构的业务指导，横向上隶属于本级地方政府的管理，即所谓“双重管理”体制；在集体选择层次，社区水资源的集体水权由基层政权组织（如县、镇政府）所有，或由基层水利组织（如水利站）所有，或由基层灌溉管理组织（如村委会、用水协会）所有，国家兴建的大中型水库则由大中型灌区管理机构所有，这四类组织相应对接了上一层级的领导机构。在这个治理谱系的末端，也就是农户，承接了上面各个层级所有组织机构的政策和指令，只有当水权私有时，才可能拥有水资源私有产权，但这在我国还有具体的含义，如承包某灌溉设施（堰塘、水库等）的农户，也只是拥有水资源的收益权、管理权、转让权、排他权，并不具有所有权，这是操作层次的具体规则（见图4－2）。

图4－2中的A部分显示了科层水资源治理模式的组织结构和权限关系。水权以层级状态分布，在从国家到农户的多个利益主体之间，上层主体决定下层主体的水权权限，各层主体拥有自己的用水和管水目标，并服从上层主体的治理目标，上层的制度对所有下层的制度和决策

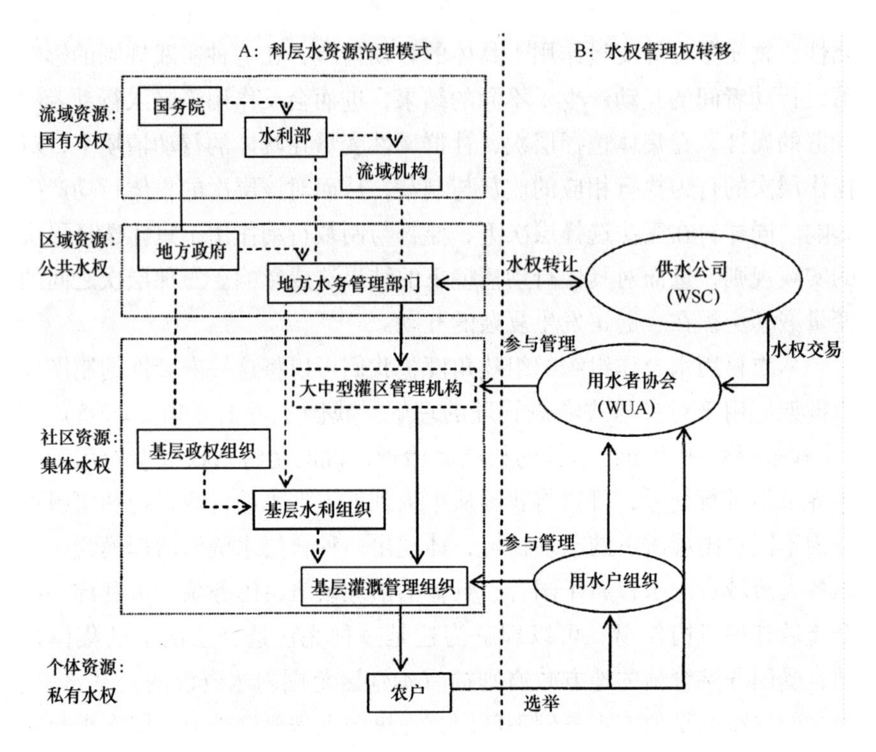

图4－2　科层水资源治理模式和参与式水资源治理模式的结构对比

说明：虚线表示垂直方向的业务指导或行政隶属关系。

资料来源：刘芳：《流域水资源治理模式的比较制度分析》，浙江大学博士学位论文，2010年6月，第70页。

实体都有约束力，各主体间的水务冲突通过行政机制和行政权威予以协调，具有自上而下的单向制约特征。在图4－2的B部分，授权在用户层面组建灌区管理委员会、斗渠委员会等具体用水户的协作组织，这些组织由具体用水户、直接利益相关者组成，对科层水资源治理模式的决策予以评价、审核，反映具体用水户的利益取向，实现授权用户的参与决策权。这种参与式水资源治理模式体现了自上而下和自下而上的双向制约和激励特征。在这一模式中，农户通过自我民主选举组建用水户组织（如用水小组），参与基层灌溉管理事务，各个用水小组通过成立更大规模的用水协会参与管理所属灌区的灌溉事务，并代表用水户与供水公司签订供水合同，发生水权交易。与 A 部分相比，B 部分的做法压缩了行政层级，精简了机构和人员，实质是一种权力的平移和水权转让。农户之上只有一个代表农户利益的自我管理组织与供水公司直接协商，而不必经过村委会或基层水利站、大中型灌区与地方水务机构去谈判，避免了委托—代理的信息不对称问题与腐败现象。参与式组织与政府及其水务机构形成合作关系，在灌区形成上下双层的信息传递和监控激励关系，有效地降低促使具体用水户在流域机构的规划中合作和履行义务的行政成本，实现水资源的优化配置。根据 Ostrom 的嵌套性制度分析思想，灌溉事务的参与式管理依据参与的程度和范围不同，可以分为三种类型。宪法层面的参与：参与立法、修改法条和审批政府预算案等规则之上的规则；社团层面/地方层面的参与：集体选择规则的制订、执行、监督、评估和修正等；用户层面的参与：操作性规则的制订、执行、监督和评估、反馈等，三种层次上的参与行动相互影响。目前，我国农户个人仅具有灌溉用水事务的操作性规则的制订和执行权，集体选择规则通常由协调辖区各用水小组或多个村庄的用水协会、村委会、基层水利工作站来制订和执行；宪法层面的直接参与还未实现，由人大代表间接执行。

本书借鉴上述嵌套性制度分析思想，根据三种规则属性来设计影响农户灌溉合作的变量，提出研究假设，通过实地搜集数据进行统计分析，验证既有的理论假设，并据此开展计算机仿真实验，研究微观领域的个体互动在宏观涌现的行为模式，探讨灌溉合作行为的形成与扩散机制。如图 4－3 所示，本研究综合了事物属性、行动者的属性以及制度规则的属性等多个方面的因素，着重于分析农户参与集体消费单位（用水合作组织）的意愿与行为—协会组织运作—制度规则的选择等环节中的不同激励结构以及相应的制度因素。具体来说，研究包含以下三种维度。

（1）从物品属性出发，对不同村庄的水源条件、种植结构、灌溉设施建设情况、管理现状及灌溉系统的使用历史等进行描述性分析，展现不同地区灌溉系统的复杂性，厘清农田水利基础设施的权属关系及其面临的人—环境交互的实际问题，分析农村水利基础设施合作治理的物理结构。

（2）针对行动者属性，研究微观主体互动的宏观效应，分析农村水利基础设施合作治理的社会结构。通过设计调查问卷，将农田水利基础设施合作治理中的主要行为主体分为基层政府、村干部、农户、用水协会四类，分析不同的行为主体在合作灌溉中发挥哪些作用，试图了解他们各自的行为目标是什么，各自有哪些资源或权利，是如何相互作用和反作用的？

（3）在实证研究基础上，分析农户合作用水组织（农民用水协会）发展中面临的制度困境和成因，厘清农户合作与不合作的内在机理，分析农村水利基础设施合作治理的制度结构，结合社会结构和制度结构研究，建立制度绩效标准体系，探索更为有效的制度安排。

这三个层次的结构是相互关联、相互影响的，制度规则结构决定了社会结构，社会结构会影响物理结构，反之，物理结构也会反作用于社会结构和制度结构。同时，整个国家的政治经济制度、“三农”问题背景等大环境也即国情，以及外部关联的社会—生态系统（森林、气候变化、土地利用、海洋等）也影响着这三个层次间问题的呈现。

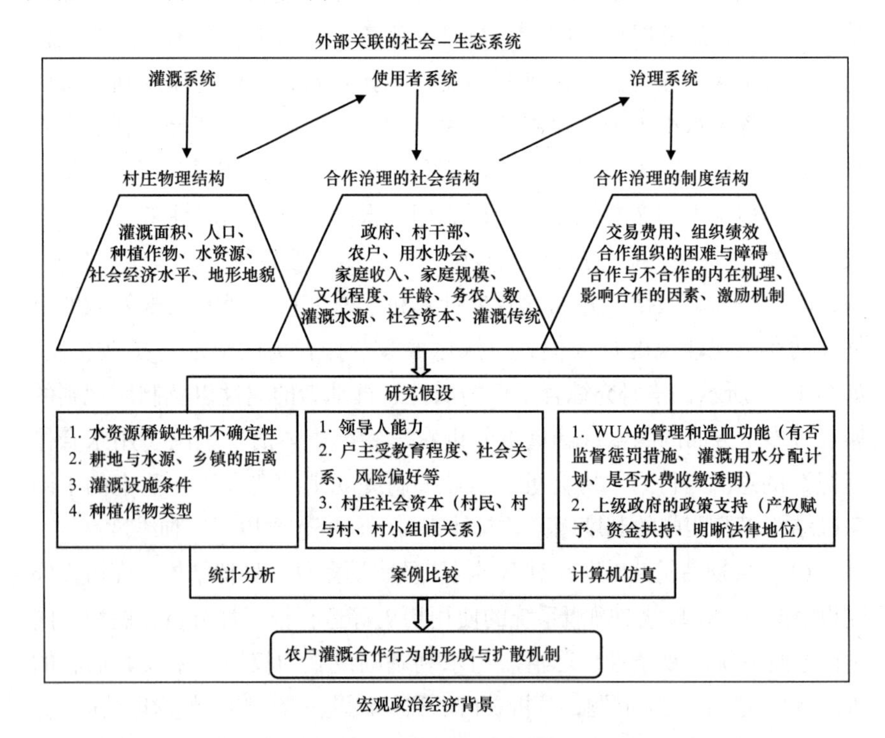

图4－3　研究的逻辑框架

第五章　农田水利基础设施合作治理的制度绩效

农民用水协会是随着世界银行在我国进行灌溉基础设施的援助，根据水文边界（支渠或斗渠），由渠系内的用水户共同参与组成的一个有法人地位的社团组织。农民用水协会成立后，灌区实行“灌区水管单位+协会+农户”的管理体制和运行机制，既可避免千家万户或单个村组要水造成无序供水的浪费，又可实现整个灌区用水的统一调度，提高用水效率和效益。水费征收由农户—组—村—乡（镇）—县—灌区水管单位，转变为农户—协会—灌区水管单位，目的在于减少中间环节、层层截留和挪用水费的现象，提高灌区水管单位水费计收率。在灌溉设施管理方面，由无人管护到协会专人统一管理，减少守水劳动和水事纠纷，降低农民用水成本，恢复和改善灌溉面积。在这一理念下，自世行援助项目1995年正式在湖北省漳河三干渠洪庙支渠实施以来，用水协会被各级政府大力推广。

协会的作用主要体现在改变了以往的灌溉管理模式。一直以来，在灌溉管理中，农户直接与乡村干部接触，主要缴交水费给村里，水利设施要由村里负责提供、修缮和维护，村里将收上来的水费或电费支付给供水单位或泵站，后者向广大农户提供稳定的灌溉水源。水费是人员工资、管理、续建改造等的费用来源。当水费收取不上来或不能足额收取时，困难些的村庄很容易拖欠本应给供水单位的水费电费，导致这些单位不愿意供水，也有部分地区通过乡镇、县一级政府向水库或供水公司施压或担保，供水单位放的是“政治水”，但成本却由于地方政府“打白条”而收不回来。更严重的，导致一些大型水库长期没有使用，设施荒废，人员流失。较为富裕的村庄，直接用村财政为村民埋单，或者提供水费补贴，以保证干旱年份农作物生产不受影响，然而由于用水免费，又进一步导致水费收取更加困难。

根据水文边界成立用水协会后，由农户民主选举的人员担任协会领导班子，水费交给协会管水员，再由协会直接接触供水机构供水，无须通过村委会，减少了中间环节，强调了农户民主参与灌溉管理的主体地位。供水机构（供水单位或供水公司）和用水协会都具有独立法人资格，是一种新型的供水买水的合同买卖关系。两者通过签订有约束力的合同、协议，规范供需双方权利义务关系。供水机构在用水协会的取水口（通常是斗渠取水口）测量水量，依据供水合同供水并向协会收取水费，同时负责水源工程和灌区范围内支渠以上骨干工程设施的维修、养护、管理和运行。用水协会代表农户按所需水量从供水公司买水，再卖给用水农户，向农户收取水费，另一方面要负责支渠和支渠以下的各级渠道的运行和管理，保证灌溉资产的保值增值。

从2014年第一阶段摸底调查可以看出，农户对合作自组织管理灌溉水资源的意识较差，缺乏合作的激励，用水协会在实际中发挥的作用有限，很多时候以村两委的面貌出现，形同虚设。从北部地区来看，山东、河北是我国的粮食主产区，不乏缺水干旱地区，很多村庄以农户联合交电费，通过电泵从水源地抽水来解决灌溉问题。由于电表容易计量，合作用水的集体行动就简化为电费或水费的分摊，农户对用水协会的认识几乎为零。而从中部及西南地区来看，尽管世行援助项目最先在两湖推开①，然而不论从文献还是我们的实际调查中都发现，用水协会的作用甚微，湖北沙洋县甚至因干旱连年打井导致地层下陷，云南贵州等多年干旱的地区，调研员都没有发现用水协会的踪迹。从东部沿海较发达地区来看，缺水较为严重的地区，村民多以外出打工为生，田地抛

① 在世界银行的资金帮助下，我国开始这项工作的最早的项目是华中地区湖北省和湖南省的长江水资源贷款项目，目的是改建湖北的四个大型灌区，新建湖南的两个大型灌溉系统项目。1995年，我国在湖北漳河灌溉区成立了第一个正式的用水者协会——红庙支渠用水者协会。

荒严重，成立用水协会解决水问题的主体缺失，水源丰富地区，村民从事副业更多，对水资源不敏感，存在较普遍的浪费水现象，用水协会作用不突出也不受重视，这一在国际上通行的经验在我国出现“水土不服”。

一　物理结构方面

（一）村庄总体特征

本次调查的村庄涉及全国15个省份，涵盖了华中、西南、东南沿海和北部地区（见附录），主要种植小麦、玉米、水稻等粮食作物（28个村庄），有6个村庄主要种植蔬菜、花生、水果、茶树、桑树、大豆等经济作物。灌溉水源类型主要为江河湖海、水库（28.6%），其次为水塘蓄水及山上引水（14.3%），打井取水的村庄在所有水源类型中占比12.5%，有一个村庄主要靠泵站供水（见表5－1）。大部分村庄灌溉水资源较充足（81.8%），有少部分村庄较为缺水（18.2%）。表5－2显示，近十年来，发生过争水、抢水、堵水等矛盾的村庄只有5个，但是，曾出现大旱、大涝，庄稼大面积减产的村庄有15个，约占调查村庄的44.1%，这里除了不可避免的自然灾害客观因素外，我们不能排除在水资源充足的村庄，仍旧存在水资源管理不善等人为因素导致的粮食减产。而从治理角度出发探究灌溉水资源可持续利用的制度安排也是本次调研的主要目的。遗憾的是，在34个村庄中，有成立类似用水协会的农民用水合作组织且有发挥作用的只有7个，23个村庄没有这样的组织，这导致我们对用水协会调查的样本数不足，无法展开深入的定量研究（注：如无特别说明，本书所列表格均根据调查数据整理而成）。

协会发挥的作用主要表现在：“组织村小组组长协商和处理灌溉事务”“组织义务修水渠”“维持正常的饮用及灌溉需求”“开闸放水”。

（二）村庄属性：假设检验

村庄性质着眼于对构成农民行动的村庄因素分析，将乡村属性视作自变量，农民合作视为因变量，可以看到，不同区域不同村庄，农民

表5－1　**调查村庄的水源类型**

灌溉水源类型	响应		个案百分比（%）
	个案数	百分比（%）	
江、河、湖、海	16	28.6	47.1
水库	16	28.6	47.1
打井、挖堰	7	12.5	20.6
山上引水	8	14.3	23.5
水塘蓄水	8	14.3	23.5
泵站	1	1.8	2.9
总计	56	100.0	164.7

表5－2　**受调查村庄描述统计量**

近十年来，是否有过争水、抢水、堵水等矛盾	频数	百分比（%）	有效百分比（%）	累计百分比（%）
有	5	14.7	14.7	14.7
没有	29	85.3	85.3	100.0
合计	34	100.0	100.0	
近十年来，是否出现过大旱、大涝，庄稼大面积减产	频数	百分比（%）	有效百分比（%）	累计百分比（%）
有	15	44.1	44.1	44.1
没有	19	55.9	55.9	100.0
合计	34	100.0	100.0	
是否有成立类似用水协会的农民用水合作组织，如有，它是否发挥了一定的作用	频数	百分比（%）	有效百分比（%）	累计百分比（%）
没有成立	23	67.6	67.6	67.6

续表

是否有成立类似用水协会的农民用水合作组织，如有，它是否发挥了一定的作用	频数	百分比（%）	有效百分比（%）	累计百分比（%）
有成立，有发挥作用	7	20.6	20.6	88.2
有成立，但没有什么作用	4	11.8	11.8	100.0
合计	34	100.0	100.0	67.6

的合作能力是不一样的，其所蕴含的农民合作的机理也就不同。在对村庄总体特征进行描述性分析的基础上，我们针对表5－1中的结果提出思考：灌溉资源的稀缺程度是否会影响村民的合作意愿与合作行为？

一般来说，如果一个地区的降雨量比较丰富，不存在水资源短缺问题，那么农民对灌溉的依赖程度就会比较小，所以参与灌溉管理组织的积极性就会较低；相反，在降雨量较少，水资源比较缺乏的地区，农民对灌溉的依赖性就比较强，灌溉对农业生产的作用将十分明显，农民就会希望借助于灌溉组织来解决水资源的短缺问题。因此我们推测，当水资源供给充足时，农民没有必要建立组织，因为他们能获得足够的水，可以根据其需求进行水的消费；当水资源稀缺的程度逐步增加时，农户需要采取协调的行动来获得和分配水资源。换言之，假设在越缺水的地方，村民越愿意参与用水合作组织，反之则越不愿意。我们以“灌溉缺水程度”作为自变量，检验其与成立用水协会与否的相关性。

假设1：越缺水的地方，村民参与用水合作组织的意愿越强，水资源丰富的地区，农户参与合作用水组织的意愿越弱。

（1）以“村庄问卷”第6题“本村灌溉是否缺水”为自变量，以第10题“本村有否成立类似用水协会的农民用水合作组织”为因变量，并根据水资源的丰富程度虚拟自变量，“水量充足”赋值为4，基本满足为3，“中度缺水”为2，“高度缺水”赋值1，制作交互分析表如下（见表5－3）。

表5－3　**是否有成立类似用水协会的农民用水合作组织，如有，它是否发挥了一定的作用＊ 村庄缺水程度　交叉制表**

<table>
<tr><td colspan="3" rowspan="2"></td><td colspan="4">村庄缺水程度</td><td rowspan="2">合计</td></tr>
<tr><td>高度缺水</td><td>中度缺水</td><td>基本满足</td><td>水量充足</td></tr>
<tr><td rowspan="9">是否有成立类似用水协会的农民用水合作组织，如有，它是否发挥了一定的作用</td><td rowspan="3">没有成立</td><td>计数</td><td>2</td><td>3</td><td>8</td><td>9</td><td>22</td></tr>
<tr><td>是否有成立类似用水协会的农民用水合作组织，如有，它是否发挥了一定的作用中的百分比</td><td>9. 1</td><td>13. 6</td><td>36. 4</td><td>40. 9</td><td>100. 0</td></tr>
<tr><td>总数的百分比</td><td>6. 1</td><td>9. 1</td><td>24. 2</td><td>27. 3</td><td>66. 7</td></tr>
<tr><td rowspan="3">有成立，有发挥作用</td><td>计数</td><td>0</td><td>1</td><td>4</td><td>2</td><td>7</td></tr>
<tr><td>是否有成立类似用水协会的农民用水合作组织，如有，它是否发挥了一定的作用中的百分比</td><td>0</td><td>14. 3</td><td>57. 1</td><td>28. 6</td><td>100. 0</td></tr>
<tr><td>总数的百分比</td><td>0</td><td>3. 0</td><td>12. 1</td><td>6. 1</td><td>21. 2</td></tr>
<tr><td rowspan="3">有成立，但没有什么作用</td><td>计数</td><td>0</td><td>0</td><td>4</td><td>0</td><td>4</td></tr>
<tr><td>是否有成立类似用水协会的农民用水合作组织，如有，它是否发挥了一定的作用中的百分比</td><td>0</td><td>0</td><td>100. 0</td><td>0</td><td>100. 0</td></tr>
<tr><td>总数的百分比</td><td>0</td><td>0</td><td>12. 1</td><td>0</td><td>12. 1</td></tr>
<tr><td colspan="2" rowspan="3">合计</td><td>计数</td><td>2</td><td>4</td><td>16</td><td>11</td><td>33</td></tr>
<tr><td>是否有成立类似用水协会的农民用水合作组织，如有，它是否发挥了一定的作用中的百分比</td><td>6. 1</td><td>12. 1</td><td>48. 5</td><td>33. 3</td><td>100. 0</td></tr>
<tr><td>总数的百分比</td><td>6. 1</td><td>12. 1</td><td>48. 5</td><td>33. 3</td><td>100. 0</td></tr>
</table>

续表

卡方检验			
	值	df	渐进 Sig.（双侧）
Pearson 卡方	6.278a	6	.393
似然比	8.230	6	.222
线性和线性组合	.012	1	.915
有效案例中的 N	33		

说明：a. 10 单元格（83.3%）的期望计数少于 5。最小期望计数为 .24。

<table>
<tr><th colspan="7">方向度量</th></tr>
<tr><th colspan="3"></th><th>值</th><th>渐进标准误差[a]</th><th>近似值 T[b]</th><th>近似值 Sig.</th></tr>
<tr><td rowspan="5">按标量标定</td><td rowspan="3">Lambda</td><td>对称的</td><td>.036</td><td>.145</td><td>.243</td><td>.808</td></tr>
<tr><td>是否有成立类似用水协会的农民用水合作组织，如有，它是否发挥了一定的作用（因变量）</td><td>.000</td><td>.000</td><td>.[c]</td><td>.[c]</td></tr>
<tr><td>灌溉是否缺水（自变量）</td><td>.059</td><td>.235</td><td>.243</td><td>.808</td></tr>
<tr><td rowspan="2">Goodman & Kruskal Tau</td><td>是否有成立类似用水协会的农民用水合作组织，如有，它是否发挥了一定的作用（因变量）</td><td>.097</td><td>.063</td><td></td><td>.399[d]</td></tr>
<tr><td>灌溉是否缺水（自变量）</td><td>.103</td><td>.040</td><td></td><td>.131[d]</td></tr>
</table>

说明：a. 不假定零假设。

b. 使用渐进标准误差假定零假设。

c. 因为渐进标准误差等于零而无法计算。

d. 基于卡方近似值。

由于水资源稀缺程度变量在 5% 的统计检验水平上不显著，表明结果与我们的假设和预期不相符，样本无法推论到总体。Lambda 系数为 0，表明自变量无助于解释因变量。

不过，“意愿”并不等同于“行为”，严格来说，即便用水户有加入用水协会的意愿，但协会也可能最终没有成立，原因如资金不足、缺乏有能力的领导人等。值得一提的是，当水资源稀缺到即使是完美的协调活动与大量的投入也无法解决时，或者简单而言，成立用水合作组织的成本大于预期收益时，用水户也不愿意参加相应的组织，用水协会同样没有存在的激励。因此，从总体上看，农户参与灌溉合作组织的概率可能基本上呈倒“U”形分布（Bardhan，1993）。另外，由于水资源在不同年份、不同季节也有所差别，所以用水协会的作用也会随之发生变化。在适度缺水的季节，农民对用水协会可能会更为依赖，其活动也就更为有效，而在极度缺水的季节，用水协会配合协调大型水利设施组织供水，但农民可能也会由于缺水而放弃农业生产，外出打工或兼职。这样，用水协会由于缺乏足够的人力及物力（水费收缴不上来），发挥的作用非常有限。

（2）同样选取上文中的自变量并赋值，而因变量则定为“村庄问卷”中的第 12 题“目前负责协调本村用水事务的组织或个人”，首先将因变量的六个选项定为六个二分变量，每个变量的取值为 0 或 1，以表示该项是否被选中，然后将它定义为一个变量集，与自变量缺水程度进行交叉分析，之后进行多重应答题交叉分析的卡方检验。结果见表 5－4。

表 5－4　负责协调本村用水事务的组织或个人 * 村庄缺水程度　交叉制表

			村庄缺水程度				总计
			高度缺水	中度缺水	基本满足	水量充足	
负责协调本村用水事务的组织或个人[a]	基层水利服务机构	计数	2	0	0	2	4
		负责协调本村用水事务的组织或个人内的百分比	50.0	0.0	0.0	50.0	
		缺水程度内的百分比	100.0	0.0	0.0	18.2	
		总计的百分比	6.1	0.0	0.0	6.1	12.1

续表

			村庄缺水程度				总计
			高度缺水	中度缺水	基本满足	水量充足	
负责协调本村用水事务的组织或个人[a]	村干部	计数	1	2	9	9	21
		负责协调本村用水事务的组织或个人内的百分比	4.8	9.5	42.9	42.9	
		缺水程度内的百分比	50.0	50.0	56.2	81.8	
		总计的百分比	3.0	6.1	27.3	27.3	63.6
	用水协会或者水利会	计数	0	1	2	1	4
		负责协调本村用水事务的组织或个人内的百分比	0.0	25.0	50.0	25.0	
		缺水程度内的百分比	0.0	25.0	12.5	9.1	
		总计的百分比	0.0	3.0	6.1	3.0	12.1
	老人协会	计数	0	0	1	0	1
		负责协调本村用水事务的组织或个人内的百分比	0.0	0.0	100.0	0.0	
		缺水程度内的百分比	0.0	0.0	6.2	0.0	
		总计的百分比	0.0	0.0	3.0	0.0	3.0
	无人负责	计数	0	1	0	0	1
		负责协调本村用水事务的组织或个人内的百分比	0.0	100.0	0.0	0.0	
		缺水程度内的百分比	0.0	25.0	0.0	0.0	
		总计的百分比	0.0	3.0	0.0	0.0	3.0
	农户自我协商	计数	0	1	6	1	8
		负责协调本村用水事务的组织或个人内的百分比	0.0	12.5	75.0	12.5	
		缺水程度内的百分比	0.0	25.0	37.5	9.1	
		总计的百分比	0.0	3.0	18.2	3.0	24.2
总计	计数		2	4	16	11	33
	总计的百分比		6.1	12.1	48.5	33.3	100.0

说明：百分比和总计以响应者为基础。

a. 值为 1 时制表的二分组。

卡方检验			
	值	df	渐进 Sig.（双侧）
Pearson 卡方	24.967a	15	.050
似然比	20.700	15	.147
线性和线性组合	.207	1	.649
有效案例中的 N	39		

说明：a. 22 单元格（91.7%）的期望计数少于 5。最小期望计数为 .08。

方向度量						
			值	渐进标准误差[a]	近似值 T[b]	近似值 Sig.
按标量标定	Lambda	对称的	.103	.076	1.292	.196
		负责水利事务（因变量）	.056	.094	.580	.562
		缺水程度（自变量）	.143	.076	1.803	.071
	Goodman & Kruskal Tau	负责水利事务（因变量）	.108	.062		.154[c]
		缺水程度（自变量）	.184	.052		.138[c]

说明：a. 不假定零假设。

b. 使用渐进标准误差假定零假设。

c. 基于卡方近似值。

从表 5－4 可以看出，在 34 个样本村庄中，将村干部作为协调用水事务负责人的村庄最多，共有 21 个（63.6%），其中，有 9 个水量充足和 9 个基本满足的村庄都选择由村干部负责。只有一个中度缺水的村庄是由用水协会负责。其次则为农户自我协商，共有 8 个村庄将其作为协调用水事务的方式（24.2%）。另外，有一个水量一般的村庄无人负责该事务，有一个中度缺水的村庄是老人协会负责。分析显示，村庄的灌溉用水资源越稀缺，则越有可能将村两委作为该村庄协调用水事务的组织。这符合前文我们的分析：尽管在 SIDD 参与式管理的模式下，用水协会能协调供水单位组织供水，但由于历史欠账或水库已改为自收自支的经营单位，水库通常不愿意放水。往往是高一级的地方政府（乡镇/县一级）部门通过政治压力给供水单位下达指标完成“政治水”的供水任务。因此，缺乏行政权的用水协会自然无法担当如此“重任”。

根据卡方检验结果，不同缺水程度的村庄对选择负责本村灌溉事务的组织或个人没有显著差异。可见基层水利服务机构、老人协会、自我协商、用水协会或水利会等是否为该村庄协调用水事务的方式，与灌溉水的稀缺程度并不存在明显的直接因果关系，还需进一步加以分析。

（3）根据表5－5显示，在34个村庄中，近十年来，村庄出现过大旱、大涝，并导致庄稼大面积减产的村庄共计13个，我们将解决灾情的四种方式定义为一个变量集，分别与村庄的灌溉用水稀缺程度做交互分析，得表5－5。

表5－5　　　　**解决灾情方式＊灌溉缺水程度 交叉制表**

			灌溉缺水程度				总计
			高度缺水	中度缺水	基本满足	水量充足	
解决灾情方式[a]	农户自行解决	计数	0	2	4	3	9
		解决灾情方式内的百分比	0.0	22.2	44.4	33.3	
		缺水程度内的百分比	0.0	100.0	80.0	60.0	
		总计的百分比	0.0	15.4	30.8	23.1	69.2
	基层水利服务机构解决	计数	1	0	1	2	4
		解决灾情方式内的百分比	25.0	0.0	25.0	50.0	
		缺水程度内的百分比	100.0	0.0	20.0	40.0	
		总计的百分比	7.7	0.0	7.7	15.4	30.8
	用水协会解决	计数	0	0	1	2	3
		解决灾情方式内的百分比	0.0	0.0	33.3	66.7	
		缺水程度内的百分比	0.0	0.0	20.0	40.0	
		总计的百分比	0.0	0.0	7.7	15.4	23.1
	没有解决，任其减产	计数	0	0	1	1	2
		解决灾情方式内的百分比	0.0	0.0	50.0	50.0	
		缺水程度内的百分比	0.0	0.0	20.0	20.0	
		总计的百分比	0.0	0.0	7.7	7.7	15.4

续表

		灌溉缺水程度				总计
		高度缺水	中度缺水	基本满足	水量充足	
总计	计数	1	2	5	5	13
	总计的百分比	7.7	15.4	38.5	38.5	100.0

说明：百分比和总计以响应者为基础。

a. 值为 1 时制表的二分组。

可以看出，有 13 个受调查村庄曾出现大旱、大涝的灾情，69.2% 的村庄选择农户自行解决以度过灾难，30.8% 的村庄选择基层水利服务机构解决，23.1% 的村庄为用水协会解决，有 2 个村庄（15.4%）选择没有解决，任其减产，其中，有一个村庄填写了“请镇上解决”。由农户自行解决的村，有 7 个属于水量充足或基本满足，唯一的一个高度缺水的村，由基层水利服务机构解决。3 个由用水协会解决的村庄，也不属于极度缺水的情况。这种现象恰好印证了世界银行在我国开展用水协会试点时设立的五个标准，其中之一便是试点地区的水资源应该基本充足，本书第八章基于湖北省用水协会的绩效分析将对此进一步展开分析。

对表 5－5 多重应答题交叉分析的卡方检验结果如下。

卡方检验			
	值	df	渐进 Sig.（双侧）
Pearson 卡方	6.482[a]	9	.691
似然比	6.762	9	.662
线性和线性组合	.778	1	.378
有效案例中的 N	18		

说明：a. 16 单元格（100.0%）的期望计数少于 5。最小期望计数为 .11。

据上表可知，不同缺水程度的村庄对选择灾情的解决方式没有显著差异。因此，根据以上不同因变量与灌溉水缺乏程度的交互分析，我们没有充足的理由接受原假设“在越缺水的地方，村民越愿意参与合作用水组织，反之则越不愿意”。首先，村庄灌溉缺水程度与成立农民用水合作组织之间并无明显的相关性。其次，村庄的灌溉用水资源越稀缺，村民就越有可能去求助村干部。这从一个侧面反映出农民合作用水组织这一本来起着连接用水户与供水机构之间的桥梁并没有起到应有的作用。

在实地调查中我们也发现，农民用水协会领导多由村干部兼任，甚至只有协会的空架子，没有实际起作用，“当时只是响应中央文件，现已取消”“没有成功成立，金钱不够”“因为村里并没有需要用水协会的情况，主要依靠农民自己解决”。[①] 当村庄出现大旱、大涝等特殊灾情时，超过一半的村庄会选择以农户自行解决来度过灾难，这个现象值得深思。“有问题找政府”是中国农村根深蒂固的思维模式，当政府不管时，农户只能自己打井、水泵抽水灌溉，或改变种植结构（种植红薯等干旱作物）或是靠天吃饭（下雨），在基层政府与农户个人之间，以用水协会为代表的中间型组织的作用是缺失的！从农户问卷中“灌溉缺水时求助谁”多选题也可以看出，选择“天降大雨”“自己解决”的方式占比最大（22.5% 和 34.4%），其次则为求助乡政府、村委会（19.1%）（见表 5 – 6）。

表 5 – 6　　**灌溉缺水时求助谁频率**

<table>
<tr><th colspan="2" rowspan="2"></th><th colspan="2">响应</th><th rowspan="2">个案百分比（%）</th></tr>
<tr><th>个案数</th><th>百分比（%）</th></tr>
<tr><td rowspan="6">灌溉缺水时求助谁[a]</td><td>乡政府、村委</td><td>105</td><td>19.1</td><td>24.9</td></tr>
<tr><td>基层水利服务机构</td><td>44</td><td>8.0</td><td>10.4</td></tr>
<tr><td>农民用水合作组织</td><td>32</td><td>5.8</td><td>7.6</td></tr>
<tr><td>水库</td><td>56</td><td>10.2</td><td>13.3</td></tr>
<tr><td>天降大雨</td><td>124</td><td>22.5</td><td>29.4</td></tr>
<tr><td>自己解决</td><td>189</td><td>34.4</td><td>44.8</td></tr>
<tr><td colspan="2">总计</td><td>550</td><td>100.0</td><td>130.3</td></tr>
</table>

说明：a. 值为 1 时制表的二分组。

① 根据访谈记录整理。

从另一个侧面也可以看出，农户对国家兴修的大水利（如水库等）需求少，也和村庄对水资源的依赖性低有关。例如，我们在访谈中得知，江苏省Z市L村及D村平时靠天降雨，必要时还有水库补给。由于现在田地变少了，用以前投入的灌溉基础设施基本够用。农民普遍反映农田越来越少，且务农收入很低，一年最多1000—2000元，有的甚至只有几百元。这里原来种植水稻居多，但现在都以旱田为主，种植玉米、油菜与果树。此地虽然没有什么用水矛盾，但是水利设施荒废多年，水库的水根本引不过去，附近的长山水库主要用于养鱼与防洪，没有什么灌溉作用，且灌溉渠等灌溉设施常年失修，水库的水顺着排洪渠自然流失，而不流进农田。村民认为，“如今的灌溉设施都是吃老本，根本没有新的资金及人力的投入，灌溉问题都是由农民自己解决（水塘水）或者靠天下雨，政府水利部门没有发挥什么实质性作用。”① 因此，为检验家庭耕地数目、村庄灌溉设施等因素对农户灌溉合作行为的影响，在本书第六章的计量模型分析中，我们将选取上述变量，与农户合作用水意愿做多元回归分析。

二　社会结构方面

1. 农户总体特征

受访农户主要来自安徽、重庆、福建、广西、湖北、湖南、河南、江苏、山东、山西等省，其中，男性为69.1%，女性为30.9%②；青年（18—29岁）占比9.6%，中年（30—59岁）占比最大，72.6%，老年人（60—87岁）为17.8%；文化程度小学及以下和高中及以上各占29%和29%，初中文化程度最多，为42%（见图5－1、图5－2）。

在所调查家庭户中，过半数以上（52.9%）常年平均务农收入不到1万元，1万—2万元的家庭户占比也只有30.8%；相对地，每年有1万—2万元非农收入的家庭占比最大，有32.3%、24.2%的家庭有1

① 根据访谈记录整理。

② 本调查以户主为主，所以受访对象多为男性。

万元以下非农收入，2 万—3 万元非农收入的家庭占 21.9%，可见，绝大多数家庭户每年非农收入也有 2 万元左右，远远大于务农收入（图 5－3）。

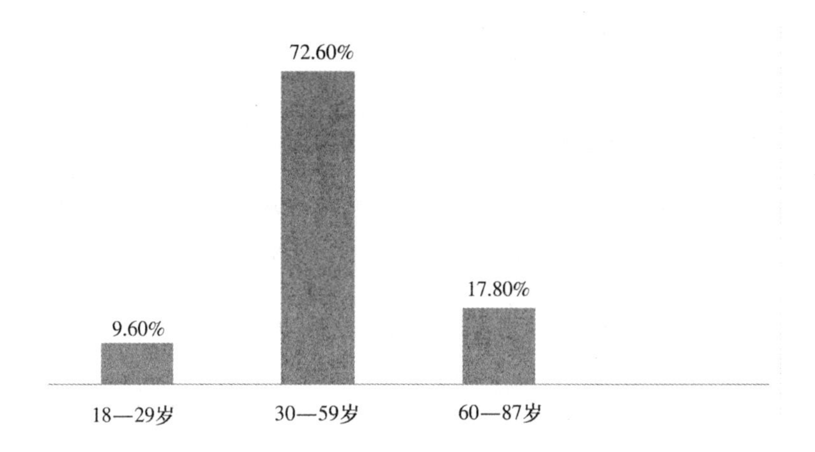

图 5－1　农户年龄分布

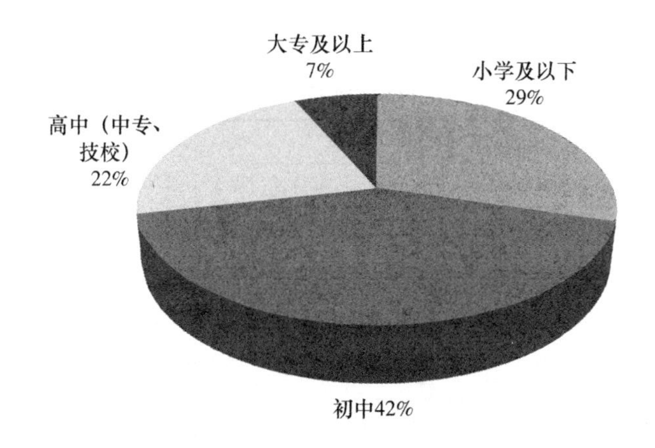

图 5－2　农民受教育程度

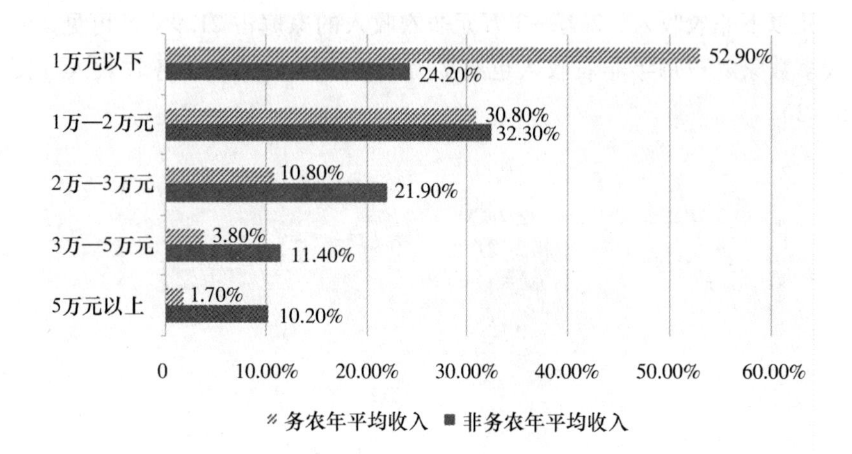

图5－3　过去五年家庭户年平均收入分布

如表5－7所示，在受调查农户中，主要种植的农作物为水稻（32.7%），其次为蔬菜和玉米（21.4%、21.8%），小麦占比14.2%，也有少部分人种植棉花、花生、烟草、甘蔗、水果等经济作物。水稻在南方最为常见，也是最需水的作物，北方则种植小麦玉米居多，在近城

表5－7　　**农户种植作物类型频率**

	响应		个案百分比（%）
	N	百分比（%）	
水果类	34	4.6	8.2
棉花	5	0.7	1.2
花生	6	0.8	1.4
小麦	106	14.2	25.6
水稻	244	32.7	58.9
烟草	14	1.9	3.4
蔬菜	160	21.4	38.6
玉米	163	21.8	39.4
甘蔗	14	1.9	3.4
总计	746	100.0	180.2

说明：a. 值为1时制表的二分组。

郊的农村种植大棚蔬菜也较常见。

对水源类型调查，由于是填空题，答案较繁杂，本研究根据灌溉源的提供主体或管理主体将答案分为四类。第一类为江、河、湖、海等自然地理条件形成的灌溉源，多依靠五六十年代国家出资兴建的大中型水库水利设施，如“长江灌渠、引黄河水、河水、溪水、地表水、自然水、大渠浇水”，用水户需要支付水价、电费等成本，通常由村委代收，再转交给供水单位。但在实际操作中，村干部很难收取到水费，这也是推广用水协会之前的传统取水模式。第二类为村庄或农户自我管理的地表水源，如“水塘、池塘、蓄水池、堰塘抽水、雨水、靠天降雨”，这类水源无须支付水价，“水从天上来”，但最不稳定。第三类为农户自己出钱（打井费、电费等）支付的地下水水源，主要为“浅层地下水、井水、山泉水、泵水、机井抽水、自己引水”，同样水价为零，这类取水方式对水资源及生态环境影响较大。第四类水源管理主体是用水协会，协会作为分散的小农与水库、供水公司之间的桥梁，通过向农户收取一定的用水成本，支付给供水单位，双方签订合同供水，此类取水方式较稳定，也较组织化，效率较高，主要为“协会水渠、协会河流水、水利会、从水库引水、水库买水”。

我们将上述四类答案分别赋值为0、1二分变项，形成四个新的变量，由于村庄的灌溉类型不是唯一的，因此将四个变量作为多选题的四个选项进行频数统计，如表5－8所示。

表5－8　**农户灌溉水源类型频率**

		响应		个案百分比（%）
		N	百分比（%）	
农户灌溉水源类型[a]	长江灌渠等	97	41.3	44.9
	水塘等	73	31.1	33.8
	地下水等	55	23.4	25.5
	协会水渠等	10	4.3	4.6
总计		235	100.0	108.8

说明：a. 值为1时制表的二分组。

第一类取水类型占比41.3%，是最主要的灌溉水源，其次是堰塘、水池、雨水等地表水源，占比31.1%，地下水源占比23.4%，最后一类，协会水源占比仅仅4.3%。可以直观地发现，需要农户“自己解决”的取水方式包含了第二类堰塘抽水、担水及第三类抽取地下水，两者合计占比54.5%，已经超过半数，这两类取水方式对于大面积灌溉或者水稻等需水量大的作物而言，都是低效率的。相对效率较高的大中型水利（水库等大中型水利设施）占比为45.6%（41.3% +4.3%），说明国家兴建的这些大中型水利设施使用率还比较低，没有发挥其应有的效益。通过用水协会与水库对接这种取水模式的村庄更少，这也体现出“最后一公里”问题较为普遍。

2. 农户属性：假设检验

（1）农户对合作用水的认知与意愿较低。根据问卷频数统计结果，农户对合作用水的认知与意愿较低，当问到“村里用水紧张时，您会组织大家协商解决问题吗?”“您是否同意用水协会使得村民之间的关系更加融洽了?”“您认为用水协会解决农田灌溉问题的作用显著吗?”“您是否同意，农户组成合作组织/合作社后，村民关系更融洽?”“您认为用水协会和以前的水站相比，哪种更能有效地解决灌溉问题?”，农户的回答均体现出，对农户合作用水组织的认识很少，对其应有的作用较少肯定，参与合作用水的意愿也较低。图5－4显示，愿意在用水纠纷时组织大家协商解决的农户只有34.9%，不管这种事的人有24.5%，或者让干部去处理（18.3%）。“其他原因”主要有“不缺水，这种情况未出现”“没有水，靠天降雨，自己解决”“谁用谁掏钱”。

对用水协会的作用，是否使村民间关系更融洽，赞同的人只有56%（完全同意和比较同意），32.6%的人认为作用一般，不赞同的人有11.5%（不太同意和完全不同意）（见图5－5）。

对“用水协会解决农田灌溉问题的作用显著吗”，44.4%的人认为一般，33.3%的人认为非常显著和比较显著，22.2%的人认为不显著和没有作用。当问到用水协会和水站的作用比较时，仅有17.9%的受访者选择用水协会，多数人选择“各有利弊”（34.7%）

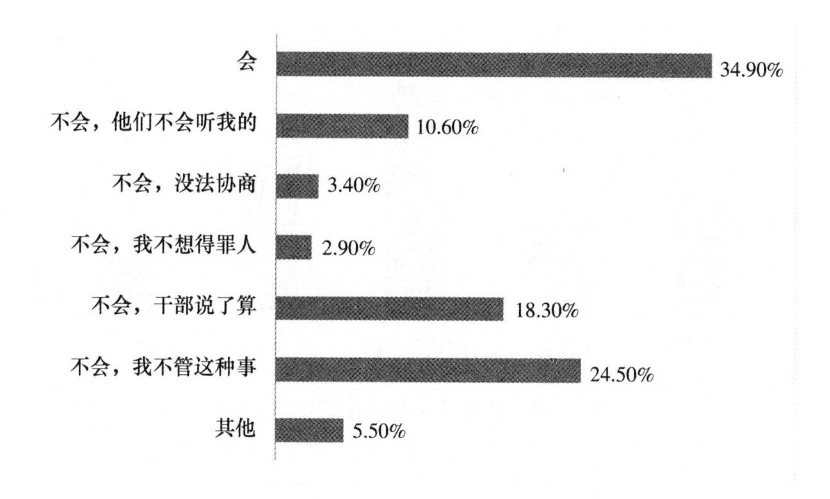

图 5－4　村里用水紧张，您会组织大家协商解决问题吗

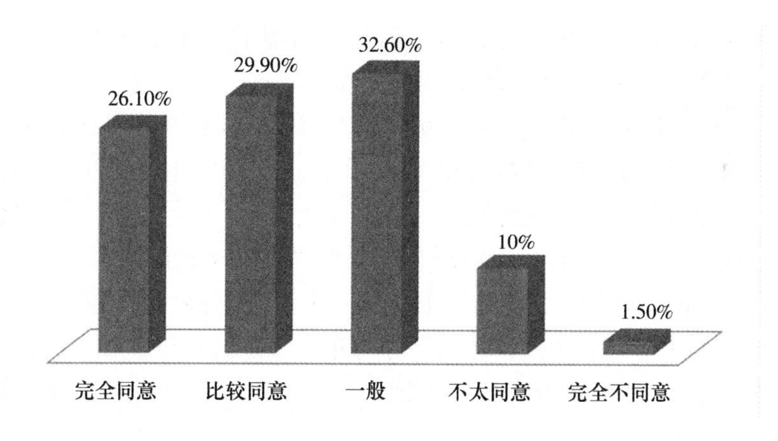

图 5－5　是否同意用水协会使村民间关系更融洽

和“都可以”（24.4%），表明受访者对用水协会的认识仅以其实际带来的“好处”来衡量，只要能解决用水困难，用水协会或水站也就是个组织名称而已。实际中，用水协会并没有起到很大作用（见图 5－6）。

（2）假设 2：受教育程度越高的村民，越倾向于参与村庄水事纠纷

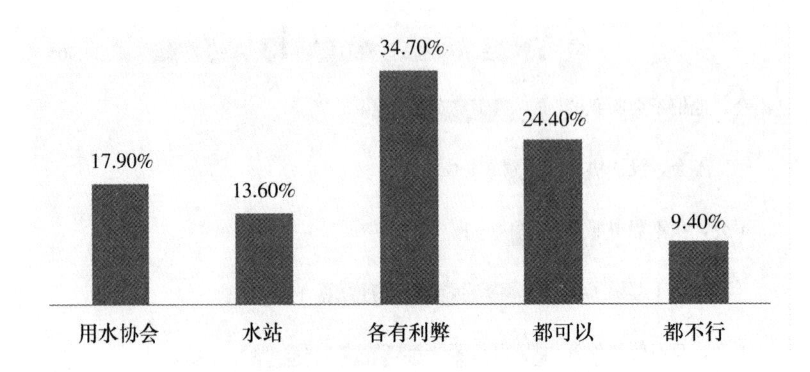

图5－6　用水协会和水站的作用比较

的处理。基于前述对农户是否愿意在纠纷出现时，参与协商解决的答案统计（见图5－4），我们进一步思考，是哪些因素影响了农户参与解决水事纠纷的意愿呢？通过将受教育程度、是否有合作经历、是否党员、有否当过干部等作为自变量，我们提出以下假设：受教育程度越高的村民，越倾向于参与村庄水事纠纷的处理。

（3）假设3：具有合作经历的农户，较有可能参与协调村庄水事纠纷。如上述，我们将“村里用水紧张时是否组织大家协商解决问题?”设为因变量，将因变量虚拟为“会”（赋值为1），“不会”（赋值为0）；自变量“是否有合作经历”虚拟为“是”（赋值为1），“不是”（赋值为0），做相关性检验（见表5－9）。结果显示，自变量在5%的统计检验水平上显著，且系数符号为正，“是否参与过农户合作”与“村里用水紧张时会否组织大家协商解决问题”存在正相关关系，tau-y系数为0.013，接受原假设，有过农户合作经历的村民更倾向于在用水紧张时组织大家协商解决问题。

有打算或继续参与农户合作经营的人，同样愿意参与水事纠纷协调，体现合作意愿。检验结果显示，自变量在1%的统计检验水平上显著，且系数符号为正，说明“将来有否打算或继续参与农户合作经营”与“在村里用水紧张时是否会组织大家协商解决问题”之间存在正相关关系，tau-y系数为0.045，此相关性比表5－10中两个变量的相关性更大。

表5-9　　现在或从前是否加入过专业合作社或家庭农场？
＊村里用水紧张时会否组织大家协商解决问题　交叉制表

			村里用水紧张时会否组织大家协商解决问题							合计
			会	不会，他们不会听我的	不会，没法协商	不会，我不想得罪人	不会，干部说了算	不会，我不管这种事	其他	
现在或从前是否加入过专业合作社或家庭农场？	有	计数	12	1	0	1	4	1	3	22
		现在或从前是否加入过专业合作社或家庭农场？中的百分比	54.5	4.5	.0	4.5	18.2	4.5	13.6	100.0
		村里用水紧张时，您会组织大家协商解决问题吗？中的百分比	10.8	3.1	.0	10.0	6.0	1.4	16.7	6.9
		总数的百分比	3.8	.3	.0	.3	1.3	.3	.9	6.9
	没有	计数	99	31	11	9	63	69	15	297
		现在或从前是否加入过专业合作社或家庭农场？中的百分比	33.3	10.4	3.7	3.0	21.2	23.2	5.1	100.0
		村里用水紧张时，您会组织大家协商解决问题吗？中的百分比	89.2	96.9	100.0	90.0	94.0	98.6	83.3	93.1
		总数的百分比	31.0	9.7	3.4	2.8	19.7	21.6	4.7	93.1

续表

		村里用水紧张时会否组织大家协商解决问题							合计
		会	不会，他们不会听我的	不会，没法协商	不会，我不想得罪人	不会，干部说了算	不会，我不管这种事	其他	
合计	计数	111	32	11	10	67	70	18	319
	现在或从前是否加入过专业合作社或家庭农场？中的百分比	34.8	10.0	3.4	3.1	21.0	21.9	5.6	100.0
	村里用水紧张时，您会组织大家协商解决问题吗？中的百分比	100.0	100.0	100.0	100.0	100.0	100.0	100.0	100.0
	总数的百分比	34.8	10.0	3.4	3.1	21.0	21.9	5.6	100.0

卡方检验

	值	df	渐进 Sig.（双侧）	精确 Sig.（双侧）	精确 Sig.（单侧）
Pearson 卡方	4.363[a]	1	.037		
连续校正[b]	3.445	1	.063		
似然比	4.121	1	.042		
Fisher 的精确检验				.060	.034
线性和线性组合	4.350	1	.037		
有效案例中的 N	325				

说明：a. 0 单元格（0.0%）的期望计数少于 5。最小期望计数为 7.51。

b. 仅对 2×2 表计算。

方向度量

			值	渐进标准误差[a]	近似值 T[b]	近似值 Sig.
按标量标定	Lambda	对称的	.015	.035	.427	.670
		是否有合作经历（自变量）	.000	.000	.[c]	.[c]
		组织大家解决问题（因变量）	.018	.042	.427	.670
	Goodman & Kruskal Tau	是否有合作经历（自变量）	.013	.014		.037[d]
		组织大家解决问题（因变量）	.013	.013		.037[d]

说明：a. 不假定零假设。

b. 使用渐进标准误差假定零假设。

c. 因为渐进标准误差等于零而无法计算。

d. 基于卡方近似值。

卡方检验

	值	df	渐进 Sig.（双侧）	精确 Sig.（双侧）	精确 Sig.（单侧）
Pearson 卡方	14.641[a]	1	.000		
连续校正[b]	13.754	1	.000		
似然比	14.669	1	.000		
Fisher 的精确检验				.000	.000
线性和线性组合	14.596	1	.000		
有效案例中的 N	325				

说明：a. 0 单元格（0.0%）的期望计数少于 5。最小期望计数为 49.75。

b. 仅对 2×2 表计算。

方向度量						
			值	渐进标准误差[a]	近似值 T[b]	近似值 Sig.
按标量标定	Lambda	对称的	.086	.038	2.112	.035
		是否打算合作经营（自变量）	.150	.066	2.112	.035
		组织大家解决问题（因变量）	.000	.000	.[c]	.[c]
	Goodman & Kruskal Tau	是否打算合作经营（自变量）	.045	.023		.000[d]
		组织大家解决问题（因变量）	.045	.023		.000[d]

说明：a. 不假定零假设。

b. 使用渐进标准误差假定零假设。

c. 因为渐进标准误差等于零而无法计算。

d. 基于卡方近似值。

（4）社会资本越强的村庄，村民越有可能参与用水合作。一般认为，关系融洽意味着拥有较强的社会资本，是否做过干部也有更多机会获取社会资本。社会资本可以有两种衡量方式，一是将之作为一种网络资源，二是一种关系资源（Zhang，W. H.，2003）。在我国，一个家庭的关系资源很大程度上与有否在政府部门工作的经历与资源有关。Park和Luo（2001）发现我国农民得益于与政府的私人关系，由此，“关系”已经被多数文献用作衡量社会资本的主要指标（Hwang，1987；Yang，1994；Xin and Pearce，1996；Lin and Si，2010）。村庄间关系、村小组关系及村民间关系既是一种关系资源，某种程度上也是农村社会中无形的网络资源，而农户通过哪些渠道了解外界信息则可以认为是个体与外围网络（其他村小组、其他村庄或外面城镇乃至全国）建立连接的桥梁，是累积社会资本的方式之一。据此，我们将调查中收集到的

“是否做过干部”和“村里关系的融洽程度”以及“了解外界信息的渠道”作为衡量社会资本的主要指标。

假设4：村民之间关系越融洽，越有可能参与解决用水纠纷。

将村民间关系、村小组间关系、村与村之间关系分别作为自变量，同样将“很融洽、比较融洽、一般、不融洽、说不清”五种程度分别赋值为1—5，将“参与纠纷解决与否”作为因变量并赋值，做相关性检验。根据表5-12及卡方检验结果，关系变量在1%的统计检验水平上显著，且系数符号为正，可知二者之间存在正相关关系，tau-y系数为0.021，说明样本中自变量对因变量的解释力较强，即如果被访者认为村民间关系融洽，那么当村里出现用水紧张时，他越有可能组织大家解决问题。若将“村民间关系”换作“村小组关系”，假设也成立，但若自变量为“村与村间关系”，由于此变量在5%的统计检验水平上不显著，故该相关性无法从样本推论到总体。由于村与村间的用水矛盾多由村两委或按水文边界成立的用水协会去协调，村民个人的协调行动主要在个体之间或村小组之间。因此，自变量“村与村间关系”融洽与否对因变量影响不显著。

表5-10　**是否组织大家解决缺水问题 * 您觉得村民之间的关系融洽吗？交叉制表**

			您觉得村民之间的关系融洽吗？					合计
			很融洽	比较融洽	一般	不融洽	说不清	
村里用水紧张时，您会组织大家协商解决问题吗？	会	计数	54	60	30	0	0	144
		村里用水紧张时，您会组织大家协商解决问题吗？中的百分比	37.5	41.7	20.8	.0	.0	100.0
		您觉得村民之间的关系融洽吗？中的百分比	42.9	35.7	28.3	.0	.0	34.9
		总数的百分比	13.1	14.5	7.3	.0	.0	34.9

续表

			您觉得村民之间的关系融洽吗？					合计
			很融洽	比较融洽	一般	不融洽	说不清	
村里用水紧张时，您会组织大家协商解决问题吗？	不会，他们不会听我的	计数	10	14	14	3	2	43
		村里用水紧张时，您会组织大家协商解决问题吗？中的百分比	23.3	32.6	32.6	7.0	4.7	100.0
		您觉得村民之间的关系融洽吗？中的百分比	7.9	8.3	13.2	42.9	33.3	10.4
		总数的百分比	2.4	3.4	3.4	.7	.5	10.4
	不会，没法协商	计数	0	5	9	0	0	14
		村里用水紧张时，您会组织大家协商解决问题吗？中的百分比	.0	35.7	64.3	.0	.0	100.0
		您觉得村民之间的关系融洽吗？中的百分比	.0	3.0	8.5	.0	.0	3.4
		总数的百分比	.0	1.2	2.2	.0	.0	3.4
	不会，我不想得罪人	计数	1	6	3	2	0	12
		村里用水紧张时，您会组织大家协商解决问题吗？中的百分比	8.3	50.0	25.0	16.7	.0	100.0
		您觉得村民之间的关系融洽吗？中的百分比	.8	3.6	2.8	28.6	.0	2.9
		总数的百分比	.2	1.5	.7	.5	.0	2.9
	不会，干部说了算	计数	26	34	14	1	1	76
		村里用水紧张时，您会组织大家协商解决问题吗？中的百分比	34.2	44.7	18.4	1.3	1.3	100.0
		您觉得村民之间的关系融洽吗？中的百分比	20.6	20.2	13.2	14.3	16.7	18.4
		总数的百分比	6.3	8.2	3.4	.2	.2	18.4

续表

			您觉得村民之间的关系融洽吗？					合计
			很融洽	比较融洽	一般	不融洽	说不清	
村里用水紧张时，您会组织大家协商解决问题吗？	不会，我不管这种事	计数	25	41	31	1	3	101
		村里用水紧张时，您会组织大家协商解决问题吗？中的百分比	24.8	40.6	30.7	1.0	3.0	100.0
		您觉得村民之间的关系融洽吗？中的百分比	19.8	24.4	29.2	14.3	50.0	24.5
		总数的百分比	6.1	9.9	7.5	.2	.7	24.5
	其他	计数	10	8	5	0	0	23
		村里用水紧张时，您会组织大家协商解决问题吗？中的百分比	43.5	34.8	21.7	.0	.0	100.0
		您觉得村民之间的关系融洽吗？中的百分比	7.9	4.8	4.7	.0	.0	5.6
		总数的百分比	2.4	1.9	1.2	.0	.0	5.6
合计		计数	126	168	106	7	6	413
		村里用水紧张时，您会组织大家协商解决问题吗？中的百分比	30.5	40.7	25.7	1.7	1.5	100.0
		您觉得村民之间的关系融洽吗？中的百分比	100.0	100.0	100.0	100.0	100.0	100.0
		总数的百分比	30.5	40.7	25.7	1.7	1.5	100.0

卡方检验			
	值	df	渐进 Sig.（双侧）
Pearson 卡方	60. 287[a]	24	. 000
似然比	53. 917	24	. 000
线性和线性组合	1. 474	1	. 225
有效案例中的 N	413		

说明：a. 19 单元格（54. 3%）的期望计数少于 5。最小期望计数为 . 17。

方向度量						
			值	渐进标准误差[a]	近似值 T[b]	近似值 Sig.
按标量标定	Lambda	对称的	. 025	. 019	1. 309	. 190
		村里用水紧张时，您会组织大家协商解决问题吗？（因变量）	. 026	. 030	. 856	. 392
		您觉得村民之间的关系融洽吗？（自变量）	. 024	. 023	1. 062	. 288
	Goodman & Kruskal Tau	村里用水紧张时，您会组织大家协商解决问题吗？（因变量）	. 021	. 006		. 001[c]
		您觉得村民之间的关系融洽吗？（自变量）	. 029	. 009		. 002[c]

说明：a. 不假定零假设。

b. 使用渐进标准误差假定零假设。

c. 基于卡方近似值。

假设 5：领导能力（是否当过干部）越强，农户参与合作的意愿越强。

首先虚拟自变量，将“是，村组干部（拿工资补贴）”赋值为 1，“是，乡镇干部”赋值为 2，“是，县（区）里的干部”赋值为 3，“否”赋值为 4，将因变量“村里用水紧张时，您会组织大家协商解决问题吗”与自变量进行交叉分析。由于是否曾经担任干部变量在 5% 的统计检验水平上不显著，故二者的相关性无法从样本推论到总体，无法拒绝零假设。

表 5-11　　村里用水紧张时，您会组织大家协商解决问题吗？
＊现在或从前是否当过干部？交叉制表

			现在或从前是否当过干部？				合计
			是，村组干部（拿工资补贴）	是，乡镇干部	是，县（区）里的干部	否	
村里用水紧张时，您会组织大家协商解决问题吗？	会	计数	14	4	0	92	110
		村里用水紧张时，您会组织大家协商解决问题吗？中的百分比	12.7	3.6	0.0	83.6	100.0
		现在或从前是否当过干部？中的百分比	60.9	80.0	0.0	31.7	34.5
		总数的百分比	4.4	1.3	0.0	28.8	34.5
	不会，他们不会听我的	计数	3	1	0	30	34
		村里用水紧张时，您会组织大家协商解决问题吗？中的百分比	8.8	2.9	0.0	88.2	100.0
		现在或从前是否当过干部？中的百分比	13.0	20.0	0.0	10.3	10.7
		总数的百分比	0.9	0.3	0.0	9.4	10.7
	不会，没法协商	计数	1	0	0	10	11
		村里用水紧张时，您会组织大家协商解决问题吗？中的百分比	9.1	0.0	0.0	90.9	100.0
		现在或从前是否当过干部？中的百分比	4.3	0.0	0.0	3.4	3.4
		总数的百分比	0.3	0.0	0.0	3.1	3.4
	不会，我不想得罪人	计数	0	0	0	11	11
		村里用水紧张时，您会组织大家协商解决问题吗？中的百分比	0.0	0.0	0.0	100.0	100.0
		现在或从前是否当过干部？中的百分比	0.0	0.0	0.0	3.8	3.4
		总数的百分比	0.0	0.0	0.0	3.4	3.4

续表

			现在或从前是否当过干部？				合计
			是，村组干部（拿工资补贴）	是，乡镇干部	是，县（区）里的干部	否	
村里用水紧张时，您会组织大家协商解决问题吗？	不会，干部说了算	计数	2	0	1	61	64
		村里用水紧张时，您会组织大家协商解决问题吗？中的百分比	3.1	0.0	1.6	95.3	100.0
		现在或从前是否当过干部？中的百分比	8.7	0.0	100.0	21.0	20.1
		总数的百分比	0.6	0.0	0.3	19.1	20.1
	不会，我不管这种事	计数	1	0	0	70	71
		村里用水紧张时，您会组织大家协商解决问题吗？中的百分比	1.4	0.0	0.0	98.6	100.0
		现在或从前是否当过干部？中的百分比	4.3	0.0	0.0	24.1	22.3
		总数的百分比	0.3	0.0	0.0	21.9	22.3
	其他	计数	2	0	0	16	18
		村里用水紧张时，您会组织大家协商解决问题吗？中的百分比	11.1	0.0	0.0	88.9	100.0
		现在或从前是否当过干部？中的百分比	8.7	0.0	0.0	5.5	5.6
		总数的百分比	0.6	0.0	0.0	5.0	5.6
合计		计数	23	5	1	290	319
		村里用水紧张时，您会组织大家协商解决问题吗？中的百分比	7.2	1.6	0.3	90.9	100.0
		现在或从前是否当过干部？中的百分比	100.0	100.0	100.0	100.0	100.0
		总数的百分比	7.2	1.6	0.3	90.9	100.0

卡方检验			
	值	df	渐进 Sig.（双侧）
Pearson 卡方	22.303[a]	18	.219
似然比	25.283	18	.117
线性和线性组合	11.024	1	.001
有效案例中的 N	319		

说明：a. 19 单元格（67.9%）的期望计数少于 5。最小期望计数为 .03。

检验结果也从另一侧面反映出，干群关系处于不信任和较为紧张的状态，如在广西百色地区，农户在访谈中提道："我们不信任（干部），当官的都贪，上面也管不到，困难户补贴都发不下来。"灌溉由水利站管理，水库派水，村里不管，水费还比较高，村民反映管理较混乱，百色地区还存在"抢水"现象，认为干部只管捞钱。此地没有村民小组或基本没有发挥作用，亦没有成立用水协会。

（5）假设 6：对用水协会作用的认识将显著影响农户参与合作的意愿。由于多数村庄都没有成立用水协会，有成立的很多也没有真正起作用，农户对用水协会的认识较少，因此我们提出假设：对用水协会作用的认识将显著影响农户参与合作的意愿。

我们将问卷中"您认为用水协会解决农田灌溉问题的作用显著吗?"作为自变量，将"灌溉缺水时，应该求助农民用水合作组织吗?"作为因变量，分别虚拟变量和赋值，做相关性检验，如表 5－12 所示。

由于变量在 1% 的统计检验水平上显著，且系数符号为正，故对用水协会解决农田灌溉问题作用的认知与对灌溉缺水时是否应该求助农民用水合作组织的认知之间具有正相关性，tau-y 系数为 0.048，即村民越相信用水协会解决农田灌溉问题的作用显著，则越可能在灌溉缺水时求助农民用水合作组织。

表5－12　村里用水紧张时，您会求助农民用水合作组织吗？
＊您认为用水协会解决农田灌溉问题的作用显著吗？交叉制表

			您认为用水协会解决农田灌溉问题的作用显著吗？					合计
			非常显著	比较显著	一般	不太显著	没有作用	
求助农民用水合作组织	不求助	计数	20	69	138	45	26	298
		求助农民用水合作组织中的百分比	6.7	23.2	46.3	15.1	8.7	100.0
		您认为用水协会解决农田灌溉问题的作用显著吗？中的百分比	74.1	85.2	93.9	95.7	96.3	90.6
		总数的百分比	6.1	21.0	41.9	13.7	7.9	90.6
	求助	计数	7	12	9	2	1	31
		求助农民用水合作组织中的百分比	22.6	38.7	29.0	6.5	3.2	100.0
		您认为用水协会解决农田灌溉问题的作用显著吗？中的百分比	25.9	14.8	6.1	4.3	3.7	9.4
		总数的百分比	2.1	3.6	2.7	.6	.3	9.4
合计		计数	27	81	147	47	27	329
		求助农民用水合作组织中的百分比	8.2	24.6	44.7	14.3	8.2	100.0
		您认为用水协会解决农田灌溉问题的作用显著吗？中的百分比	100.0	100.0	100.0	100.0	100.0	100.0
		总数的百分比	8.2	24.6	44.7	14.3	8.2	100.0

卡方检验

	值	df	渐进 Sig.（双侧）
Pearson 卡方	15.757[a]	4	.003
似然比	13.761	4	.008
线性和线性组合	12.121	1	.000
有效案例中的 N	329		

说明：a. 3 单元格（30.0%）的期望计数少于 5。最小期望计数为 2.54。

方向度量						
			值	渐进标准误差[a]	近似值 T[b]	近似值 Sig.
按标量标定	Lambda	对称的	.014	.021	.655	.512
		灌溉缺水时，您认为应该求助农民用水合作组织吗？（因变量）	.000	.000	.[c]	.[c]
		您认为用水协会解决农田灌溉问题的作用显著吗？（自变量）	.016	.025	.655	.512
	Goodman & Kruskal Tau	灌溉缺水时，您认为应该求助农民用水合作组织吗？（因变量）	.048	.029		.003[d]
		您认为用水协会解决农田灌溉问题的作用显著吗？（自变量）	.011	.007		.007[d]

说明：a. 不假定零假设。

b. 使用渐进标准误差假定零假设。

c. 因为渐进标准误差等于零而无法计算。

d. 基于卡方近似值。

同样，我们将问卷中“您认为用水协会解决农田灌溉问题的作用显著吗?”作为自变量，将“村里用水紧张时，您会组织大家协商解决问题吗?”作为反映农户用水合作意愿的因变量，分别虚拟变量并赋值，做相关性分析，如表5－13所示。由于自变量在1%的统计检验水平上显著，且系数符号为正，故认为“用水协会解决农田灌溉问题的作用显著”与“村里用水紧张时是否会组织大家协商解决问题”之间呈正相关关系，tau-y系数为0.044，即越赞同用水协会解决农田灌溉问题的作用显著，则在村里用水紧张时，越有可能组织大家协商解决问题。

表5－13　　村里用水紧张时，您会组织大家协商解决问题吗？
＊您认为用水协会解决农田灌溉问题的作用显著吗？交叉制表

			您认为用水协会解决农田灌溉问题的作用显著吗？					合计
			非常显著	比较显著	一般	不太显著	没有作用	
村里用水紧张时，您会组织大家协商解决问题吗？	会	计数	15	40	54	8	3	120
		村里用水紧张时，您会组织大家协商解决问题吗？中的百分比	12.5	33.3	45.0	6.7	2.5	100.0
		您认为用水协会解决农田灌溉问题的作用显著吗？中的百分比	62.5	50.6	37.0	17.0	11.1	37.2
		总数的百分比	4.6	12.4	16.7	2.5	.9	37.2
	不会，他们不会听我的	计数	4	8	11	5	5	33
		村里用水紧张时，您会组织大家协商解决问题吗？中的百分比	12.1	24.2	33.3	15.2	15.2	100.0
		您认为用水协会解决农田灌溉问题的作用显著吗？中的百分比	16.7	10.1	7.5	10.6	18.5	10.2
		总数的百分比	1.2	2.5	3.4	1.5	1.5	10.2
	不会，没法协商	计数	0	2	4	3	2	11
		村里用水紧张时，您会组织大家协商解决问题吗？中的百分比	.0	18.2	36.4	27.3	18.2	100.0
		您认为用水协会解决农田灌溉问题的作用显著吗？中的百分比	.0	2.5	2.7	6.4	7.4	3.4
		总数的百分比	.0	.6	1.2	.9	.6	3.4
	不会，我不想得罪人	计数	0	4	7	1	0	12
		村里用水紧张时，您会组织大家协商解决问题吗？中的百分比	.0	33.3	58.3	8.3	.0	100.0
		您认为用水协会解决农田灌溉问题的作用显著吗？中的百分比	.0	5.1	4.8	2.1	.0	3.7
		总数的百分比	.0	1.2	2.2	.3	.0	3.7

续表

			您认为用水协会解决农田灌溉问题的作用显著吗？					合计
			非常显著	比较显著	一般	不太显著	没有作用	
村里用水紧张时，您会组织大家协商解决问题吗？	不会，干部说了算	计数	1	11	31	10	10	63
		村里用水紧张时，您会组织大家协商解决问题吗？中的百分比	1.6	17.5	49.2	15.9	15.9	100.0
		您认为用水协会解决农田灌溉问题的作用显著吗？中的百分比	4.2	13.9	21.2	21.3	37.0	19.5
		总数的百分比	.3	3.4	9.6	3.1	3.1	19.5
	不会，我不管这种事	计数	3	12	33	18	6	72
		村里用水紧张时，您会组织大家协商解决问题吗？中的百分比	4.2	16.7	45.8	25.0	8.3	100.0
		您认为用水协会解决农田灌溉问题的作用显著吗？中的百分比	12.5	15.2	22.6	38.3	22.2	22.3
		总数的百分比	.9	3.7	10.2	5.6	1.9	22.3
	其他	计数	1	2	6	2	1	12
		村里用水紧张时，您会组织大家协商解决问题吗？中的百分比	8.3	16.7	50.0	16.7	8.3	100.0
		您认为用水协会解决农田灌溉问题的作用显著吗？中的百分比	4.2	2.5	4.1	4.3	3.7	3.7
		总数的百分比	.3	.6	1.9	.6	.3	3.7
合计		计数	24	79	146	47	27	323
		村里用水紧张时，您会组织大家协商解决问题吗？中的百分比	7.4	24.5	45.2	14.6	8.4	100.0
		您认为用水协会解决农田灌溉问题的作用显著吗？中的百分比	100.0	100.0	100.0	100.0	100.0	100.0
		总数的百分比	7.4	24.5	45.2	14.6	8.4	100.0

卡方检验

	值	df	渐进 Sig.（双侧）
Pearson 卡方	45.990[a]	24	.004
似然比	49.923	24	.001
线性和线性组合	22.736	1	.000
有效案例中的 N	323		

说明：a. 17 单元格（48.6%）的期望计数少于 5。最小期望计数为 .82。

方向度量

			值	渐进标准误差[a]	近似值 T[b]	近似值 Sig.
按标量标定	Lambda	对称的	.045	.016	2.754	.006
		村里用水紧张时，您会组织大家协商解决问题吗？（因变量）	.084	.029	2.754	.006
		您认为用水协会解决农田灌溉问题的作用显著吗？（自变量）	.000	.000	.[c]	.[c]
	Goodman & Kruskal Tau	村里用水紧张时，您会组织大家协商解决问题吗？（因变量）	.044	.013		.000[d]
		您认为用水协会解决农田灌溉问题的作用显著吗？（自变量）	.029	.009		.046[d]

说明：a. 不假定零假设。

b. 使用渐进标准误差假定零假设。

c. 因为渐进标准误差等于零而无法计算。

d. 基于卡方近似值。

3. 农田水利利益相关者合作行为动机分析

对开展用水合作的态度，农田水利利益相关者各方面有自己的想法，其动机也不一样。显然，农户是利益关系最为密切的利益主体，水利条件好坏直接关系到农业生产能否顺利进行，以及农业生产成本和收益情况。往上一层则是村社、乡镇基层政府、省市及中央，此外，大中型水利设施（如水库、泵站、灌区等）由于推行市场化改革，“以水养水”“以库养库”，成为相对独立的利益主体。

先看国家的行为逻辑，中央政府在农田水利上，最关心的是粮食安全，我国水旱灾害较频繁，地区分布不均，投资兴建抗大旱的农田水利体系，保证农田灌溉稳定进行就是其主要责任。粮食安全具有重要的战略意义，粮食短缺，会引起一系列国内国外政治经济因素相应变动。另一方面，在“三农”问题背景下，中央希望健全的农田水利系统，能提高灌溉效率，进而增加农民收入，维持农村社会的稳定，维持党的执政合法性。由此，当世界银行引入一些发展中国家成立用水协会组织的成功经验时，水利部、财政部等部门也发文号召全国推广成立农民用水协会，一些项目资金也要以协会的名义才能申请，但这一国家政策却没有得到地方政府太多响应，国家政策执行不彻底。

地方政府部门组建用水协会的动机是，向上争取水利投资资金，①解决水利工程建后无人管理的问题；②解决水费征收难的问题；③解决群众参与水利工程管理问题。一些财政较紧张的内陆山区，水利部门想管但管不好，特别是中央“一号文件”要求乡镇必须成立水务站，但牵扯编制问题要求乡镇的用水协会必须达到5个人，必须设立单独的办公地点，垂直于水务局，一些受访部门承认，“用水协会还只是一个‘空架子’，挂名在镇水利站”。政府之间的利益关系使得水利站及其工作被边缘化，“该水利站管的，不让插手，却让水利站负责联合水厂向企业收水费，偶尔去包工程，打井。”①

“目前水利站还是负责水资源管理、企业用水收费、整个大的农田水利建设，但是小农水项目还是由区县政府招标。以前水利站还会打

---

① 受访者编号 ZF SDZBLZQD。

井、修渠，现在完全没有补贴。水利站有编制的总共3个人。”① 由于水管单位编制不足，人员、经费短缺，加上农户不愿意交水费，因此，解决水费征收难问题是水管单位推动用水合作组织的动机之一。

对大中型灌区而言，希望有比较大的灌溉面积，从而获得较多的灌溉收益，不仅要养活职工，也要养护好设施。当前大中型水利设施存在设施普遍老化，渗漏严重；无法与农户对接，长期无法使用，水利设施很快毁损等问题。更严重的，水利设施不能灌溉，没有营运收入，一些灌区只好长期放假，人员流失。

取消农业税前，依靠村社组织向农户收取水费，取消农业税后，村社逐渐退出共同生产事务，灌区只能指望由农户自下而上组成农民用水协会来与之对接。否则，大中型灌区无法与单家独户农户对接，农户要水而不得，灌区有水放不出。

而从调查中我们发现，市场化改革后，水利设施私人承包使不交水费白用水的现象少了，大家用水更公平了（见图5-7、图5-8），但与此相对的是，灌溉成本却提高了（见图5-9）。这很好理解，水库、沟渠等抗旱水利设施以往管理不善，由民营资本承包后，维护修缮的资金有了保证，投资者拥有设施的经营权和收益权，想用水者就得交钱，用多少交多少，减少了不交水费“搭便车”的机会。但另一方面，私

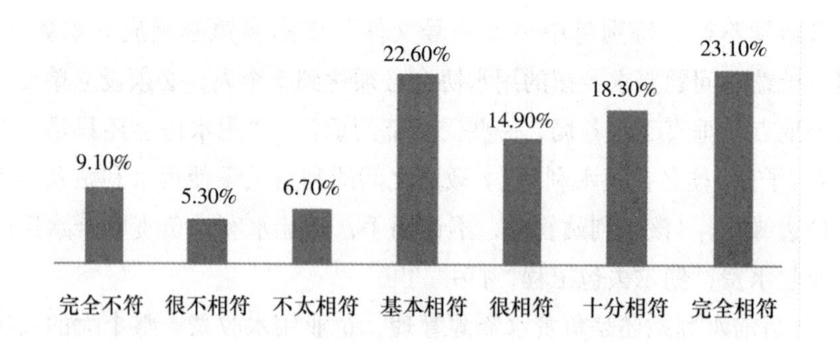

图5-7 灌溉基础设施私人承包后，不交水费偷水的人少了

① 受访者编号ZF SDZBLZQD。

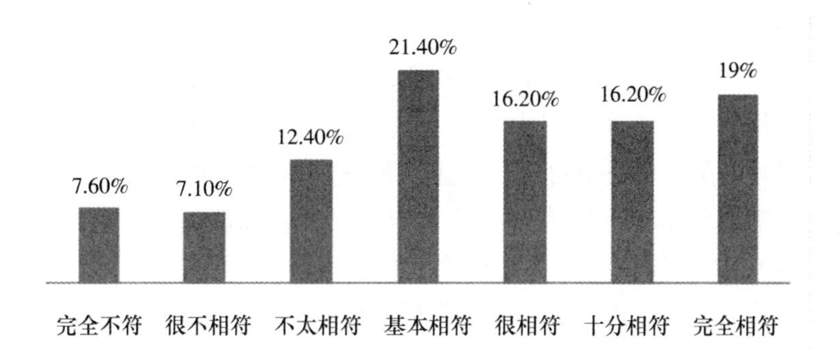

图 5－8　灌溉设施私人承包后，用水更公平了

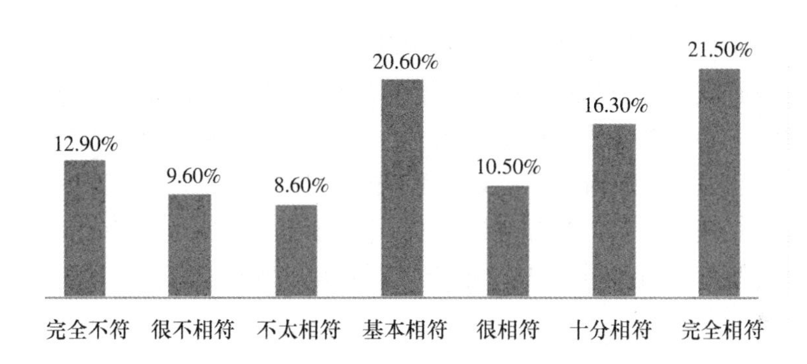

图 5－9　灌溉设施私人承包后，灌溉成本提高了

人是逐利的，越是干旱生意好的时候，水费不降反升。

村委会推动用水协会的动机包括以下几个方面。①解决项目申报主体缺位问题。“水利补助政策”规定，农民申请补助都是由用水协会向政府提出，政府根据节约用水量、一年给一人补助一定的水费，这笔钱由政府埋单。而且小农水项目建设也必须通过用水协会，来争取上面的补贴项目。多数村社将申请到的水利资金作为村委财政的补充，弥补各项成本支出。②解决村干部无力管理问题。取消农业税后，村社财政收紧，加上裁并“七站八所”后，一些专业人员流失，村社组织表现出“不想管”，靠农户打井挖堰等自行去解决农田灌溉问题。村社利益与农户经营没有关系，甚至出现有学者所说的“政权悬浮”、推卸责任现象（焦长权，2010）。

农户与农田水利的利益最为相关，当地方政府不愿管也管不好农田水利，村社无力关注农田水利时，基本的灌溉单元就下降为户，靠自己。老百姓关注的只是自身“实惠”问题，对用水协会或旧有的水站，只要能解决放水难问题或解决放水纠纷，两者都可以。因此在上文对“用水协会的认知”方面的统计中，多数人认为“两者都可以”。而对于用水协会是否真正由农户自我选举、自下而上产生、有否明晰的规章制度、领导人由谁担任、“一事一议”有否开展等，农户不了解也不怎么关心。

以上是我们在既有的村庄物理属性及社会政治经济背景下，对农田水利各类利益主体的属性及总体特征所做的理论与实证分析。这样的行为特征或属性既与其所在村庄的社会文化历史传统和种植结构等物理属性相关，也与自身的受教育程度、以往的经历和灌溉历史、心智模式等相连。而这两个层面的因素又受到了较深层次的制度规则的影响，体现出不同的制度绩效。下面我们对第三个层面上的制度结构展开分析，以更好地理解农田水利合作组织运行中的问题与深层次原因。

三　制度绩效方面

制度的实质是一种调节人类行为的规则，通过其本身具有的成本收益机会来引导人们追求利益，同时对破坏规则者进行惩罚，人们对不同制度的好恶取决于不同制度对他的成本和收益的影响。“制度绩效”评估的着眼点，是某一制度或制度建设实际产生的社会综合效应，即制度建设实践对社会政治、经济与文化生活的实际作用。美国政治社会学家帕特南对意大利民主制度运转绩效的研究揭示出，传统制度分析关注的是制度如何规范人们的行为，而新制度主义更关注制度是如何改革以及在多大程度上改变人们的行为模式（罗伯特·D.帕特南，2001）。

本书的研究主题是灌溉水资源合作治理的有效制度安排，作为一种合作用水的组织制度设计，用水协会的组建能否实现施政者的预期目标呢，如加强农户用水合作、实现民主管理，减少用水纠纷、提高灌溉效率，一定程度上减轻政府财政负担，提高农户自组织能力等？此外，对农户而言，参与协会能否为农户带来实际收益？对村庄、对水资源而言，能否在遇到大的自然灾害面前保持村庄的“生态恢复力”（resilience）①，保证干旱年份生产活动有序进行；同时促使耕地更好地利用，使水资源实现可持续利用与发展？以下将从村庄生态绩效、农户成本与收益的经济绩效、政府治理绩效三个方面分析不同行为主体的激励结构与内在的制度因素。

（一）村庄生态绩效：可持续发展 VS 环境成本

成立农民用水合作组织这一新制度形式对村庄、对环境生态而言，有利于协调农户达成更好的水资源保护集体行动，减少用水户间的用水纠纷。通过公平合理地制订水费标准、用水户间的用水规则、轮灌期制度、对违规者的监督与制裁规则等，能够促进农作物生产有序进行，满足广大农户对水资源的需求，同时，使灌溉水资源得以可持续发展，从而使整体水生态环境得到合理的利用与保护。

1. 过多抽取地下水导致的环境成本。在学者罗兴佐笔下，湖北省沙洋县由于用水户间的“抽水竞赛”（农户不交水费、用水矛盾大，一旦有人打机井灌溉，这一户就会退出既有水利体系，一户退出必然导致其他户也退出，打井的农户成为以前村社集体放水的“钉子户”，他们对集体是否放水并不关心：放水了可以搭便车，不放水也有井水可抽，这样迫使所有农户都只能打井），造成了巨大的环境生态成本。几年时间，沙洋县境内农民所打灌溉机井即达天文数字，仅高阳镇，最近5年农民打井7000口以上，以每口投资5000元计，总投资在3500万元以上（罗兴佐，2006）。打井、挖堰等微型水利不仅成本高而且风险大。打井后，往往几年就报废。一口井成本在5000元以上，往往只用3年就报废了。其次，无法抗大旱，费工费时。这不仅对村庄作物生产助益不大，整体灌溉效率低下，更严重的是对村庄生态环境造成严重影响：

---

① 生态恢复力是一个保持社会—生态系统稳定性的理论逻辑，认为自然资源管理的目的应该在于培养系统的恢复力，让系统在经历各种无可避免的自然和人为扰动后，还能保持状态，维持主要的生态功能和服务。

地层下陷，地下水资源逐渐耗竭，水资源的使用不可持续。正是因为家家户户打机井，水位急剧下降，造成机井的使用寿命越来越短。"2003年打的机井多成为枯井。G镇黄金村2004年搞饮水工程，打了135口15米到30米深的吃水井。仅一年，这些井就成为枯井。40米深的井多数已经抽不上水。"（王会，2011）

另一方面，打井还导致大量的电费支出和机井维修成本：放水时期家家抽水电压太低，井又深，电机很容易烧坏。村民说"去年刚打的机井是两相电的已经带不起来，农忙期间，电灯泡都是红色的，电压太低，现在得重新换个三相电试试，看能否抽得到水。为点儿水真的是绞尽脑汁了。"（王会，2011）

在我们的调查中，山东省L市L区Z乡也存在类似浪费资源的情况："原先50亩地一眼井，结果一下子坏了，再打一眼井不好落实，也有可能产生两眼井或者三眼井，就是出现设备严重浪费的情况。原先轮灌期规定5—7天，基本上属于灌溉条件比较好的。5—7天的话，40—50亩地一眼井差不多，能达到标准。结果坏了以后，他又打了一眼，或者两眼，那就说十几亩地二十亩地一眼井，就是浪费。为啥呢？（井）不能同时开啊！同时开的话牵扯变压器的问题，80的变压器一共拉四眼井，你想想要是6眼井，超负荷工作变压器也不行啊。所以这就是严重浪费！管又管不了，为啥呢？因为打一眼井打不成堆，划不来，他就非分成两眼不可。"① L区下辖7个乡镇，除了一个乡镇"靠天吃饭"，其余6个乡镇全部靠地下水灌溉，由于化工企业多，华北平原都为水质性缺水。

2. 水费按面积收取导致水资源浪费。由于农村的经济实力弱，使得量水设施缺乏，加之协会的管理能力和农户承包田块分散等原因，使得不少灌区难以精确计量用水户的实际用水量，农民用水协会只能在某一支渠或斗渠计量，所得出的用水总量和总费用，按控制的灌溉面积平均分摊到用水田亩上，即所谓的"按亩收费"。这种方式明显不合理、不科学，只重视灌溉面积，而忽视了实际用水量，容易导致水资源浪

① 根据课题组在山东省Z市L区Z镇水利站访谈记录整理。

费。“在内蒙古世行项目区，2007 年成立的 29 个协会中，除赤峰市松山区的 7 个协会采取按方收费外，其他三个地区的协会均实行按亩收费。据实地调查发现，这三个地区的农民实际每亩灌水定额都很高，每亩灌水量均在 300 立方米以上，有的甚至高达 400 立方米。超定额用水，势必会造成水资源浪费。今后随着经济状况的好转以及灌溉设施的逐步完善，应逐步改为按方收费。”（赵立娟，2009）

3. 水是商品的意识还没有确立，水权交易等水市场机制缺乏。现行水价测算成本偏低，没有体现水资源的稀缺性，水资源的价格没有体现在水价里，不利于保护与恢复水资源，制约了水资源的持续开发利用。在实地调查中，多数协会负责人也反映，“靠着镇上有补贴，水价较低”“水价很早之前就定好，很多年没有变过”。可见，农业用水应在以公平为主，兼顾效率的原则下，按照合理补偿供水成本的原则核定，并根据供水成本的变化适时调整，才能有效促进对水资源的可持续利用和保护。另外，合理的水价可以促使用水户建立起水商品的概念，在水市场机制健全的条件下，尝试进行水权交易，既促进水的循环利用，又能使用水户得到节约水的经济激励。

（二）农户经济绩效

对农户而言，参与协会灌溉管理的收益主要有两方面。①成立用水协会后可以提高农户在水权交易中的谈判地位，降低高昂的交易费用，明晰水利资产的产权关系以及为各相关利益主体提供有效激励。②用水协会有助于协调和融洽村民间关系、减少用水纠纷，增强村庄社会资本。参与协会灌溉管理的成本有协会成立的组织成本、日常运行成本、谈判成本、影响个人生产和人际关系的机会成本等。

用水协会是农户基于自愿基础上，自我选举协会成员，按照水文边界而不是行政边界组建而成的非营利性社会团体，协会的日常事务如水费收缴、领导班子更替、水利设施维护等都应由会员集体“一事一议”、民主商讨决定。出现用水纠纷时，协会管水员将负责协调用水户用水，组织大家制订自己的轮灌规则，代表用水户集体与供水单位协商或谈判。这一方面增强了广大农户在水事务上的主人翁地位和责任感，也降低了单家独户分别与供水单位谈判的交易费用，提高了办事效率。

另一方面，赋予协会真正的水利设施资产所有权，水费收缴和处置权，使之可以根据所辖区域的需要经营这些资产，能够为会员提供预期收益，有效激励用水户合作用水。

但是一项新制度的创新必然会随之带来相应成本，对农户来说，参与和成立用水协会，将带来组织成本、协会运行成本、外部交易成本等。

首先，协会正式成立需要到民政部登记，要求有一定的注册资本金和缴交登记费，协会要有正式的办公场所和5名以上的工作人员，有自己的规章制度和议事规则，这就带来组织成本。其次，协会日常运转需要一定的人员经费支出、水利设施维护的相关费用、到一家一户收取水费的交易费用，以及与供水单位签订合同的谈判成本等。作为协会领导班子成员的农户，农忙时节可能还会耽误农作物耕种、收割；遇到有不合作的农户，还要花费口舌甚至得罪人；等等。因此，只有在预期收益大于预期成本的情况下，农户才会有参与的意愿与行为。

在我们的问卷中，对“您是否同意用水协会使得村民之间的关系更加融洽了?”这道题的回答，88.7%的人较为赞同，说明村民认为用水协会虽然在灌溉事务上作用一般，但在促进村民间关系融洽方面确实起到了作用（见表5－14）。

（三）政府治理绩效

如前文对利益主体的动机分析中提到的，地方政府组建用水协会，能带来以下政策收益：向上争取水利投资资金，如全国小型水利重点县建设项目；完成上级下达的任务，以使干部绩效考评时能够达标；解决水利工程建后无人管理的问题；解决水费征收难的问题；减轻一定的财政负担，摆脱水利部门想管但管不好的问题。

地方政府需承担的成本有：以水文边界组建协会，要跨越多个自然村，甚至涉及相邻的几个灌区，组织多个村庄的农户自我选举组建协会，要耗费人力物力等行政成本和谈判交易成本；需为协会提供一定的资金支持和办公条件以及人员培训、业务指导等的组建成本；赋予协会水利资产的产权，需要制度改革的成本。

表 5－14 **您是否同意，农户组成用水合作组织后，村民关系更融洽？**

		频率	百分比（%）	有效百分比（%）	累计百分比（%）
有效	完全同意	72	16.7	18.9	18.9
	比较同意	131	30.5	34.4	53.3
	一般	135	31.4	35.4	88.7
	不太同意	39	9.1	10.2	99.0
	完全不同意	4	.9	1.0	100.0
	合计	381	88.6	100.0	
缺失	系统	49	11.4		
合计		430	100.0		

1. 对中央发动农户参与灌溉管理，组建用水协会政策，基层政府没有很好地贯彻执行。

目前发展农民用水户协会的推动力量主要是政府部门，灌区管理单位想推动却因达不到预想的效果而没有去推动，村委会基本上是被动，用水户自发组织的主要是饮水工程但一般不报批，常见的推动模式主要是政府引导。

但在调查中我们发现，仍然有很多地方，政府政策执行不力："最根本的问题就是这个上头政策，下头不一定落实。这个就是区里的事，区委区政府的事儿。为啥呢？这边对农口这边牵得太弱，他解决不了，也不想解决。为啥不想解决？你看，包括水利一大批，农机，农业机械一大批，畜牧，等等，所有涉农的这块，原先改变编制的，改吃财政的，都没解决。现在（区里）替你解决了，那些（涉农方面）又照顾不到，就属于这么个问题。"①

政府不支持还体现在编制问题。由于编制被挪用，"有编制但让别人占着，干活的没占编制"，基层水利服务机构人员编制不足。中央政府，"特别是中央一号文件要求乡镇必须成立水务站，要求乡镇的用水协会必须达到 5 个人，必须设立单独的办公地点，垂直于水务局，但牵

① 根据山东省 Z 市 L 区 Z 镇水利站站长访谈录音整理。

扯编制问题，到现在为止，用水协会还只是一个‘空架子’，挂名在镇水利站”。[①]

2. 基层水利服务机构“条块”共管的机制使其功能弱化，职能难以完全履行。

国家发文健全基层水利服务机构，将之作为县政府的派出机构（多数受访者回答不知道此事），目的是在提高基层水利机构的地位，保证其人员、机构运行的成本支出，促使其提供更好的农田水利灌溉服务。但是，基层水利服务机构在行政上隶属于乡镇，同时又是县级水务部门的派出机构[②]，这种“条块”共管的机制往往在遇到问题时被“条”和“块”踢皮球，国家扶持资金的下放也得在条块之间进行协调。

有些乡镇水务站虽然是县水行政主管部门的派出机构，但县水行政主管部门对乡镇水务站管理没有明确专门的管理部门，管理职能不清。有些乡镇水务站的管理权主要在当地乡镇政府，水务站在履行自身职责的同时，还要协助乡镇政府抓好农业综合开发、计划生育、招商引资、乡村道路及城镇建设等工作。这些工作牵扯水务站相当的精力，严重影响了本职工作的开展。相当一部分乡镇水务站归属农办管理，失去必要的载体和根据地，造成职能弱化。

3. 经济发展不平衡，部分水务站和中型水库防汛管理站经济困难，能够提供给用水协会的财政资源严重不足。

乡镇水务站经济状况不平衡，相当一部分水务站经济困难。一是，财政经费不足使水务站面临生存困难。二是，综合经营难开展，水务站经营状况不佳。为解决生存问题，很多水务站将工作重点放在综合经营上，力求创收自给，解决生存问题。但是，在当前市场经济体制日益完善的新形势下，投入少、规模小的乡镇水务站综合经营项目很难经得起市场经济大潮的竞争冲击，大多数水务站的综合经营难以维持，收入很

---

① 根据山东省Z市L区Z镇水利站站长访谈录音整理。

② 例如，江西万载县进行了相应的改革，强化乡镇（街道）水务站能力建设。乡镇水务站实行县水务局和当地乡镇政府分工负责，以县水务局为主的双重管理体制（“人事、劳资、财产三权归县、财政保障、双重管理、以县为主”的管理体制）。

少。例如，D县三十把、潭口、锦江等中型水库防汛安全管理站为近年新增加的防汛服务单位，“县财政每年每人只下拨1万元工资补助，其余不足的工资部分和其他费用则要通过自己创收解决，几年来，在一无生产基地，二无资金投入的情况下，仅靠县财政的一点补助生存、其经济状况比乡镇水务站还要差。”在这种情况下，基层水利服务机构的财政状况也将影响其对协会的财政支持力度，影响双方在水利事务上的有效合作。

4. 乡镇水务站人才结构不合理，素质较低，不利于指导用水协会开展工作。

目前，乡镇水务站人才结构不合理的情况比较严重，高学历、专业性、技术性人才所占比重很低，而且面临着人员老化、素质下降、人才难留的局面。有些乡镇政府将退伍军人或目前还在非水利岗位上的干部职工甚至是请长假挂编的人员等安排进水务站“顶编”“凑数”。此外，基于水利的特殊性、艰苦性以及长期以来没能解决的待遇较低、条件较差的客观现实，也很难留住人才，院校毕业的大学生不愿进来。同时，由于经费原因，人员培训工作也跟不上，人员素质提高缓慢。这样的人才队伍根本不足以为用水协会提供专业的人员培训和业务指导工作，影响了这一新制度形式的推广。

5. 村集体经济代交水费，造成水费计收更加困难。

在对基层政府的访谈中，关于用水协会存在的主要问题，反映最多的是农民不愿交水费，也很难出现较多的无私奉献的领头人。这在农户问卷及访谈中也有体现：多数人反映，所在村庄没有收水费，水是“公共”的，因此也不存在“偷水”行为。这一方面是由于农户不愿意交，基层政府/用水协会收取水费困难，干脆就没有收；另一种情况是，村庄水源较丰富，村民的水费支出少，有的村财政较富裕，就覆盖了，没有向村民收取。农户不愿意交水费导致用水协会工作难以开展。这些情况都使得问卷中对水费收取公平程度及水纠纷处理情况的问题收到的反馈较少。但是，我们仍然存在疑问，如果能收取到足额水费，协会的资金来源有了保障，其开展工作就有了源水，农户也许会更愿意参与这个组织？基于此，我们提出以下假设。

假设 7：水费收缴标准公平合理，农户越有可能参与用水合作组织。

我们选取用水协会问卷中题目“对灌溉用水费用收取标准的看法”为自变量，将“您是否愿意参与这样的农民合作组织”视为因变量，虚拟变量并赋值，进行相关性分析。从表 5－15 等统计输出可知，lambda 系数和 tau-y 系数的 Sig. 值均大于 0.05，因此自变量无助于解释因变量，由于水费收缴标准变量在 5% 的卡方统计检验水平上显著，说明此结论可从样本推论到总体。故农户“是否愿意参与农民合作组织”与“对灌溉水费收取标准的看法”之间不存在显著差异，拒绝原假设。

表 5－15　**您是否愿意参与这样的农民合作组织？**

＊您认为灌溉用水的收费标准应该是什么？交叉制表

			您认为灌溉用水的收费标准应该是什么？					合计
			按土地面积收	按产量收	按农作物需水量收	不应该收	说不清	
您是否愿意参与这样的农民合作组织？	愿意	计数	4	1	2	2	0	9
		您是否愿意参与这样的农民合作组织？中的百分比	44.4	11.1	22.2	22.2	.0	100.0
		您认为灌溉用水的收费标准应该是什么？中的百分比	100.0	100.0	100.0	100.0	.0	90.0
		总数的百分比	40.0	10.0	20.0	20.0	.0	90.0
	不愿意	计数	0	0	0	0	1	1
		您是否愿意参与这样的农民合作组织？中的百分比	.0	.0	.0	.0	100.0	100.0
		您认为灌溉用水的收费标准应该是什么？中的百分比	.0	.0	.0	.0	100.0	10.0
		总数的百分比	.0	.0	.0	.0	10.0	10.0

续表

		您认为灌溉用水的收费标准应该是什么？					合计
		按土地面积收	按产量收	按农作物需水量收	不应该收	说不清	
合计	计数	4	1	2	2	1	10
	您是否愿意参与这样的农民合作组织？中的百分比	40.0	10.0	20.0	20.0	10.0	100.0
	您认为灌溉用水的收费标准应该是什么？中的百分比	100.0	100.0	100.0	100.0	100.0	100.0
	总数的百分比	40.0	10.0	20.0	20.0	10.0	100.0

卡方检验

	值	df	渐进 Sig.（双侧）
Pearson 卡方	10.000[a]	4	.040
似然比	6.502	4	.165
线性和线性组合	3.049	1	.081
有效案例中的 N	10		

说明：a. 10 单元格（100.0%）的期望计数少于 5。最小期望计数为 .10。

方向度量

			值	渐进标准误差[a]	近似值 T[b]	近似值 Sig.
按标量标定	Lambda	对称的	.286	.224	1.054	.292
		您是否愿意参与这样的农民合作组织？（因变量）	1.000	.000	1.054	.292
		您认为灌溉用水的收费标准应该是什么？（自变量）	.167	.152	1.054	.292
	Goodman & Kruskal Tau	您是否愿意参与这样的农民合作组织？（因变量）	1.000	.000		.061[c]
		您认为灌溉用水的收费标准应该是什么？（自变量）	.159	.025		.220[c]

说明：a. 不假定零假设。

b. 使用渐进标准误差假定零假设。

c. 基于卡方近似值。

由于用水协会样本数太少，仅有 10 位协会负责人接受问卷调查，对统计检验结果可能造成抽样误差。从我们实地调查的反馈来看，协会负责人多数认为应按土地面积收取水费，以维持用水协会一定的经费成本。对于按方收费或按产量，粮食交售量等其他衡量标准，由于缺乏具体的量水设施，无法计水到户，多数受访对象认为难以操作。水费收取困难已经成为制约用水协会发展的主要因素。从以下我们对用水协会问卷中“您认为协会发展面临的最大困难与障碍是什么?”以及“您认为影响协会发挥作用的因素有哪些?”两道多选题的频数统计（见表 5－16、表 5－17）可以看出，资金不足、财力紧张已经成为当前制约用水协会发展的主要因素，水费收取不上来使得用水协会缺乏日常运作的资金，而这与农户对协会的认识不足、对协会事务不热心，没有建立“水是商品”的意识等是相关的。“资金不足”（32%）和“财力紧张”（35%）选的人最多，其次是“农民的认识不足”（16%）、“村民不热心”（25%）与“权限太少”（16%）、没有实际权力（20%）。可见，协会缺乏行政强制权和索取权，没有实际权力，这也是水费收取困难的原因之一。

表 5－16　　协会发展面临的最大困难与障碍频率

	响应		个案百分比（%）
	N	百分比（%）	
缺乏有奉献精神有责任心的领导	3	12.0	30.0
资金不足	8	32.0	80.0
农民的认识不足	4	16.0	40.0
缺乏政府里的人脉资源	2	8.0	20.0
法律地位不明晰	3	12.0	30.0
权限太少	4	16.0	40.0
不太清楚	1	4.0	10.0
总计	25	100.0	250.0

说明：a. 值为 1 时制表的二分组。

表 5 - 17　　**影响协会发挥作用的因素频率**

	响应		个案百分比（%）
	N	百分比（%）	
财力紧张	7	35.0	70.0
村民不热心	5	25.0	50.0
政府不支持	1	5.0	10.0
没有实际权力	4	20.0	40.0
土地制度的束缚	1	5.0	10.0
协会领导能力不足	2	10.0	20.0
总计	20	100.0	200.0

说明：a. 值为 1 时制表的二分组。

将上述两道题做因子分析，我们可以得出更有趣的发现。从因子旋转成分矩阵表可以看出，经过最大方差法的旋转之后，影响协会有效发挥作用的因素被划分为三种新的因子，其中，“政府不支持”和“协会领导能力不足”被划分为因子一，说明政府对协会的支持少，与协会领导能力不足有关，协会领导在政府部门的人脉关系好坏决定了其是否能通过个人关系争取到协会所需的资金，而这也正是能力的体现。“财力紧张”和“村民不热心”被划分为因子二，而且两个变量的因子载荷符号是相反的，说明村民越是不热心，水费收取不上，协会的财政就越紧张。“没有实际权力”与“土地制度的束缚”被划分为因子三，两个变量的因子载荷符号也是相反的，这从一个侧面说明，如果土地制度的束缚越小，那么协会能支配的实际权力会越大，比如组织划片承包、农户联户经营，以片为单位或以灌溉水文为边界设计量水设施等。

表 5－18　　**旋转成分矩阵**[a]

您认为影响协会发挥作用的因素有哪些	成分		
	1	2	3
财力紧张	.290	.913	.054
村民不热心	.207	－.885	.178
政府不支持	.893	－.086	.003
没有实际权力	－.413	.173	.800
土地制度的束缚	－.252	.322	－.774
协会领导能力不足	.909	.148	－.065

说明：提取方法：主成分分析法。

a. 旋转在 5 次迭代后收敛。

成分转换矩阵

成分	1	2	3
1	.957	.171	－.234
2	－.240	.921	－.307
3	.164	.350	.923

说明：提取方法 ：主成分分析法。

旋转法 ：具有 Kaiser 标准化的正交旋转法。

表 5－19　　**旋转成分矩阵**[a]

您认为协会发展面临的最大困难与障碍是?	成分		
	1	2	3
缺乏有奉献精神有责任心的领导	－.118	－.246	.870
资金不足	.750	－.127	－.030
农民的认识不足	.256	.888	.118
缺乏政府里的人脉资源	.468	－.737	.171
法律地位不明晰	.733	.055	－.132
权限太少	.724	.480	.217
不太清楚	.059	.410	.842

说明：提取方法：主成分分析法。

旋转法：具有 Kaiser 标准化的正交旋转法。

a. 旋转在 5 次迭代后收敛。

成分转换矩阵

成分	1	2	3
1	.702	.631	.331
2	.706	-.554	-.441
3	.095	-.543	.834

说明：提取方法：主成分分析法。

旋转法：具有 Kaiser 标准化的正交旋转法。

经过最大方差法的旋转之后，协会发展面临的最大困难与障碍被划分为三种新的因子，其中，“资金不足”“法律地位不明晰”和“权限太少”被划分为因子一，可以看出正是由于协会的法律地位不明晰，进而法定权限太少，没有实际权力，影响了其获得政府资助乃至寻求外界融资的能力。另外，从用水户收取会费水费的权限不足，导致其资金紧张。“农民的认识不足”与“缺乏政府里的人脉资源”被划分为因子二，且两个变量的因子载荷符号是相反的，这提示我们，如果农民的认识到位，认可用水协会的地位和作用，愿意参与和配合协会的工作，协会的日常运作就越顺利，越能独立于政府，不需要过分仰赖政府的行政支持，当然也就不依靠与政府间的人际关系，这样的协会已经倾向于从依赖走向自治，是一种内生型的合作组织和农户自我管理的社会团体，受科层控制的因素很少。在我们的调查中，江西省宜春市万载县鲤陂、龙陂用水协会就属于此类，协会成立已有百余年，由于没有到民政部登记，并不为外人所知。近年来国家推广组建用水协会，经多方督促，这个民间协会才到民政部正式登记为社会团体，按照会长的话，协会主要是协调灌区用水事务的，一直也都运转良好，为什么要去登记呢？

“缺乏有奉献精神有责任心的领导”和“不太清楚”被划分为因子三，说明目前协会发展面临的最大障碍还是资金、法律地位与权限、农户的拥护，“缺乏有奉献精神有责任心的领导”尚未成为主要的影响因子。

在山东省 Z 市 L 区水务局采访时，调查对象反映协会面临的最大障碍也是资金缺乏，而且推广的节水灌溉技术，比如喷灌，以前曾实行过，但是老百姓不适应，不接纳，认为用电进行喷灌花钱多，浅层水不花钱，只要提上来浇到地里就可，不用额外交电费。农民对于新事物的接受能力也比较弱，必须要看到实在的好处才会接受，而且需要一定的时间。

良好的协会，应具备的条件一是有充足的水源；二是有一支无私奉献的理事会班子；三是大多数受益会员以农业生产为主；四是在受益会员中成为一种习惯。不好的协会，制约因素主要表现在理事会因为无经费而不愿理事，服务也较差，会员的用水也得不到保障，灌溉水源受到天气的限制，会员的收入不是以农业为主，基本上征收不上水费，这样就形成了一种恶性循环。在实地访谈用水协会负责人时，当询问“影响协会发挥作用的因素”时，协会负责人多数回答“财力紧张”（水费收不上来）、“村民不热心”（有水源的就不积极）、“没有实际权力”。没有成立用水协会的主要在山区，这些地方的小农水项目建设每年都很少甚至是没有，其现在的水利设施也基本上不需要怎么去管理，靠山溪水即可以得到较高的保证。

综上所述，我们分别从村庄物理结构、农户社群结构以及制度绩效三个层次对本次随机抽样调查结果做了较详尽的统计分析，我们得出如下结论：农户对用水合作组织认知度更高，对组织的作用更认可时，更有可能参与合作（变量“是否同意农户组成合作组织后，能使村民关系更融洽”）；村庄社会资本越强，农户的凝聚力越好，越容易形成合作（村民之间关系、村小组间关系融洽程度）。水资源充裕程度通常被认为是农户灌溉合作行为的影响因素，尽管实证分析发现某些指标并不总是与因变量呈线性正相关（这可能受到与之有联系的其他变量的综合影响，例如“水资源稀缺程度”变量，纵然严重缺水的地区，如果从合作用水的努力中无法改变现状，缺乏预期收益，那么农户的合作行为也不会发生），但将之作为自变量去检测其对因变量的影响程度，仍然有助于我们得出一些有用的结论。

同理，“是否曾经担任干部”“是否是党员身份”这些通常被看作能侧面反映农户个体素质和能力的变量，在我们的随机抽样调查中也并没有体现出对合作治理、合作行为的正面作用。在开放式的填空题中，农户的回答或许能给我们一些启示："现在地太少""年纪大了""想出去打工""文化程度低""不想惹麻烦、喜欢自由"等。为了进一步探讨农户灌溉合作行为的影响因素及其内在机理，在第六章我们将应用计量经济模型具体分析。

第六章　农田水利基础设施合作治理的影响因素

在第五章对农田水利基础设施合作治理的社会调查进行初步统计分析的基础上，本部分将围绕影响农户灌溉合作行为的因素，基于 2014 年对全国 15 省 430 户农户的问卷调查数据，运用二元 Logistic 模型对农户灌溉合作意愿的影响因素进行实证分析，以更好地预测农田水利合作治理行为的演变轨迹。从经济发达程度和地理位置两个维度，我们对比分析了不同地区农户灌溉合作意愿影响因素的共性与差异性。结果表明：农户的灌溉合作意愿不强烈，且受到受教育水平和解决用水纠纷主动性的正影响；沿海地区农户相比于内陆地区农户更不愿意合作，经济发达内陆地区的农户比经济欠发达地区的农户更愿意合作。此外，不同地区农户合作意愿的影响因素也有所差异。

第一节　农户灌溉合作意愿的影响因素分析

一　模型选择与变量说明

本章要分析的因变量是农户灌溉合作行为，这是一个定性的二分变量，即有或没有合作。因此，这个因变量是一个分类变量，而不是一个连续变量，常用的线性回归并不适用。本章选用 Logistic 回归模型来分析农户灌溉合作决策行为。

Logistic 概率函数的基本形式：

$$P = \frac{exp\ (Q)}{1 + exp\ (Q)} \qquad \text{公式（6-1）}$$

式中，P 为事件发生的概率，在本研究中对应着灌溉合作发生的概率；Q 是变量 x_1，x_2，…，x_n 的线性组合：

$$Q = b_0 + b_1x_1 + b_2x_2 + \cdots + b_nx_n \qquad \text{公式（6-2）}$$

变换后的公式：

$$\text{Logit}(P)\ \ln\left(\frac{p}{1-p}\right) = Q = b_0 + \sum_{i=1}^{n} b_i x_i \qquad \text{公式（6-3）}$$

通过变换后，就得到了概率函数与自变量之间的线性表达公式。

农户灌溉合作的影响因素是非常复杂的，Hunt（1989），Uphoff 等（1990），Cernea（1993），Trawick（2001）基于社会资本视角分析了用水协会的发展，他们的研究指出，协会的规则、农民用水户之间的经济和社会的同质性、用水户之间的相互信任、协会与政府的合作等因素均会影响用水协会的可持续发展。本调查是基于家庭户的基础上进行的，采访的对象主要是户主，选择家庭耕地面积数、农业劳动力总量、户主年龄、户主受教育程度、务农收入、灌溉水源类型、种植作物类型、参与农民合作的经历、社会资本、对合作组织作用的看法作为本研究的自变量。

其中，农业劳动力总量、户主受教育程度、年龄、务农收入、参与农民合作的经历、家庭耕地面积数都属于用水户之间的经济和社会属性，同质性越强，用水户之间形成合作行为的可能性越大。此外，一般性理论认为，教育水平是影响农户自身素质行为的重要特征，而务农收入又是体现农户对灌溉依赖性的表征之一。灌溉水的来源，问卷设计是填空题，我们将答案归类，根据取水方式分为三种主要的灌溉来源①，并分别虚拟为二分变量放入回归方程。灌溉来源对农户缴纳水费的意愿也会产生一定的影响，例如靠天降雨者就不愿意缴纳水费。种植作物类型不同，需水量不同，也会影响农户灌溉合作的行为模式。如第五章提到的，我们将调查中收集到的“是否曾经担任过干部”和村里关系的

① 三类主要的灌溉水源类型：①取自邻近的天然水源，经过大型水利设施输水到田地，如长江灌渠、引黄河水、大渠浇水，协会水渠、协会河流水、水利会，从水库引水、买水；②依靠天降雨、山泉水储存在堰塘等小型水利设施，或经过水塘水净化，从水管引至田地，如蓄水池、堰塘抽水、靠天降雨（靠天吃饭）；③取自地下水，并用电泵机、柴油机等小型水利设施抽水到田地，或直接担水，如井水、泵站、机井抽水，农户通常认为是自己解决、自己引水。

融洽程度作为衡量社会资本的主要指标，村民之间、村小组间和村与村之间关系的融洽程度也能反映用水户之间的相互信任度（见表6-1）。

表6-1　　Logistic 模型中的相关自变量

变量	变量名称	变量说明	变量类型
X_1	家庭耕地面积（亩）	家庭承包耕地总面积	连续变量
X_2	农业劳动力总量（人）	家庭实际从事农业生产的总人数	连续变量
X_3	户主年龄（岁）	户主的年龄	连续变量
$X_{41}X_{42}X_{43}$	户主受教育程度	虚拟为小学、初中（包含中专、技校）、高中三个二分变量	定序名义变量，已虚拟为三个二分变量
$X_{51}X_{52}$	种植作物类型	经主成分分析为粮食作物、经济作物两类变量	定类变量
X_6	务农收入	务农收入	定序变量
X_7	非农收入	非农收入	定序变量
$X_{81}X_{82}X_{83}$	灌溉水源类型	虚拟为长江灌渠等、水塘等、地下水等三个二分变量	定类变量（虚拟为二分变量）
X_9	参与农民合作的经历	是否加入过专业合作社或家庭农场	定性变量
X_{10}	是否担任过干部	在行政部门就职的经历	定序变量，虚拟为二分变量
$X_{11}X_{12}$	村里关系融洽程度	村民之间、村小组之间关系	定序变量虚拟为定距变量
X_{131}	补充信息	信息获取的方式为通过报纸杂志和通过网络	二分变量
X_{132}	必要信息	信息获取的方式为通过广播电视、通过家人朋友、通过政府宣传	二分变量

续表

变量	变量名称	变量说明	变量类型
X_{133}	职业信息	信息获取的方式为通过外出打工与通过培训	二分变量
X_{14}	农户组成合作组织后，能使村民间的关系更加融洽	农户对合作组织促进村民关系的看法	定序变量虚拟为定距变量

二　数据处理与因子分析

首先，由于问卷中村民之间关系、村小组间关系融洽程度分为很融洽、比较融洽、一般、不融洽、说不清 5 个二分变项，我们将村民之间关系虚拟为定距变量放入方程。村小组关系变量处理法相同。“是否当过干部”题目有“村干部”“乡镇干部”“县区干部”及“没有”四个选项，我们将有干部经历虚拟赋值为 1，没有担任干部赋值为 0，二分变量。灌溉水源，同样将答案进行归类和赋值为二分变量，作为三个单独的变量进入方程。“受教育程度”作为有序的名义变量，不能直接参与回归计算，需要作出预处理。由于相比其他学历层次，大专以上学历的受访对象最少（仅占有效案例的 7.1%），小学及以下为 29.5%，初中学历占 42%，高中（包括中专、技校）占 21.5%，为避免样本数过少带来的抽样误差和对回归方程的影响，本研究将这部分记录数删去，由“受教育程度”变量虚拟为“小学及以下”“初中”“高中（包括中专、技校）”三个二分变量，检查变量间的相互独立性后，进入回归方程。

其次，我们对种植作物类型做主成分分析，通过因子分析将其归类。经过最大方差法的旋转之后，农田主要种植作物被划分为两种新的因子，其中，“水稻”“小麦”“玉米”被划分为因子一，“烟草”“蔬菜”“甘蔗”被划分为因子二。根据同类因素的共同特性，我们将因子一命名为“粮食作物”因子，将因子二命名为“经济作物”因子。

由于“了解外界信息的渠道”这道题选项较多，我们先将所有选项通过主成分分析法提取公因子，进行因子分析，之后将因子作为自变量之一，与农户合作意愿、解决纠纷意愿做 Logit 回归分析。

根据因子分析结果可以看出，经过最大方差法的旋转之后，农户了解外界信息的渠道被划分为三种新的因子，其中，“通过报纸杂志”和“通过网络”被划分为因子一，“通过广播电视”“通过家人朋友”“通过政府宣传”被划分为因子二、“通过外出打工”与“通过培训”被划分为因子三。第一个公因子中，两个变量的因子载荷符号相同，说明喜欢通过报刊杂志了解外界信息的农户，也喜欢通过网络途径了解。第二个公因子中，通过政府宣传和家人朋友了解外界信息变量与通过广播电视了解信息变量因子载荷符号是相反的，说明越少收听广播电视节目的人，越经常通过家人朋友了解外界信息，同时也越愿意接收政府宣传的信息。第三个公因子中，越是通过打工了解外界信息的，越有可能是经过培训等途径了解的。这从一个侧面说明，外出打工可以增加培训的机会，从而能了解更多的信息，这是多数年轻人了解信息的途径之一；平常不怎么收听广播电视的人，其信息来源渠道多是周边的家人朋友及政府宣传，这类人多是老年人；经常上网和看报刊杂志的人，则是有一定文化知识水平的人，通过自我学习获得外界信息。

考虑到因子二中各信息源是每位生活在村庄中的农民每天都会直接而必须接触的，故认为这些信息源在农民生活中处于必要的位置。而因子一中的各信息源并不是每位农民每天都会面对的，比如有些人可能没有订阅报纸杂志的习惯，有些家庭可能没有连通互联网等，所以将因子一中的信息看作对于农民生活的补充而不是必需。而因子三中的信息源都是伴随着农民的职业取向而产生的，故将其看作来源于职业生活的信息。根据同类因素的共同特性，我们将因子一命名为“补充信息”因子，将因子二命名为“必要信息”因子，将因子三命名为“职业信息”因子。

在因子分析基础上，构建农户灌溉合作的 Logistic 分析模型，设因变量 Y 为农户参与灌溉合作的行为，若农户间用水紧张出现矛盾时，愿意协商与合作，则因变量为 1；若不愿意做出合作行为，则因变量为 0。具体使用问卷中第 15 题，“是否打算参与农户合作”、第 16 题“用水紧张出现矛盾时，您会组织大家协商解决问题吗”作为因变量分别放入方程，应用 SPSS 20.0 中的二项 Logistic 回归对农户数据进行分析。在自变量的筛选策略上，所选变量是基于前文假设检验的基础上选取的，在回归分析时不做筛选，选择系统默认的“enter”强行进入法，建立全回归模型。

三　Logistie 模型的结果分析

采用 SPSS 统计软件对 Logistic 模型作回归分析，首先将所有自变量引入回归方程，然后进行回归系数的显著性检验，在多次统计输出的结果中，种植作物类型、户主年龄、农业劳动力总量、“是否当过干部”、务农收入与非农收入这几个变量表现出与因变量统计关系不显著。相比第 15 题，“是否打算参与农户合作”、第 16 题“用水紧张出现矛盾时，您会组织大家协商解决问题吗”，以第 15 题作为因变量产生的回归方程比后者更有统计显著性，以下为以“是否打算参与农户合作”为因变量，以表 6 - 2 为自变量的方程中，拟合度较高的模型一。

表 6 - 2　**模型一中的变量**

变量	B	S. E.	Wals	Sig.	Exp (B)
家庭耕地面积	.887	.241	13.564	.000	2.427
长江灌渠等	2.995	1.473	4.135	.042	19.993
村民关系融洽	1.735	.648	7.171	.007	5.671
必要信息	1.317	.631	4.353	.037	3.731
职业信息	-.843	.391	4.640	.031	.431
合作让关系融洽	1.833	.582	9.911	.002	6.253
常量	-9.496	4.044	5.514	.019	.000
Negelkerke R^2			0.676		
模型系数的综合检验显著性水平			0.000		
Hosmer and Lemeshow 拟合优度检验			0.708		
模型预测准确率			83.7%		

从模型一中可看出，具有统计显著意义的变量为家庭耕地面积、村

民关系融洽、同意合作使村民关系更融洽、长江灌渠等水源、必要信息、职业信息。其中，前三个变量在1%的统计水平上显著相关且系数为正，表明耕地面积越多，越愿意参与合作；村民关系越融洽，越认为合作能使村民关系融洽的农户，较容易作出灌溉合作行为。除了职业信息B值为负，其余影响变量的系数都为正，表明以培训、打工方式作为信息获取来源的农户，更不愿意参与灌溉合作。

我们再来看看模型二，以下为模型二回归方程的检验结果：

表6－3　　**模型二中的变量**

变量	B	S. E.	Wals	Sig.	Exp（B）
家庭耕地面积 X_1	.778	.212	13.449	.000	2.176
初中 X_2	－1.678	.747	5.048	.025	.187
长江灌渠等 X_5	2.831	1.006	7.924	.005	16.966
水塘等 X_6	1.794	.886	4.098	.043	6.012
村民关系融洽 X_{10}	1.626	.559	8.461	.004	5.084
职业信息 X_{14}	－.822	.363	5.146	.023	.439
合作让关系融洽 X_{15}	1.486	.459	10.471	.001	4.421
常量	－8.181	3.130	6.833	.009	.000
Negelkerke R^2	0.649				
模型系数的综合检验显著性水平	0.000				
Hosmer and Lemeshow 拟合优度检验	0.734				
模型预测准确率	83.7%				

以上是最终拟合的结果，七个变量入选，P值均小于0.05。列“B”为偏回归系数，“S. E.”为标准误差，“Wals”为Wald统计量。“Exp（B）”即为相应变量的OR值（又叫优势比，比值比），为在其他条件不变的情况下，自变量每改变1个单位，事件的发生比“Odds”的变化率。表6－2中除了“必要信息”变量关系不显著外，模型一中表现显著统计意义的变量在模型二中均显著，另外，在模型二中，“水塘等”取水来源变量、“初中”学历变量也在5%的统计检验上显著，

且初中变量与职业信息变量一样，系数为负，其余相关变量系数都为正。

从模型的整体拟合情况来看，Negelkerke R^2 为 0.649，说明整个模型的拟合效果较好，模型的估计在一定程度上可以拟合所调查的数据。H－L 检验即方程拟合度检验，做的是虚无假设，假设拟合无偏差，查看 Sig. 值，如果是大于 0.05，说明应该接受结果，即认同拟合方程与真实的方程基本没有偏差，也即，这个 Sig. 值越大越好。模型二的 H－L值 Sig. =0.734 > 0.05，接受零假设，说明模型能够很好地拟合整体，不存在显著的差异。同时模型的整体预测准确率达到 83.7%，说明模型的整体预测效果比较满意。

根据模型一、模型二的估计结果，影响农户参与灌溉合作行为的主要因素可以归纳如下。

（1）从模型运行结果来看，家中耕地面积、以长江灌渠等大型水利设施为主要灌溉水源的变量，统计检验在 1% 水平上显著，而且系数符号为正值。这说明在其他条件不变的情况下，家庭耕地面积越多、主要以水库买水、大渠浇水或协会河流水为灌溉源的农户，越愿意参与灌溉合作。这一结论与理论预期也一致，即农田面积多，与灌溉事务联系大，用大型水利设施灌溉效率也越高，成本较低，这类农户较能从用水协会、水利会等合作组织中获益，也较愿意参与到灌溉用水合作中。

（2）水塘等灌溉源变量和初中学历变量均在 5% 的统计检验上显著，一正一负。以水塘抽水、靠天降雨或山泉水等为灌溉源的农户，要么远离水源地（江河湖海）或水库等大型水利，或处于下游、高山丘陵地，水流在途中已经散尽，得不到足够的灌溉水，若天气干旱，将严重影响庄稼收成，田地只能抛荒。引净化的水塘水（自来水、山泉水）灌溉，对大面积农田灌溉而言效率较低，也不经济。这种情况在我们的调查中相当普遍。

与取地下水源的地区相比，以水塘等为灌溉源的地区降水量较多，村民能依靠地表水而不是抽取地下水来解决灌溉难题。前文已经提到，当一个地区“抽水竞赛”成为普遍现象时，村民间的合作关系也就荡然无存。因此，两者相比，在一定的条件下，如动员宣传工作做得好，有能人愿意带头做起来，或有先例，以水塘等为灌溉源的农户较有可能参与水利合作，以较低的成本获得足够的灌溉水，保证农业生产。

初中学历变量与因变量负相关，说明与其他文化水平（小学和高中）的农户相比，教育程度为初中水平的农户更不愿意参与协商合作，这与我们通常以为的“教育程度越高的农户越有可能参与灌溉合作组织”的认识相左。很多农村孩子上学到初中就不想学了，多数外出打工，或者赋闲在家，做点零星帮工，有甚者成日泡在网吧，成为无业青年。他们与只有小学学历或文盲的父辈相比，更不关心灌溉事务，也不懂得怎么种田，在城市里的工作流动性大，被称为“新生代农民工”。

（3）村民关系融洽程度是影响农户灌溉合作行为的另一重要因素。从计量结果来看，“村民关系融洽”“认为合作能使村民关系融洽”变量统计检验都在1%水平上显著。究其原因，关系融洽体现了农户之间相互信任程度高，村庄社会资本较强健，农户在公共事务上较有可能合作。同样，认可合作使村民关系更融洽者，必是认识到合作的好处，行动上也愿意合作。

（4）通过外出打工、参加培训获取外界信息来源的农户，更不愿意参与灌溉合作。模型结果显示，从以上来源获取信息变量在5%统计水平上显著，但系数为负。说明这类农户已经走出村庄，进城务工，成为职业工作者，他们对村庄灌溉事务鲜少关注，甚至已经不会种田，主要是年轻一代，这与现实情况较为吻合。

（5）以政府宣传和家人朋友、广播电视为信息源的“必要信息”变量在5%的统计检验水平上显著且系数为正。可以理解为这类人多是老年人，有时间在家收看广播电视或与家人朋友茶余饭后聊天交换信息，同时也容易接受传统的政府宣传渠道。在因子分析中发现，通过政府宣传和家人朋友了解外界信息变量与通过广播电视了解信息变量因子载荷符号是相反的，说明越少收听广播电视节目的人，越经常通过家人朋友了解外界信息，同时也越愿意接受政府宣传的信息。老年人是目前农村主要的种田劳动力，年轻一代外出打工或上学、做生意等，已经很少理会灌溉事务，因此老年人最关心灌溉问题，也较有可能参与灌溉合作。但另一方面，他们接受新事物较慢，需要政府宣传更多合作灌溉的好处，或者看到有合作的先例与预期的收益，如周围的人、邻近村庄有类似的成功经验等，他们较有可能学习和仿效。

基于以上理论与实证研究结果，对激励农户参与农田水利基础设施合作治理的行为可以提出以下几点政策性建议。①鉴于模型的估计结果，家庭耕地面积对农户合作行为的意愿存在着显著的正面影响，因此政府应该继续加大产业结构调整（如鼓励土地使用权的流转实现农户的适度规模经营），提高农户的农业收入，注重对节水灌溉设备的农户培训，提高人力资源素质，促进农户参与灌溉管理的集中化和专业化。②在推动农民参与水利管理的过程中，应重视农村老年人群体的宣传和动员工作。通过广播电视、村干部下乡以及群众喜闻乐见的文娱体育活动等，多方面宣传灌溉合作、参与用水协会的好处，并设置一定的激励措施，让农户能预见节水的收益，享有协会会员独有的权益，并重视典型经验的推广。③大力培育农村老人协会、水利合作组织、防汛抗旱服务队等民间自我组建的社团组织，鼓励他们在化解村民矛盾、协助基层政府开展工作中发挥更好的协调和润滑剂作用，帮助融洽村与村、村小组间、村民间关系，促进和提升村庄社会资本。④对不同地区的灌溉类型加以研究，对利用水库买水、大渠浇水、水利会河流水的地区，要重点引导和动员农户灌溉合作和参与管理的意识，培育能人和赋予一定的权限，扶持用水协会组织的发展。对利用水塘蓄水、山泉水引水的地区，进一步完善当地的大型水利设施，做好修缮维护工作，尝试以水文为边界组织农户成立自己的管水委员会，制订适合自己的用水规则，并代表农户与供水单位接洽，提高农户的灌溉效率。

第二节　农户灌溉合作意愿及其影响因素的地区比较

农民作为利益主体，其合作意愿对解决灌溉问题至关重要。当前我国农民在某种程度上又回归到一家一户的分散经营上来，对集体组织的依赖性有所减弱，农民越来越难以合作（董磊明，2004）。那么，农户的灌溉合作意愿受哪些因素影响呢？不同地区（沿海地区或内陆地区，经济发达地区或欠发达地区）的影响因素有差异吗？如果有，存在哪些差异？

从现有文献来看，国内学者主要关注农民用水合作组织的运行成效、存在问题、完善对策和农户的合作意愿及其影响因素，这为我们提供了理论基础和经验材料。然而，从研究区域看，已有研究集中在湖南、湖北、内蒙古等世界银行支持的大中型灌区，对国内其他地域的研究较少，更鲜有研究涉及地区之间的比较。鉴于此，本节将在运用回归模型对农户灌溉合作意愿的影响因素进行实证分析的基础上，从地区经济发达程度和地理位置两个维度，将样本按照所在地区分为四类（经济发达的沿海或内陆地区、经济欠发达的沿海或内陆地区），对比分析不同地区影响因素的共性与差异性，探讨它们的作用机理及其深层次原因。

一　数据来源与样本分布

本节的样本数据来自2014年“农田灌溉合作行为的演进与促发机制研究”项目组在全国15个省份（江苏、浙江、福建、山东、安徽、河北、河南、湖南、湖北、江西、山西、宁夏、四川、重庆、广西）35个市所做的调查。调查员随机走访2—3个村庄，每个村庄随机抽取10%—20%的农户，针对户主进行问卷调查，并与村庄水利管理人员进行一对一访谈。调查点基本涵盖了我国不同经济发展水平的农村地区。本次调查共回收问卷459份，其中有效问卷430份，问卷有效率为93.7%。调查内容主要是农户户主个人体征、家庭种植特征和农户的社会关系。样本基本情况如表6－4所示。

从户主性别、年龄、受教育程度的分布来看，在430个户主中，男性占69%，女性占31%；户主基本上是中老年人，年龄在30岁以下的仅49人，占11.42%；受教育程度在小学及以下的有125人，初中水平的178人，高中水平的91人，只有30人学历在大专及以上，占7.08%，样本总体受教育水平偏低。

从农户家庭人口数、种植农作物类型和耕地面积来看，农户家庭人口数最少为1人，家庭人口3—4人的农户最多，占44.99%；在种植农作物类型方面，超过半数的农户种植了水稻，极少数农户种植了烟草和甘蔗，总体上他们主要种植粮食作物，种植经济作物的比例不高；有146户的耕地面积在3亩以下，占33.95%，3—6亩（含6亩）的有106户，6—10亩（含10亩）的有74户，10亩以上的有104户。

从农户的灌溉合作意愿来看，在430户样本农户中，有147户表示愿意合作，比例仅为34.2%。这表明，农户的合作意愿并不强烈。因此，研究农户灌溉合作意愿的影响因素就显得十分必要。

表6-4　**样本特征分布**

变量名称	选项	占比（%）
性别	男	69.10
	女	30.90
年龄	30岁以下	11.42
	31—40岁	14.92
	41—50岁	39.86
	51—60岁	19.81
	60岁以上	13.99
受教育程度	小学及以下	29.48
	初中	41.98
	高中（中专、技校）	21.46
	大专及以上	7.08
家庭人口数	少于3人	5.83
	3—4人	44.99
	5—6人	38.46
	6人以上	10.72
农作物类型	水稻	57.00
	小麦	25.00
	烟草	3.00
	蔬菜	37.00
	玉米	38.00
	甘蔗	3.00

续表

变量名称	选项	占比（%）
耕地面积	3 亩以下	33.95
	3—6 亩	24.65
	6—10 亩	17.21
	10 亩以上	24.19

说明：种植农作物类型的农户比例一题是多项选择，同一农户可能种植多种作物。

二　影响农户灌溉合作意愿的因素假设

影响农户灌溉合作意愿的因素可以分为内部因素和外部因素两大类（孔祥智、涂圣伟，2006）。其中，内部因素是指农户从事生产经营活动所具备的对象和手段，为农户提供了参与合作的可能性；外部因素是指外部环境条件，对农户的灌溉合作意愿有着激励或约束作用。根据已有研究成果，本文认为，影响农户灌溉合作意愿的主要因素包括户主个人特征、家庭农业生产条件和家庭社会关系三类。

1. 户主个人特征。户主文化程度越高，了解和认识灌溉合作越快，越可能参与合作。随着户主年龄的增加，农户学习新事物的意愿降低，寻求集体帮助的可能性较大，可能有较强的合作参与意愿。如果户主现在或者曾经是村干部，人际关系更广，那么对灌溉合作一般持积极态度。村里出现用水纠纷时，组织领导意识较强的农户更可能组织大家协商解决问题，灌溉合作意愿也较强烈。

2. 家庭农业生产条件。一方面，农户家庭人口数越少，务农劳动力越少，解决灌溉问题的力量越单薄，因而越可能求助集体的力量；另一方面，如果农户家庭从事非农经营，对农业灌溉的劳动投入必然会受到影响（孔祥智、李保江，1999）。农户灌溉面积占耕地面积比例越大，需水量越大，越可能参与灌溉合作。水稻种植耗水量大，种植水稻与否对农户灌溉用水需求量有至关重要的影响，可能也会影响农户的灌溉合作意愿。

3. 家庭社会关系。韩洪云（2004）指出，灌区内农户相互协作的意愿是以其他人的行为预期为条件的。同时，由于群体压力与从众心理，农户所在村小组、村庄其他农户参与灌溉合作的情况也会影响农户的合作意愿。农户之间关系越融洽，这种相互影响越明显。农户参与合作社的经历对其参与灌溉合作也有一定的促进作用。

（一）变量说明

根据调查对象对问题“将来有否打算或者继续[①]参与农户灌溉合作”的回答，本文将“愿意合作”的农户记为1，“不愿合作”的记为0，则农户的灌溉合作意愿Y是一个二元变量。因此，本文选用Logistic回归模型来分析影响农户灌溉合作意愿的因素，并将影响农户灌溉合作意愿的自变量分为三类：农户户主个人体征变量、家庭农业生产条件变量和家庭社会关系变量。为了比较有合作意愿农户和没有合作意愿农户的特征，本章先将样本按照农户是否有合作意愿分为两类，与总体样本进行比较，结果如表6－5所示。

表6－5　**变量定义与说明**

变量符号	变量定义	全部样本（430户）	愿意合作的农户（147户）	不愿合作的农户（283户）
户主个人特征				
D_{01}	受教育程度：初中＝1，其他＝0[②]	0.41（0.493）	0.49（0.502）	0.37（0.485）
D_{02}	受教育程度：高中＝1，其他＝0	0.21（0.409）	0.22（0.414）	0.21（0.407）
D_{03}	受教育程度：大专及以上＝1，其他＝0	0.07（0.255）	0.04（0.199）	0.08（0.279）
D_2	户主是否当过村干部：是＝1，否＝0	0.07（0.251）	0.10（0.295）	0.05（0.224）
D_3	是否会组织村民协商解决用水纠纷：是＝1，否＝0	0.34（0.473）	0.37（0.484）	0.32（0.468）
X_1	年龄（年）	47.63（12.772）	46.28（12.484）	48.33（12.884）

①　“打算”针对的是以前没有参与过用水者协会的农户，“继续”针对的是有用水者协会经历的农户。

②　户主受教育程度的四个选项分别是小学及以下、初中、高中（包括中专、技校）和大专及以上，引入模型时用三个虚拟变量加以区分。

续表

变量符号	变量定义	全部样本（430 户）	愿意合作的农户（147 户）	不愿合作的农户（283 户）
家庭农业生产条件				
D_4	处于沿海或内陆：沿海 =1，内陆 =0	0.19（0.393）	0.19（0.394）	0.19（0.394）
D_5	是否种植水稻：是 =1，否 =0	0.57（0.496）	0.49（0.502）	0.61（0.489）
D_6	是否种植小麦：是 =1，否 =0	0.25（0.431）	0.33（0.473）	0.20（0.402）
D_7	是否种植烟草：是 =1，否 =0	0.03（0.178）	0.03（0.163）	0.04（0.185）
D_8	是否种植蔬菜：是 =1，否 =0	0.37（0.484）	0.37（0.486）	0.37（0.484）
D_9	是否种植玉米：是 =1，否 =0	0.38（0.486）	0.46（0.500）	0.34（0.473）
D_{10}	是否种植甘蔗：是 =1，否 =0	0.03（0.178）	0.03（0.163）	0.04（0.185）
X_2	务农劳动力所占比例	0.49（0.256）	0.50（0.245）	0.48（0.262）
X_3	耕地面积（亩）	9.21（14.91）	9.77（17.803）	8.91（13.183）
X_4	灌溉面积占耕地面积比例	0.51（0.387）	0.48（0.401）	0.52（0.381）
X_5	经济发达程度	42772.90（19594.165）	45536.27（22357.159）	41337.51（17867.113）
家庭社会关系				
D_{11}	村民关系：很融洽 =5，比较融洽 =4，一般 =3，不太融洽 =2，不融洽 =1	3.96（0.872）	4.06（0.733）	3.91（0.933）
D_{12}	村小组关系很融洽 =5，比较融洽 =4，一般 =3，不太融洽 =2，不融洽 =1	3.71（1.010）	3.73（0.988）	3.70（1.023）
D_{13}	村与村关系：很融洽 =5，比较融洽 =4，一般 =3，不太融洽 =2，不融洽 =1	3.51（1.042）	3.55（0.909）	3.53（1.105）
D_{14}	是否参加过专业合作社：是 =1，否 =0	0.05（0.221）	0.07（0.264）	0.04（0.194）

说明：括号外数字是均值，括号内数字是标准差；“经济发达程度”用样本所处的地级市 2013 年人均地区生产总值来度量，单位是元；D_{14} 中的合作社指所有合作社，不限用水协会。

表6－5显示，在农户户主个人体征方面，愿意合作的农户，初中文化和高中文化的户主占比更大，但是大专及以上的比例更低，户主当过村干部的比例和会组织村民协商解决用水纠纷的比例也明显更高；在家庭农业生产条件方面，愿意合作的农户种植玉米、小麦的比例更高，平均耕地面积更大，灌溉面积所占比例反而更小，所处地区的经济发达程度更高；在家庭社会关系方面，无论是村民关系、村小组关系还是村与村之间的关系，愿意合作的农户的社会关系更融洽，参加过专业合作社的比例也更高。

（二）模型构建

本章模型的因变量“将来有否打算或者继续参与农户灌溉合作”，是一个二分变量，因而考虑用非线性概率模型。Logistic 回归模型正是研究定性变量及其影响因素之间关系的有效工具之一。

由于自变量和因变量各个指标的度量单位不同，本章首先对指标进行了规范化处理，即通过函数变换将其数值映射到某个数值区间。此处采用 SPSS16.0 软件中的 Z 标准化法：

$$ZX_{ij} = \frac{X_{ij} - \overline{X_i}}{S_i} \quad \text{公式（6－4）}$$

公式（6－4）中，ZX_{ij}表示第 i 个自变量的第 j 个样本值或者观察值标准化后的值，X_{ij} 表示第 i 个自变量的第 j 个样本值或者观察值，$\bar{X}_i$ 表示第 i 个自变量的样本均值，S_i 表示第 i 个自变量的样本方差，n 表示样本容量。

$$S_{\mathrm{i}} = \sqrt{\frac{1}{n-1}\sum_{j=1}^{n}(X_{ij} - \overline{X_i})^2} \quad \text{公式（6－5）}$$

Logistic 模型采用的是逻辑概率分布函数，其具体形式是通过下式来估计事件发生的概率 P：

$$P = \frac{1}{1+e^{-Y}} = 1 + \left[1 + \exp\left(\beta_0 + \sum_{i=1}^{n}\beta_i X_i\right)\right] + e_i \quad \text{公式（6－6）}$$

公式（6－6）中，Y 是变量 X_1，X_2，…，X_n 的线性组合：

$$Y = \beta_0 + \beta_1 X_1 + \beta_2 X_2 + \beta_3 X_3 + \cdots + \beta_n X_n + \varepsilon \quad \text{公式（6－7）}$$

对公式（6－6）和公式（6－7）进行变换可得农户参与合作的可

能性，即农户参与合作的概率与不参与合作的概率之比 $\frac{1}{1-P}$，用公式（6-8）来估计：

$$\mathrm{Ln}\left(\frac{1}{1-P}\right) = \beta_0 + \beta_1 X_1 + \beta_2 X_2 + \beta_3 X_3 + \cdots + \beta_n X_n + \varepsilon$$

公式（6-8）

本章的Logit模型中，各影响因素的具体变量及描述性统计结果见表6-5。进行Z标准化后得到的变量加前缀Z。用标准化后的数据进行回归，Logistic模型：

$$Y = \beta_0 + \beta_{01} ZD_{01} + \beta_{02} ZD_{02} + \beta_{03} ZD_{03} + \beta_2 ZD_2 + \beta_3 ZD_3 + \beta_4 ZD_4 + \beta_5 ZD_5 + \beta_6 ZD_6 + \beta_7 ZD_7 + \beta_8 ZD_8 + \beta_9 ZD_9 + \beta_{10} ZD_{10} + \beta_{11} ZD_{11} + \beta_{12} ZD_{12} + \beta_{13} ZD_{13} + \beta_{14} ZD_{14} + \beta_{15} ZX_1 + \beta_{16} ZX_2 + \beta_{17} ZX_3 + \beta_{18} ZX_4 + \beta_{19} ZX_5 + \varepsilon$$

公式（6-9）

公式（6-9）中，Y表示农户的合作意愿，β_i是待估计系数，D_i、X_i是标准化前的自变量（原始数据），ZD_i、ZX_i是标准化后的自变量（Z标准化后的数据），ε是随机扰动项。

（三）模型运行结果分析

本章首先运用统计软件SPSS 20.0对所调查的430户农户的横截面数据进行二元Logistic回归。如表6-6所示，430个样本，除去缺失数据的2个样本，愿意合作的146户，占比34.42%；不愿合作的频数更高。因此，将所有样本划分到“不愿合作”的类别，预测准确率为65.58%。

表6-6 初始回归的分类

样本观察值		预测		
		合作意愿		预测准确率（%）
		不愿合作	愿意合作	
合作意愿Y	不愿合作	282	0	100.0
	愿意合作	146	0	0
总体比例（%）		65.58		

初始模型使用了 21 个自变量，本章选用了 SPSS 20.0 软件中基于极大似然估计的向后逐步回归法，来选择应引入模型的“最合适”的变量。向后逐步回归法剔除了 15 个变量，依次是 D_{02}、X_4、D_{12}、X_2、D_8、D_7、D_{03}、X_1、D_2、D_{14}、D_5、D_{13}、D_{11}、X_3、D_{10}。一方面，在剔除自变量的过程中，模型的预测准确率变化如图 6－1 所示，最终模型的预测准确率达到 69.8%，和自变量全部进入模型时相差不大；另一方面，通过相关性检验发现，被剔除的自变量确实与因变量不存在明显的相关关系，原因可能是样本中户主当过村干部的农户较少，种植烟草、甘蔗的农户比例较低，参加过专业合作社的农户较少，导致统计结果不显著。考虑到存在多重共线性问题的可能性，最终模型只取 D_{01}、D_3、D_4、D_6、D_9、X_5 和常数项，如图 6－1 所示。

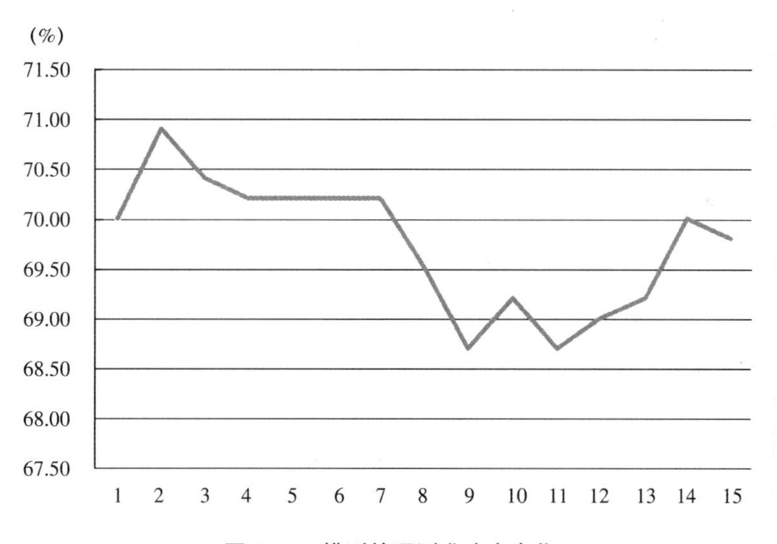

图 6－1　模型的预测准确率变化

说明：每步剔除一个自变量，依次是 D_{02}、X_4、D_{12}、X_2、D_8、D_7、D_{03}、X_1、D_2、D_{14}、D_5、D_{13}、D_{11}、X_3、D_{10}。

表 6－7 显示，受教育程度（初中）、是否会组织村民协商解决用水纠纷、处于沿海或内陆、是否种植玉米、是否种植小麦和经济发达程度对合作意愿的影响都是显著的。具体而言，在受访的农户中，

41.98% 的户主是初中水平，务农收入是其家庭的主要经济来源，这类农户对灌溉事务的参与度较高，但更高学历的农户多从事建筑、养殖等非农经营，对灌溉事务的关注度不高，其受教育程度对灌溉合作意愿的影响不显著。沿海地区农户参与灌溉合作的可能性更小，这可能是由于沿海地区水源充足，单一农户的灌溉需求基本能得到满足；同时，沿海地区农民副业多，收入来源较为多元化，即使村民关系融洽，也不一定会参与灌溉合作。户主的文化水平是初中、愿意协商解决用水纠纷、处于经济发达地区、种植了小麦和玉米的农户更愿意合作。一方面，村里出现用水纠纷时，能够组织村民协商解决问题的农户领导意识和能力较强，更愿意参与灌溉合作等集体性事务；另一方面，经济发达地区对灌溉基础设施的投入可能更多，农户之间的灌溉合作更有效率。

表 6－7　　**最终模型的回归结果**

变量	系数 β	标准误差	Wald 统计量	显著性水平	Exp（β）
受教育程度：初中（ZD_{01}）	0.338	0.113	9.035	0.003	1.402
是否会组织村民协商解决用水纠纷（ZD_3）	0.315	0.108	8.482	0.004	1.370
处于沿海或内陆（ZD_4）	－0.893	0.424	4.433	0.035	0.410
是否种植小麦（ZD_6）	0.208	0.118	3.141	0.076	1.232
是否种植玉米（ZD_9）	0.240	0.122	3.912	0.048	1.272
经济发达程度（ZX_5）	0.240	0.107	5.000	0.025	1.271
常数项	－0.724	0.112	41.538	0.000	0.485
Hosmer and Lemeshow 拟合优度检验：			0.568		
模型预测准确率：			69.8%		

表 6－7 显示，使用标准化后的数据，在其他条件不变的情况下，相对于小学及以下水平的户主，初中水平的户主合作的概率高出 40.2%；愿意组织村民协商解决用水纠纷的农户，其合作概率高出 37.0%；位于沿海地区的农户，其合作的可能性平均比内陆地区农户低 59.0%；相对于种植其他作物的农户，种植小麦的农户参与合作的可能

性高出 23.2%，种植玉米的农户参与合作的可能性高出 27.2%；人均地区生产总值增加 1 个单位，农户合作的概率上升 27.1%。

户主文化程度越高，了解和认识用水者协会越快，越可能发现灌溉合作带来的预期收益，从而越愿意合作。当村里出现用水纠纷时，领导意识较强的农户会组织村民协商解决问题。这部分农户在村民中更有威信和号召力，对合作解决灌溉问题的参与度自然更高。沿海地区农户的务农收入在家庭总收入中的比重可能较小，对土地的依赖性更低，对灌溉事务的参与也更少。农户参与灌溉合作，对公共灌溉设施进行维护和投资需要资金，发达地区农户经济压力较小，只要存在一定的收入预期，个人参与灌溉的意愿可能更强。下面将进一步进行比较分析。

三　农户灌溉合作意愿影响因素的地区差异分析

上文的模型回归结果显示，地区因素以及经济发达程度对农户的灌溉合作意愿有显著影响，下面将根据这两个变量将样本分为四类：经济发达[①]沿海地区、经济欠发达沿海地区、经济发达内陆地区和经济欠发达内陆地区。图 6－2 横坐标代表地理位置，从左往右，表示从内陆到沿海程度的变化；纵坐标代表经济发达程度，由下而上，表示从经济欠发达到经济发达程度的变化。

（一）四类样本特征的比较

通过对四类样本特征的比较（见表 6－8），我们发现沿海地区耕地面积较大，灌溉面积占耕地面积比例也更高，村民关系也更融洽。在种植作物类型方面，沿海地区种植水稻、蔬菜、甘蔗的农户比例高于内陆地区，而内陆地区种植小麦、玉米的农户比例更高。相对于经济发达的内陆地区，经济欠发达的内陆地区的村民关系更融洽，平均耕地面积更大，参加专业合作社的比例更高。其中值得注意的有以下几点：第一，相对于内陆地区，沿海地区的农户初中水平的占比最低，大专及以上的

① 人均地区生产总值（元/年）超过样本均值 42772.90 元/年的，归类为发达地区；低于 42772.90 元/年的，则归类为欠发达地区。

占比最高；第二，沿海地区的农户关系更融洽；第三，不同地区农户的合作意愿差异不大。

表6-8　　四类样本特征的比较

变量	沿海地区（82户）	内陆地区（348户）		总体
	经济发达地区（82户）	经济发达地区（120户）	欠发达地区（228户）	
受教育程度：初中（D_{01}）	0.35（0.481）	0.42（0.495）	0.43（0.497）	0.41（0.493）
受教育程度：高中（D_{02}）	0.21（0.408）	0.19（0.395）	0.22（0.418）	0.21（0.409）
受教育程度：大专及以上（D_{03}）	0.09（0.281）	0.08（0.278）	0.06（0.232）	0.07（0.255）
户主是否当过村干部（D_2）	0.06（0.262）	0.03（0.250）	0.09（0.248）	0.07（0.251）
是否会组织村民协商解决用水纠纷（D_3）	0.29（0.458）	0.38（0.488）	0.33（0.471）	0.34（0.473）
处于沿海或内陆（D_4）	—	—	—	0.19（0.393）
是否种植水稻（D_5）	0.65（0.501）	0.64（0.482）	0.56（0.496）	0.57（0.496）
是否种植小麦（D_6）	0.07（0.262）	0.33（0.473）	0.26（0.441）	0.25（0.431）
是否种植烟草（D_7）	0.01（0.110）	0.09（0.290）	0.01（0.093）	0.03（0.178）
是否种植蔬菜（D_8）	0.44（0.499）	0.27（0.444）	0.40（0.492）	0.37（0.484）
是否种植玉米（D_9）	0.09（0.281）	0.37（0.484）	0.49（0.501）	0.38（0.486）
是否种植甘蔗（D_{10}）	0.07（0.262）	0.01（0.091）	0.03（0.173）	0.03（0.178）
村民关系（D_{11}）	4.12（0.880）	3.83（0.882）	3.97（0.857）	3.96（0.872）
村小组关系（D_{12}）	4.01（0.988）	3.64（0.828）	3.64（1.087）	3.71（1.010）
村与村关系（D_{13}）	3.82（1.079）	3.38（1.046）	3.46（1.008）	3.51（1.042）
是否参加过专业合作社（D_{14}）	0.09（0.281）	0.03（0.180）	0.05（0.215）	0.05（0.221）
年龄（X_1）	48.09（12.685）	48.99（11.845）	47.51（13.019）	47.63（12.772）
务农劳动力所占比例（X_2）	0.49（0.271）	0.05（0.279）	0.48（0.252）	0.49（0.256）

续表

变量	沿海地区（82户）	内陆地区（348户）		总体
	经济发达地区（82户）	经济发达地区（120户）	欠发达地区（228户）	
耕地面积（X_3）	45.96（13.313）	7.75（8.608）	8.46（11.693）	9.21（14.91）
灌溉面积占耕地面积比例（X_4）	0.55（0.397）	0.50（0.407）	0.50（0.374）	0.51（0.387）
经济发达程度（X_5）	43964.17（18121.160）	43515.03（19592.413）	41953.86（20141.894）	42772.90（19594.165）
愿意合作的比例	0.34	0.34	0.34	0.34

说明：括号外数字是均值，括号内数字是标准差。

（二）农户合作意愿影响因素的地区比较分析

1. 经济发达沿海地区。在经济发达沿海地区的82份有效样本中，有28户农户愿意合作，占比为34.15%。运用逐步向后回归法剔除16个变量后，最终回归结果如表6－9所示。ZD_5、ZD_9、ZD_{10}的回归系数为正，表明种植水稻、玉米和甘蔗的农户更愿意参与合作；ZD_9的系数达到了0.723，ZD_{11}的回归系数为0.427，表明村民关系越融洽，农户合作意愿越强烈。水稻、甘蔗的需水量相对较多，是福建、江苏等沿海地区的主要农作物，种植户对水的依赖性大，对灌溉事务也更关心，农户的合作意愿较高；村民关系越融洽，水事纠纷越少，越可能促成集体行动的达成，农户灌溉合作意愿越强烈。

表6－9　　经济发达沿海地区农户灌溉合作意愿的影响因素

变量	系数β	标准误差	Wald统计量	显著性水平	Exp（β）
是否种植水稻（ZD_5）	0.515	0.207	6.193	0.013	1.673
是否种植烟草（ZD_7）	－4.521	3.117	0.000	0.999	0.011
是否种植玉米（ZD_9）	0.723	0.188	14.771	0.000	2.060
是否种植甘蔗（ZD_{10}）	0.460	0.226	4.156	0.041	1.584
村民关系（ZD_{11}）	0.427	0.195	4.778	0.029	0.652

续表

变量	系数β	标准误差	Wald 统计量	显著性水平	Exp（β）
常数项	-1.587	719.554	0.000	0.998	0.205
Hosmer and Lemeshow 拟合优度检验：			0.497		
模型预测准确率：			71.8%		

2. 经济欠发达沿海地区。经济欠发达沿海地区样本数量为0，因此，不做模型分析。

3. 经济发达内陆地区。经济发达内陆地区只有120个样本，统计的显著性差。表6-8显示，在120个样本中，户主当过村干部的比例低，农户参加过专业合作社的比例低，家庭务农劳动力占比也较低，耕地面积较少。由于问卷数据的限制，统计结果的可靠性差。

4. 经济欠发达内陆地区。经济欠发达内陆地区的228份有效样本中，有78户农户愿意合作，占34.21%。最终回归结果如表6-10所示。受教育程度（初中）、是否会组织村民协商解决用水纠纷、灌溉面积占耕地面积比例和经济发达程度对农户灌溉合作意愿影响显著。其中，受教育程度为初中水平的户主，合作意愿较强；会组织村民协商解决用水纠纷的农户，也更愿意合作；灌溉面积占耕地面积比例的系数为-0.497，表明灌溉面积占耕地面积比例越高，农户越不愿意合作；经济发达程度的系数为-0.785，表明在经济欠发达内陆地区，人均地区生产总值越高，农户反而越不愿意合作。

这引起了我们的注意，通过统计数据发现，经济欠发达内陆地区多以传统作物为主要种植作物，种植结构比较单一；农民多外出到沿海地区打工，主要由留守的老人妇女种植农作物。由于知识水平、年龄等因素的限制，这些农户对用水者协会不了解，灌溉合作意愿较低。另一方面，农户务农收入占家庭总收入的比重较低，只有极个别农户的收入全部来自务农。对于这类农户，种田收益很少，所生产的粮食多为自家食用，雨水是否充沛是决定粮食收成的关键因素。由于收入结构中务农收入比例低，非农收入成为农户家庭主要的生计来源，他们对灌溉事务关注度低，更不愿合作。

表 6-10　　经济欠发达内陆地区农户合作意愿的影响因素

变量	系数 β	标准误差	Wald 统计量	显著性水平	Exp（β）
受教育程度：初中（ZD_{01}）	0.539	0.214	6.353	0.012	1.715
是否会组织村民协商解决用水纠纷（ZD_3）	0.669	0.200	11.246	0.001	1.953
灌溉面积占耕地面积比例（ZX_4）	-0.497	0.216	5.307	0.021	0.608
经济发达程度（ZX_5）	-0.785	0.239	10.802	0.001	0.456
常数项	-1.202	0.228	27.919	0.000	0.300
Hosmer and Lemeshow 拟合优度检验：			0.620		
模型预测准确率：			79.2%		

通过上述对比分析我们发现，经济发达沿海地区农户的灌溉合作意愿主要受种植作物类型的影响，村民关系也是重要因素；经济欠发达内陆地区农户的灌溉合作意愿主要受户主个人特征以及家庭农业生产条件的影响。

四　结论及启示

综上所述，我们将影响农户灌溉合作意愿的因素归纳如下。

首先，户主受教育程度（初中）和组织村民协商解决用水纠纷的主动性对农户灌溉合作意愿有显著的正向影响。农户种植作物类型是影响其合作意愿的重要因素。种植小麦和玉米的农户，参与合作的可能性更大；种植其他作物例如水稻、烟草、蔬菜、甘蔗的农户，参与合作的可能性较低。其次，农户所处地区和经济发达程度对其合作意愿有显著影响。不同地区农户的灌溉合作意愿及其影响因素不尽相同。在经济发达的沿海地区，农户的合作意愿主要受是否种植水稻、玉米、甘蔗及村民关系融洽程度的正向影响。在经济欠发达的内陆地区，户主的文化水平是初中、会组织村民协商解决用水纠纷的农户更愿意合作，但灌溉面积占比更高的农户反而不愿意合作。

根据上述研究结论，可以得出如下政策启示：首先，应注重农村人力资本建设，提高农村居民整体文化素质，尤其是降低小学及以下文化的人员比例。在推动农民参与水利设施管理的过程中，应重视低学历农户、老年人群体的宣传和动员工作，通过广播电视、村干部下乡等形式多方面宣传灌溉合作、参与用水者协会的好处，并重视典型经验的推广。其次，大力培育农村老人协会、水利合作组织、防汛抗旱服务队等民间自我组建的社团组织，鼓励他们在化解村民矛盾、协助基层政府开展工作中发挥更好的协调和“润滑剂”作用，帮助融洽村与村之间、村小组之间、村民之间的关系，提升村庄社会资本。第三，制订相应的激励措施，促进产业结构调整，例如鼓励土地使用权的流转以实现农户的适度规模经营，引导农户种植适合本地生长条件、市场需求大的作物，提高农户的农业收入，促进水利设施管理的集中化和专业化。

由于样本分布与数量的限制，本研究中经济欠发达沿海地区和经济发达内陆地区的有效问卷数量过少，一定程度上影响了从样本推论总体的信度与效度。同时，还欠缺一些表征村庄自然属性及水资源属性的变量，例如灌溉水源与耕地的距离、地形地貌、水文条件等因素对农户灌溉合作意愿影响的分析。另外，农户灌溉合作意愿与合作行为之间的相互关系和转化条件也是本章未涉及的问题，这些都有待后续研究的进一步探讨。

第三节　讨论与发现

一　研究发现

结合以上定量研究内容以及我们对各类利益主体的定性访谈资料，我们可以归纳出以下几点发现。

（1）农民参与农田水利基础设施合作治理的意识不足，同时缺乏农户灌溉合作的有效激励机制，是导致农村小型水利工程管理效率低下、灌溉水资源得不到可持续利用与发展的主要原因。

农户对用水协会的认知度较低，没有充分认识协会的性质、作用，遇到灌溉难题时，不是依赖政府，就是“靠天吃饭”，甚至农田撂荒进城打工。而耕地面积的锐减又使农田水利老大难问题更加得不到有效解决，“抽水竞赛”、破坏生态环境的现象也将长期存在。

农民是否参与某种组织最根本的还是取决于该组织能否为其带来相应的利益，特别是现实利益，而仅仅对农民承诺参加用水者协会的长期利益并不能对他们形成有效的激励。与原来的多用水相比，如果农户节水不但能弥补少用水的损失和水价提高付出的成本，同时还能获得更大的收益，势必会达到节水农业和农户受益的双重目的。如果这样的利益补偿机制不存在，农民就缺乏加入协会的动力，即使加入了协会也不会为其发展做出贡献。利益补偿要通过包括财政转移支付、水市场收入和国家对水利设施的投资和补贴等在内的多种渠道来实现。实际调查中我们发现，相关政府部门并未出台对用水者协会和农户节水的激励措施。

（2）水价低廉甚至免费，导致农户缺乏节水激励、国家（集体）缺乏投资激励。

本研究并不把农田水利灌溉难题仅仅看作简单的人—资源紧张的结果，而将其放在公共资源或公共物品产权制度安排的问题框架中去思考和分析。水的问题从表面上看是一个物质或资源问题，但在治水的过程中，则更多地体现了水社会中人的行动、人与人之间的关系，以及政治、经济、社会、文化诸因素对治水的影响（陈阿江，2000）。解决水的问题，很大程度上要从解决人的问题入手，即要解决人的行为和观念问题。在农村，虽然农民意识到水越来越没有以前那么丰富，但是大家都这么用着。山上引下来的水都不要钱的，大水漫灌、放水养鱼养鸭……农民最关心的还是生计所需，他们对节水没有什么概念，浪费水在农村是习以为常的事。

可见，“水是商品”的概念还没有确立，水资源的脆弱性也还未引起人们的重视。正是由于水的公共物品性质，水权的界定、水利设施产权的归属就显得格外重要，只有建立起相应的水权制度和水市场，构建小型农田水利设施的投融资体制，农田水利“最后一公里”问题才能有效解决。

（3）农民用水协会的经营权、使用权和受益权还不能得到充分的保障，由于所有权不明确，农民的参与积极性受制约，进而影响协会的可持续发展。

用水者协会可持续发展最重要的因素就是把灌溉资源的权利下放给它的使用者。这些权利包括水资源的使用权和水利设施的所有权。没有这些权利，协会将没有激励去组织农民，这些权利必须要制度化并受到法律的保护。Nakashima M.（2005）在分析巴基斯坦的灌溉管理改革时指出，巴基斯坦还有很多其他国家，在过去组建了很多用水协会，然而这些协会都有一个必然的趋势，即协会运转几年以后便失去了作用，这主要是因为大多数协会是为了实施项目而成立的，项目实施完以后，激励没有了，协会也就不存在了，所以可持续发展对协会来说是最重要的。协会除了要拥有收集费用的权力之外，还需建立削减水供应或惩罚不交费者的机制。另外，通过社会团体登记获得独立的融资能力也是用水协会良性发展的基础。

（4）用水协会需要有充足的经费保障和有奉献精神及领导能力的理事会班子。

在调查中我们了解到，用水协会缺乏资金保障，没有实权。在建立初期，用水协会的主要资金来源是政府资助、协会创收和部分水费，但由于用水协会与基层水利部门没有形成明确的分工，各个政府部门（烟草局、农村综合事务办公室、财政局、水利局等）的资金多以项目的形式打包发放，需要协会负责人凭自身能力和人际资源去争取，而且资金极少能真正到位和足额发放。另外，协会不具有水利设施产权，也没有实际的行政权力，创收工作难以开展。因此，用水协会日常经费支出主要靠上交的水费，当水费也收取不上时，将导致用水协会原始积累资金不足，无法持续运转，愿意参与的农户没有了预期收益和有效激励，其灌溉合作意愿与行为也就不可持续。

（5）由于基层政权对上级政策的策略性执行，用水协会在一些地区的推行效果不如预期。

基层政权组织会根据当地情形，利用上下级之间的信息不完全和信息不对称，采取策略性的行为响应上级政策。政策在一些地区得到较好执行的同时，在另一些地区有可能出现“走形式、走过场”的现象，导致政策执行的效果大打折扣，有的甚至背离政策制定的初衷。在我们的调查中，很多村庄反映本地没有成立用水协会，什么是用水协会，农户甚至也不清楚。一些地区虽然有成立，但都挂牌在水务站下，由水务站管理，或者与村委班子“合二为一”。“由于用水协会相当于虚设，上面来检查的时候都是造假，L区编委‘胡编乱造’，人名、资料都有。其实说白了，就是中央的政策，地方不执行，权力不下放。灌溉工程说是政府透明招标，实际上还不是政府和哪个工头关系好，就把工程给谁做。”[①] 可见，基层政权组织只是策略性地完成上级政策，中央政策看似在基层得到执行，但实际上很多地方的用水协会都是虚设。

（6）基层水利服务机构“条块共管”的双重管理体制制约了其与用水协会间的合作。

正是由于用水协会在各地的推广面临很多实际的困境，2013年，财政部、水利部联合发文要求各地建立健全基层水利服务机构，将它的地位提升为县级政府的派出机构，实行事业单位人员编制和待遇，确保其财政经费满足水利工作的需要。然而，在调查中我们发现，很多地区没有推行这样的改革，同样是政策执行不善问题。例如，山东省Z市L区Q镇的水利申请“没得到省委的批准，而且由于当地是历史故都所在，不可以在文物区发展工农业，打井很受限制，都是小良田，缺乏大面积的灌溉条件，而且分管农业的领导政绩也不突出。”[②] 执行了改革的地区，也出现了新的问题。在基层水利服务机构“条块”共管体制下，资金流向越来越集中于上层，政府之间的利益关系使得水利站及其工作被边缘化。

那么，新的基层水利服务机构与村庄所在的用水协会之间关系如何、前者是否促进了后者更好地开展工作？这是我们感兴趣的问题，然而从调查中并没有得到太多发现。老百姓关注的只是自身“实惠”问题，他们并不在意这两者的地位与关系如何，一些地区直接将用水协会归属由基层水务站管理，这就抹掉了其原本的农户自我组建、自我管理

---

① 整理自山东Z市L区Z镇水务站访谈记录。

② 同上。

的非营利社团组织的性质，使它的地位更加尴尬。

（7）用水协会是农田水利灌溉管理的一种制度创新，它既非完全由政府推行的强制性制度创新，也不全是农民在逐利动机驱使下自发行动所能实现的诱致性创新，而是介于两者之间的政府主导型制度创新。从依赖走向自治，由“外源型合作”转向“内生型合作”，应是此类灌溉合作组织制度变迁的发展方向。

用水协会改革的快速推进，既是在世界范围内各国政府面临的灌溉面积萎缩、灌溉效率低下、政府日益增加的财政负担和低效的管理等现实困境中产生的；也是在新的经济社会条件下，在世界银行对国际经验的引入下，我国农村对灌溉管理体制机制的新探索，是近年来我国灌溉管理一个显著的变化趋势。在我国，有的地区早在政府主导推广用水协会制度之前，就已经长期存在着民间自我组织的水利协会，对当地的农田水利事务表现出较好的管理绩效，如江西省万载县鲤波水利协会。一些地区也出现了不同于以往的新的灌溉管理制度模式，如湖北省荆门市农村“划片承包”的制度创新。用水协会是农田水利灌溉管理的一种制度创新，它既依赖政府的“人为设计”，又蕴含着各地农村“分散实验”的智慧。

在当前，用水协会在各地实践情况千差万别。作为一种灌溉合作的组织制度，目前多数用水协会体现的是“外源型合作”的成长路径（政府主导推广的合作组织），而不是“内生型合作”（农民自我组建的合作组织），其在发展过程中面临一系列问题。从“外源型合作”走向“内生型合作”，是农村用水合作机制的制度选择，也是推动用水协会真正发挥作用的关键。只有提高协会运行的质量，使之成为农民信任的内生型组织，在农村中扎下根、立住脚，才能找到解决协会发展中各种问题的办法，切实解决问题，从而使协会走上稳健发展、不断壮大的坦途。

（8）社会—生态耦合系统视角下的农田灌溉合作研究。

近年来，随着社会—生态耦合分析途径的兴起，灌溉系统因其独特的性质成为“社会—生态”耦合分析的焦点之一。农田灌溉社会—生态系统是一个基于社会面和生态面中各子系统的互动而形成的自适应复杂系统，它兼顾农田灌溉系统的社会属性和生态属性，关注农田灌溉治理结构的动态演化机理。该系统具体包括四个子系统：①资源系统（Resource System），即灌区引水、输水、配水、蓄水、退水等各级渠沟或管道，及相应建筑物和设施的总称；②资源单位（Resource Unit），即农田灌溉水资源的存在形式或其各类载体，包括水塘、水库、江河湖海等地表水和地下水；③治理系统（Government System），包括各级政府机构、农民组织及非政府组织等农田灌溉治理主体、相关的政策与规则及其制定与实施的方式；④使用者（Users）即以农户为主的以生产经营、商业等为目的的各类使用农田灌溉资源的主体。其中治理系统与使用者属于农田灌溉社会—生态系统"社会面"（social side）的子系统，资源系统与资源单位属于其"生态面"（ecological side）的子系统（如图6－2所示）。

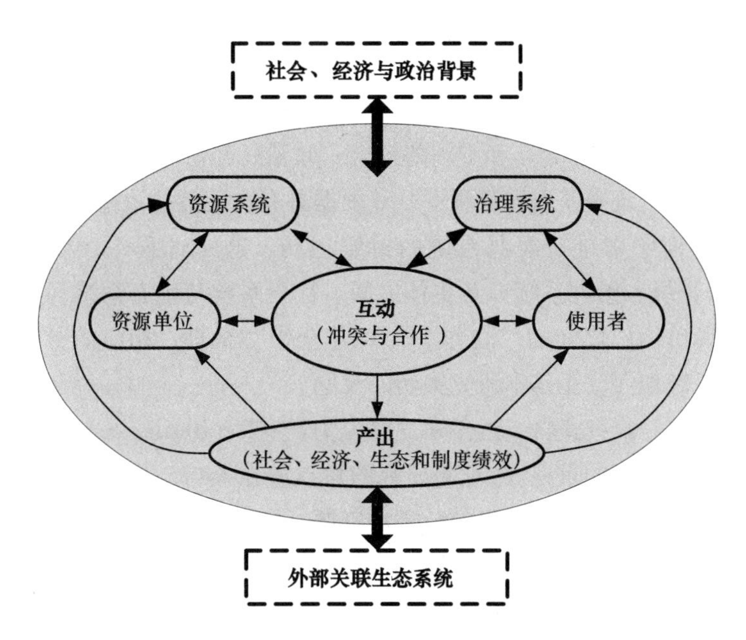

图6－2　农田灌溉社会—生态系统

资料来源：调整自 Ostrom，"A General Framework for analyzing Sustainability of Social-Ecological Systems"，Science，Vol. 325，24 July，2009。

农田灌溉社会—生态系统各子系统及其互动（Interactions）决定了农田灌溉治理结构在特定时空状态下所能达到的制度绩效，即产出。同时，产出以新信息反馈给各子系统，促使其改变行为和互动的规则，从而不断优化治理结构。整个农田灌溉社会—生态系统作为范围更广的社会、经济与政治环境与关联生态系统的组成部分，既受到他们的影响，又对其产生反作用。整个框架是一个动态的具有自我学习、自我适应能力的复杂系统。因此，对农田灌溉社会—生态系统的治理既需要从宏观层面上综合考虑各种因素及其相互影响，兼顾治理行为的社会效应和生态效应，也需要从微观上抓住影响治理结果的关键变量和探究对利益相关者的有效激励机制，促进制度改进和优化制度绩效。

不同的资源和制度约束条件下，利益相关者面临不同的激励，其约束条件下最大化的行为互动博弈又影响着制度绩效（结果），进而影响着制度的选择与变迁的方向；制度安排及其绩效又反过来影响利益相关者的行为特征。这其中的各个环节是双向和动态的关系。

图6－2描绘了一幅全景式的资源管理状况：在相关的生态系统（土地、森林、草场等）和广阔的社会—政治—经济背景下，水资源使用者从灌溉系统中获取灌溉资源，并根据具有支配性的治理系统所规定的规则和程序来维持灌溉系统的持续运转。这一过程中，社会系统（使用者系统、治理系统）各主体之间、社会系统与生态系统（资源系统、资源单位）之间的“合作”与“不合作”机理，相应的影响因素和促发机制如何，正是本研究关切的议题。

沿着这一研究路轨，近年来“恢复力研究”（Resilience）得到了世界范围多数学者的重视。[①] 它将研究的焦点放在人与自然交互作用下的环境系统，例如被大量开发的地下水资源、被周期性砍伐的森林等。根据“恢复力科学”的观点，环境系统的治理重点应该在使系统维持在特定的结构状态中，使它能够持续地提供合适的生态产品和服务，或者

---

① 恢复力（Resilience）指的是在不幸或变化中恢复或者调整的能力。具体地说，它是指吸收干扰（disturbances）的能力，使之在被干扰之后还能够产生变化、重组，并保留原有的特征、基本机构和功能。

说自然资源管理不仅要承认各种自然干扰对于维持生态是必要的，还要防止系统崩溃，变成无法再提供生态产品和服务的状态。

在这种研究视角下，从物品属性看，灌溉水资源系统的管理目标，应是具有“恢复力”的水生态系统，在被各种自然灾害或人为干扰之后还能够产生变化、重组，并保留原有的特征、基本机构和功能。从社会属性和制度规则属性看，作为灌溉治理系统中的合作用水组织，一个成功的用水协会，对新环境的适应能力就是一个重要因素。因此，变化和适应性是一个用水协会是否能够长期存在的重要指标（Ostrom，1992）。很多学者认为适应性能力来源于用水协会的资源调动能力。协会的资源调动能力表现在动员协会成员资源和其他资源的权力，即协会不必拥有资源所有权但必须具有一定的经营决策权甚至部分剩余索取权。如果协会不拥有这些权力，那么他们就很难筹集到所需要的资金。在这方面，台湾农田水利会提倡的“多角化经营”经验和做法，值得我们学习和借鉴，只有提高用水协会的资源控制能力、抗风险能力，乃至在我国广大农村地区的适应能力，这种外来的国际经验才能真正发挥其应有的作用。

二　结论与建议

总体上，农村水利合作治理的研究与实践在我国尚处于起步阶段，许多问题还需要进一步厘清，绝不能简单照搬国外参与式灌溉管理的模型或方法。我国目前大量推广组建农民用水协会，但在调查中我们发现，很多用水协会存在虚置现象，并没有真正起作用。因此，如何结合我国实际，将国外经验本土化，动态跟踪分析农民用水协会可持续性的条件和影响因素，总结出适合我国国情的农田水利合作治理的制度设计与制度安排，将是本研究的一个重要目标。

本研究认为，农村灌溉管理制度改革不能仅落在农民参与这一层次上，还要逐渐上升到建立一种适应农村社区需要和环境治理需要的治理系统改革，形成一种更加全面的合作治理模式。农户参与是合作治理的前提和重要因素，但只成立用水协会而不进行配套治理系统改革，就不能很好解决灌溉管理中的问题。合作治理不等于参与式管理。“合作治理在行为模式上超越了政府过程的公众参与，它以平等主体的自愿行为打破了公众参与政府过程的中心主义结构”（蔡岚，2010）。它也不能盲目以产权明晰为由推行市场化，而是需要国家、乡村组织和农户在不同层面进行合作，形成基于社区（community-based）的“合作治理”格局。

基于此，本研究提出以下建议。

（1）明晰用水协会的法律地位，真正赋权于用水协会，提升协会的资源控制能力与民主管理能力。赋予用水协会必要的水利设施运营权、收益权和转让权，这些权力要制度化并受到法律的保护。为了提高协会运转的持续性，协会还需具备一些基本条件，比如信息必须透明，进行技能培训等，同时要处理好其财务问题，提高其管理水平。

（2）建立合理的水价形成机制，科学核定农户的终端水价是水价改革的正确方向。可以适当引入农业供水的地区差价和季节差价；可根据水资源条件和供水工程情况实行分区域或分灌区定价。在实行农业用水计量的条件下，对于我国水资源丰富、雨量季节分布不均的南方地区，可以推广计量水价和基本水价相结合的两部制水价制度，明确界定基本水价概念与功能，促进水资源的合理分配和水利工程的稳定运行，适当引入丰枯季节差价或浮动价格机制，加大水价的激励和约束作用，缓解枯水期水资源紧缺的矛盾。（许学英，2002）

（3）试行水权交易制度。水管单位根据灌溉制度和年季节来水量制订灌溉用水计划后，用水协会要将指标分解落实到每一用水户的土地和每一灌溉轮次上，然后核发用水户水权证。对水权范围内的水量，用水户可以自由交易，交易双方自愿达成水量转让协议后，即可提请用水协会或基层水利服务机构组织协调供水。水权证可借鉴我国黑河流域的不记名水票形式，颁发的水票总量与依据年度计划分配的总水量保持一致，水票上要说明水票在后续季节或年份是否有效。由于水票是不记名水票，所以水票的转换并不需要批准，降低了交易成本。基层水利服务机构或用水协会可以帮助用水户联系水权出让方或受让方（高而坤，2007）。如创建水权交易中心，及时公布有需水意向的买方信息、有售水意向的卖方信息、已完成的水权交易信息等，使得灌区内的水权交易在信息透明的水权交易市场中完成，为买卖双方提供有公信力的交易平台。

除了用水户之间的水权交易外，用水户同样可以将结余的水量卖给用水协会，后者则可以再卖给其他有需要的用水户，或直接转换为城镇生活用水或工业用水。推行水权交易制度还需要一些相关的配套设施。①赋权于用水协会，激励广大农户参与用水协会。协会不必拥有水利设施所有权，但必须具有一定的经营决策权甚至部分剩余索取权，否则他们很难筹集到所需要的资金，将没有激励去组织农民，这些权利必须要制度化并受到法律的保护。②建立一套在灌区内授予用水户水权的法律机制，明晰用水户持有水权使用证的权利与义务，尤其要明晰用水户除了拥有水资源使用权外，是否还具有水资源转让权和收益权。③确定用水户间分配水量的原则，制订灌区水量分配方案，确定年度用水计划制订所依据的程序和原则。④建立水权使用证登记系统（孟戈、邱元锋，2009）。

（4）理顺基层水利服务机构与上级部门及用水协会间的关系。改革当下基层水利服务机构面临的“条块共管”问题，真正赋予其职责范围内的权益，有效行使服务于辖区农田灌溉事务的职能。政府不应“与民争利”，而应起到“掌舵”“搭台”、绩效评估与监督反馈的作用，扶持当地农户自组织的发展，从法律上明确其地位和权益，促进协会与基层水利服务机构的互动合作。创新更多的激励机制、人才培养机制，减少行政编制的限制，活化基层水利服务机构的职能，提高协会组织“多角化经营”的能力。

（5）鉴于模型的估计结果，继续加大产业结构调整（如鼓励土地使用权的流转实现农户的适度规模经营），提高农户的农业收入，注重对节水灌溉设备的农户培训，提高人力资源素质，促进农户参与灌溉管理的集中化和专业化。应重视农村老年人群体的宣传和动员工作，多方面宣传灌溉合作、参与用水协会的好处，并设置一定的激励措施，让农户能预见节水的收益，享有协会会员独有的权益，并重视典型经验的推广。大力培育农村老人协会、水利合作组织、防汛抗旱服务队等民间自我组建的社团组织，鼓励它们在化解村民矛盾、协助基层政府开展工作中发挥更好的协调和润滑剂作用，帮助融洽村与村、村小组间、村民间关系，促进和提升村庄社会资本。

三　未来研究方向

本章基于对全国15个省份的随机抽样调查和深入访谈资料做了较详尽的理论分析与实证检验。统计分析部分与计量经济模型分析部分在很多方面结论是近似的。实证研究结论使我们对农田水利合作治理行为的影响因素有了更直观的认识，但是变量间的统计关系并不能呈现出问题的全部及其背后的制度机理，还需要我们结合定性访谈资料和不同地区的具体案例分析去深入挖掘。

由于资料占有的不够充分，在对用水协会运行效果的分析中，仅从横向上比较了有成立协会与没有协会的村庄，对成立协会前后相关主体的行为以及绩效状况未做出充分的纵向对比分析，无法更好地评价制度变革的作用与效果。另外，由于研究区域内协会运转时间相对较短，因而无法有效地评价改革对农户增收和农业增产的影响。在所调查的15个省中，地形地貌（平原、山区、丘陵等）、村庄开放或封闭性（城镇化与人口流动性水平）对资源的依赖性、人数规模与异质性、领导能力等也是比较重要的影响用水合作组织绩效的变量，限于篇幅，本章未将其纳入自变量加以分析，需要在今后的研究中进一步深入探讨。

第七章　农田水利基础设施合作治理的个案研究

我国政府在20世纪90年代中后期开始进行参与式灌溉管理试点，在世界银行的资助下，我国开始这项工作最早的项目是华中地区湖北省和湖南省的长江水资源贷款项目，目的是改建湖北的四个大型灌区，新建湖南的两个大型灌溉系统项目。1995年，我国在湖北漳河灌溉区成立了第一个正式的用水协会——红庙支渠用水协会，2000年后在全国402个大规模灌溉区推广。用水协会在大规模灌溉区已经快速地发展起来，“2006年，全国用水者协会已发展到两万多个”（水利部农水司，2006）。那么，用水协会的运作绩效如何？是否实现了满足广大用水户的用水需求，提高灌溉效率和促进粮食增产的政策目标呢？在我们上一章实地调查走访的村庄中，虽然各地情况不尽相同，但多数用水协会面临了灌溉合作困境，包括农民意识不到位，法律地位不清晰与政府的作用缺失、协会缺乏自我造血的功能，水费收缴不足，日常事务无法有效开展等。本章将在前文的基础上，选择有代表性的典型案例进行深入剖析，更好地了解影响灌溉合作行为有效达成的因素及其制度成因，从微观的村庄生态系统特征、中观层面的用水协会治理机制和宏观背景的国家政治经济体制，分析和比较不同类型的用水协会发展中存在的问题；总结成功的用水协会在产权设计方面的做法，并从自然演化与人为设计两种秩序视角比较不同案例村的制度实践，分析农村水利基础设施制度演进的基本逻辑和内在机理，指出良好管理的用水协会要实现可持续发展需要变外延型合作为内生型合作，并实现外在制度与内在制度的互动，处理好制度演化中路径依赖与边际调整的关系。

第一节　乡村水利合作困境的制度分析
——以福建J村农民用水协会为例

水利是农业的命脉。全球经验表明，就成本收回而言，灌溉部门通过水资源使用者协会施行的分权治理模式通常比政府部门的管理更成功。20世纪90年代，在世界银行的帮助下，我国湖北荆门市漳河三干渠开始尝试通过建立"用水小组"来改善末端灌渠管理，此后，建设以农民为主体的用水协会逐渐上升为全面性的政府行动，纳入了国家改善农业基础设施的整体战略之中。然而，这种具有浓厚"现代性"色彩的制度装置，能否在农村良好地运行呢？它能否成功地使农民从旧的行政结构中分离出来，成为新型社会结构的建设力量呢？本节将基于制度分析视角，以福建省Q县农民用水协会为个案，研究这种新型的合作形式能否减弱或者消除农村的"无组织力量"，以期为我国改善农村用水管理提供参考。

一　合作建构的制度途径：一个分析框架

灌溉系统是人们共同使用的具有非排他性（难以或不可能阻止其他使用者使用）和消费竞争性（每个消费者的边际成本大于零）的自然或人造资源，是一种典型的公共池塘资源。按照传统的理解，由于个体追求短期利益最大化、"搭便车"、机会主义的存在，开放进入状态下的公共池塘资源势必出现哈丁所谓的"公地悲剧"现象——过度使用而导致衰竭（Hardin G.，1968）。因此，公共池塘资源的管理要么政府集中化管理，要么进行私有化。

主张政府科层控制的理论认为，公共池塘资源占用者陷入了一个霍布斯自然状态，他们不能自己制订规则去控制他们所面对的不合理的激励。这种观点的逻辑结论就是建议由一个外部权威即所谓的政府去接管公地。而且，当技术知识和规模经济发展起来的时候，这一外部力量就应该是一个大的中央政府。

在特殊情况下，政府科层控制是促成合作的一种有效机制，它不仅可以减少原子化个体之间协作所需的讨价还价成本，还可以将社会的发展纳入整体规划之中，低成本地为大规模基础设施建设提供所需的劳动力资源，保证国家战略目标的实施（罗兴佐，2006）。“解放后，水利改进的关键在于系统的组织，从跨省域规划直到村内的沟渠，很难想象这样的改进能如此低成本和如此系统地在自由放任的小农家庭经济的情况下取得。集体化，以及随之而来的深入到自然村一级的党政机器，为基层水利的几乎免费实施提供了组织前提”（黄宗智，2000）。这段时期，国家自上而下建构了一整套高度集权的组织体制，并通过各级组织垄断社会资源，从而在乡村社会形成了强制性合作模式时，在灌溉系统的建设和维护方面发挥了主导性作用。

除了科层控制，市场也可以有效促进人们之间的合作。曹锦清（2004）认为，中国农民“善分不善合”，原子化是造成农民之间参与合作的主要问题。对此，姚洋认为市场机制可以有效解决这样的集体行动难题。市场本身就提供了一个合作平台，每一个人通过自愿交易获得利益，这些利益的加总就是市场为全社会提供的合作剩余。由于合作完全建立在自愿的基础上，相对于直接谈判所获得的合作，通过市场所获得的合作更稳固，而且这种合作的成本相对于收益来说也最低，因为市场是最节省信息的资源配置方式（姚洋，2004）。

因此，当交易成本低于交易所得，产权明晰，能有效减少“外部性”和“搭便车”行为时，灌溉系统的资源配置就会趋向帕累托最优，实现资源利用的高效率与基础设施的可持续发展。但是，如果产权交易的参与一方能够对最后结果施予过分强大的力量，水资源利用困境同样会产生；如果一项资源在垄断市场情况下被收获，而不是竞争条件，也可能会导致经济无效率的收获水平；还有一个原因也会导致出现不完美的市场结构——资源的市场还根本不存在，或者根本没发育起来，这些资源的价格为零，因而被过度使用，日益稀缺，例如，我国一些地区的地下水和灌溉用水都未被定价，因而被大量浪费。

科层控制与市场交易都有各自的缺陷，当存在较低的科层成本和交易成本时，二者才有可能发挥有效作用。在市场与政府之外，还存在第三种合作机制——资源使用者在相互信任的基础上通过设计持续性的合作机制来自主治理（Ostrom，2000）。埃莉诺·奥斯特罗姆经过大量的实证分析指出，传统理解公共池塘资源管理的三种主导模型——“公地悲剧”“囚徒困境”和“集体行动的逻辑”并不全面，他们只可能在高折现率、极少相互信任、缺乏沟通能力等情境下产生，而现实社会并非总是如此，人们在面对复杂的资源困境时，资源使用者经过多次重复博弈，往往能够创造（虽然并总是如此）复杂的规则与制度来规范、指导个体之间的博弈行为。这意味着，资源的使用者愿意组织起来制订共同的行为规范以惩罚违约者，从而使资源得到良好的利用。

在现代世界，越来越多的公共资源无法通过政府完全控制或者建立私人产权来解决实际中存在的问题，需要有效的合作机制来处理类似的问题。政府通过很少的投资，通过社会组织合理地运行，加上个体的合作参与，增强社会与个体间的互动，能够获得政府单独使用这些投资远远不能收到的效果。个人的努力与社会力量结合，常会完成最集权和最强大的行政当局所完不成的工作（托克维尔语）。

综上，我们可以勾勒出合作建构的三个制度途径：科层建构、交易建构和社会建构。科层建构意味着政府以管理者的身份控制合作情境中的众多变量（包括规则、信息、边界等）；交易建构代表着从成本—收益的角度来构建互动的形式和过程，将收益和成本视为行为及其结果的激励和阻碍因素；社会建构则认为社会规范与网络将个人的行为镶嵌在其中，通过内在的互惠、信任、规范和惩罚等激励与约束形式来解决集体行动的困境。

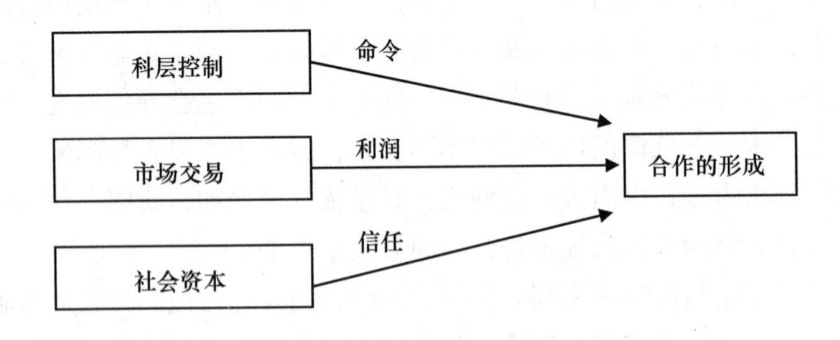

图7-1　合作建构的分析框架

理论上，在满足各自运行的条件下，三种促成合作的机制——以社会资本为基础的自组织、市场机制与科层控制往往通过相互作用，共同促进组织内部合作。但在实践中，三种机制下的合作行为却可能由于各种制度和体制限制而没有成功，出现合作失灵的现象。以下通过对J村农民用水协会进行个案分析，探讨乡村水利合作出现困境的深层次根源。

二 合作的困境：J村农民用水协会的实践

农民用水协会是随着世界银行在我国进行灌溉基础设施的援助，根据水文边界（支渠或斗渠），由渠系内的用水户共同参与组成的一个有法人地位的社团组织。农民用水协会成立后，灌区实行“灌区水管单位+协会+农户”的管理体制和运行机制，既可避免千家万户或单个村组要水造成无序供水的浪费，又可实现整个灌区用水的统一调度，提高用水效率和效益。水费征收由农户—组—村—乡（镇）—县—灌区水管单位，转变为农户—协会—灌区水管单位，目的在于减少中间环节、层层截留和挪用水费的现象，提高灌区水管单位水费计收率。在灌溉设施管理方面，由无人管护到协会专人统一管理，减少守水劳动和水事纠纷，降低农民用水成本，恢复和改善灌溉面积。在这一理念下，自世行援助项目1995年正式在湖北省漳河三干渠洪庙支渠实施以来，用水协会得到了各级政府的大力推广。

福建省Q县是全国小型农田水利重点县，年平均降雨量1738毫米，全县总面积2709480亩，耕地面积199554亩，仅占总面积的7.37%。辖13个乡镇118个行政村，总人口145232人（2009年），人均耕地面积仅为1.37亩。[①] 主要经济作物为烤烟、水稻、苗木。地方一般预算收入为9389万元/年，农民年人均纯收入6209元。该县是福建省烟叶主产区，共有44211亩烟叶面积，全县烟叶产量5974吨（2009年），是主要的经济作物。

① 关于Q县、L镇和J村的地理及人口等数据来源于《2010年三明统计年鉴》《2010年福建省统计年鉴》。

L 镇位于福建省西部，Q 县南部，是典型的“八山一水一分田”的山地丘陵地势。L 镇辖区面积 131 平方千米，辖 14 个行政村，人口 12177 人，耕地面积 2882. 5 亩，占全县面积的 6. 66%。该镇是清流县粮食和烤烟主产区，粮食作物以水稻和红心地瓜为主，主要经济作物有烟草、莴苣、蜜雪梨等，由于山多、海拔高，对灌溉系统的建设和管护造成一定困难。

J 村农民用水协会成立于 2010 年，按照行政边界而不是水文边界组建，现有协会领导由村长兼任，协会成员也基本由村两委干部担任，基本上是两个班子，一套人马。全村现有 920 多人，200 多户，分布在 10 个自然村，居住较分散。村里主要的水源是吉龙河，上接连城，下接九龙溪。河两岸地势一边是较平坦的水田，另一边则是地势较陡的山地，因此，地势较平坦的一面水源较充足，而山地丘陵那一面则严重缺水，村民饮水困难，灌溉也只能“靠天吃饭”。干旱季节河里没有水，前几年都争水，大部分人都有过守水、封水，堵别人水的经历。有村民表示：“我担心你把我的堵掉，你担心我把你堵掉，一直守到天亮。你的水量大，我的就小了。山多，水管要穿山，有的村还有，翻座山就没了。要上游的村用够了，才会放水给我们，要不你得天天去守在那里，大家还要边种田，不会有人那样。也有人打井灌溉，很快就没水了，没有效率。以前连线路都没有，抽水机电路也受不了”“村里地势高，没有水，泵站不可能做到最高的地方，而且只能浇几亩地。去年天旱，说是补贴给老百姓买水泵，很多户都买了，但钱现在还没到。做泵站要开渠道，我们田高高低低，海拔较高，差了一米、十厘米，渠道就不好做。以前做的时候靠那种集体的精神，现在没办法了。”①

现有的泵站（10 千瓦）是 2005 年村里建的，烟草公司出资 10 万元，但只能灌（靠山脚下的）一片，泵站的修理费一年要 1800 元，电费农民自已交，20 多户人，由协会组长协调。

村里的丰收碑水渠是主要的水源管，由于早期烟草公司投资建造时质量标准较低，年久失修，多处渗漏水，水资源利用率低，村里也修不

① 根据对 J 村用水协会主任访谈资料整理。

起。“建大型水电站，一个是没有钱，工程很大，一个是需要移民，地都没有了，没法搬。现在林地都不能砍，要保持水土，自留山很小，村民收入多数要靠打工。”①

在调研中我们发现，J村用水协会及水文环境与Q县其他村庄具有很大程度的相似性，在此以J村作为典型案例，总结用水协会在实践过程中出现的问题。

第一，协会缺乏稳定的资金保障，协会财政与村财政高度重合。在建立初期，用水者协会的主要资金来源是政府资助和村财原有的积累。尽管目前一些涉农部门都有一些项目资金支持，如烟草公司、国土资源局、农业办公室，但部门之间还没有形成明确的分工和有效的协调。用水协会要想获得更多的资金来源，需要协会领导具备相当的学识和能力，主动积极地向上申请资金，即使申请到补助，资金能否实际到位也是问题。按会长的话说，1000元有500元来做就很好了，大项目他们争取不到，就争取小项目。最早两年到处塌方，这两年村财几乎都投到村里去了，村里没钱，一年办公经费仅一万多元，每条渠道的管水员，工资一年1000多元，而规定的报刊费就花去了几千元。这些工作一般的村民不懂也无心去过问，村两委就成了当然的主力。实际中，会出现同一个项目交叉获得多个部门资助的现象，而资金的来源、使用去向和收支结余等，通常是村干部最清楚，村民即使知道某一项补助额度，也不知晓同一项工程到底获得了多少补助。

第二，用水协会在饮用水管理上有一定的成效，但灌溉用水基本上遵照传统方式。在饮用水方面，通过向用水户征收很小金额（如每吨5分或者1角）的方式，用水协会起到了促使农民节约水源的作用，也使自来水管理纳入了持续发展的轨道。但是，针对灌溉用水的参与式管理制度却很难建立起来。这是因为，在人均耕地面积仅1—2亩，甚至很多村人均只有六七分地，且地块分散的情况下，面向千家万户的农民群众征收农业水费异常困难。由于不同的土质渗水不同，如砂质土、红泥土……水量不好测，再加上分渠、斗渠损坏得不到及时维修，造成水

① 根据对村民的访谈资料整理。

灌溉不到位，水费更难收取。“工资低的农户，收高了，他交不起，收低了又没有意义”。此外，田间分渠、斗渠、毛渠大多数为基层镇、村自建自管，大部分渠段为土渠，渠系及建筑物配套不到位，加上取消了“两工”，农民对水利建设投入缺乏热情，农田水利管护缺乏必要经费，长效运行困难。

第三，村集体经济代交水费，造成水费计收更加困难。由于Q县农民多以非农产业经营为主，大家普遍认为种田赚不到钱，农民对缴纳农业水费的意识淡漠。采访中，农民普遍表示水费大部分由村集体经济负担，与他们自己无关。现阶段对于村集体经济较好的村庄，水费问题往往由村委会直接负责，而对于村集体经济不好的，只好不交，结果造成各村落之间水费计收不公，工作难以开展。水费计收困难，实收率低，还有一方面是由于河两岸上游、下游用水矛盾较为突出，供水服务不到位，导致农民缴纳水费的积极性不高。另一方面，水费收支财务报表没有公开，计收机制不明确，工作难以继续。协会与渠管所的水费分配及使用也没有明确和详细的规定，在一定程度上，降低了用水小组代收水费的积极性。

第四，农民对用水协会事务参与程度低。表面上看，用水协会由农民独立、民主地选举协会领导人，在管理、建设、财务上享有高度的知情权和参与权，从而调动了农民“自己的事自己办、自己的工程自己管”的积极性。但实际上，用水协会基本上仍依靠以村民小组为基础的近乎“科层控制”的方式来进行管理，村民参与明显不足。调研中，多数农户表示不清楚用水协会主要是做什么的，对有关水的分配等方面的政策和决策几乎没有什么了解。在实践中，如果兼任协会领导的村干部能够积极作为，发挥强人政治作用，用水协会就能够发挥提高用水效率、化解用水矛盾的作用；一旦村干部不作为，协会就成为形式主义，成为仅仅是谋求上级配套经费或者收取水费的工具。

三　合作的“科层建构”：用水协会的先天不足

用水协会是由农民自愿组织起来的实行自我服务、民主管理的农村用水合作组织，成员民主管理、按惠顾额返还盈余以及资本报酬有限等是它的本质属性（孙亚范，2008）。政府组织是公共权力组织，是一种借助行政权威强制解决不情愿参与者之间决策冲突的科层制度（米勒，2006），严格等级制的组织形式、集中决策和层级分解的决策方式以及决策执行以强制执行为主是其最为显著的组织特征。当用水协会组织是政府自上而下建立，由政府行政主导推动时，其组织形式就具备了后者的等级制，并由此使得决策方式由共同决定转向集中决策和层级分解，协商执行被强制执行所替代，当这些转变在组织内部实现制度化并得以运行后，意味着农民合作组织发生了行政科层化，而其表象特征为准政府化（刘芳、史晋川，2009）。

在农民用水协会的产生、生存与发展过程中政府政策起着主导性作用。从 2002 年 9 月，国办转发《水利工程管理体制改革实施意见》提出："要探索建立以各种形式农村用水合作组织为主的管理体制"；到 2005 年，水利部、国家发改委、民政部联合下发了《关于加强农民用水户协会建设的意见》；再到 2007 年中央一号文提出"引导农民开展直接受益的农田水利工程建设，推广农民用水户参与灌溉管理的有效做法"，可以看出，中央对农民用水合作组织的推广一直抱着积极的态度，并越来越明确地进行引导，调动农民参与灌溉管理的积极性和主动性。

用水协会新型组织的确立过程，需要政府（民政、司法）部门的登记和授权以获得合法性。由于这一过程需要耗费一定的注册成本，福建省在推广用水协会过程中，对协会的注册和成立都提供了财政支持。在成立初期，J 村用水协会的资金来源主要是政府资助和村财原有的积累。协会运行过程中，由于水费收取不上来，协会的运营资金基本和村财一体化，需要依赖协会负责人向发改委、财政局、农办、农业局、水利局、烟草局、国土资源局等部门申请项目资金，而实际中项目的配套资金往往又无法落实或者不足，协会经常是同一个项目重复申报，重复资助，以此来攒足维持村庄水利设施建设和管理的经费支出。在调研中，协会负责人反映目前最紧迫的任务是河道整治，水库蓄水发电抬高了吉龙河河床，导致河两岸植物根系长期浸泡在水中，土壤严重沙化、腐蚀，经常塌方，堤防亟待加高加固，然而协会或村财都没有足够的资金，只能向上争取转移支付和各类专项补助。

政府对用水协会在法律上的赋权和财政上的支持使得前者对后者构成了一定的控制性关系和支持性关系。一方面，政府组织运用公共权力进行资源调配，通过提供组织知识、管理能力等方面的宣传和培训以及政策、资金、实物等物质性资源，决定了作为“跟随方”的农民用水合作组织的适应性反应。另一方面，上级政府以正式或非正式的方式限定地方政府在农民用水协会构建和发展中的绩效责任，而这种制度会更加激励地方政府采用行政机制构建农民用水协会，这样的关系也强化了协会的从属身份，使其带上了浓厚的行政化色彩。如此一来，很多协会不是按水文边界为单元进行组建，而是以行政区划（村、组）为单元进行组建，而协会的负责人也不是通过受益区农民民主选举产生的，而是由村、组干部兼任。

在政府的各种支持性措施中，向农民提供技术、组织知识、组织能力等方面的培训和锻炼是一个有利于农民合作组织自我管理意识和能力形成、具备长期制度效益的支持方式。然而，这种支持方式意味着农民合作组织的构建核心需要由“事”转向“人”，由此提供支持的一方需要充分了解当地的社会、经济、文化和农民素质等状况，以制订一种符合上述状况的工作机制，确保帮助、引导的有效性，所以这种支持方式是一项长期投资，不会在短期内出现制度绩效（韩俊魁，2007）。当政府组织作为农民合作组织的构建者并承担构建的绩效责任时，其很难具备进行长期投资的组织行为激励，支持方式一般是物质性资源为主，而农民和用水协会也就失去了获得自主参与和能力锻炼的可能。

目前，各地政府通常被规定构建农民用水协会的绩效责任和工作任务，构建工作由村委会承担，而各村的基本构建程序是由村委会向乡（镇）党委政府和民政部门提交申请成立报告，经批准后由村委会组织村民骨干进行各方面的建设。由此，用水协会和村两委组织上的高度重合也就成为顺理成章的事。短期来看，J村以构建用水协会的名义申请到原本无法得到的项目资金支持，用于维护农户共同的乡间水利工程建设，做了一些实实在在的事；长期来看，用水协会对政府的依赖性更强，竞争力更弱，本应透明公开经由村民代表集体讨论的事项变得隐蔽和多余，大量经费和时间花在项目申请上，村干部需要和上级保持良好关系，能争取到项目才是重点。由此，协会和用水户之间逐渐疏远，用水户参与热情冷却，农田水利困境也难以从根本上得到解决。

四　合作的交易成本：用水协会的激励缺陷

“相对价格的根本性变化乃是制度变迁的最重要来源”（诺思，1994）。稀缺水资源相对价格的变化，不仅能改变“个人在人类互动中的激励”，而且能改变人们的偏好，从而改变人们的行为方式和一些“先存的心智构念”（pre - existing mental constructs），并最终引致制度的变迁。由于体现水资源价值的水资源有偿收费制度缺失[①]，资源的市场根本还不存在，水资源的价格为零，在交易费用十分显著的情况下，不论是村镇、用水协会还是农户，都没有激励投入资源去重构更高层面的规则，实现制度的变迁。

按照市场逻辑，在私人物品的竞争性市场上，市场的确是一种有效配置资源的方式。然而灌溉水资源是一种公共物品，是具有进入的非排他性和消费的递减性的公共池塘资源。当每个农户都可以免费取用水资源时，大家都没有节水的激励，而当水资源逐渐减少以致稀缺干旱时，理性的农民在成本与收益的算计中选择了谁也不交费，等着村镇、地方政府出面解决。而村镇政府同样是理性的经济人，由于同千家万户的小农进行谈判和履行协议的成本很高（当个别农民坚持多占利益时尤其如此），即便现存的制度不合理，然而如果建立一项新制度的成本无穷

---

① 有偿用水制度是用户从地下、江河、湖泊或水库取水，必须向水行政主管部门缴纳一定的水资源费。水资源费的征收体现了水资源价值及其国家所有性质，作为调节水资源稀缺性和质量的必要手段，通过收取水资源费可以促使人们合理利用并节约资源。另外，水资源费可以补偿水文勘测、规划等水资源管理活动的开支。有偿用水制度对适应社会主义市场经济、深化水利管理体制改革，节约用水，优化配置水资源，促进社会、经济和生态环境协调发展有重要的意义。用水协会成立的主要目的就是让用水户以灌区主人的身份参与灌区不同层次的管理，包括水利基础设施的建设、运营、管护，水费的收缴、资金的分配与管理等事务，形成自主治理、管理民主的灌区管理体制。

大，或新制度的建立所带来的收益小于其成本，则一项制度的变革就不会发生。所以，农田水利灌溉的低效率可能会长期存在，尽管有达成一些私下协议的机会。

调研发现，Q 县多数村庄灌溉水资源价格体系无法建立，存在无序浪费的普遍现象；另外，农田灌溉又面临水资源短缺、粮食减产的困境。税费改革后，分散的农户、弱化的乡村组织，还有水文边界划分的困难，都构成了农业用水市场化的制约。客观上，各行政村原来都是以村民小组为组织单位，按行政边界组建用水协会与按水文边界组建相比，更具有便利性。然而这样下来，各家使用的不一定是相同水系的水，即使是水源来自相同的水系，或同一个水库，一条渠道下来要灌十几户人，在人均耕地面积一亩三分地、地块分散、地势又多山地丘陵的清流县，水资源分配不均、水费收取难以做到完全公平在所难免，这样势必引致农户的不满，从而增加村民为一点点小利而蔑视村庄舆论的可能性。这一切降低了人们相互间的预期，增加了合作的困难。

其次，水利工程老化失修严重，不能保证适时供水，增加了农业水费征收难度。由于灌区渠道战线长，有的水库渗漏蓄水不足，有的渠道坍塌淤积严重，过水困难，有的提灌站严重老化，提水量小。部分尾部灌区群众用水存在困难，甚至用不上水。在用水高峰时，个别灌区水量不足而轮灌，造成抢水现象，用水受益不均，严重影响了农业灌溉工程的正常供水，导致农户不愿意交水费。

主观上，税费改革后乡村组织面临着较大的财政缺口，村镇逐渐丧失介入农田水利的积极性。村委会既不可能向农民收费，也没有财力组织农民灌溉，解决农田水利难题。这个时期，国家不仅取消了农民的税费任务，而且给农民越来越多的各种补贴，多数农民表示不理解，“现在农业税都免了，小孩上学不用钱了，困难的人有低保，看病有医疗保险，种粮、买化肥、买农具都有优惠和补贴，就是只有水利需要交钱。”由此，在农民不愿意交水费、乡村组织也无力承担财政支出的情况下，地方政府为了避免粮食减产，承诺对农户购买小型水泵进行补贴。这就鼓励有条件的农民自行建设小微型水利，小微型水利的建设进一步复杂化了农户的利益需求，[①] 从而使农户与大中型水利的对接更加困难；国家投巨资建设的大中型水利因此没有发挥应有的作用。而靠打井、水泵抽水等小型水利不仅不能抗大旱，灌溉效率低且成本耗费大。按照清流县水利局工作人员的说法，"收的钱都不够电费成本，村财电费也不好出，摊不均匀，只有建电泵站时合约定好要承担抽水电费的才有运行到现在，其他的基本都做不了"。

最后，Q县用水协会水费计收困难也与农民对土地的依赖性降低、农户收入日益多元化有关。在调研中，大部分村民反映，家中的主要劳动力除了在播种时节留在家里务农外，其他时间都外出打工，打零工的一天也有100多元的收入，和种田相比，打工收入明显见效快也更稳定（董晓萍，2003）。务农收入成为维持家庭日常基本需求的收入来源，而打工收入则可以提供额外的建房、婚嫁、儿女就学、做生意等的满足人的精神需求及良好生活品质的更高层次的支出。正是由于收入来源日趋多元化，很多农户不爱种地，留在家里种地的多是老人和妇女，年轻人都到外地打工。青壮劳动力普遍在耕种以后即到城市做建筑小工赚钱，而在收割季节再回家收割。因此即便灌溉缺水，在城里有赚钱门路的人家也不愿意日里夜里在庄稼地里用潜水泵抽水直到庄稼收割（这样耗时耗力不划算），也不愿主动上交水费解决灌溉难题，而宁愿任由稻田减产。

总之，从主观和客观原因来看，由于存在大量的交易成本（组织、收费、协商、谈判等），水资源相对价格的变化滞后，农田灌溉各个利益主体都没有足够的激励去改变现状以使各方的处境得到改善。

五　合作的社会结构：用水协会的组织失效

主张科层控制的理论认为权力是维持合作的不二法门，没有集权的合作是不可能产生的；主张市场法则的理论则相信人不是天使——他们往往首先关心自己的利益，因此没有利益回报的合作也是不可能持续

① 采访农户时，一些人就表示：与其和他人怄气、去争水抢水，不如自己买个水泵解决自家的灌溉需要来得自在。

的。然而，这些理论难以解释那些四处可见的合作现象。例如，山西四社五村的社首集团通过控制水量消耗的制度文书（水利簿）来发展一套有限水源共用制度，造就了农民与干旱共处的社会格局（董晓萍，2003）。这种水利制度之所以成功，就在于它充分考虑了自然界和社会的所有因素，包括水环境、取水点生态分布、祖制规约、宗教信仰、村落性格、强人声望和用水秩序等。四社五村的经验回答了这样一个严肃的问题：在每一个人都有自私动机的情况下，怎样才能产生合作呢？答案就是建立合作的社会结构，使合作嵌入到由信誉和威慑、互利共识、地位等级、稳定的群体、共享的知识等因素编织而成的社会网络中（罗伯特·阿克塞尔罗德，2007）。

奥斯特罗姆指出，自组织的合作治理要能成功达成，是有限定条件的，当公共池塘资源的占用者满足下列六个条件后，自组织治理是能够达成的：①大多数占用者都认为，如果不采取替代规则，他们就将受到损害；②所提出的规则变更对大多数占用者会有类似的影响；③大多数占用者对在公共池塘资源上继续生产活动给予高度评价，即他们的贴现率较低；④占用者所面临的信息成本、转换成本和实施成本较低；⑤大多数占用者有互惠的共识，并相信这种共识能作为初始的社会资本；⑥使用公共池塘资源的群体相对较小，也较稳定。可以看出，奥斯特罗姆的这6个条件正是合作的社会结构要素。从这6个条件出发，我们可以分析当用水协会这种西方经验移植到中国时，为什么会出现水土不服的情形。

从前文分析可知，Q县用水组织的资源占用者在这6个条件上都是不具备的。其一，如果不采取替代规则以改变缺水困境，他们即使受到损害也是在可容忍的范围内。由于农民普遍认为种地收益不如外出务工，只能维持基本的生存资料，在已经有大量田地抛荒的情况下，农户对灌溉缺水导致的粮食减产并不十分在意，况且“靠天吃饭”，老天爷也不会年年不下雨。

其二，农户外出打工越多，不交水费的越多，打井用水泵抽水的也就越多，用水协会也越收不上水费，协会一切事务就更无法有效开展，形同虚设。

其三，长久以来，用水户原有的心智模式（认为水利是政府的事）、资源使用方式（水资源浪费、灌溉效率极低）等已经形成了一定的“路径依赖”。税费改革前，种地税费负担重，一方面，水费交不起，灌溉水资源不足，种地又没什么钱，干脆抛荒不种；另一方面，既然村镇收了税费，田地缺水村里总要解决。税费改革后，农民更加认为，水费没有理由收取。人们不愿意为未来投资，看不见水利设施建设的长期回报，更愿意收获打工带来的短期利益，这就使得村民的行为预期短期化，行动的贴现率比较高。

其四，即使用水户愿意交水费，通过用水协会统一管理水利的运营和管护，用水协会也将面临较高的信息成本、转换成本和实施成本。由于前文分析的主观和客观因素，用水协会无法提供一套相对有效的惩罚机制，可以在某些方面将那些不合作者边缘化，从而改变村中大多数人的合作预期。在水价为零的情况下，其更没有动力去改变现存的制度安排。

其五，由于用水户面临的结社成本异常高昂，导致缺少公民社会，缺少相互的协调与沟通。而友善、友谊、同情与社会交往这些无形的交流比日常生活中的任何有形物质更为重要（Putnam & Goss，2002）。这样的非正式交往所形成的人与人间的信任、共识与互惠有助于促成团体合作的网络结构，是一种重要的社会资本形式，能有效促进集体行动的达成。在制度变迁过程中，正式规则与非正式规则两者会互相影响、互相渗透，制约着人们的经济行为，两者的兼容程度会影响到经济绩效的高低。一个地方即使能从国外借鉴良好的正式规则，但是如果本土的非正式规则因为惰性而一时难以变化，新借鉴而来的正式规则和旧有的规则之间势必产生冲突，其结果就会使新借鉴来的制度既无法实施又难以奏效。

其六，由于近年来市场经济的冲击和农民流动的加剧，农民在熟人社会中理性行动的逻辑以及他们与此相适应的特殊的公正观，已不再受到诸如传统的组织力量与文化力量的约束，村庄社会关联度大为降低。在现代化和城市化背景下，农村人财物外流，而城市理念进村，村庄的封闭性被打破，资源外流又使村庄维系内生秩序的能力降低，这是现代化进程中的必然过程（贺雪峰，2010）。在土地承包关系长久不变的情况下，随着越来越多的农村人口离开村庄进城安居，他们的收入和生活世界已经到了城市，而土地仍然在农村。他们不依靠土地但也不愿放弃应有的权利，将土地出租而收取地租。当在村庄中不依靠土地生存但却占有着土地的城里人越来越多的时候，村庄的内聚力就会成为问题。

综上，奥斯特罗姆教授总结的六个条件，J村农民用水协会都没有具备，其自组织治理还面临着很多实际中的困难与问题，制约了其作用的有效发挥。换言之，在脆弱的社会关系结构中，用水协会的初始目的和功能均难以有效实现，在组织管理和运作上也出现了失效现象。

六　结论与建议

应该说，Q县J村农民用水协会在实践中面临的困难只是我国南方稻作区农民合作组织困境的一个缩影。那么，为何在国外运行良好的农民用水户协会在我国会水土不服呢？

首先，从市场逻辑角度看，发达国家农庄的水利灌溉多由拥有土地产权的私人农场主与基层灌溉供水公司通过合同约定用水，是以股份公司为主体的企业型管理运行机制。在这种运行机制中，水权和水费是连接各个环节和各个供水与用水单位间关系的纽带。水权可以买卖和转让，有发达的水权交易市场。用水者协会（SIDD）“自负盈亏，保本运行”，是一种经济自立型组织，具有法人地位，代表用水农户的利益，参与灌区管理，对于所投资兴建的灌溉工程拥有财产所有权。水价主要由市场调节，但接受用水户的监督。同时，发达国家多元的投融资机制也是我国农村目前所缺乏的。在美国，灌区建设与管理资金的筹措及还贷机制，也是市场化的。按照“谁受益谁负担”的原则，实行多渠道多方式多元化的建设投资机制。筹资方式主要有集资、贷款、发放债券及使用建设基金等。用户和灌溉水批发商负责筹资、借贷和还贷。政府不包揽还贷。

其次，从组织逻辑角度看，西方一些国家呈现的是强社会、弱政府的治理格局，而我国则是政府主导的治理模式。当前的农村基层组织体制是承接人民公社而来的，国家自上而下建构了一整套高度集权的组织体制，在乡村社会形成了强制性合作模式，在灌溉系统的建设和维护方面发挥了主导性作用。这导致现有的用水协会多按行政边界而不是水文边界组建，具有较浓厚的行政科层化色彩，在组织上与村两委边界不清乃至完全重合，协会成立的数量甚至成为考核各地政府工作完成情况的绩效指标。

从社会逻辑的角度看，国外用水户协会是由农场主组成的，一个农场主拥有几百上千亩土地，几户就组成一个协会，三个农场主占有一个大水系，三个农场主商量出一个用水方案和分配水量的方案，这其中一是利益相关程度极高，二是可供分配的利益多，三是水量的可分配性，而我国千家万户的分散小农很难具备这样的基础。中国式的小农经济，地块过度分散化阻碍了农民的联合。土地承包制在均分土地时要按土地质量差异搭配，在“人均一亩三分地，户均不足十亩”的情况下，一户耕地却可能分散在十多处不同的地方。这使村庄用水协会对水利设施的建设和管护、水费计征与收取等变得困难，加上积年的水利欠账、土地权属制度和税费改革政策等主、客观因素的影响，用水协会面临着高昂的组织、协调、收费、谈判等交易成本，制度变迁缺乏动力与激励，集体行动难以达成，出现了与大中型水利对接的“最后一公里”难题。

此外，我国城市化与利益的多元化加剧了农民流动性和土地流转，在贴现率较高、传统信任、互惠与网络等社会资本日益耗散的情况下，自组织治理可持续发展的社会资源不足。这与西方长久蕴含的乡村自治精神、地方自治的社会传统和秩序也存在较大差异。可以说，我国目前出现的缺乏资金、水费收缴困难、参与程度低等问题，并不是用水协会本身带来的，而是与长期的管理体制和制度、社会传统、经济发展水平及积年的水利欠账等都有关系。这几个方面的困境是相互勾连在一起的，它们既是导致问题的原因也是解决问题的关键。

基于上述分析可以看出，农民用水协会三重困境的突破非一朝一夕所能实现，需要多方面体制机制等的配套改革。在未来，可以从以下几个方面进一步探究可行的解决路径。

从市场逻辑看，设立可持续的农村水利专项基金，增强农民用水户协会的筹融资能力，国家或地方通过设立用水基金或水权专用账户，由专门部门负责集资、贷款、发放债券及水利建设管护和运营的资金收支，同时接受企业、个人、社会团体的捐资、投资，形成农村水利资金的稳定来源。该项目资金专款专用，由农民用水协会提出申请，获批后，资金直接划拨用水协会专门账户，相关部门应对项目进展、绩效等进行实时跟踪与评估，并提供业务和技术指导。

另外，赋予农民合作组织以水资源产权，借鉴台湾农田水利会的经验，鼓励农民用水协会开展多种经营，如山水旅游资源开发与农家乐经营、池塘养殖、村落排水事业、矿泉水经营事业、用地招商与出租、生态保育、地区水力发电、水质污染防治工作、农渔牧研究与交流工作等，充分调动协会成员的参与积极性，促进协会资金的循环应用和可持续发展。这需要增强协会的资源禀赋，如人力资源、技术条件、资产设备等，政府可以在这方面帮助和推动以用水户协会为经营主体进行的多元化经营。

从组织逻辑看，尤为重要的是要在政府服务与农民主体的互动中发展农民合作组织。用水协会以水文边界组建，由农户自发自愿参与，根据各家各户的水文地理形成利益相关的协会组织，由农户选举产生协会领导和工作人员，自主决定水费及各种基金的运营和管理，做到账目公开透明、接受协会成员的监督和质询。同时，要明确用水协会与村集体及相关政府部门之间在水利工程建设和管理方面是相互合作的关系，政府应从资金、技术、培训等方面提供项目指导和技术支持，而不是越组代庖；要赋予用水协会相应的权利，尽可能提高其自主运作水平和服务质量，减少协会与村委会以及相关政府部门之间的交易成本。用水协会需要有热心公益事业和有责任感的村庄能人担任领头人，需要有勇于创新的“企业家精神”，需要村庄有一定民主管理的基础。只有搞好村民自治的经济和政治基础，用水协会才能有效连接水利工程管理单位与相关用水者，建立起二者间稳定的供水和取水关系。

从社会逻辑看，在现有土地家庭承包责任制下，可以允许农户在村庄内部、村民小组之间进行合理的土地调整，让外迁到城市、不种地却占有大面积土地的农户，与家庭人口多、主要以种地为生却少地的农户具有一定的土地调整权限，在村组织或合作社的帮助下实现土地种植的优化配置。这样国家对农民的种地补贴也能实现其促进粮食增产增收的目标。另外，通过促进农民的自愿联合，也能有效降低用水协会的交易成本，提高水资源的灌溉效率。

最后，应利用制度创新提升社会资本，通过相关的非物质文化、历史传统、用水秩序等来建立一套合乎治水逻辑的社会环境。非正式制度变迁是个渐进的长期的过程，政府应该主动、积极、有效地进行非正式制度的投资，包括对意识形态教育的投资，对乡村社区再造能力的培育，出台培训组织知识和管理能力等方面的支持措施，并提供宽松的政策环境激励等，对组织进行支持性投入，提升农民自组织的意愿和能力，促进农民合作组织的自我发展。这需要和新农村建设运动相配合，促进村庄的“生产发展、生活宽裕、乡风文明、村容整洁、管理民主”，提升村民的自豪感和凝聚力，同时，鼓励走出去的村庄能人返乡创业，带动村庄整体的共同发展，累积社会资本。

第二节 农村合作用水机制的制度选择
——以福建省农民用水协会调查为基础

在农村灌溉水资源日益稀缺、农田水利陷入困境的情况下，农民用水合作组织如用水协会的构建与发展成为主要的政策方向。理论界认为，用水协会这种农民自组织形式的实质是灌溉管理权转移，是分权改革的过程，是通过农户或用水户的参与，重新有效地分配各种利益集团的责任和权利。灌溉管理转移的一个重要假设是，地方用户能比中央资助的政府机构更有动力，使灌溉水资源管理更有效率和可持续性。此外，通过在社区层面上提供激励，农民的参与可以促进水资源有效管理。普遍认为灌溉管理转移改革可以通过对用水者提供适当的激励来促进我国水管理的效率和公平。对于用水协会在灌溉管理中运行的效果，多数文献研究结论较为乐观，认为建立用水协会对灌溉用水效率的提高有积极作用（王晓娟、李周，2005），它在解决水事纠纷、节约劳动力、改善渠道质量、提高弱势群体灌溉水获得能力等方面成效显著（张陆彪等，2003），但也有研究发现这种灌溉管理的分权改革表现出明显的政策导向和自上而下的特征。尽管这种改革模式在改革初期发挥了重要的导向和促进作用，但由于缺乏用水者的充分参与，各地水资源条件的千差万别以及地方政府领导对改革认知程度上的差异，导致改革的实施效果与改革的设计方案之间存在着一定的差距（王金霞等，2005），农民用水协会没有起到应有的作用（罗兴佐，2006；贺雪峰，2010）。

上述研究文献对我国参与式灌溉管理的考察，研究对象多集中于中西部地区，对东部地区用水协会的运行情况探讨较少。特别对东部沿海地区的福建省，向来被认为水资源蕴藏量丰富，其参与式灌溉管理的实践更少有人研究。本节的研究目的在于理解用水协会在福建省的实践效果与存在问题。基于在福建省 Q 县和 C 县的实地调查，研究认为，福建是缺水的省份，现有用水协会在政府的行政任务与指标考核的推动下成立，这种外源型的农民合作组织在解决水事纠纷、节约劳动力、改善渠道质量等方面取得了一定成效，但是其功能作用发挥方面还受到各种制度和体制限制。本节第一部分是对福建省水资源稀缺状况及用水协会推行情况的介绍；第二部分以 Q 县、C 县为例，对外源型合作用水机制存在的问题进行具体分析；第三部分是对用水制度与内生型合作的探讨，指出这是用水协会发挥作用的关键；第四部分是结论和讨论，指出从外源型合作向内生型合作转变是农村合作用水机制的制度选择。

一　调查区域基本情况①

福建省水供需矛盾十分突出。全省水资源总量为 1168.7 亿立方米，平均每平方公里的水资源量为 96.3 万立方米，为全国每平方千米水资源量 28.5 万立方米的 3.38 倍，全省人均拥有水资源量 3771 立方米，等于全国人均拥有量的 1.76 倍。但全省水资源在时间及区域分布上极不平衡，丰水、枯水径流总量相差 2—4 倍，山区丰富而沿海缺水。沿海 5 个城市人口和工农业总产量均占全省的 2/3，而水资源总量仅占全

---

① 本部分数据来自《福建省统计年鉴》《三明市统计年鉴》《龙岩市统计年鉴》及实地调查收集的数据。

省水资源总量的30%，而且随着时间的推移，这种人口居住分布和经济社会发展在地理上与水资源分布正相反的格局将进一步加剧福建省水资源的供需矛盾，干旱缺水仍是福建省国民经济和农业发展的重要制约因素之一。

在参与式灌溉管理方面，福建省试点时间虽然不长，但发展迅速，截至2010年底，全省累计组建各类农民用水协会3138个，其中已登记注册2501个，管理灌溉面积334.4万亩。其中，C县现有用水协会160个，注册数78个，管理的灌溉面积为20.2万亩，灌溉水利用系数仅为0.48，地方年财政收入3.36亿元，农民年人均纯收入4910元。

C县和Q县地处闽西，为全国小型农田水利重点县。C县辖18个乡（镇）、297个村居（其中7个社区居委会），总人口52万人。全县国土总面积4656247亩（3089.9平方千米），其中耕地面积436135亩，占总面积的9.37%，人均耕地面积仅为0.84亩（见表7-1）。Q县年平均降雨量1738毫米，全县总面积2709480亩，耕地面积199554亩，仅占总面积的7.37%，管辖13个乡镇118个行政村，总人口145232人（2009年），人均耕地面积仅为1.37亩。主要经济作物为烤烟、水稻、苗木。地方一般预算年收入为9389万元，农民年人均纯收入6209元。全县有44211亩烟叶面积，烟叶全县产量5974吨（2009年），是主要的经济作物。从表7-1可见，水田和旱地是两县比重较大的耕地，旱地不需要人工灌溉，主要种植小麦、玉米和块茎类农作物，水田主要种植水稻。两县均人地矛盾突出，人多地少，地块分散，对水利设施的建设与维护、水费征收等工作的开展都造成了困难。

表7-1　**调查对象耕地面积汇总**　单位：亩

市、县、区	总面积	耕地面积	其中		
			水田	水浇地	旱地
福建全省	185979702	20119366	16811331	724708	2583327
Q县	2709480	199554	194213	106	5235
C县	4656247	436135	398006	2093	36036

资料来源：根据福建省水利局2011年10月的水利普查数据整理。

全省大中型灌区渠道防渗率仅为27.4%，渠系水利用率只有55%，渠系建筑物的完好率也只有48%，小型农田水利工程的平均完好率仅为50%，不同程度地影响了灌区用水效率，工程效益没有充分发挥。[①]一些农田水利工程老化失修、设备破损、效益衰减严重。许多小型农田水利工程始建于20世纪50—70年代，设计标准低，灾毁严重，普遍存在淤塞、渗漏现象，导致渠道输水能力下降，灌溉水利用系数低，有效灌溉面积逐年下降。C县现有5万—30万亩重点中型灌区3个，1万—5万亩一般中型灌区12个，Q县仅有1万—5万亩中型灌区8个，灌区有效灌溉面积占设计灌溉面积多数低于90%，灌溉效率较低。

另外，小型水源工程资金投入不足。近年来两县农综、农业和烟草等多个部门在小型灌区配套改造方面投入较多，有力补充了水利部门建设在渠道整治方面的建设资金。但在小型水源工程方面，小山塘、小型引水堰闸及小型灌溉泵站数量众多且中央财政支持少，县级其他农业、烟草部门也少有涉及，小型水源工程逐渐成为两县水利工程较为薄弱的部分。

C县和Q县均属于粮食生产重点县，山地经济作物缺乏水源工程及灌溉设施，不仅影响了农产品产量和品质，对山区水土保持、防汛抗旱、山洪排涝等工作亦造成很大困难。C县是我国南方红壤区水土流失最严重的县份之一，其中，河田、三洲、策武、濯田、宣成、新桥等10多个乡镇，成为严重的水土流失区。

二　外源型合作用水组织：问题与表现

灌溉系统是人们共同使用的具有非排他性和消费竞争性的自然或人造资源，是一种典型的公共池塘资源。在现代世界，越来越多的公共池塘资源无法通过政府行政权威的完美计划或者基于产权的市场交易来单独解决，而是需要在政府、市场、社会乃至个人通过有效的合作达成的

① 省政协重点提案督办调研组：《关于扎实推进新一轮农田水利建设重点提案督办调研情况报告》，2011年8月。

公共治理网络中得到解决。作为农户自愿基础上成立的用水合作组织，用水协会的建立被认为是突破现有水利困境、促进灌溉水资源管理更有效率和可持续性的方法。“外源型”与“内生型”是笔者对用水协会这种合作用水机制的分类，前者指用水协会的成立遵循行政力量推动的路径：由灌区会同当地市、县政府制订参与式灌溉管理改革实施方案，然后由试点村所在的乡镇政府制订具体的实施方案，然后由水管部门、乡镇政府共同组成工作组，进村开展试点。后者指用水协会的构建过程主要靠自生自发内部力量的合作，即协会组建前，相关行动者意愿强烈并积极推动协会的建立，但不排除外在因素的辅助与支持。尽管后者在成长期很大程度上也得益于政府的推动，但在其成长的初期，很大程度上依赖于农民专业户和有关企业自身的自发行为。而外源型农民用水户协会，从其成长的初期开始，就没有脱离过政府和专业水管部门的大力推广。

笔者通过走访Q县和C县一些乡村，如Q县邓家乡、赖坊村、灵地镇、大路口村、南岐村等地，以及C县河田镇、策武镇所辖的村庄，对大路口村用水协会、南岐村用水协会、J村用水协会等开展了实地调研和考察。在此基础上发现，现有的农民用水协会都可以归类为外源型合作组织，村民真正参与和了解的很少。对外源型用水协会，仝志辉总结过两个特点，第一点便是协会由政府和专业水利部门大力推广，而不是农民自发成立（仝志辉，2005），并将其归因于机制缺乏，“他们投入的精力和成本巨大，却难以看到合作的现实和得到回报”。基于在福建的实地调查，笔者将“机制缺乏”的表现形式归为两点：一是农民无权参与协会的组建及运行管理，协会管理层与村两委管理层高度重合；二是农民无权参与灌溉管理，在水价制订及收缴、对工程修建维护的投资投劳、放水优先序和用水量等灌溉管理的关键环节均无决策权，甚至都没有形式参与。

多数用水协会依行政村边界组建，高度依赖行政村组织资源。客观上，各行政村原来都是以村民小组为组织单位，按行政边界组建用水协会与按水文边界组建相比，更具有便利性。另外，也“使协会不脱离乡村两级行政体制，满足乡村两级组织对用水协会控制和监督的要求；

回避按渠系组建协会所要求的村与村合作的难度，直接借用行政村的组织资源。”（仝志辉，2005）。在笔者的调查中，各用水协会主席清一色由该村村长担任，协会工作人员也都是由村干部兼任。例如在南岐村用水协会，两个管水员都是村干部，700 元月工资是村里出，收上来的水费由他们管，但村里的会计要监管，每个月他们要向会计报账，签字，工资才能发。据协会主席（村长）的话说，“村干部一个人 200—300 元一个月（工资），没人做（管水员）。”村里靠办公专用经费转移基金投资了约 3 万元到用水协会，在实际运作中，协会运作的好坏更多依赖协会领导个人的资源优势和工作责任心，按村民的话说是要“腿勤、手勤、口勤”。然而这样下来，各家使用的不一定是相同水系的水，即使是水源来自相同的水系，或同一个水库，一条渠道下来要灌十几户人，在人均耕地面积一亩三分地、地块分散、地势又多山地丘陵的 Q 县，水资源分配不均、水费收取难以做到完全公平在所难免，这样势必引致农户的不满，从而增加村民为一点点小利而蔑视村庄舆论的可能性。这一切降低了人们相互间的预期，增加了合作的困难。

三　从外源型合作到内生型合作：农村合作用水机制的制度选择

那么，外源型合作用水组织出现的上述问题是用水协会本身带来的吗？用水协会的经验来自国外，墨西哥、哥伦比亚和土耳其等国家的灌溉管理转移经验表明，用水协会在很大范围内是成功的。这些成功的改革都有一个显著特点：用水者的农场平均面积很大，绝大部分农场都是大型农业企业，灌溉系统运营维护是以这个动态、高效、创造财富的农业企业为中心（IWMI，1995、1997、1999），而我国农民极度分散且不成规模；西方一些国家呈现的是强社会、弱政府的治理格局，而我国则是政府主导的治理模式。我国当前的农村基层组织体制是承接人民公社而来的，国家自上而下建构了一整套高度集权的组织体制，在乡村社会形成了强制性合作模式，在灌溉系统的建设和维护方面发挥了主导性作用，导致现有的用水协会多按行政边界而不是水文边界组建。协会具有较浓厚的行政科层化色彩，协会在组织上与村两委边界不清乃至完全重合，协会成立的数量甚至成为考核各地政府工作完成情况的绩效指标。

由此可见，用水协会之所以“水土不服”，是和我国的国情即当前的社会经济发展状况分不开的。目前，包括福建省在内的各地区学习和引进的只是用水协会的“形”，而没有学到最本质的“神”，只有“形神兼备”，用水协会这一舶来品才能真正为我所用。而要做到“形神兼备”，即是要从外源型合作转变为内生型合作，构建起适合各地村庄具体情况的、为当地农户所接纳和欢迎的内生型合作用水组织——建立合作的社会结构，使合作嵌入到由信誉和威慑、互利共识、地位等级、稳定的群体、共享的知识等因素编织而成的社会网络中，这也是目前我国农村合作用水机制的制度选择。

那么，这种制度转变如何得以实现呢？美国政治经济学家埃莉诺·奥斯特罗姆的研究表明，人类社会中虽然到处都是公共的悲剧，但许多人却自主地摆脱了公共选择的悲剧，从而改善了福利。在她看来，在公共资源的使用过程中存在着相互依赖的资源占用者，他们能够把自己组织起来，创建合作机制，进行自主治理，从而能够在所有人都面对“搭便车”、规避责任或其他机会主义行为诱惑的情况下，取得持久的共同收益。实际上，在现代世界，越来越多的公共资源无法通过政府完全控制或者建立私人产权来解决实际中存在的问题，需要有效的合作机制来处理类似的问题。经过大量实地调查用户自行管理的渔场、牧场、森林、湖泊和地下水域等公共池塘资源的治理情况后，她总结出公共资源系统要实现有效的合作，需要满足八条产权设计原则（Ostrom，1990）。根据用水协会的实际，笔者将之简化为以下几个方面：

第一，清晰界定用水协会所享有的资源产权和权利边界，赋予真正的灌溉管理权力转移；第二，协会的成立、运作和评估等应和当地村庄条件及所需劳动、物资和/或资金的供应保持一致；第三，协会成员、政府部门或其他相关团体，对协会的工作承担相应的监督责任，但必须尊重和保持用水协会的独立性，不以强制性的政府威权干涉其运行；第四，协会拥有自己的纠纷解决机制，能排除不合作的“搭便车”者，使之在不同层面上受到惩罚；第五，若成立较大的经济自立型组织或企业型管理运行机制，应具有处理不同层次业务的多种规则，解决各种复杂的社会关系。

根据这些原则，我们可以进一步思考促进我国农村用水机制由外源型合作向内生型合作转变的路径与思路。

（1）利用产权改革清晰界定资源和合作组织群体的边界，但是不应寻求一刀切的产权模式，协会的成立、运作和评估等应和当地村庄条件及所需劳动、物资和/或资金的供应保持一致。实现真正的灌溉管理权力转移，就是要建立边界清晰的治理系统，使农民用水协会真正获得水资源产权和实际的自由支配权。水利管理机构应更多地集中在政策制订和监督职能上，从“自己管理”转变到“促使农民合作组织管理”，形成多样性的制度。

（2）协会本身应逐步培育和发展技术、社会、财政能力以及经营管理能力等，逐步发展成为较大的经济自立型组织，拥有自己的纠纷解决机制，具备解决各种复杂社会关系的能力。从我国的角度看，协会的能力建构主要包括以下几个方面。

第一，技术能力。这既包括生态保育、防治水污染、节水灌溉、绿化美化、渠道修护等方面的实际操作能力，也要包括监测资源变化状况的能力——对生态多样性、水土保持等方面的影响。这种监测资源变化的能力，仅仅来自农民本身的力量是不够的，它还需要其他组织，尤其是各种非政府组织的介入，以客观地评估水资源利用对当地生态环境的影响。

第二，社会合作能力，是指在相互信任的情况下通过沟通、交流、协商以及利益和目标分享后所达成的合作自治能力。这包括内部合作与外部合作两个方面：组织内部合作指要能通过有效的制度规则推动成员间的沟通、交流与信息共享（如定期举行会员大会、小组成员议事会、协会财务收支公开制度、定期公布水费收缴情况等）、对违反规则的不合作者的惩罚及成员间的纠纷解决办法等；组织外部合作则指协会与协会之间、协会与村委会、与乡镇及地方政府、与非营利组织或其他私人、企业团体，与研究机构等的合作和关系处理。如在政府部门的协调和支持下，可以尝试促进企业与协会的合作，由企业出资为农户建造节水灌溉设备，所节约的水资源则由企业无偿拥有，农户在没有增加经济负担的情况下也能提高灌溉的效率。

第三，规模经营能力。当用水协会被真正赋予灌溉管理权利时，其生产方式、经营模式、组织结构将发生深刻变化，成为水资源经营的主体。但由于农民“单家独户”的生产经营格局和土地面积相对分散、面积过小、生产成本加大、抵御自然灾害能力降低等问题，可以考虑在现有土地家庭承包责任制下，允许农户在村庄内部、村民小组之间进行合理的土地调整，让外迁到城市、不种地却占有大面积土地的农户，与家庭人口多，主要以种地为生却少地的农户具有一定的土地调整权限，在村组织或合作社的帮助下实现土地种植的优化配置。这样国家对农民的种地补贴也能实现其促进粮食增产增收的目标。另外，通过促进农民的自愿联合成立家庭农场，也能有效降低用水协会的交易成本，提高水资源的灌溉效率。

第四，参与能力，是指农民能够在授权的情况下，有能力参与到影响自身利益的政策设计或治理过程中，发出自己的呼声。农民在村庄水资源的决策、实施、监测、利益分配等方面拥有知情权、参与权和获益权是合作组织持续发展的保证。用水协会宜以水文边界组建，由农户自发自愿参与，根据各家各户的水文地理形成利益相关的协会组织，由农户选举产生协会领导班子，自主决定水费及各种基金的运营和管理，做到账目公开透明、接受协会成员的监督和质询。用水协会需要有热心公益事业和有责任感的村庄能人担任领头人，需要有勇于创新的“企业家精神”，需要村庄有一定民主管理的基础。只有搞好村民自治的经济和政治基础，用水协会才能有效连接水利工程管理单位与相关用水者，建立起二者间稳定的供水和取水关系。

（3）政府部门或其他相关团体，对协会的工作承担相应的监督责任，但必须尊重和保持用水协会的独立性，不以强制性的政府威权干涉其运行。政府管理机构应从规制性走向服务性，重点发挥在信息提供、技术和市场支持、冲突解决、基础设施建设和科学技术等方面的功能。①提供信息，包括水资源状况的变化（如生物多样性变化）、使用资源的新机会（如生态旅游市场）、节水灌溉的技术传播等情况。信息的类型不仅要包括现状，还要包括潜在的不确定性和风险等。②基础设施，包括物理、技术和制度三个层面。物理方面包括交通道路、水利主干渠、防汛抗旱等工程；技术方面包括渠道维护、节水灌溉、水文水质监测体系等技术支撑；制度方面包括基础性学科方面的投入，出台相关激励措施，鼓励水利专业毕业生到基层就业，促使科学知识转化为技术，使技术产生市场化的效果。③市场支持。设立可持续的农村水利专项基金，增强农民用水协会的筹融资能力，国家或地方通过设立用水基金或水权专用账户，由专门部门负责集资、贷款、发放债券及水利建设管护和运营的资金收支，同时接受企业、个人、社会团体的捐资、投资，形成农村水利资金的稳定来源。该项目资金专款专用，由农民用水协会提出申请，获批后，资金直接划拨用水协会专门账户，相关部门应对项目进展、绩效等进行实时跟踪与评估，并提供业务和技术指导。④诱导规则服从。良好的政府治理需要保证关于资源使用的规则得到遵从，对冒犯者进行累进性的制裁——对于初次冒犯者施与轻度、合适的制裁，对于那些再次冒犯者则要逐渐加重制裁，包括利用社区传统的、基于习俗或乡规民约的非正式制裁制度；利用基于财政金融方面的工具，例如在融资、贷款和保险方面的信用积累；利用正式的制度建构和法律系统等。⑤利用制度创新提升社会资本，通过相关的非物质文化、历史传统、用水秩序等来建立一套合乎治水逻辑的社会环境。非正式制度变迁是个渐进的长期的过程，政府应该主动、积极、有效地进行非正式制度的投资，包括对意识形态教育的投资，对乡村社区再造能力的培育，出台培训组织知识和管理能力等方面的支持措施，并提供宽松的政策环境激励等，对组织进行支持性投入，提升农民自组织的意愿和能力，促进农民合作组织的自我发展。这需要和新农村建设运动相配合，促进村庄的“生产发展、生活宽裕、乡风文明、村容整洁、管理民主”，提升村民的自豪感和凝聚力，同时，鼓励走出去的村庄能人返乡创业，带动村庄整体的共同发展，累积社会资本。

四　结语

基于对福建省Q县、C县农民用水协会的定性调查可以发现，目前用水协会组织多数是外源型成长路径，而不是内生合作型，其在发展过程中面临一系列问题。从外源型合作走向内生型合作，是农村合作节水机制的制度选择，也是推动用水协会组织真正发挥作用的关键。只有提高协会运行的质量，使之成为农民信任的内生型组织，在农村中扎下根、立住脚，才能找到解决协会发展中各种问题的办法，使协会走上稳健发展、不断壮大的坦途。目前各地一味注重用水协会的数量，忽略了其实际运行的效果和质量，这对农村水利的可持续发展是不利的，对于那些真正希望以此改进自身状况的农户来说无疑是一种忽视甚至损伤。而要改变这种状况，促进内生型合作组织有效运作，既需要学者、实践者、农民自己、各种非营利社会团体的共同参与和努力，也需要政府当局的辅助和支持。

从宏观层面，要真正改善农村水利基础设施、提高农村公共服务质量，切实解决“三农”问题、保证粮食增产增收，需要有国家、地方各层级政府的宏观配套制度措施，如土地产权制度、水价水费机制、粮价定价机制、水利补贴和惠农资金支持等；从微观层面，则需要具有“企业家精神”的农村带头人和热心人士，愿意组织和带领大家共同管理好水资源和水利设施，这和相应的村庄民主、村民选举等制度建设紧密相关，和构建、培育村庄社会资本和传统文化纽带也是分不开的。而要让农民愿意自我组织和管理自己的水资源，即是要让他们看到联合起来的好处和利益，赋予内生型合作组织应有的权利和效益，将会成为农村用水组织由外源型转变为内生型的有效推动力。

在这个过程中，政府并非无事可做，也不应全程控制，其角色应从目前大力推广外源型组织的主导力量转变为对内生型组织的引导、培训、辅助和技术支持等功能，政府与农民组织是合作伙伴、携手合作的互补关系，而不再是以往自上而下的命令—控制关系。这需要通过真正赋予合作组织以资源产权，提升协会的各项能力，将政府自上而下的规制模式转变为自下而上服务性和支持性的辅助功能等。随着世界银行及其他发展中国家用水协会经验的引入，赋权和参与、网络型治理、政府、社区和非营利团体携手合作、开放吸引更多社会资本注入农村基础设施的投资与运营、培育社区居民自我管理、多角化经营公共资源的能力等理念已逐渐深入人心，并在学者、实践者中得到了广泛的传播。可以说，从外源型合作组织转变为内生型合作组织，是我国农村用水组织在世界发展大潮流中的必然趋势，但这种转变需要一段较长时间的试错、反馈与调适。

总之，不仅在我国南方，其他地区的用水制度安排，乃至更大范围的公共资源管理，都需要我们不断走向现实世界，去发现那里的人和社群是如何互动的，去探求那些合作、信任与互惠是如何真实发生的，他们面临的障碍和困难有哪些？据此思考和采取有效的解决方法，去帮助和推动那里的人们真正改进他们的福利。

第三节　农田水利制度的分散实验与人为设计：一个博弈均衡分析

当前，关于农田水利建设的理论探讨正逐渐从强调实体要素投入转变到注重制度建设和机制创新上来。但是，现有的制度分析往往局限在静态层面，忽视了不同使用者属性和物品属性下制度安排的动态性和适应性，对宏观政治经济环境的变化下灌溉制度的演进与适应性关注较少。本节基于博弈均衡分析理论，通过对四个村级案例的考察和分析，试图说明农田水利中分散实验与人为设计的制度实践，分析农村水利基础设施制度演进的基本逻辑和内在机理。本节整合制度分散实验和人为设计模式的优点，重新设计了一种基于内生博弈的阶梯式制度演进模型，为我国农田水利制度建设提供新的方向和途径。

农田水利建设在发展现代农业以及建设社会主义新农村中的重要性已经不言而喻。目前的理论探讨也逐渐从强调实体要素投入转变到注重制度建设和机制创新上来。从当前农田水利建设的实践经验中，我们可以粗略地总结出两种主要的制度创新路径：一种是自发性的、渊源于具有丰富传统内涵的“民约”性制度；另一种是人为性的、试图复制国外先进经验的“设计”性制度。在后者中，有成功也有失败的例子。当然，也有一部分村庄自始至终都无法迈入“制度创新”的轨道，持续地被“无效率的状态”锁定。为更好地理解这种制度实践与变化历程，我们需要从更多鲜活的微观案例中，观察参与人持续不断的战略互动过程，了解制度演进或停滞的内在机理，探索制度变迁动态演进的规律和所需条件。

一　农田水利制度的演进机理：博弈均衡的视角

农村水利基础设施作为农村发展必不可少的公共服务，既具有提高农业产出水平和生产效率的经济意义，也蕴含着丰富的制度、治理、历史和文化内涵，是国内外学者研究的热点话题之一。国内外农业水利基础设施研究可以归纳为对资源因素（土地、劳力、水资源）、技术因素（水坝、管井、水泵）、制度与政策因素（水权、管理）和社会文化因素（价值判断）的演变过程和互动结果的探讨。尽管对农村水利基础设施制度分析的文献依然不少，但多数研究往往将水利基础设施建设的困境视为理性农民不合作的产物，忽视了农民行为选择和水利事务的复杂性。尤其是，缺乏从博弈均衡分析的途径进行研究，制度对策往往局限在静态层面，忽视了不同使用者属性和物品属性下制度安排的动态性和适应性，对宏观政治经济环境的变化下灌溉制度的演进与适应性关注较少。针对这种问题，本节拟从博弈均衡的角度，为理解农田水利建设过程中的组织合作和农户参与提供新的观察途径。

在博弈均衡的制度观方面，斯科特（Schotter，1981）开创了制度分析中的均衡理论方法，近年来又经过了格里弗（Greif，1994、1999）、米尔格罗姆等（Milgrom et al.，1990）、格里弗等（Greif et al.，1994）、温格斯特（Weingast，1997）、杨（Young，1998）和青木昌彦（Masahiko Aoki，1998）等人的发展。该理论认为，作为一种均衡现象，制度是重复博弈的内生产物，但同时制度又规制着该领域中参与人的战略互动。虽然制度是一种均衡现象，但不应把它们看作一次博弈下完美的演绎结果，也不应视为一种根本不需要归纳推理的完全静态平衡。因此，一种制度是“由有限理性和具有反思能力的个体的社会长期经验的产物”（Kreps，1990）。

在分析制度的过程中，博弈均衡的制度分析方法把由一组参与人组成的交易领域（Domain）作为一个基本分析单位，并将他们之间的互动视为一个博弈。从内生角度分析制度的起源与实施，认为制度既是参与人持续不断的战略互动的产物，同时又稳定地独立于个体参与人的行动选择。强调制度不只是生态、技术或文化决定的产物，也有“人为设计”的一面，这种观点给出了一个分析经济中各项制度相互依赖关系的理论框架。例如，当政府为引进一项“新”制度而颁布法令，它们的实施在一定的政治、经济和社会背景下经常产生意想不到的结果。一个主要原因是，所设计的计划与刻有制度发展的历史烙印的现存制度环境之间缺乏必要的“契合”（fit）。

因此，用这种制度分析方法，我们可以理解经济中的整个制度安排的持久性是有条件的，也可以理解这种制度安排的多样性。另外，这种分析途径也为分析制度变迁的机制，提供了一种新的视角，它有助于我们更好地理解，存在多重均衡的情况下，单个个体怎样才能共同地选择出一致的战略，并促成一致制度的产生？为什么一个确定的制度在某处演进出来，而另一种在其他地方演进出来？为什么尽管一些领域内也在独自地努力改革，但整个制度安排却持续存在着帕累托无效率？

根据制度是博弈内生规则的观点，制度的变迁就相当于博弈从一种均衡向另一种均衡转移。这类均衡的变化通常有两种形式：第一种，参与人从给定的选择集合中，对不同新战略进行“分散实验”（decentralized experiments），从而演进出自发的秩序（spontaneous ordering）；第二种，均衡的变化被认为是由一种法律的共同设计，或者由一类新型的参与人或组织的设计所推动。

青木昌彦认为，这两种方式在发生变化时有着共同的条件：在博弈中，“需要有达到临界规模的参与人修正自身关于内在结构以及外在环境的表征信念（representational perceptions），并以协作或分散的方式共同采纳能产生新均衡的新战略。”（青木昌彦，2003）因此，不论是自发的制度变迁或是人为设计的制度变迁，都需要在一定的条件下才能发生：人们能感知到通过自己的行为可以改善目前的处境，个体能够预见制度设计的长远收益并有足够的动力和激励去改变原有的“表征信念”或“先存的心智构念”，通过重构新的规则，采纳能产生新均衡的新战略，最终导致制度的变迁。如表 7－2 所示，制度演进的机制会连续地、逐步地随着缓慢变化的环境而变动，在一定的触发条件下（如宏观政治经济政策的演变），当个体预期到长远的收益，在新的情况下投入资源去重构新的规则，采纳新的战略选择时，制度的演进过程出现转折点，另一种相对稳定的阶段就会来临，新制度最终产生。

表 7－2　　　　　　　　　　**制度演进的机制**

旧制度的持续		主观博弈模型的反馈与重新界定		新制度的演进
由现存的规则所限制的选择	→	预期与收益之间的差异；在具体的情况下寻找新主观博弈模型；新规则集合的重新定义	→	新的战略选择
⇧⇩		⇧		⇩⇧
旧的制度		环境的变化（技术变迁、外在冲击以及在相关领域内的互补制度的变迁）		新制度

资料来源：参见青木昌彦《沿着均衡点演进的制度变迁》，载科斯、诺思、威廉姆森等《制度、契约与组织——从新制度经济学角度的透视》，经济科学出版社 2003 年版，第 39 页。

我国农业的历史就是一部水利灌溉的历史，也是一部水利制度演化的历史。在富有地理落差的广阔空间内，一部分村庄在面对复杂的资源困境时，资源使用者经过多次重复博弈，往往能够创造（虽然并总是如此）复杂的规则与制度来规范、指导个体之间的博弈行为。也有另一部分村庄却未能够实现新制度的演进，而是被持续锁定在帕累托无效率的旧制度结构中，甚至陷入失序甚至崩溃的状态。以下基于博弈均衡分析路径，选择湖北省 S 县、福建省 Q 县、湖北省荆门市、江西省 W 县的村级案例进行实证分析。

二　分散实验与人为设计：基于四个案例村的对比分析

在现实世界中，制度安排和制度结构是动态变迁而非静态稳定的，当制度预期成本与收益之间的差距增大并达到某一临界值时，制度旧均衡就被打破，新均衡也随之出现。在这个均衡变化过程中，分散实验和人为设计是两个基本路径。从上述博弈均衡分析的角度看，我国农村水利基础设施的制度变迁也明显地呈现出这两个路径特征，但分别都有成功和失败的例子，以下通过四个案例村进行说明。

（一）分散实验：成功与失败的案例

在社会没有任何固定的框架和秩序的自然状态下，农村水利基础设施的制度安排会呈现出一种什么样的状况呢？是陷入所谓的霍布斯丛林——每个人都是其他人的敌人，他们想尽办法偷抢人家的财产，也想尽办法不被别人偷抢，还是像奥斯特罗姆所说的，人们完全能够自愿合作和自主治理公共事务，通过自治实现合作与繁荣？来自湖北沙洋县和江西万载县的两个案例，为我们提供了两个相反的答案。

1. S县

S县位于江汉平原东北部，是传统的农业大县。1981年“分田到户”改革至农村税费改革取消农业税之前，S县所辖区域的农业用水均由乡镇政府和当地的水泵站供给，以每个行政村为单位，通过水渠集中供给。S县大部分地区为丘陵，渠道为非密封的土渠，上下游用水不均，下游地区的大量农户需要用水，不得不要求政府统一从泵站供水，上游地区的行政村可以“搭便车”，导致用水矛盾。

与前些年通过渠道集体供水进行农业生产不同，近年来，下游地区农户开始若干户合伙或者单独打井，钻井大多在60—100米深。每家每户用数百米的电缆线、上百米的塑料管道从池塘引水灌溉和耕作田地，或者从六七十米甚至上百米深的水井抽水犁地和插秧。每天同一个行政村中一半的小组实行拉闸停电以保障另外一半的村民小组的水泵能够正常运转，而每个小组的村民又自发协商将自己小组的几十户分成三个班次，每个班次抽水八小时，凌晨大部分农民还在野外抽水、耕作，依靠这种供水模式，无论是下游还是上游地区的农户都要付出较高的成本，包括电费、人工费等。

由于下游打井，上游就变成下游，也只能跟进打井。一旦有人打机井灌溉，这一户就会退出既有水利体系，一户退出必然导致其他户也退出，打井的农户成为以前村社集体放水的“钉子户”，他们对集体是否放水并不关心：放水了可以“搭便车”，不放水也有井水可抽，这样迫使所有农户都只能打井。后果是以高成本、高风险的小微型水利代替破坏了低成本低风险的大中型水利，农民集体选择了不理性的结果。

2. W 县

W 县位于江西省西北部，东至上高县，南接袁州区，西北连铜鼓县，东北与宜丰县接壤，西与湖南省浏阳市毗邻。鲤陂水利协会建立之初，灌区内曾存在争水纠纷，各村庄之间械斗不断，死伤数十人。周家村的朱俊良将需要用水的 3000 多名农民登记在册，按族姓划分，再召集各族长开会。开会主要讨论在赤兴乡境内的鲤河上建筑陂堰、蓄水灌溉农田一事。这次会议计算出建筑鲤陂水利协会的成本，刚好合到每人每年 10 斗谷子。缴纳了谷子的农民还要出工参加建筑劳动才有享受用水的权利。这次会议上提出了不以营利为目的、统一灌溉管理、按成本收取谷子（水费）的理念，按照水文边界组建鲤陂水利协会。

协会每年召开一次大会，民主选举产生会长、副会长和委员，共 7 名成员。会长负责全面工作，副会长负责下游农田灌溉，5 位委员分别负责一个村的灌溉和工程巡查。协会每年还定期召开三次全体会员会议，讨论抗旱，定期公布上年的账目情况等。

协会长期实行一种朴素的民主管理方式。首先，严格实行错峰轮灌制度：先灌下游、再灌中游、最后灌上游；先灌水田，再浇旱地；先灌主要作物，后灌次要作物，上下左右兼顾，团结协作。其次，在水费计收标准的确定、工程的维护、协会开支等各方面均实行民主管理，充分体现农民的意愿，接受农民的监督，确保了农田正常灌溉和农业生产用水需求。协会对水利设施的管理可分为日常维护管理、汛期防洪防涝、旱期的灌溉安排以及水利纠纷的处理四个方面，同时也承担一部分区域内的小型水利工程建设管理。

可以看出，S 县在旧的制度解体而新制度尚未建立起来之际[1]，出现了无政府状态下的无序竞争，大量的资源被用于从事偷抢和防止被

---

[1] 2003 年税改之前，村干部以共同生产费的形式向农户收取水费，尽管征收工作面临很大困难，但由于乡村集体的存在及农户对公共服务的需求，乡村干部可以通过提供公共服务（比如调解纠纷等）的形式跟农户达成交易，使农户缴纳水费。税改之后，共同生产费被取消，农户拥有拒交税费的理由，水费征收工作失去了政策和体制支持。在农户数量众多且利益分化日益加剧的情况下，由于无法克服“搭便车”难题而导致“一事一议”政策成为一纸空文，水费征收、用水秩序协调以及农户“搭便车”行为渐渐成为一个难以克服的难题。

偷抢的活动，导致了异常无效率的制度结构。对此，我们可以理解为理性算计的个体无法获得关于制度设计的足够的信息与知识，无法修正自身关于内在结构以及外在环境的表征信念，导致发展被持续地锁定在无效率的状态中。因此，这类村庄需要一定的环境变化（技术变迁、外在冲击以及在相关领域内的互补制度的变迁）作为促发机制，改变人们的信念，推动个体寻找新的主观博弈模型，重构一套更高层面的规则。

而 W 县的案例则展现了人们在特定情况下自主治理共有资源的可能性，它表明人们能够自发倡导和组织实施对现行制度安排的变更或替代，创造新的制度安排，实现自发性制度变迁。这种自发形成的道德、习俗以及其他非正式制度靠其成员的自律而具有一种潜移默化的自我实施的机制，它往往能产生正式制度所不能实现的效果，并能经受住时间和环境变化的考验。

（二）人为设计：高效与低效的案例

制度的人为设计是一种由新型参与人或组织所推动的均衡变化形式，它通过某种外在的力量或执行组织来修正原有参与人的表征信念，并促使他们以协作的方式采纳能产生新均衡的新战略。但是，这种人为设计的制度可能会产生有利于提高博弈参与者福利水平的新均衡，也可能因为实际环境的复杂性而产生副作用，降低了制度运作的效率，甚至存在持续的帕累托无效。来自福建省 Q 县和湖北荆门市的两个村庄的用水案例，就分别说明了这一点。

1. Q 县

农民用水协会作为一种人为设计的制度创新，实质上是对农村灌溉管理制度的一种分权改革，是让农民用水户参与灌溉管理。作为农村民主化过程中的新生事物，我国的农民用水协会带有明显的西方特征，主要是依靠行政手段推动的制度创新途径，并不是社会本身自发的结果。那么，这种人为的制度设计是否与社会现实相契合，并取得高效率呢？福建省清流县吉龙村的案例，为我们提供了一个并不让人满意的答案。

J 村位于福建省西部，Q 县南部，是典型的“八山一水一分田”的山地丘陵地势。J村农民用水协会成立于2010年，按照行政边界而不是水文边界组建，现有协会领导由村长兼任，协会成员也基本由村两委干部担任，基本上是两个班子，一套人马。政府对用水协会的政策推动与财政扶持使得前者对后者构成了一定的控制性关系和支持性关系，这样的关系强化了协会的从属身份，使其带上了浓厚的行政化色彩。实地调研表明，与目前大多数农村用水协会一样，J村的制度创新远未能称之为成功，它发挥的作用相当有限，这表现为以下几个方面。

第一，协会缺乏稳定的资金保障，在成立初期，J村用水协会的资金来源主要是政府资助和村财原有的积累。在协会运行过程中，由于水费收取不上来，[①] 协会的运营资金基本和村财一体化，需要依赖协会负责人向发改委、财政局、农办、农业局、水利局、烟草局、国土资源局等部门申请项目资金，而实践中项目的配套资金往往又无法落实或者不足，协会经常是同一个项目重复申报，重复资助，以此来攒足维持村庄水利设施建设和管理的经费支出。

第二，村集体经济代交水费，造成水费计收更加困难。由于Q县农民多以非农产业经营为主，大家普遍认为种田赚不到钱，农民对交纳农业水费的意识淡漠。采访中，农民普遍表示水费大部分由村集体经济负担，与他们自己无关。对于村集体经济较好的村庄，水费问题往往由村委会直接负责，而对于村集体经济不好的，只好不交，结果造成各村落之间水费计收不公，工作难以开展。

第三，农民对用水协会事务参与程度低。表面上看，用水协会由农民独立、民主地选举协会领导人，在管理、建设、财务上享有高度的知情权和参与权，从而调动了农民“自己的事自己办、自己的工程自己管”的积极性。但实际上，用水协会基本上仍依靠以村民小组为基础的近乎“科层控制”的方式来进行管理，村民参与明显不足。多数农户表示不清楚用水协会主要是做什么的，对有关水的分配等方面的政策

---

① 农户不愿意交水费主要有以下几种心理：①认为水从天上来，是大自然赠予的，为何要交水费；②税费改革后，很多交费项目都取消了，国家还增加了对农户种田生产资料的补贴，现在只有水费要交，农户不理解；③长期以来依赖地方政府的心理，碰上大旱，县乡政府或村里总不会坐视不管，这个时候不找政府什么时候找？

和决策几乎没有什么了解。

2. 荆门农村

当然，只要人为设计的制度能够与复杂的社会、文化现实相符合，形成一种新的行动选择的规则集合，就可以达成能够满足参与主体获取最大潜在利润要求的新均衡。湖北荆门市“划片承包”的制度创新证明了上述论断。

荆门最早开始制度创新的村庄官当镇双冢村水源条件不好，处于潘集水库水系的末端，由于偷水漏水的问题，种田水利条件差，已有很多农户抛荒外出打工。1999 年秋收之后，双冢四组有几户农户提出，从潘集水库放水，不如自己挖堰，先根据水系划片承包，再由同一片的农户推挖“当家大堰”和其他农田配套基础设施（贺雪峰、罗兴佐，2003）。具体做法是，由村支书和主任主持召开户主会议，协调农户意见达成共识，并根据水源条件好坏，将全部耕地划分为两等，一等田水源好，1 亩当1 亩；水源差的二等田，1 亩当0.7 亩。讨论确定全组所有田块的等级后，再按水系划片，全组耕地划为 5 个片，确定田块等级和划定耕地片后，再由愿意承包耕地的农户抓阄确定所在承包片。抓阄确定所在承包片以后，农户可以自愿调换，调换结束后就由所在片共组一个承包单位，并选出一个“片头”，对于户数很少的片（ 如只承包 30 多亩的3 户片），就不用选举而是轮流当“片头”。由“片头”主持本片农户分配同一片耕地，并协商用何种办法来筹资筹劳建设以农田水利为核心的配套基础设施。

划片承包后，全村兴起了兴修水利和挖当家大堰的高潮。村民自发投资 10 万元以上修挖或改造大堰，维修了水渠，改善了农田水利条件。这些当家大堰屯水解决了农田抗旱问题，2001 年天旱严重时，双冢四组亩平水费不到 30 元，主要用于从潘集水库调水，而划片承包前，农户平均上缴的共同生产费每亩超过 100 元。在双冢村划片承包取得成效之后，其他村庄被改革的收益所吸引，也开始尝试这项新做法。

可以看出，在 J 村的例子中，在农民用水协会的产生、生存与发展过程中政府政策起着主导性作用。作为一种舶来品的国外经验，用水协会这一组织形式意味着是由政府这一外在主体设计出来并强加于共同体的，这种隐含的自上而下的等级制往往通过正式规则和财务控制表现出来。这种人为设计的制度不均衡，体现的是所设计的计划与刻有制度发展的历史烙印的现存制度环境之间缺乏必要的“契合”（fits），存在制度的无效率，缺乏制度化的联动和制度互补性。旧制度的遗产和一些现存非正式的规则等初始条件影响了公共政策对制度变迁的实施作用，以及政体中的规则设定与其他域中内生博弈规则的演进发生了互动，阻止了改革的进程。

与J村用水协会不同，荆门农村的“划片承包”制度创新代表了一种人为设计的制度均衡，具有有效的治理规则。在荆门农村，我们看到参与人被诱导以一种协作的方式，有意识或无意识地去重新评价和修正他们行动的主观集合及行动的规则。他们在收集信息、学习和实验等基础上，开始寻找一种新的行动选择的规则集合——划片承包的制度创新。这种制度创新之所以高效，体现在案例中集体选择机制能够激励个体解决问题，能够将“搭便车”者边缘化，个体参与人也能够从制度中获取信息，能够体会预期成本与收益的差异，由此演化出一个稳定的博弈均衡状态。

三　进一步的讨论：制度演进的两面性

制度变迁相当于博弈从一种均衡向另一种均衡转移，根据制度均衡变化的两种方式，我们可以对上述四个案例做一个分类，如图7－3的象限中，横坐标分为人为设计的制度变迁与自发的制度变迁（分散实验）两类，纵坐标分为制度均衡与非均衡两类。这四个案例的农村用水模式构成了四种制度状态：S县G镇的抽水竞赛代表一种旧制度，旧的秩序受到挑战，但缺乏人们来修正其表征信念；Q县J村用水协会代表一种人为设计的制度不均衡，存在制度的无效率，缺乏制度化的联动和制度互补性；荆门农村划片承包的制度创新代表一种人为设计的制度均衡，具有有效的治理规则；W县鲤陂水利协会代表一种分散的实验所形成的自由演进秩序。通过对这四种制度状态的进一步分析，我们可以勾勒出其制度演进的方式和深层机理。

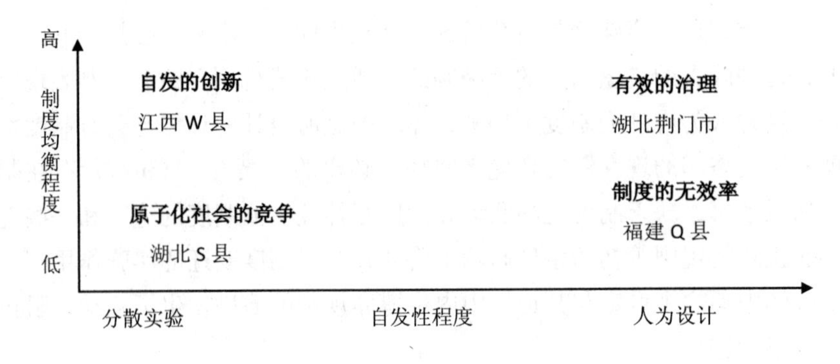

图 7－2　案例村制度演进的分类框架

（一）自生自发的制度演进

灌溉水资源是一种公共物品，是具有进入的非排他性和消费递减性的公共池塘资源。当现存制度无法将“搭便车”者排除在外时，大家都没有节水的激励，而当水资源逐渐减少以致稀缺干旱时，理性的农民在成本与收益的算计中选择了谁也不交费而宁愿自己打井，等着村镇、地方政府出面解决。而村镇政府同样是理性的经济人，由于同千家万户的小农进行谈判和履行协议的成本很高（当个别农民坚持多占利益时尤其如此），即便现存的制度不合理，然而如果建立一项新制度的成本无穷大，或新制度的建立所带来的收益小于其成本，则一项制度的变革就不会发生。所以，尽管有达成一些私下协议的机会，农田水利灌溉的低效率仍可能会长期存在。

S 县 G 镇的用水无序体现出一种原子化社会的竞争，代表一种旧制度，旧的秩序受到挑战，但缺乏人们来修正其表征信念，个体无法预见制度设计的长远收益，没有足够的动力和激励去改变原有的“表征信念”或“先存的心智构念”，集体选择机制不能够激励个体聚焦于解决问题而是寻租和机会主义。几年时间，沙洋县境内农民所打灌溉机井即达天文数字。仅 G 镇，最近 5 年农民打井 7000 口以上，以每口投资 5000 元计，总投资在 3500 万元以上。打井、挖堰等微型水利不仅成本高而且风险大，打井后，往往几年就报废。一口井成本在 5000 元以上，往往只用 3 年就报废了。其次，无法抗大旱，费工费时。最后，抽水竞赛还导致生态环境极度恶化。据当地人讲，随着每年挖的水井越来越多，较浅的水井已经没有水，要继续深挖，越是没有水挖得越深，恶性循环，家家户户起码有两三口井；如此，S县整个地层在不知不觉下陷，存在极大的地质灾害隐患。

鲤陂水利协会的成功代表着一种分散的实验所形成的自由演进秩序。这种自生自发的内在制度包含着大量经过精练和检验的先人智慧。这些内在制度是非正式的，并在社会里不断演化，具有某种灵活性优势——通常有能力根据实践和被认可的情况进一步演变，它们总是经受着共同体成员以分散方式进行的检验。内在制度还有一个连带优势，即它们能被灵活地用于可少量变化的环境，有一种按具体环境定制贴切解释和惩罚措施的能力，是一种能够保持群体整合的“文化黏合剂”。正因为如此，鲤陂水利协会在一百多年的时间里仍旧保持着旺盛的生命力。

对于江西鲤陂水利协会，值得我们思考的是如何使这种自发有序化的人类合作得以长期可持续？协会的成功建立在相对严格的条件之下——排外性和小规模是这类网络中的内在制度发挥作用的必要条件。这种村落共同体的内聚性本质明显：①具有明确而稳定的边界；②具有很强的封闭性，存在明显的“排外”现象；③具有高度的集体认同感和高于个人层次的集体生存利益；④内部具有较密切的互动关系，存在集体的行动和仪式，并有道义的权威中心，整个村落是一个封闭的结构。而在现代社会，陌生人之间建立交易关系和信任关系正在从依靠共同体和习俗型信任向依靠规则和契约型信任转变。在这种转变的过程中，人与人之间的关系正在由共同认知的规则所调整，法律与第三方实施契约成为促进人与人之间交易的主要机制。因此，非人际关系化交换是政治稳定以及获取现代技术的潜在经济收益所必需的。“产生人情关系的制度框架在演化中既不能带来政治的稳定，也不能使现代技术的潜力得到持续的发挥。”（North，2005）因此，W县这类具有高的群体意识和丰富社会资本的村庄面临的挑战是，如何在环境变化的情况下达成制度均衡的稳定状态（制度代表了整个时期实际上重复参与博弈的行为人的战略互动过程的一种稳定状态），使成功的自主治理能够契合现代社会的非人际关系化交换结构，实现长期可持续的效率改进。

（二）人为设计的制度演进

如果市场是不完全的，信息回馈又是断断续续的，并且在交易费用十分显著的情况下，被不完美信息回馈与意识形态所修改了的行为人的主观模型就将形塑制度变迁的路径。这样，不仅不同的路径会出现，低绩效的制度安排也会长期驻存。

在J村的案例中，灌溉水资源价格体系无法建立，存在无序浪费的普遍现象；农田灌溉又面临水资源短缺、粮食减产的困境。长久以来，用水户原有的心智模式（认为水利是政府的事）、资源使用方式（水资源浪费、灌溉效率极低）等已经形成了一定的“路径依赖”。税费改革前，种地税费负担重，一方面，水费交不起，灌溉水资源不足，种地又没什么钱，干脆抛荒不种；另一方面，既然村镇收了税费，田地缺水村里总要解决。税费改革后，农民更加认为，水费没有理由收取。人们不愿意为未来投资，看不见水利设施建设的长期回报，更愿意收获打工带来的短期利益，这就使得村民的行为预期短期化，行动的贴现率比较高。

即使用水户愿意交水费，通过用水协会统一管理水利的运营和管护，用水协会也将面临较高的信息成本、转换成本和实施成本。客观上，由于各行政村原来都是以村民小组为组织单位，按行政边界组建用水协会与按水文边界组建相比，更具有便利性。然而这样下来，各家使用的不一定是相同水系的水，即使是水源来自相同的水系，或同一个水库，一条渠道下来要灌十几户人，在人均耕地面积一亩三分地、地块分散、地势又多山地丘陵的Q县，水资源分配不均、水费收取难以做到完全公平在所难免，这样势必引致农户的不满，从而增加村民为一点点小利而蔑视村庄舆论的可能性。这一切降低了人们相互间的预期，增加了合作的困难。用水协会无法提供一套相对有效的惩罚机制，可以在某些方面将那些不合作者边缘化，从而改变村中大多数人的合作预期。在水价为零的情况下，其更没有动力去改变现存的制度安排。

政府自身也是博弈的一个战略行为人，各利益相关者对他们所进行的博弈结构有个人的主观判断（主观博弈模型）。当农田水利收入的边际效益降低，越来越多的村民依靠外出打工的收入时，个体对农田水利的现状与制度变革的关注度就会降低。农户外出打工越多，不交水费的越多，打井用水泵抽水的也就越多，用水协会也越收不上水费，协会一切事务就更无法有效开展，形同虚设。当政府推动的制度设计与现存制度环境之间缺乏必要的契合时，这类城镇化水平较高、人员流动性大的村庄就会缺乏制度化的联动和制度互补性，呈现出制度不均衡的状态。

从荆门的案例可以看出，个体参与人不仅受人为设计制度的约束（划片承包改革离不开村两委、地方政府的组织与动员），而且也能从制度中获取信息。通过双冢村提供的促成参与人行动选择的公共信息，划片承包的新制度充当了一种协调参与人在所处环境下进行行动选择的机制，为参与人在交易与获利的方向上合作和培养个人能力充当了一种激励机制。因此，通过向双冢村的最佳实践学习，其他参与人就可以察觉到存在一个“更好的均衡”，在预期可见的长远收益后，他们会积极行动以产生新的均衡点。可以说，这是一种诱致性的制度变迁，即微观主体为了获取在既定制度中无法实现的潜在利润而实施制度创新或者自上而下地推动制度创新的过程，这具体表现为：

第一，改革主体来自基层。正是基层农户、村组织看到了划片承包的潜在利润，而提出了相应的制度需求。这些行为人是新制度的需求者，也是制度安排的推动者和创新者。基层的主体属于诺思所说的初级行动主体，初级行动主体的需求创新能否成功，还需要次级行动主体的配合和认可。第二，改革程序自下而上。处于基层的行为主体最先认识和发现体制外的潜在利润，从而产生制度需求，自下而上扩散和传播。当基层政府发现这种制度的利润可观时，就推动或影响上级政府，上级政府也以同样的方式影响它的上级政府，直至决策者将这些体制外的创新纳入体制内，即制度化。第三，改革的路径是渐进的，诱致性制度变迁采取的是非暴力非突发式的，是一种需求试探性质的，基层行动主体将自己的需求逐步向外扩散、向上传播，从而在社会范围内形成更大的制度需求，直到决策者看到这种制度创新的收益大于成本时，就会将这种创新制度化，完成诱致性制度创新。这种制度创新不是将所有的制度全部安排好，而是根据制度的需求和各村的具体情况，渐进地进行和推广的。

从以上分析可以看出，由于诱致性制度变迁来自基层的初级行动者，受制度框架和制度边界的约束，能否成功还要受制于次级行动主体的配合和认可。如果次级行动者对预期制度创新的预期收益小于预期成本，则制度变迁只能停留在需求层次，而不会形成真正的制度变迁。可以说，诱致性制度变迁就是初级行动者与次级行动者的利益博弈过程。变迁过程的双重阶段性决定了初级行动者不能完全解决制度的创新问题，特别是涉及既得利益集团、决策者、次级行动者利益的制度安排时尤其如此。要实现制度均衡，还需要有更高层次次级行动主体的组织与配合。

四　结论：对制度演进路径的重新设计

如前所述，制度创新有两种演进模式——自发演进与人为推进，这两种模式既可能达成新的均衡，也可能被阻塞在“低效的陷阱”中。对于我们来说，有效的制度创新必须结合两个模式各自的优点，即人为设计的制度模式必须考虑社会现实的约束，使参与人通过改变共有信念来察觉到可能存在的“更好的均衡”，推动制度的内生化发展；而自发演进的制度模式一旦与社会现实不相容，就需要政府或者其他行为主体作为博弈的一个战略行为人，诱导参与人有意识或无意识地去重新评价和修正他们行动的主观集合以及行动的规则，进而产生新的均衡战略。

结合上述思路，我们可以重新设计一种基于内生博弈的阶梯式制度演进模型，这个模型强调，无论是分散实验还是人为设计，制度的演进都应该引入一个“反向”的努力——重视另外一种模式的优点，在改变参与者的共有信念基础上，匹配制度环境，形成一个富有多样性的整体制度并达成新的均衡形式。

结合这个模式，我们可以形成以下关于制度演进的结论：在预期成

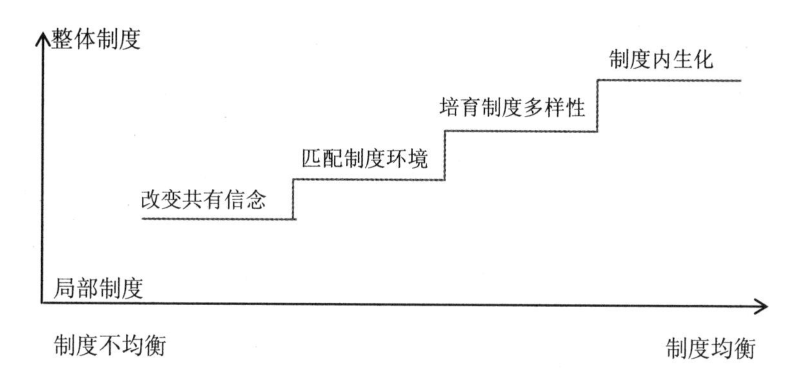

图7－3　阶梯式的制度演进模型

本和收益出现差异导致制度不均衡的局面下，要形成一个新的均衡点，我们首先要让个体获得关于制度设计的足够信息与知识，改变其共有信念，形成新的主观博弈结构；其次，要使所生成或所设计的制度与社会现实相契合，形成制度化的联动与制度的互补；再次，要重视和鼓励基于地方知识的多样性制度，培育较高的群体意识和丰富社会资本；最后，通过参与人重复参与博弈进行持续不断的战略互动，使制度达成均衡的稳定状态。

1. 改变共有信念，寻找新的主观博弈结构

根据博弈均衡的制度分析途径，制度是参与人关于博弈重复进行的方式的共有信念系统。在初始政治域，必须有超过临界规模的参与人修改对于域内部结构和外部环境的认知与信念，并以分散化或相互协调的方式联合采取新策略，这样才能导致新均衡序列的出现。在沙洋县高阳镇这类原子化村庄，无序的恶性竞争已经破坏了互利互惠的主观信念。要重构这一类农村的水利基础设施制度，就首先要使各利益主体改变旧有的信念，寻找新的主观博弈模型。为此，我们必须引入人为制度设计模式的要素，使他们获得关于制度创新的足够的信息与知识，如提示其他区域的成功做法，让他们预见制度设计的长远收益，并知道这些长远的集体效益与他们个体的利益是联系在一起的，激励他们设计一种新的集体选择机制来聚焦于解决问题而不是寻租和

机会主义。

2. 匹配制度环境，促进制度耦合

各种制度之间是相互关联和互补的，制度不仅存在共时关联，还存在历时关联。制度的演进机制是重复嵌入和相互捆绑的，这说明在制度的演化中“蝴蝶效应”和“棘轮效应”是广泛存在的。[①] 制度的互补性，要求制度转型必须具备连续性和协调性，从而决定制度系统中的各项制度安排必须相互兼容才能具有“适应性效率”。这意味着，移植过来的外部制度与旧有的内部制度需要在运行过程中实现耦合。只有相互一致和相互支持的制度安排才是富有生命力和可维系的。否则，从外部移植的制度很可能出现被排斥的现象。福建J村用水协会的案例表明，我国目前出现的缺乏资金、水费收缴困难、参与程度低等问题，并不是用水协会本身带来的，而是与长期的管理体制和制度、社会传统、经济发展水平及积年的水利欠账等都有关系。因此，制度变迁的有效性在很大程度上取决于外来制度与旧有的内部制度是否形成关联性互补的关系。要使用水协会这种制度“移植”能够成功，灌溉管理制度改革需要整体推进。当全面推行建立农民用水协会的改革陷入瓶颈即制度不均衡出现时，相关制度安排（如水资源产权改革、农村水利专项基金投融资体系、农村基层民主管理与人才培育等）必须做出新的变革，而不能继续回避问题或局部改良。

3. 制订有效的治理规则，尊重和培育制度的多样性

制度的博弈均衡观认为，由于均衡存在着多重性、次优性和惰性，即使面对相同的技术知识并联结于相同的市场，不同国家或地区的制度安排也会出现差异。同时，由于总体均衡与局部均衡是不一样的，在一个总体均衡下，不同局部的均衡有不同的解。因此，在现实生活中，同样一种制度在不同的地区有不同的形式，主要是因为各地的历史、政治和社会因素的不同。在证明特定博弈模型存在多重均衡的可能性的情况下，可以根据相应的历史经验资料，确定在特定经济中重要的历史、政

① “棘轮效应”是指制度变迁中的增强效应和报酬递增效应，“蝴蝶效应”是指制度变迁中的路径依赖效应，初始条件的微小差异会导致制度演化结果的巨大差异。

治和社会因素，依靠这些因素从众多的均衡中选出合理的均衡，而依据不同的因素其选择出来的均衡是不同的，这也就是制度多样性的原因。因此，应当重视和鼓励这种实地经验演进出来的多样性制度，在观察其运行效果的同时，为其提供一定的信息与智力支持。当确定此种新制度的创新能够为村民带来预期收益，转变原有低效的制度设计时，作为次级行动主体的政府机构就应该予以配合和认可，将这些体制外的创新纳入体制内，即制度化。例如，荆门"划片承包"制度创新，只要政府尊重这种原创的治理规则，允许农户在村庄内部、村民小组之间进行合理的土地调整，就可以在不改变宏观制度结构的情况下实现土地种植的优化配置，提高水资源的灌溉效率。

4. 促进制度的内生化，达成新的均衡

以往的制度定义都把制度看成一个静止的和控制人行为的习惯和规则，而博弈均衡的制度观从博弈的动态演化的角度定义制度，认为制度是关于博弈重复进行的主要方式的共有信念的自我维系系统，因此制度的形成首先来自自发秩序，自发秩序是基础，是元制度；而人为秩序是派生的，是一种对自发秩序的修正。自发秩序是人为秩序的根基，人为秩序的制订不是随意的，它必须和自发秩序相一致，才能实现制度创新的稳定性。而要促进制度的内生化，必须推动用水者和相关组织由依赖向自治发展。例如，鲤陂水利协会之所以能够经历130多年而不衰，一个关键原因就是协会的自主性运作。协会是典型的农民自治组织，实行民主管理制度，大事召开会议决定，日常的管理工作由协会成员协商解决。可以说，这种朴素的、内化为一种习俗与信念的自主管理秩序，是协会良性运行并发挥作用的重要保障。

总之，制度演进不可能是一次博弈下完美演绎的结果，而是沿着点状均衡（punctuated equilibria）的道路累积性发展，并充满着路径依赖和创新。我们不可能找到一种完美的、适合大面积推广的制度，以便让绝大多数人享受这种完美制度带来的福利。只有回到导致制度不均衡的原点，重新考虑参与者的主观信念、相关制度的"叠带联动"（overlapping linkages）和相互强化、重复参与博弈行为人的战略互动，我们才可能为新制度的建立创造出一种契机，使社会以最有效的方式实现利益优化。

第四节　厦门市翔安区灌溉用水收费对农户用水行为的影响
——以东园、茂林、陈坂、大宅、尾头下、西林为例[①]

水价作为水资源管理的有效经济手段，在一定程度上反映了水资源的商品性和稀缺性，同时水价的收费水平也在调节农户用水行为方面发挥着重要的作用。本节基于对厦门市翔安区东园、茂林、陈坂、大宅、尾头下、西林6个案例村的实地调查，探讨农业灌溉用水收费对农户用水行为变化的影响。本书分析了水费在农户生产成本中的比重，灌溉水收费后农户在灌溉水用水量、灌溉方式和种植结构方面的行为变化，以及农户对灌溉水价的心理价位、承受上限，并提出关于水费收取形式、水价制订以及灌区水资源管理的政策性建议。

一　厦门市翔安区灌溉水资源概况

翔安区是2003年厦门市行政区划调整后新设立的一个区，是厦门市最年轻的行政区。全区户籍人口42万人，现辖四个镇（新店、马巷、内厝、新圩），一个街道（大嶝街道）和一个农场（大帽山农场）。区内地势平坦，全区陆域面积411平方千米。翔安区属于亚热带气候，全年气候温和多雨，翔安区年均降水量为1243.1毫米[②]，由于气候、地形等因素的影响，翔安区降水在空间上分布不均匀，翔安北部的山区为降水高值区，沿海一带为低值区。翔安区淡水水资源总量为1.286亿立方米，其中地表水资源总量1.234亿立方米，地下水资源总量为0.329亿立方米（重复计算量为0.277亿立方米）。

如图7-4所示，翔安区地表水资源总量位于厦门市第三位，且年

---

① 本案例报告由作者指导学生郑宏元完成实地调查和数据统计，并撰写初稿。

② 厦门市翔安区人民政府网：http：//www. xiangan. gov. cn/。

降雨量相对稳定，每年实际降水量与多年平均降雨量差值不大。区内河流短促，水系呈枝状，地表水存在形式主要为溪水和水库水。翔安当前拥有九溪、东溪、曾溪水库、古宅水库、西浦水库、芦青水库六大主要灌区，灌溉面积17.6万亩，农业灌溉用水供应量为0.4157亿立方米，占总供应水量的42.57%[①]，为所有产业中用水量最高。由于大部分地区农业机械化水平较低，主要灌溉方式为传统的漫灌和喷灌。

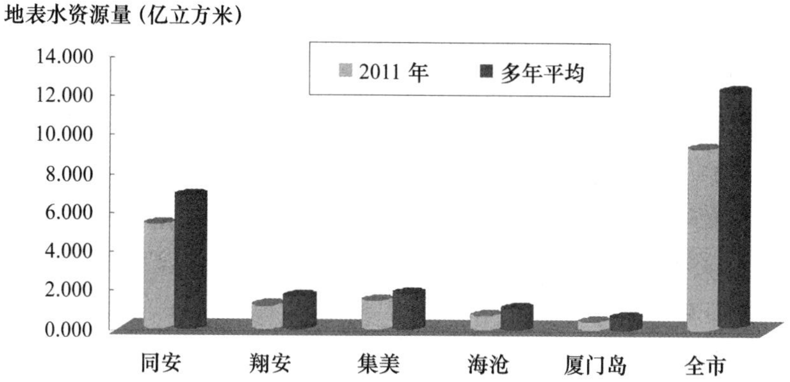

图7－4　2011年各单元地表水资源量与多年平均值比较

案例点位于翔安区南部新店镇，属于九溪灌溉区，是翔安区内灌溉面积最大、灌溉流域最长的灌溉区。

如图7－5所示，九溪为厦门市本地溪流中四大溪流之一，其地表水资源总量为0.326亿立方米，约占全市地表水资源总量的3.55%，位于全市淡水溪流第三位[②]，是九溪灌溉区最主要的灌溉水来源。调查点涉及东园村、茂林村、陈坂村、大宅村、尾头下村、西林村六个村子，现有耕地面积47436亩，其中水田11591亩，占24.4%；旱地35845亩，占75.6%，是翔安区当前农业灌溉用水供应与实际需求量差

① 《厦门市水资源公报2011》，厦门市水利局，2012年8月。
② 同上。

值最大的灌溉区。调查点从事第一产业的劳动力23488人，占总劳动力的49.2%，务农比例位于厦门市第二位。农业种植结构具有当地特色，有蔬菜、水果、水产三大主导产业，其中特色蔬菜——胡萝卜是支柱产业，年种植面积2万多亩。2004年全年粮食总产14059吨，水产品总产16671吨，蔬菜总产116279吨，是保障厦门市粮食供应的极其重要的生产基地。

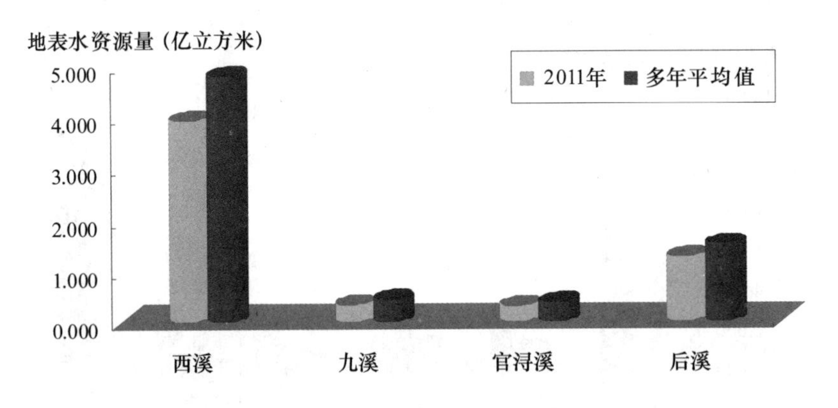

图7-5　2011年主要河流地表水资源量与多年平均值比较

二　调查点的选取、调查方式及基本内容

本节选取翔安区九溪灌溉区具有代表意义的六个村庄。其中大宅村和西林村位于九溪上游，人均耕地面积相对较多，西林村的蔬菜种植面积达到80%以上，是典型的蔬菜种植村，而大宅村是厦门市有名的火龙果种植村，这两个村庄40岁以上外出务工的农户比例较低，灌溉水需求量大；尾头下村和陈坂村，位于九溪中游，人均耕地面积同样相对较多，但是耕地种植面积适中，40岁以上外出务工的农户比例适中，灌溉水需求量适中；而茂林村和东园村位于九溪下游，因为靠近海边，人均耕地面积相对较少，且由于厦大翔安校区的建设征收了部分土地，实际耕地种植面积较少，灌溉水需求量少，外出务工的农户比例较高，属于典型的劳务输出村，这6个村子具有较强的代表性，对说明本节主旨具有重要作用。

本节数据来源以调查问卷的形式通过实地调查得到。调查问卷共计26个问题。调查采用分层抽样法，采取入户调查和田间走访相结合的形式。调查对象的选取比例为专业种植户∶非专业种植户 =1∶1，且专业种植户和非专业种植户中调查对象的男女比例均为1∶1。共发放问卷约200份，由于农民的配合意愿低和农民的认识水平低等因素，回收问卷中只有147份较完整。农民回答完问卷全部问题方为完整有效问卷。在调查时，对农民回答问卷的真实性根据实际摸查情况进行判断，将真实性较高的问卷标记为A类，将真实性较低的问卷标记为B类。在回收的问卷中，根据问卷的完整程度和标记类别每个村庄选取有效问卷20份（当A类有效完整问卷超过20份时，采取随机挑选的方式抽取；当A类有效完整问卷不足20份时，采用B类问卷进行补充，首先排除B类问卷中真实性过低的问卷，再选取回答问题数量最多的问卷进行补充），6个村庄共计120份问卷。

调查的基本内容包括九溪灌区的上游、中游、下游农户的家庭收支情况和农户对灌溉水价收费的反映两部分，前者的目的在于分析翔安九溪灌溉区农户的收入结构及合理水价在农业生产成本中的比重，后者是为了分析灌溉用水收费之后，农户在灌溉用水量、灌溉水方式、种植作物的结构等方面的行为变化。

三　调查的具体情况及分析

（一）农户收入及生产成本分析

在农户家庭的收入情况中，主要调查了农户的年总收入以及农业总收入。由于农户的蔬菜作物种植受当年水文状况、天气情况以及市场价格影响极大，所以同一农户年农业收入不同年份之间变化太大，无法做统计，而且由于2012年厦门市蔬菜市场相对较稳定，台风较少，水文情况相对年均水平较稳定，所以采集农户2012年年总收入和农业总收入数据进行分析。在农户生产资料成本的调查中，并没有考虑农户劳动力投入部分，且生产成本按照单位面积计算。根据实际调查数据分析，如表7－3所示。

表7－3　　九溪流域灌溉农户耕地面积、收入、生产成本对比

地区	村庄	户均耕地面（亩）	务工比例（%）	户均2012年总收入（元）	户均2012年农业收入（元）	平均亩产值（元/亩）	平均亩成产成本（元/亩）	投入产出比（%）
上游	大宅村	3.715	30	86875	84125	21280	9925	46.64
	西林村	4.13	35	55870	48700	11375	5525	48.57
中游	尾头下村	2.835	45	36455	28405	10405	4940	47.48
	陈坂村	2.38	45	33900	24575	9625	4980	51.74
下游	茂林村	2.15	70	39250	19125	7652	3912	51.12
	东园村	1.455	80	24800	10850	7135	3640	51.02

说明：成本中并未将劳动力计算在内。

由表7－3可以看出，农户的耕地面积、外出务工比例、收入和生产成本在同一流域的上游、中游、下游表现出一定的差异性。耕地面积以及总收入按照上游、中游、下游基本呈下降趋势，同样农户的农业收入、亩产值以及亩生产成本也随着地域的变化呈下降趋势，而农户的外出务工比例和投入产出比随着地域变化而呈上升趋势。上游地区土质好，作物产量高，农户的耕地面积越多，农业收入越高。只有以农业生产为主要收入来源的农户才会对农业生产投入更多的精力和资本（许朗、黄莺，2012）。同时亩产值和亩生产成本也会随着耕地面积的增加而增加，这是因为农户的耕地面积越多，农业便会产生规模化效应，更有利于农业资源的整合和效率的提高。而农户的耕地面积越小则小农经济现象越严重，农业生产越粗放，农业收入就会越低，农民外出务工的比例就会越高，种植的种类就会偏少，亩成本就会减少，但是投入产出比就会大幅度上升。

（二）合理水费在农户生产成本中的构成

翔安区作为农业经济比重较大的一个区，农业灌溉用水供应量为0.4157亿立方米，占总供应水量的42.57%（2011年数据），农业灌溉用水供应比重巨大，但是翔安区只实行农村居民自来水供水收费，农业灌溉用水则是完全免费。为了了解水费在农户生产成本以及收入中的构

成，在调查过程中，我们针对当前的水利状况、水资源情况以及农民的收入支出情况，询问农民假设当前对农业灌溉用水进行收费而且按照种植面积收费，当前灌溉水收费的合理水平应该是多少。根据每个农户回答的每亩耕地的灌溉水收费的合理水价，得出每个村庄的合理水价均价，具体情况如表7－4所示。

表7－4　**农户认为的合理水价的收费水平**

地区	村庄	合理水价均价（元/亩）	合理水价均价占户均总收入比例（%）	合理水价均价占户均农业收入比例（%）	合理水价均价占亩产值均值比例（%）	合理水价均价占亩生产成本均值比例（%）
上游	大宅村	77	0.33	0.34	0.36	0.78
	西林村	25.5	0.19	0.22	0.22	0.46
中游	尾头下村	20	0.16	0.20	0.19	0.40
	陈坂村	26.25	0.18	0.25	0.27	0.53
下游	茂林村	17.3	0.09	0.19	0.23	0.44
	东园村	27	0.16	0.36	0.38	0.74

调查发现除了大宅村因为种植火龙果经济效益好，农民普遍较为富有，对合理水价的预期相对其他村落较高之外，其他的几个村落并未因为村落所属流域的差别以及种植面积的不同而在合理水价的绝对量上有大的差异。合理水价在农业总收入以及亩产值之中所占的比例，也并不随着流域的变化而呈现规律性变化。在水费所占亩生产成本的比例中发现，这与实际情况中每个村落的水资源可获得性相关。处于九溪上游的大宅村因为种植火龙果，对灌溉水需求量较大，且九溪上游因为地势比较陡峭，河道较窄所以蓄水量较低，而火龙果的产量又严重地限制于灌溉水的供应量，所以农户对灌溉水收费水平的预期就会相对较高。尾头下、陈坂、西林、茂林则由于更靠近九溪的中游，且九溪中游地势平缓，河道宽而深，蓄水量充足，所以居民对水资源的可获得性较高。而东园村位于九溪流域下游，同时邻近海边，该地灌溉用水都是在满足了

上游、中游的灌溉用水之后才能进行灌溉，而且灌溉效率低，导致灌溉水用量又会增加。同时也与种植结构有关，中上游的土地资源较好，经济效益较高的作物种植面积较多，单位面积收入较高，而下游相反。

（三）影响农户对灌溉水缴费意愿的因素分析

鉴于数据的可获得性，以“耕地面积”“2012 年总收入”“农业收入比重”“性别”“受教育水平”“年龄”“高度缺水”“中度缺水”“缺水”“耕地类型”“灌溉方式”为自变量，以农户是否接受灌溉水收费为因变量，应用 SPSS 20.0 软件，采用 Logit 模型对影响农户用水行为变化的因素进行分析。

表 7－5　　　　**变量的选择与赋值情况**

变量	代码	说明	预期相关性
耕地面积	X_1	反映农户农业经营规模的自变量，以每户的总耕地面积来表示，单位为亩	+
2012 年总收入	X_2	反映农户经济状况的自变量，以农户家庭 2012 年总收入来表示，单位为万元，其中 1 = 1 万—2 万元，2 = 2 万—5 万元，3 = 5 万元以上	+
农业收入比重	X_3	反映农户兼业程度的自变量，以农户农业收入占总收入的比重来表示	−
性别	X_4	反映农户性别的自变量，男性 = 1，女性 = 0	+
受教育水平	X_5	反映农户文化程度的自变量，设为虚拟变量。户主的文化程度分为小学及以下、初中、高中及以上 3 个层次，以小学及以下为对照组，文化程度是初中 = 1，高中及以上 = 2	+
年龄	X_6	反映农户年龄的自变量，设为虚拟变量。农户年龄分为 50 岁以下和 50 岁以上，以 50 岁以下为对照组。农户年龄 50 岁以上 = 1，50 岁以下 = 0	−

续表

变量	代码	说明	预期相关性
高度缺水	X_7	反映农户认为农业灌溉水资源供求现状，设为虚拟变量。以水资源充足为对照组，高度缺水 =1，否则 =0	+
中度缺水	X_8	反映农户认为农业灌溉水资源供求现状，设为虚拟变量。以水资源充足为对照组，中度缺水 =1，否则 =0	+
缺水	X_9	反映农户认为农业灌溉水资源供求现状，设为虚拟变量。以水资源充足为对照组，缺水 =1，否则 =0	+
耕地类型	X_{10}	反映农户耕地的类型，水浇地 =1，旱地 =0	+
灌溉方式	X_{11}	反映农户耕地的灌溉方式，分为漫灌、喷灌、滴灌，设为虚拟变量，以滴灌为对照组，漫灌 =1，喷灌 =2	-

说明：缺水程度主要是依据农民对当前农业水资源供求现状的个人观点。

各变量的统计描述如表 7 -6 所示。

表 7 -6　**变量的统计描述**

变量	最小值	最大值	平均数	标准差
耕地面积（亩）	0. 50	9. 00	2. 7783	2. 3359
2012 年总收入（万元）	0. 60	15. 00	4. 6191	2. 9850
农业收入比重	0. 017	1. 00	0. 7143	0. 3414
性别	0	1. 00	0. 5833	0. 4957
受教育程度	0	2. 00	0. 4333	0. 5769
年龄	0. 00	1. 80	0. 8759	0. 9843
高度缺水	0. 00	1. 00	0. 3917	0. 4909
中度缺水	0. 00	1. 00	0. 2667	0. 4453
缺水	0. 00	1. 00	0. 1583	0. 3678
耕地类型	0. 00	1. 00	0. 2083	0. 4091
灌溉方式	0. 00	2. 00	1. 9083	0. 2786

根据前面的分析，以农户是否接受灌溉水收费为因变量，假定农户接受灌溉水收费的意愿模型如下：

$$\mathrm{Ln}\frac{P_i}{1-P_i}=B_0+\sum_{i=1}^{n}B_iX_i \qquad 公式（7-1）$$

在公式（7-1）中，P_i 为农户接受灌溉水收费的概率(采用 = 1,不采用 = 0),X_i 表示第 i 个影响因素,B_i 表示第 i 个影响因素的回归系数，B_0 表示回归方程的常数。

本节采用 Enter，全部变量进入回归分析，结果如表 7-7 所示。

表 7-7　　　**影响农户接受灌溉水收费的影响因素**

	系数	标准误	Wald 值	显著水平	Exp（B）
耕地面积	0.027**	0.008	4.326	0.041	1.033
2012 年总收入	0.038	0.142	0.092	0.755	0.946
农业收入比重	0.425	0.326	1.486	0.327	0.765
性别	0.040	0.146	0.059	0.081	1.032
受教育程度	0.554*	0.132	2.672	0.021	1.663
年龄	0.028	0.046	0.542	0.540	0.946
高度缺水	0.340	0.211	2.577	0.113	1.513
中度缺水	0.465	0.193	6.011	0.016	1.635
缺水	0.421	0.169	4.667	0.033	1.571
耕地类型	0.046	0.186	0.075	0.684	1.063
灌溉方式	0.665	0.152	6.227	0.047	1.311
χ^2			171.235		
-2 对数似然值			1109.853		
自由度			20		
显著水平			0.0		

说明：**、*分别表示 5%、10% 的显著水平。

从表 7-7 中可以看出：“性别”“受教育程度”“中度缺水”“缺水”“灌溉方式”对农户接受农业灌溉用水收费有显著的正向作用；而

农户耕地面积对农户接受农业灌溉水收费有显著的负向作用。具体而言，相对于下游耕种面积较小的村子，上游耕种面积较大的农户更拒绝接受农业灌溉用水收费，耕种面积越大，农民的生产就越具规模性，对生产资料和水资源的需求度就会越高，预期缴纳水费的绝对量就会越大；2012 年总收入越高的农民越趋于接受灌溉水收费，而在收入结构中农业收入比重越大则越拒绝灌溉用水收费；调查对象如果是男性，则更加趋于接受灌溉用水收费；相对于小学及以下学历，户主如果是初中或者高中毕业则更加愿意接受农业灌溉水收费；而农户的年龄越大则越反对农业灌溉水收费；在水资源获取的难易程度上，水资源供求越是失衡越有利于灌溉水收费的推广；农民的耕地如果是水浇地，则农户更愿意接受灌溉水收费；农户浇水灌溉的方式如果以喷灌、滴灌等节水方式进行，农户则更加愿意接受农业灌溉水收费。

（四）农民接受与拒绝灌溉水收费的原因分析

在调查问卷的设计中，我们预先设置了农民是否愿意接受灌溉水收费的直接性询问问题，并根据农民的收费意愿来回答接受和反对收费的原因。在选取的 120 份调查问卷中，具体统计情况如图 7－6、图 7－7 所示。

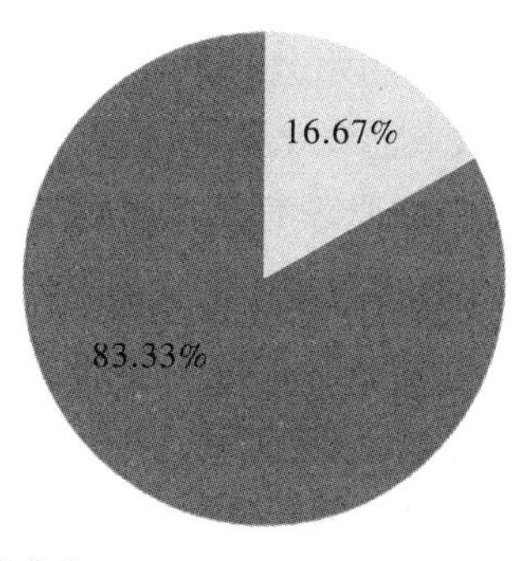

图 7－6　接受与拒绝灌溉水收费的农民比例

接受农业灌溉用水收费的只有 20 人，占总调查对象的 16.67%，其中，在收入结构单一即收入全部来自务农的农民中，占比为 8.33%，

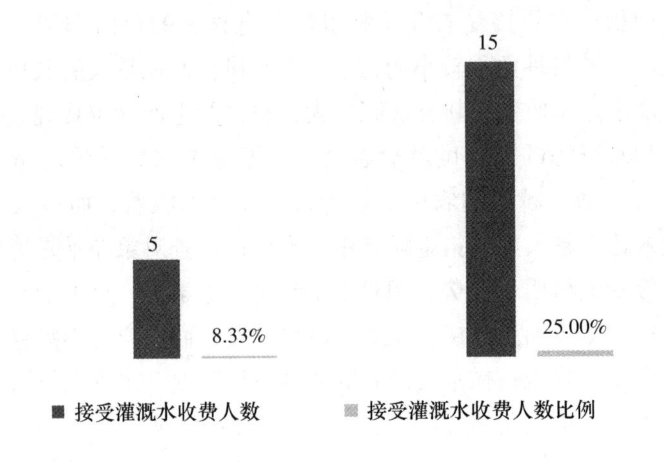

图 7－7　接受灌溉水收费的农民在不同收入结构农民中的分布

在收入结构多元化的农民中占 25%。由此可以看出当前情况下农民接受灌溉水用水收费的意愿很低，尤其是家庭收入中农业收入比重较大的农民家庭。

我们针对农户接受灌溉水收费的原因，共设置了三个问题：A. 农业灌溉水是一种稀缺资源，收费可以节约水资源；B. 农业灌溉用水收费可以降低用水竞争，增加用水公平；C. 农业灌溉用水收费可以更好进行水利建设。在接受农业灌溉水收费的农户中，出人意料的是没有农民选择 A 选项，这跟农民的受教育程度和政府的宣传力度有关系。在翔安区调查过程中，我们发现年龄低于 40 岁的务农农民只有 10%，超过 43. 33% 的农民都在 50 岁以上，而且 60. 33% 的农民文化程度都在小学甚至小学以下，农民普遍不了解甚至根本不了解资源稀缺性的概念与意义。其次，我们在调查中发现，政府并没有在基层村庄内部开展类似节水灌溉之类的宣传和科技宣讲活动。在接受灌溉水用水收费的农民中，有 35% 的农民选择了 B 选项，这部分农民认为只有对灌溉水进行收费，可以使不需要依靠务农为家庭收入的农户减少自留地的种植面积甚至放弃种植，从而使收入结构单一的农民有更多的水资源进行灌溉。同时在接受灌溉水用水收费的农民中，有 70% 的农民选择了 C 选项，这部分农户认为灌溉水收费可以用于改善农村落后的水利设施。

在反对灌溉水收费的原因中，我们共设置了四个选项：A. 农业灌溉水是公共资源，不应收费；B. 农业灌溉用水收费会增加生产成本，减少农民收入；C. 农民是低收入群体，农业灌溉用水收费会减小农民生存竞争力；D. 农村水利设施落后，不应该收费。在反对收费的农户中，有34.8%的农户选择了A选项，由于缺水情况较为严重的村子如东园村，普遍采用打井灌溉，通常在菜地的附近，几户农民会集资共同打一口机井，井水为大家共同所有，这部分农户认为政府再进行收费欠缺正当理由。有75%和83.33%的农民选择了B选项、C选项，调查农户对农民是弱势群体的观念根深蒂固，认为农民应该是国家首要照顾和扶持的对象，并不应该再增加农户的生产成本。有95.83%的农户认为当前农村水利设施过于落后，国家的政策并没有具体落实到基层中去，据农民描述上一次翔安实行大规模的农田水利建设是在20世纪90年代初，当前的水利设施已经远远落后于当前的水利需求。同时在调查过程中我们发现，有部分农民反对翔安区灌溉水收费的原因是政府缺乏公信力，上交水费由于腐败等原因，并不能落实到与农民相关的水利设施建设中去。

（五）灌溉水收费后农户的用水量变化

由于当前翔安区并未对农业灌溉用水进行收费，为了探讨农户在灌溉水收费之后对农户用水量以及种植结构的影响，所以在调查时假设当前九溪流域进行农业灌溉用水收费，收费水平待定。统计的农户用水量变化、是否采用节水灌溉技术以及农民认为的合理收费方式如图7－8所示。

由图7－8可以看出，在调查对象中有40%的农民表示在实行灌溉水收费制度之后会减少当前的灌溉水用量，其中有63.33%的人是收入结构多元化的农户，主要原因是节约生产成本；并没有农户表示在灌溉水收费制度之后会增加农业灌溉用水量；有60%的农户表示即使实行灌溉水收费制度，也不会减少农业灌溉用水量，其中有83.33%的人属于收入结构单一的农户，即菜农。他们表示即使灌溉水收费，蔬菜生长成熟的需水量是不变的，供水量也是随着每年的水文状况以及种植作物种类变化而变化，如果人为地减少供水量，则蔬菜的产量将会受到剧烈

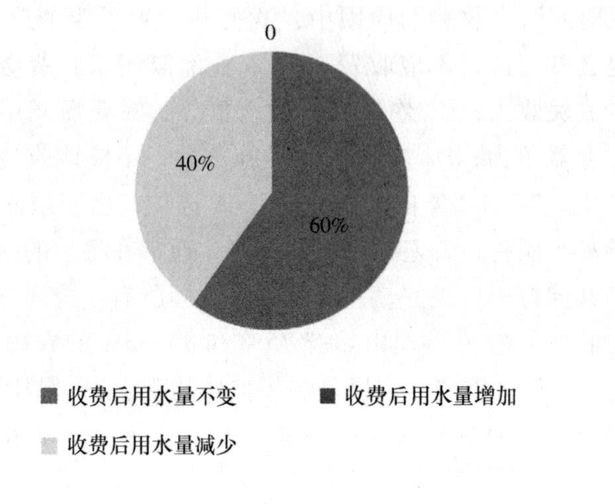

图 7－8　灌溉用水收费后农户用水量变化

的影响，会大幅度减少经济收入，所以即使收费也不会减少供水量。

同时在分析中我们发现，假定实行农业灌溉水收费的政策之后，只有 7.50% 的农户会采用节水灌溉技术，主要集中在收入结构单一的菜农里，尤其是西林村和大宅村这两个种植面积比例最大的村。其中大宅村的火龙果种植技术已经相当成熟，部分果田便是采用滴灌的形式进行灌溉，更容易接受节水灌溉技术。农户不接受节水灌溉的原因主要有：①农民认为节水灌溉设施成本高，会大幅度增加生产成本；②没有专业的技术指导和技术培训，就农民个体而言并不会主动去学习节水灌溉技术；③农民的信息来源渠道窄，改变耕种方式的意愿低。

（六）农户接受的灌溉水收费方式

分析实行灌溉用水收费政策时，农户更容易接受何种收费方式。统计结果如图 7－9 所示。

有 45% 的农户选择按照种植面积进行收费，有 50% 的农户选择按照用水量进行收费，只有 5% 的农户选择按照亩产值进行收费。在收入结构单一的菜农中，由于种植面积普遍较大，而且每个菜农的用水量会因为耕地的种类、水资源获取的难易程度以及播种的种类有较大的差异，所以菜农更偏向于按照用水量进行收费；在农业收入只占全部收入

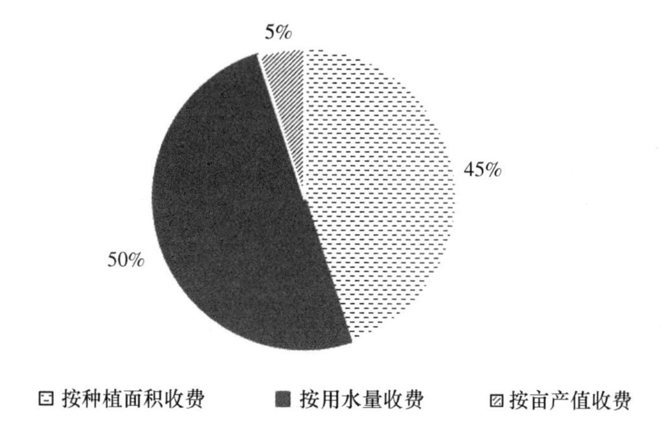

图7-9　农户认为合理的灌溉水收费方式

一部分的农民中，则更偏向于按照种植面积进行收费，因为这部分农民种植面积较少，所以认为按照面积进行收费会更有利。

（七）灌溉水合理水价、水价上限以及临界水价统计分析

表7-8反映的是假定当前翔安九溪灌溉区实行农业灌溉用水收费且按照种植面积收费，灌溉水价收费水平在农户生产成本和收入中的构成。可以看出，农户所认为的合理水价即灌溉水收费水平占年总收入的比例最高为大宅村的0.33%，最低为茂林村的0.09%，均未超过年总收入的0.5%，这主要是因为农户拒绝接受灌溉水收费的比例较大。而且从农户认为的收费水平的绝对量上来看，最高为大宅村的77元/亩，最低为茂林村的17.3元/亩，除了大宅村之外，剩下五个村庄在收费水平的绝对量上并无太大差别。

表7-8　　农户对灌溉水水价接受上限的统计

地区	村庄	水价上限值（元）	水价上限占总收入比例（%）	水价上限占农业收入比例（%）	水价上限占亩产值比（%）	水价上限占亩成本比值（%）
上游	大宅村	310	1.33	1.37	1.46	3.12
	西林村	240	1.77	2.04	2.11	4.34

续表

地区	村庄	水价上限值（元）	水价上限占总收入比例（%）	水价上限占农业收入比例（%）	水价上限占亩产值比（%）	水价上限占亩成本比值（%）
中游	尾头下村	134	1.04	1.34	1.29	2.71
	陈坂村	124	0.87	1.20	1.29	2.49
下游	茂林村	115	0.63	1.29	1.50	2.94
	东园村	79.5	0.47	1.07	1.11	2.18

在表7－8中，我们可以看到农户对当前灌溉水水价上限的绝对量按照上游、中游、下游呈现下降趋势，且不同的村庄之间水价上限的差值较大。农户的年总收入同水价上限值呈相同趋势变化，收入较高的农民对灌溉水收费上限的接受值越大。同时由表中可以看出，水价上限在亩生产成本中的比重要远远高于合理水价在亩生产成本中的比重。

同时在调查时，我们设计了问题：当农业灌溉水水费为多少元每亩时，农户会改变其种植结构，此时的灌溉水收费水平为临界水价。改变种植结构包括增加低耗水作物的种植，减少高耗水作物的种植，或者农户直接放弃耕地的种植，如表7－9所示。

表7－9　　**影响农户种植结构的临界水价的统计**

地区	村庄	临界水价均值（元）	临界水价占户均总收入比例（%）	临界水价占户均农业收入比例（%）	临界水价占村均亩产值比例（%）	临界水价占村均亩生产成本比例（%）
上游	大宅村	214	0.92	0.95	1.01	2.16
	西林村	162.5	1.20	1.38	1.43	2.94
中游	尾头下村	106.5	0.83	1.06	1.02	2.16
	陈坂村	118	0.83	1.14	1.23	2.37
下游	茂林村	127.5	0.70	1.43	1.67	3.26
	东园村	70	0.41	0.94	0.98	1.92

不同种植结构的农户，对灌溉用水收费水平的接受程度并不随着九溪流域的地域变化而变化，而是跟随各个村庄的实际种植情况而变化。比如大宅村采用火龙果与花生、辣椒等低生长结构的作物一起进行套种，每年花生、辣椒的收益可以填补部分火龙果的肥料投入，如果平均每亩水费超过 214 元/年，大宅村的村民将因为生产成本的大幅度提高而放弃花生以及辣椒的种植，转而种植经济效益更高的土豆；而在东园村，由于务工比例较高，当灌溉水收费水平达到平均每亩 70 元时，农民会觉得生产成本过高而放弃耕种。

四　当前翔安区灌溉水资源管理存在的问题

通过对调查数据的分析可知，随着当前农业结构的调整，农民的种植结构愈加趋于专业化和单一化，农民的收入在逐年提高，但是厦门翔安区的农民人数逐年递减，农民的老龄化严重，教育程度仍旧偏低，所以对于实行农业灌溉用水收费制度，相当抵触。如何缓解翔安区紧张的农业灌溉用水，还有很长一段路要走。在调查中发现，翔安区关于灌溉水资源的管理方面存在着诸多问题。

第一，灌溉水资源的管理在政策、法规和规章制度上的建设相对落后。厦门市截至 2012 年 6 月 1 日之前关于水资源管理的法规一直沿用 1995 年 12 月 29 日厦门市人民政府令第 28 号公布、1997 年 12 月 29 日厦门市人民政府令第 69 号修正的《厦门市水资源管理规定》，这项法规早已经不符合厦门市的实际发展情况和当前厦门市城乡发展对于水资源的需求①。而 2012 年 6 月公布的《厦门经济特区水资源管理条例》，在灌溉水资源管理方面也只是刚刚起步而已，该项规定对于如何运用经济政策鼓励和调动农民节约水资源的积极性（刘红梅等，2008），对于发展节水农业和推广节水灌溉有何种政策扶持保护，对于粗放型灌溉用水有何种约束机制等并没有做出明确的规定和要求，并不能适应市场经济的要求。

第二，水资源监管困难，水利建设中非工程措施不完善。政府对水

① 《厦门市水利发展十二五规划报告》，厦门市水利局，2011 年 1 月。

资源的监管没有形成合力，难以有效进行，存在重建轻管，重工程措施、轻非工程措施，重效益、轻环境，重建设、轻生态，重眼前利益、轻长远利益的思想。对此，实行水资源有偿使用和取水许可制度，将主要控制性指标纳入经济社会综合发展评价体系是发展的必经途径[①]，但是在厦门市水资源费征收依据、标准中，并未将农业灌溉用水列入收费项目，更未对农业灌溉用水制订征收标准。厦门市水利局明文规定水资源的开发、利用应当严格控制开发地下水，优先使用地表水，合理配置区域外调入水，鼓励循环用水和开发、利用再生水。但是在翔安农业灌溉区，比如东园村，属于极度缺水的村庄，由于机井取水便捷，农户总是就近优先使用邻近耕地的机井井水，而放弃使用位置相对较远的池塘地表水。对此，虽然《厦门经济特区水资源管理条例》中有相应的处罚措施，但是农民的耕种机动性过强，相关水利农林部门也睁一只眼闭一只眼，并没有设置专门的监督服务机构。

第三，农村水利基础设施薄弱。截至2010年底，厦门市3.68万亩农田没有灌溉设施或配套设施不全[②]。农田灌溉设施绝大多数是20世纪70年代以前兴建，标准低，建筑物老化严重，不少工程已是带病运行，保证率不高，抗旱能力不足。2007年秋冬季、2009年春季、秋季三次出现旱情，受旱面积达数万亩，凸显水利基础设施的薄弱。农村防洪排涝设施标准偏低，河道淤积严重、引排不畅、没有进行有效治理；水库水闸安全隐患仍然突出，除险加固任务艰巨；水利设施滞后仍然是基础设施建设的薄弱环节，也与城乡统筹发展、岛内外一体化建设不相适应。

第四，农田灌溉水利工程资金投入不足。当前厦门市的发展规划是以实现“五个翻番”“打造五个厦门”“实现四个跨越”为指导思想，翔安区也将从经济弱区向经济发展较快的行政区转变，从传统农业区向制造业为主的工业区转变。尤其是翔安隧道开通之后，翔安抓紧城乡一体化建设步伐，对农业的关注重心逐渐下移，对农田水利建设资金的投

① 《厦门经济特区水资源条例》，厦门市水利局，2011年11月。

② 《厦门市水利发展十二五规划报告》，厦门市水利局，2011年1月。

入更是少之又少，导致政府对翔安区农村的水利规划与当前农民的水利需求状况产生相当大的落差。

第五，农户对水资源的价值认识不到位。翔安区农业用水还是一种粗放方式，农村漫灌的粗放型灌溉方式造成水资源的严重浪费，进一步加剧了水资源的紧缺。因此应从微观层面对农户的用水行为进行科学的宣传引导，让农户意识到水资源的紧缺现状和他们的灌溉用水行为紧密相关，应进一步推广节水灌溉技术及培养农户的节水意识。

五　翔安区灌溉水资源管理改进的政策建议

农户对水是商品的认识不足，农村水利基础设施薄弱，资金短缺及缺乏政府良好的水利监管政策和制度等，加剧了翔安区农业灌溉用水的紧张趋势，进而成为实行农业灌溉用水收费制度的重要瓶颈。因此，对翔安区灌溉水资源的管理可以从以下几方面进行。

（1）应确立农业灌溉用水收费制度，从政策上规范农业灌溉用水管理。应该在新的《水资源管理条例》中明确提出农业灌溉用水收费和取水许可制度，并参照其他省市灌溉区的收费标准以及翔安区农村的实际情况制订收费标准。比如可以参照衡水市桃城区试行的“阶梯水价”和“一提一补”的改革后的水价收费方式（李垚等，2012）。在《厦门市水资源收费依据、标准》中明确规定农业灌溉用水的收费标准，并要依据供求平衡、农民可承受、区别对待、公开公正、成本回收五大水费制订原则来制订合理水价（刘红梅等，2006）。

（2）整治重点种植区的基本水利设施，实行水利设施的专项管理，建立有效的监督机制。由于同安和翔安两个区当前仍旧是保障厦门市粮食蔬菜供应的重要生产基地，所以应该整治区域内的水利设施，加深九溪河道，疏通灌溉沟渠，修建蓄水池与堤坝，减少区域内的水土流失量，增强防洪抗旱的能力，做到对水资源的有效调节，高效供应。同时要明确水利设施的产权，设立专门的管理机构对水利设施进行管理，并对农民的灌溉用水进行监督，规范农民的用水行为，贯彻优先使用地表水，严格开发地下水的政策，最后逐步建立农村的水价市场（牛坤玉、吴健，2010）。

（3）倡导翔安农业规模化生产。农业的适度规模化生产是未来我国农业发展的必然选择（马晓河、崔红志，2002），有利于农业资源的整合和效率的提高，可以集中更多的耕地资源，聚集更多的生产要素，而灌溉用水作为必不可少的生产要素其利用效率将会得到有效提高。翔安农村青年务农比例在逐渐降低，随着厦门城市一体化的节奏融入各种非农业市场中。根据翔安城镇化发展的现状，很难维持传统的小农耕种模式，农业的适度规模化能将农村闲散土地整合到一起，使耕地得到更有效的利用，更有利于灌溉水效率的提高和种植效益的提升。

（4）推广节水灌溉技术。随着农民信息渠道的多元化和广泛化，多数地区对节水灌溉技术并不陌生，但由于节水灌溉技术所需要的固定资产投入比较大，所以资金不足是一个非常大的制约。自给自足的农业生产形式使农民不愿意单独从事节水灌溉，必须有政府扶持或者集体经济的支持才会参与到节水灌溉的应用中去。比如种植火龙果的大宅村，由于村里种植火龙果规模较大，村民收入较高，村委组织有力，由村集资兴建的蓄水池和引水管有效地缓解了该村水资源供应不足的状况。另外，可以运用信贷手段加强政府对节水灌溉的技术扶持。

（5）加大对水资源有效利用的政策宣传。政府要持续宣传“水是商品”理念，努力提高农户对稀缺水资源的认识，树立水是特殊商品，需要建立水价格体系的观念，从意识形态上让人们建立节约水资源的意识。同时也要做到“水价、供水量、水费”等的信息公开，杜绝水资源收费方面的不合理行为。

第八章　农田水利基础设施合作治理的促发机制

第七章我们选取了实地调研中典型的案例村，对农田灌溉合作行为的演进与促发机制进行了深入的探讨，我们看到，不同村庄的水利制度和灌溉合作组织的运行情况也各异，具体到每个用水协会，自组织治理的绩效及其影响因素也不尽相同。但在这些差异性结果的背后，我们仍然可以辨别出影响用水协会长期有效运行的因素以及成功的自组织治理所需要的制度条件，从而有助于我们提炼关于农田灌溉合作行为形成机制的理论假设。本章将在前文的基础上，引入计算机仿真方法，对实地调研中总结出的理论机制开展仿真研究，基于实地调研数据，对不同参数和条件进行设置与调整，观察微观利益主体在预设的条件和机制下的行为变化，收集不同情境条件下的仿真数据进行统计分析与建模，探究利益主体的复杂互动行为在宏观涌现的发生机制，进而在一定程度上验证既有的理论假设。

本章首先介绍资源与环境经济问题中，基于主体建模方法的应用前景，重点评述这一“自下而上”的交叉学科仿真方法对分析复杂社会—生态系统中人—自然耦合问题的作用，梳理了基于主体建模方法的发展脉络，介绍了基于主体建模在资源环境经济学前沿——人与自然耦合分析中的最新研究进展，并指出其进一步拓展的方向。第二节具体展现了应用基于主体建模方法开展仿真研究的过程和步骤，研究基于主体的灌溉合作行为形成机制，在此基础上，分析湖北省东风三干渠、黄林支渠等农民用水协会实地调查统计的研究结果，进一步验证仿真模型的结论。

第一节　基于主体建模方法在资源环境问题中的应用

一　引言

20世纪80年代末90年代初，几位诺贝尔奖得主和数学大师对经济分析提出了一个崭新的思路，即经济可以看作一个演化的复杂系统（方福康，1998）。复杂系统研究在20世纪科学发展趋势中，占据了重要位置。传统上许多用数理方法处理的学科领域如化学、物理等和在一些数理方法并未十分完善的领域，如生物与经济，复杂性研究都给这些学科带来了崭新的思路。复杂性研究中涉及的基本概念，如涌现、自组织、非线性、混沌等，具有非常强的普适性，而这恰恰是学科交叉可以获得实质性进展的重要基础（范如国，2015）。近年来，资源环境问题的研究日益呈现出交叉学科的发展趋势，复杂系统思维逐渐成为理解和解释涉及经济学与环境科学间多种因素的生态难题的一座桥梁，同时也为许多新兴的跨学科研究途径奠定了基础（R. Costanza et al. , 1993），促使了“人与自然”耦合分析研究途径、项目和机构的兴起，如哈佛大学的“持续性科学”项目、联合国的千年生态系统评估、联合国开发计划署的合作倡议[①]、由美国国家科学基金会（NSF）资助的长达10年的大型研究项目“自然与人类耦合系统的动力学”（Dynamics of Coupled Natural and Human Systems）研究等。

复杂性研究一经提出，瞬间燃起研究者们的大量灵感，在广泛的科学谱系中掀起一场思维的革命。社会科学从了解结构和局部构件细节的还原时代，进入研究复杂系统整体功能和演化的综合时代。许多资源与环境方面的难题逐渐被看作“复杂系统”问题（S. A. Levin，1999），这些新的交叉学科前沿课题致力于对资源环境问题复杂性的研究，强调“干中学”。它们不仅在理论层面上推动了资源环境经济学研究在自然

① 具体参见 http://www.equatorinitiative.org/index.php? option = com_ content&view = article&id = 47&Itemid = 447&lang = en。

科学中的解释力，还在实践层面上促使了自然科学领域的一系列分析工具（如计算机建模、地理信息系统等）在资源环境经济学中的应用（蔡晶晶，2011）。例如对公共资源自治问题的研究，对蓄水层的耗损和污染、水流和热污染等的研究，对空气污染、气候变化等的研究等。

在复杂系统演化的研究中，计算机动态建模日渐兴起，它为社会科学提供了一个可验证的范式和跨学科交流的平台，逐渐发展成为一种能把现有纵向划分的学科沟通连缀起来的新的横断学科。随着资源环境领域日益呈现出跨学科的取向、对机构的关注、政策导向的研究日程以及对经验型证据的强调和量化分析，计算机动态建模将有助于加快环境科学、生态学、农业经济学、资源经济学等资源环境经济学领域所涉及的各个交叉学科之间的融合，从而大大提高人们解决和应对各种复杂资源环境问题的能力。计算机动态建模方法在资源环境经济学领域中的应用也越来越普遍。

二　基于主体的建模方法：内涵、起源与发展

（一）基于主体建模方法的内涵

基于主体建模（agent-based modeling，ABM），也称多主体模型（multi-agent simulations），为复杂自适应系统的研究提供了新的分析工具。它属于一种计算机仿真技术，把经济模型化成由一系列相互作用的主体构成的进化系统，是复杂适应系统的经济学体现，其目的是通过计算机模拟来理解复杂的资源环境问题。它指的是，应用多主体系统的原理和方法，把研究对象看作一个由多主体交互协作组成的复合系统，从而把研究对象的建模分解为对其中组成要素的建模。在设计模拟这些要素之间的交互协作关系时是以要素为行为主体的，因此建立的要素模型被称作主体，这样建立起的研究对象的模型，称作多主体模型（方美琪等，2011）。其中的主体可能是动植物、人、组织或其他各种实体对象，它们具有“某种程度上的自我意识、知识水平以及对所处环境和其他主体的相关知识，并能调整自身的目标或行动以回应周围主体或环境的变化”（An et al.，2005）。主体之间是一种并行的、局部的、无中央控制的交互关系，这种微观的交互在宏观上涌现出种种规则，如集体

行动准则。这样的宏观规则又影响和限制了主体间的交互行为方式。由于主体行为交互形成的规则网络互为因果，相互影响和作用，使得资源环境系统成为一个复杂自适应系统（Complex Adaptive System，CAS）。复杂自适应系统中要素之间存在的非线性关系很难用数学方程描述，以前对复杂自适应系统演化过程的研究不得不加了许多人为的限制条件，而运用多主体技术仿真研究，则可以通过主体之间的交互来表征这些非线性因素，从而突破了传统研究方法的局限。

（二）基于主体建模方法的缘起与发展

“基于主体建模”起源于20世纪80年代兴起的程序设计范型——面向对象的程序设计（OOP）。OOP中与某数据类型相关的一系列操作都被有机地封装到其中，而非散放于其外，因此OOP中的数据类型有状态，也有关联的行为。通过将一系列操作与数据（或行为与状态）归类为模块化的单元，也即对象，用户就能将这些对象组织成一个结构性网络进而形成一个有用的程序（Larkin and Wilson，1999）。OOP思想被广泛认为是非常有用的，OOP理论及与之同名的OOP实践相结合创造出了一套新的编程范型。另外，ABM也吸取了来自其他学科的养分，典型的如人工智能，通过联合或集群多种异质性主体以解决规划问题；人造生命研究（Artificial Life）；社会学定义了主体与环境间互动的模式并进行了仿真研究（Bousquet and Le Page，2004）；认知心理学和博弈论将“对象”作为理性的行为主体。最早采用基于主体建模思想设计模型的研究可以追溯到诺贝尔奖得主、经济学家谢林对种族隔离的实验研究（T. Schelling，1971）。政治学家埃克斯罗德设计的“囚徒困境”博弈策略竞赛（R. Axelrod，1984）也是广为人知的经典作品，使用基于主体建模方法再现博弈策略的“生存”竞赛，发现“一报还一报”策略是人类实现合作的最优策略。从此之后，基于主体建模的合作演化研究受到了跨学科的持续关注（M. A. Nowak and K. Sigmund，1998；S. Bowles and H. Gintis，2004；J. Henrich，2004；G. Roberts，2008）。其后，爱普斯坦和埃克斯特通过“糖域”（Sugar Scape）模型引入“人工社会”的概念，探讨和分析社会分化、社会交换等现象（J. M. Epstein and R. L. Axtell，1996）。众所周知，社会科学区别于自然科学的一个不同点，就是无法进行可重复实验，但基于主体建模方法被认为是社会科学低成本的“实验室”，可以帮助社会科学家研究动态的社会过程（J. T. Gullahorn and J. E. Gullahorn，1965）。

20 世纪 90 年代以来，国外出现了很多以多主体仿真为主题的学术会议：“多主体系统与基于主体仿真”（Sichman et al.，1998）、“仿真社会”（Gilbert and Doran，1994）。这类主题的研究发表在 JASSS 网络期刊以及一些专业期刊上，如《经济行为与组织》《经济多元化与控制》。在社会科学研究中出现了计算社会科学、基于主体的计算经济学（L. Tesfatsion，2002）、计算社会学、计算组织理论（K. Carley et al.，1994）等，在政治学（J. H. Fowler et al.，2012）、语言学（M. Choudhury et al.，2006）等研究中也有大量的相关文献（黄璜，2010）。基于演化经济学、认知科学和人工智能技术产生出来的“基于主体的计量经济学”（ACE）也是在这一时期成立的（Tesfatsion，1997），主要发表对环境问题的讨论和分析，散见于各类经济学期刊中。①

值得一提的是，随着复杂性科学的兴起，国外对资源与环境议题的研究已经开始从复杂系统观的角度出发，引入复杂性、恢复力（resilience）、持续力等要素。研究工具也日趋多元化，体现出交叉学科的前沿特征。当前复杂系统研究的最大热点之一是强调采用计算机仿真作为主要的研究工具。以往学术界对资源与环境问题的研究多是分立的，呈现出典型的“碎片化”特征。各学科从自身的背景出发，研究视角较为单一，对微观利益主体的复杂互动在宏观涌现的发生机制欠缺深入的考察。复杂性科学所包含的复杂网络、自组织、涌现、复杂适应系统等理论和思想，以及计算机仿真、社会网络分析、模糊逻辑等方法与传统的公共治理理论相结合，有利于解决宏观分析中缺乏微观行为基础，难以把握动态过程以考察主体的行为机制等困难。计算机仿真模型可以最

---

① ACE 研究的两类基本问题是自下向上的因果关系（upward causality）——微观如何促成和影响宏观层次的涌现？自上而下的因果关系（downward causality）——宏观政策的调控如何改变微观主体的经济行为？正是这两个方向的因果关系组连成回路因果（loop causality），让资源环境问题成为一个非线性复杂系统问题（方美琪等，2011）。具体参见 ACE 相关网站 http：//www2. econ. iastate. edu/tesfatsi/ace. htm。

大限度地接近社会系统及社会治理的实际，如同科学家做实验那样，对虚拟的社会情境做“沙盘推演”，通过与数学模型相结合，虚实并用，“自下而上”模拟资源环境问题中的治理行为与机制，从而对实际的政策执行起到预测和指导作用。

近年来，陆续有学者将自然资源看作复杂的社会—生态系统，注重应用计算机仿真技术分析这一复杂系统中各利益主体的互动与行为博弈，分析环境生态系统的可持续性问题。例如研究人员选取南非的案例，应用社会—生态仿真模型评估在保守和机会主义的放牧策略下，循环放牧与连续放牧对草地生态系统造成的社会—生态效应，分析特定的社会—生态环境如何影响载畜量的结果及其公平性，发现从社会—生态系统角度看，保守策略下的连续放牧将产生最有利的结果（Sebastian Rasch et al.，2016）。类似的还有关于气候约束与能源结构转型（Markus Brede et al.，2013），海洋生态系统对鱼类行为和种群动态的影响（Candelaria E. et al.，2016），加拿大阿尔伯塔省南部土地发展决策中利益相关者的协商过程模拟（Pooyandeh M. et al.，2013）等。

在我国，基于主体建模的研究途径也契合了“大数据”时代人们对社会复杂性治理的需求，一些研究开始应用这一方法分析大规模数据映射出的人类行为特征。例如，有学者应用水资源的优化配置模型（IOAM）模拟我国广东省东江流域水资源管理，说明该模型有助于权衡这一复杂自适应系统中，社会、经济、生态与环境之间的供给和需求，实现水资源配置的适应性管理和可持续发展（Yanlai Zhou et al.，2015）；也有研究者应用基于主体建模对建筑拆除废弃物的两种管理模式（常规管理与绿色管理）开展环境影响评价（Zhikun Ding et al.，2016）；有学者在消费者购买行为研究成果基础上，建立了基于多主体的网络消费者购买决策动态模型（张骞文，2011）；通过建立我国蔬菜质量安全的多主体仿真模型，探讨政府监管者、农户及蔬菜供应链之间相互作用的机制及其对整个蔬菜质量安全状况的影响（汪普庆，2009）；将人工智能、计算机仿真技术与地理信息系统有效结合，建立城市大规模人员疏散应急仿真模型（郭丹，2010）；综合运用基于主体建模和社会网络分析方法考察新品种通过农户社会网络逐步扩散的机制

（Hang Xiong，2015）。一些研究者开始关注基于主体建模的合作演化（黄璜，2010），但就国内社会科学研究整体而言，基于主体建模仍然是一种新的研究方法，在资源、环境及公共管理等领域的研究还相对比较滞后。

三　资源环境问题与基于主体建模方法的结合

（一）环境系统是一个由大量有自适应能力的主体组成的复杂自适应系统

早在20世纪80年代，美国很多学者就纷纷撰文指出，许多资源与环境方面的难题其实是“复杂系统”问题。自然系统和社会系统本身就是两个复杂系统，许多资源与环境问题又涉及这两方面间的复杂互动。2014年11月，美国《科学》杂志的一篇文章指出，为了给快速发展的经济营造更多的土地，我国数千千米的沿海湿地被海堤围住，长度约占60%的海岸线，已经超过著名的万里长城，沿海湿地的大面积围垦导致生物多样性及生态服务功能的严重退化，对地区生态安全与可持续发展造成了不利影响（Zhiyun Ma et al.，2014）。来自港口及工厂的废物排泄、农药施肥对土质的破坏、水产业的化学污染等，已使沿海湿地成为污染汇集地，野生水禽的生存环境受到严重威胁。传统单一学科知识在面对这种因人与环境间的复杂互动所引起的生态难题时往往显得无能为力，学科之间缺乏对话的桥梁，研究视角较为单一，无法从微观行为机制上把资源环境中的非线性因素在统一的目标、内在动力和相对规范的结构形式中整合起来，而以多学科交叉为特征的复杂性科学为上述问题提供了可能的解决途径。

根据复杂理论，环境系统是一个由大量有自适应能力的主体组成的复杂自适应系统。它包括微观和宏观两个方面。在微观层面，它把系统中的微观个体看成具有适应能力的、主动的个体（agents），这种主体在与环境的交互作用中遵循一般的刺激—反应模型。主体能够根据行为的效果修正自己的行为规则，使之更适应外界，更好地在客观环境中生存。在宏观层面，由这样的主体组成的系统，将在主体之间以及主体与环境的相互作用中发展，表现出宏观系统中的分化、涌现等种种复杂的演化过程。复杂适应系统广泛存在于不同领域并表现出各自独有的特征，但都具有基于适应性主体、共同演化、趋向混沌的边缘、产生涌现现象等主要特征。

（二）基于主体建模是考察从微观行为到宏观现象之动态形成机制的有力工具

基于主体建模方法能够从资源环境问题的复杂性中归纳出行动主体互动的机制与规则，进而基于简单的规则假设去模拟和演绎现实中主体互动的情形和结果，从而帮助我们更好地理解事物的作用过程与机理。与传统的数学模型相比，它具有更多的灵活性、过程导向性，是基于特定的时空、网络范围内的；它的分析对象是具有动态适应性和异质性的多个环境行动主体，这些特性使得它成为解决因人与环境间的复杂互动所引起的生态难题的有效途径（见表8-1）。

表8-1 **基于主体模型与传统模型工具的对比**

传统数学模型	基于主体建模
准确的：精确地定义模型中的要素	灵活的：模型能够捕捉一大类的行为特征
极少涉及过程	过程导向的
没有时间跨度	时间跨度的
最优策略	适应性策略
稳定的	多元变化的
1、2，或无穷个主体	1，2，…，N个主体
无空间网络概念	空间与网络
同质性的行动主体	异质性的行动主体

资料来源：John H. Miller and Scott E. Page, *Complex Adaptive System: An Introduction to Computational Models of Social Life*, Princeton University Press, 2007, p. 79。

理论工具的一个主要特征是能够在灵活性与确定性间进行权衡取舍，当某个模型能够反映一个大类的行为特征时，则有存在灵活性的可能，准确性则要求模型的要素要被精确地定义。例如，斯密在《国富论》中，基于理性经济人假设论述了“看不见手的原理”，但这一理论模型的推导依靠的是理论描述而不是精确计算的结果，这样的理论蕴意往往难以被精准地证实。反之，数学模型工具能准确地定义经济现象并提供标准的解决方案，但又存在灵活性不足的缺陷。计算机模拟则能再现精确性与灵活性之间的权衡过程，它能涵盖各种类型的主体行为，同时，由于各个部分的程序语言要求高度的内在一致性，在这个意义上，计算机建模也具备精确性。

其次，计算机模型在运行过程中，主体互动的各个层面和环节都要具体化，例如互动的时间、位置、行为主体所能得到的信息，它们是如何获取信息、权衡各种可供选择的方案的。因此，仿真模型往往能够帮助我们理解关键事件或行为的要素特征与互动过程，从而进一步完善理论。

再次，传统的许多理论模型建立在系统稳定均衡状态的假设之上，然而对环境与资源系统来说，均衡就意味着死亡。瞬间万变的气候环境、层次交叠的生物链、物种入侵和地壳结构的突变性……这些跨时空、多元变化的异质性主体又交织在一个无形的网络中。传统的模型要么由少数几个主体构成，要么由很多主体构成。其结构相对稳定，当研究对象是动态变化的多元主体时，往往显得无能为力。基于主体模型则容易测量、调整，并可根据研究需要，增加行为主体或新的分析维度。互动的过程也是可以重复的，在这个意义上，它可以说是一个低成本的“实验室”，帮助我们在简单的世界中解释复杂的经济现象。

四　人—自然耦合分析中的人类决策建模研究

复杂系统理论及其主要的模型工具——基于主体建模，在人—自然耦合分析的研究中应用日益广泛。不仅从外延上拓展了资源环境经济学的研究领域，为其提供了整合性的交叉学科研究途径，也从内涵上深化了已有的研究传统，更加注重资源环境中的各种非线性关联及复杂实际现象背后的机理，这有助于人们对各种管理和政策方案的短期和长期后果进行科学的预测或评估。总体而言，这一研究路轨大体可以分为以下三种思想源流。

（一）生态学中对基于个体模型（individual-based modeling，IBM）的应用

"纯"生态学研究起源于20世纪70年代，兴盛于20世纪80年代，对人—自然耦合分析与基于主体建模的结合起到了先导作用。代表作如用IBM模型模拟蜜蜂在蜂窝中的行动，探讨蜂群在蜂窝中的社会互动结构（Hogeweg and Hesper，1983）；人造动物研究（animats，属于人造生命研究的分支）（Wilson 1987；Ginot et al.，2002）；Reynolds（1987）对"boids"（一种人造生命电脑程序，模拟鸟类的聚集动作）的研究，以及麻雀的行为仿真（Pulliam et al.，1992）。IBM与ABM两种方法总体而言是类似的，但也有细微的差别：IBM更关注个体的独特性和异质性功能，而ABM起源于计算机科学与社会科学的联合，更关注主体及其所属社会组织的决策制订过程（Bousquet and Le Page，2004）。

（二）社会科学领域的思想实验

此类研究兴盛于20世纪70年代，代表作有Sakoda（1971）的棋盘模型——模拟两组人之间社会互动的计算机仿真模型。棋盘代表两组棋子活动的社会场域，棋子的位置模式代表两组人所处的社会结构。通过操作模型规则，设定小组成员对自己组员的态度（有相互猜疑、相互隔离、亲密的夫妻关系、男女朋友关系等），棋盘模型能够展现一个社会不断互动的过程及由此产生的社会结构。Schelling（1971）对经济学经典的囚徒困境模型中合作博弈策略进行了模拟（Axelrod and Dion，1988）。这一时期，社会科学领域的仿真研究逐渐涌现，例如，Epstein与Axelrod在《人造社会的兴起：从底层涌现的社会科学》中设计了基于主体的人工智能仿真模型——"糖域"模型（Epstein and Axelrod，1996），模拟社会互动的结果，如人口演变，婚姻状况和遗传对人口的影响。"糖域"比喻为人造世界中的资源，模型包含三个要素：行动主体（居民），环境（一个二维网格），以及主体相互间、主体与环境间互动的行为规则。每个网格可以含有不同量的糖（或香料），每一步，主体环顾四周，寻找装满糖的最近的单元格，开展活动并产生新陈代谢。它们会留下污染、死亡、繁殖、继承资源、传递信息、开展糖贸

易，产生免疫力或传播疾病——取决于模型中定义的特定情景和变量。这些研究经常是虚拟一定的社会环境条件，设定一些专门的规则来检验不同的行动情境（“what if”）下可能涌现出的现象。此外，也有研究将ABM用于分析考古问题，比如某些史前/古代人为什么或如何放弃他们的定居点而使自己能适应不断变化的环境（Altaweel M.，2008；Morrison & Addison，2008）。这些研究都与博弈论和复杂适应系统（CAS）密切相关，为人—自然耦合分析中的人类决策建模研究奠定了基础。

（三）人—自然耦合分析研究

基于经验数据，将ABM用于真实的人—自然耦合分析研究，通常是应用细胞模型（如细胞自动机），结合空间分析来研究现实环境。与复杂理论发展相呼应的是，实证研究的支持，尤其是人类系统方面的数据，成为理解复杂系统的关键要素（Parker et al.，2003；Veldkamp and Verburg，2004）。近年来，复杂理论和人—自然耦合分析中人类决策建模方面的文献日渐增多，如能源与气候变化（Zhang et al.，2011；Gerst et al.，2013），农田灌溉（Bithell & Brasington，2009；Schreinemachers & Berger，2011），城镇发展（Haase et al.，2010；Filatova et al.，2011），水资源管理（Moglia et al.，2010；van Oel et al.，2010；Murillo et al.，2011），生态系统管理（Anselme et al.，2010；Brede and De Vries，2010；Simon and Etienne，2010），社会—生态耦合系统中涉及的主体建模（de Almeida et al.，2010；Perez and Dragicevic，2010）等。美国地理学家协会（AAG）、美国国家科学基金会（NSF）资助的人—自然耦合分析的国际网络项目（CHANS-Net）还举办了多场次的复杂网络建模国际会议。可见，将主体建模方法应用于人—自然耦合分析的研究已经成为资源与环境领域的国际学术热点。

具体而言，目前在人—自然耦合分析的前沿研究中，基于主体的人类决策建模研究可以归纳出以下几种研究维度。

1. 生态系统中的人类决策制订

这类文献多涉及生态系统与自然资源管理中的集体行动与人类多目标决策过程。国内学者如高垒等（Lei Gao et al.，2011、2013）以西澳大利亚的一个标志性的珊瑚礁系统为例，提出了一个决策支持系统，旨在促进利益相关者在决策制订过程中的对话。该系统由两部分组成：一部分是基于主体的休闲渔业仿真模型，模拟休闲渔业行为和珊瑚礁生态系统的动态集成；另一部分是综合应用层次分析法（AHP）和逼近理想解排序法（TOPSIS）的评估系统。评估结果显示该系统有助于处理复杂的多目标决策问题。为评估我国天然林保护工程生态补偿政策的效果，陈晓东等人（Xiaodong Chen et al.，2014）构建了在这一政策背景下的人与自然互动模型（human and natural interactions under policies，HANIP）。在目前以现金为补偿手段的政策机制下，通过构建基于主体的空间仿真模型，模拟了以电价补偿或没有任何补偿这两种替代性的政策情境下，天然林面积的动态变化。研究指出，在不同的补偿机制下，利益主体的决策制订会存在很大不同，个体层面的行为特征或社会人口因素等变量在微观领域的互动将对宏观层次的森林生态环境造成不同影响。杨武等（Wu Yang et al.，2013）基于四川卧龙自然保护区数据，模拟了人数规模（管理一个单元森林面积的家庭户数量）对集体行动（森林管理）和资源产出（森林面积变化）的影响。研究结果显示，人数规模对集体行动和资源产出都存有直接或间接的反作用，最终结果则是非线性效果。通过改变那些对人数规模具有非线性影响的因素，如惩罚“搭便车”者、增强团队整体和内部的执行力、增进社会资本、给予农户自我选择权等，有助于达成成功的自组织行动。

此外，基于主体建模方法也被广泛用于城镇管理（Gao et al.，2012）、土地利用的动态多元变化（L. Gao et al.，2012；D. Murray-Rust et al.，2014）与决策制订（Grace B. et al.，2016）。特别是有关城镇可持续发展与自然灾害预测方面的研究方兴未艾。以往研究人员多是根据志愿者人群的行动轨迹帮助模拟地震发生现场被损坏的基础设施与受灾情况，这种数据有助于我们评估损害的程度与救济资源的配置，但却无助于理解行为个体在灾难中的各种反应。有研究以 2010 年 1 月的海地地震为例，利用众包（crowdsourcing，指把工作任务外包给大众网络的做法）地理信息与公开的数据源研究受这次事件影响的初始人群是如何应对周围的环境，对援助的分布是如何评价的，以及谣言在信息传播中所起的作用等，这在灾民的社会文化信息与人道救援组织的救援布置间搭建了有用的链接（Crooks & Wise，2013）。还有学者模拟耶路撒冷市中心发生地震的情景，构建基于主体模型分析不同收入阶层的群体在供给侧的“自上而下”（土地利用和房屋价格）的政策影响下，是如何制订需求驱动的“自下而上”（工作地点，居住方位和日常活动的选择）的个体决策的。研究结论显示了不同收入群体在城镇灾难中的应对能力与恢复力，论证了政府恢复力项目与福利干预的必要性（A. Yair Grinberger & Daniel Felsenstein，2016）。类似的还有应用基于主体模型分析洪灾应急管理（Dawson et al.，2011）、城镇化进程中的房地产价格制订与居民搬迁过程（Ettema，D. et al.，2011）、模拟城市活力（反弹或跳跃前进）（Grinberger & Felsenstein，2014）；应用集成大数据仿真城市灾害中居民的决策行为（P. Thakuria，2016；Grinberger et al.，2016；Huang et al.，2014）；城市反恐与公共安全（Park et al.，2012）；产业事故案例中居民的风险意识与生存率的空间分布（Salze et al.，2014）等。

2. 基于主体的空间建模（Agent-based Spatial Models）

仿真研究兴起的另外一个原因是它能够很好地应用于与空间位置和人的理性特征有关的理论研究中。在 ABM 中，主体可以是虚拟的动植物、资源或人，也可以是以点、多边形或图形与网络来表示的不同主体。由于 ABM 中的主体是有限理性和策略性的行动者，其所能使用的往往是“在地”的信息（North and Macal，2007）。这里的“在地”并不意味着物理形式上的相连，而是指每个主体有着有限个潜在的信息源群体（社会网络），如地理上相近的信息源、电话系统、即时通信、电邮和因特网等遥感信息，没有一个主体能即刻知晓所有的一切事情。主体通常根据自己过往的经历来学习和采取适应性的对策，也可能因环境的变化而改变自己的空间位置。在 ABM 模型中，环境是一个至关重要的因素，尽管环境不能做决策，但环境会随时间发生演变，也会保留或存储行动主体之前的行为，进而可能影响主体将来的决策制订（Kevin，2013）。

传统空间模型多是描述和解释所观察的空间模式，没有解释其中的因果关系或这一模式形成的互动过程。例如，在生物学上预测人类定居点和物种分布的模型中，研究者将一些环境特征，如土地植被、地形地貌或水文形状，作为物种是否能被发现的指标，显示新物种的出现和繁殖，但没有解释物种扩散、繁殖或死亡的机制与原因（Guisan & Zimmermann，2000）。又如关于土地利用变迁的研究，研究者只注重评估现实的土地利用模式与预期的土地利用方式之间是否匹配，对土地利用过程的合理性则鲜少顾及（Pontius et al.，2004），而 ABM 的优势就在于能将所观察的空间现象和产生这种结果的过程与机制联系起来（Parker et al.，2003）。

近年来，空间分析与基于主体建模的联合逐渐成为交叉学科研究的典范（Crooks and Castle，2012；A. Heppenstall et al.，2012）。上文关于生态系统中人类决策制订的文献就广泛应用了空间分析方法，在城镇住房配置与土地利用模式的经济行为主体建模方面尤为多见（Magliocca et al.，2011；Filatova，2014；Magliocca et al.，2015）。另外，社区资源管理与农业经济主题的文献也综合应用了主体建模和空间分析。例如，Sarah Wise 等人以新墨西哥北部地区传统农田耕作区为例，使用经验性 GIS 数据构建出真实的社会—生态系统模型，分析当地水系统、水制度结构对土地的可持续发展构成的累积性影响，认为社区资源管理受到物理、经济和社会因素的共同影响，鉴于气候条件与政府规制，土地面积将缩减很多，但传统的农耕方式在不远的将来仍旧可持续，不过也可能一起消失。如何在保留传统的生活方式情况下，使社会组织形态与当地灌溉系统相互匹配，将是值得进一步探讨的主题（Sarah Wise et al.，2012）。

3. 与实验经济学相结合的基于主体建模研究

哪一种备选的行为模型能更好地解释实验数据？用实验室实验如何检验计算机模型？学者们将市场交易和社会困境中的实验数据与基于主体建模方法结合起来分析，认为 ABM 能够复制实验中参与人的行为模式（Duffy，2006）。这类文献散见于以心理动机、信任与互惠、声誉、学习、社会偏好等为研究主题的公共池塘资源与公共品的提供实验中。Peter Deadman 是将 ABM 用于探索实验数据的先驱。他基于既有的公共池塘资源实验数据（E. Ostrom，Gardner and Walker，1994），定义每个主体拥有的可能的策略组合，其研究结论与 Ostrom 等人（1994）所做的资源占用实验结论类似。在 Deadman 等人的开拓性研究基础上，Janssen（2012）应用基于主体的文化群体选择模型，研究了非对称社会两难中（asymmetric social dilemma）合作的演进[①]。以往关于非对称社会两难的田野实验表明，基于自组织治理的灌溉系统能够实现长期可持续的高生产力。该文指出，当主体踌躇于其他类型的社会困境中，例如当灌溉主体定期参与挑战性小的对称公共物品两难时，这一结论同样可以成立。在作者新近发表的著作中，进一步用基于主体建模方法比较了一系列灌溉游戏的实验数据，测试哪些行为理论能更好地解释主体之间沟通的效果。研究发现没有一个理论在解释数据方面能明显优于其他理论（Janssen et al.，2013、2016）。此外，在与环境心理学、集体行动相关的文献中也注重将实验方法和基于主体建模相结合，如探讨信息在灌溉系统行为实验中的效果（Janssen et al.，2015）；以村庄林农为建模对象——他们通过与邻居的社会互动所获得的信息（一个双向信息流的非正式网络）来选择森林产品的提取水平——构建基于主体模型，比较正式规则与非正式网络规范之间的差异，探讨这些差异和社会网络结构的变化如何影响使用者的行为和森林收获水平，对资源和治理结果产生了什么样的不同影响。在此基础上分析不同类型的制度如何激励使用者，如何设计组织和制度规则以促进可持续的资源治理等（Arun Agrawal et al.，2013）。

4. 面向模式的建模方法（Pattern-oriented Modeling，POM）

基于主体的复杂适应系统使用的是“自下而上”的建模方式，但由于资源与环境问题的复杂性和不确定性，这种建模方式缺乏明确的应对策略，妨碍了我们对复杂适应系统组织内部的一般性原则的识别（S. C. Bankes，2002），在具体的时空尺度下所观察到的单一模式也不

① 在对称社会两难（symmetric social dilemma）中，物品捐献或资源拥有是均等的，人们往往倾向于平等原则（equality），并且期望别人也遵循这样的原则。然而，现实生活中，资源的分配或拥有往往是不均等的，从而使资源所获得的利益是不均等的。在非对称社会两难中（asymmetric social dilemma），捐献或拥有是不均等的，人们往往倾向于比例原则（equity），也就是给公共物品的捐献或公共资源的拥有应该与已有财富成比例。

足以减少模型结构和参数中的不确定性。因此，在选择模型结构时，研究者往往缺乏充分的分析与验证：所用的模型对实际问题的适用性如何？

面向模式的建模方法能使“自下而上”的建模方式更严谨，更全面。在POM里，实际系统中观察到的多个模式在不同的层次和尺度下可以系统地优化模型的复杂性，减少模型参数的不确定性，使模型结构更加真实，降低模型对参数变动的灵敏度。其次，这种模型在结构和机制上的真实性，能使参数间的互动方式更接近真实机制的互动方式。“面向模式的模型”还提供了统一的分析框架，能够解构基于主体的复杂自适应系统中的内部组织，引领适应性行为与系统复杂性两者在算法理论上的统一（Grimm et al.，2005）。

POM方法最早起源于生态学，因此在此类主题的文献中较为常见。例如在一篇研究鹅群社会学习能力的文章中提到（Magda Chudzińska et al.，2016），最佳觅食理论认为，为了能够最大限度地获取生存所需的食物和养分，动物花很多时间在搜寻成本上，动物所采用的搜索策略的类型，取决于搜索过程中的信息量。由于自然景观的动态变化性，动物们不太可能拥有关于资源分布的完整知识，这使它们无法最大限度地获取所需要的食物。然而，在资源丰富的条件下，随机搜索可能是一个很好的策略。作者以模式为导向构建基于主体模型，以春季时节挪威中部农业地区红脚鹅群的行动轨迹为研究对象开展模拟实验，分析其觅食的决策规则（FDR）。研究发现，尽管鹅群并未拥有可用栖息地的完整知识，对鹅群首领来说，也没有一个唯一的最佳觅食策略，在鹅群采取随机的搜索策略时，单只鹅也能找到最有利的觅食地点并且能顺利返回，这种能力并不是从群体的行动中学到的，这与以往对鸟类的研究相左。该模型有助于将来对人为干扰和农业实践的变化开展风险评估。也有研究者基于在加拿大魁北克萨格奈—圣劳伦斯海洋乐园区及其周围观察海洋哺乳动物时船长的决策制订过程，将大量田野观察所收集到的历年数据和实际船只运行的轨迹进行数据统计比较，开发了一个基于主体的空间模型来模拟商业赏鲸船运动的轨迹（Clément Chion et al.，2011）。文章使用POM方法检验在有限理性情况下，人类如何采取策略性方式去解决不同背景下的决策问题，发现在信息分享情况下，赏鲸船长之间的合作机制至关重要。类似的还有提出面向模式的模型，模拟欧洲鳗种群动态（老化、更替、性别分化、银化[①]、迁徙、自然死亡等），并根据模型结论提出应缓解下游集水区鳗鱼迁移的负荷量（Patrick Lambert et al.，2007）；研究黑珊瑚物种的生存策略（Weimin Jiang et al.，2015）等。

五　简评

在讨论的过程中我们看到，在资源环境问题中使用基于主体建模方法，首要的是要遵循一种“自下而上”的建模路径，着重讨论的是微观行动主体的行为及其之间的互动与社会宏观系统变迁之间的关系。它增进了我们对复杂的社会—生态系统中，事物之间的非线性关系与互动机制的理解，促进了交叉学科工具的融合与发展，为资源环境问题中的集体行动与公共合作研究提供了整合性的研究途径。但是，这种方法的技术门槛较高，对人类社会的仿真不可能做到完全复制，对于这一方法的适用性也仍然存在争论。另外，在资源环境经济学中使用ABM方法，还应注意识别外部性对Agent行为的影响，这是区别于金融学等其他经济管理领域ABM的关键所在。

第一，ABM有助于探究微观层面个体互动过程的作用与机理，帮助我们更好地理解较高层次涌现出的现象。模型不是无中生有的，其发展是基于对实证数据观察的结果，如主体是如何制订决策的、如何预测未来发展，如何记忆过去的，又是如何交换信息的？主体间的互动结构，如交易、组织、亲缘关系，如何影响高一层次的现象？主体不是盲目追求自我利益者，而是有条件的合作者。在没有信息沟通的情况下，公共物品或公共池塘资源实验中的行为最终将趋向纳什均衡。ABM作为程式化的模型，显示了沟通、信任、互惠、规范的重要性，更好地展现了不同主体间的互动、共享、学习等过程，甚至对那些还未实际观测

---

① 银化（Silvering）：鳗鱼在降海产卵前所进行一连串的生理变化，如体表可见背部与胸鳍变黑、吻部变宽、眼睛与胸鳍变大等。

到的假设或理论，ABM 也能以理论仿真的形式帮助人们“模拟现场”、验证理论假设，进而推动理论的创新与发展。在参与式主体建模研究中，由于利益相关者可以直接参与到建模过程中，它同时也是解决实际问题的过程。ABM 并未将检验理论作为目标，但却可以为理论的发展提供新的方向。

第二，以实证为基础的基于主体模型研究联合了各种建模方法、数据收集和分析技术，增加了研究结论的外部有效性和内部有效性，促进了模型内部与理论间的逻辑自洽，同时也为资源环境经济学中的集体行动与公共资源研究提供了整合性的研究途径（Amy R. Poteete et al.，2010）。基于主体建模方法建立在实验室实验、案例研究、参与式行为模拟、计算机仿真与空间分析技术等基础上，使我们可以对比和解释在不同假设条件下所观察到的集体行动模式。它使用的是面向对象的程序语言，如 C + + 、Java、Swarm、Repast、Ascape 及 MASON，以及其他提供 GIS 功能的软件，它与多种实证分析工具的结合应用，有助于我们厘清资源环境问题中的复杂性，从多种环境主体的互动网络中抓住其本质联系，通过模型的检验（灵敏度分析、稳健性检验等），增强研究结论的外部有效性和内部有效性，促进模型内部与理论间的逻辑自洽。它要求研究者能驾驭交叉学科知识，不断去掌握新的方法论技能。在这个意义上，它是一种集合了各学科知识的研究网络，为资源环境经济学中不断涌现的人—自然耦合分析研究提供了整合性的研究途径。

第三，ABM 方法有助于分析资源环境经济学中的外部性问题。由于资源环境经济学领域涉及的研究主题很多是公共物品，在微观领域中互动联系的 Agent 行为往往会产生外部性问题，这是与其他经济管理领域应用 ABM 方法最大的区别之一。不过，外部性问题是这一学科涉及的研究主题中一般性的特点，其他研究方法的引入同样会存在此类问题，但应用 ABM 方法来考察外部性问题具有一些独特的优势，例如在计量分析中不太容易考察的问题在 ABM 中可以实现，这是 ABM 建模思路本身所带来的特点。ABM 方法强调的是 Agent 互动的过程而不仅仅是结果，通过计算机仿真研究，“自下而上”模拟这一“有机”过程，观察个体之间局部、微观的交互行为在宏观上涌现出的种种规则，比如合作行为规范等。

这些涌现出来的宏观规则反过来又影响和限制了主体间的交互行为方式。这种基于过程的动态分析方法能促进我们对资源环境中各种 Agent 演化过程的理解，有助于推动复杂性科学的前沿理论与工具在我国资源环境管理领域的应用和本土化，促进学科的交叉、综合和统一。

同时我们也应该看到，尽管资源环境经济学建模领域在一般性的建模策略上已经取得了较好的进展，但对 ABM 这种“自下而上”模型的设计、检验和分析的一般性框架还未建立起来，在参数估计和模型对比分析方面依然存在方法论上的挑战。Salmon（2001）就曾指出，应用计量方法的仿真模型会导致一些潜在的问题，模型往往简化了既有的限定条件以更好地量化和抽象所观察到的行为现象，它聚焦在量化的信息，对互动行为的内在机制设定了假设——如 ABM 假设决策并不是个体独立作出的，噪声过程也不一定服从高斯分布（一种具有正态分布的概率密度函数的噪声），也假设了行动者的偏好或决策制订策略——而这些因素只能间接观察到。模型产生的实证结果并不必然意味着这些假设可以在不同的背景下成立。另外，基于微观个体层面的模型在宏观层次上发生的涌现现象，用对微观层面上的单个主体行为的估计作为校验手段，也是不妥当的。

那么，如果基于主体模型对所研究的决策过程预测力有限，我们如何以数据评估仿真结果？一个可能的途径是在不同的时空尺度下，比较从数据中观察到的行为模式。由于仿真参数的可变性，数据具有不确定性，模型的不同版本应能匹配相应的行动模式。因此，与其使模型拟合实际数据，不如使各种版本的模型都能再现出最重要的经验模式（patterns）。对此，在研究人—自然耦合系统的集体行动问题的文献中，有学者提出了“面向模式的模型方法”（POM），侧重对模型不同行动层面的行动模式与尺度的比较（Grimm et al.，2005）。此外，对于那些依赖于背景因素的研究，除了对模型进行科学的量化检验（如质性的稳健性检验）外，纳入利益相关者的观点及使用图灵测试（Turing Test）[①]

---

① 英国数学家、逻辑学家阿兰·图灵于 1950 年提出的一个关于判断机器是否能够思考的著名试验，测试某机器是否能表现出与人等价或无法区分的智能。

等也同样是重要的可选方式（Amy R. Poteete et al.，2010）。

第二节　基于主体的灌溉合作行为形成机制研究[①]

在2005年的《科学》杂志上，列出了125个“驱动基础科学研究以及决定未来科学研究方向”的科学难题，其中之一就是“人类的合作行为如何演进”。作者指出，“合作在诸多物种中盛行，这意味着，尽管在我们人类这个物种中，民族的、政治的、宗教的冲突非常多，合作仍然是一个更好的生存战略”，这是一个需要演化生物学家、动物学家、神经科学家、经济学家共同努力来研究的课题，需要最终探索出“到底是什么因素在促成我们的合作精神”[②]。“在社会科学领域，最为重要而又没有解决的问题是：在人类社会以及其他动物群体中，合作行为是如何演化、如何维持的”。[③] 由此，“如何达成有效的人类合作”成为当代学术界关注的焦点话题。

本节基于复杂网络视角，将农田灌溉系统视为人—自然耦合的产物，将农村社区模拟为以农户为节点、以农户之间的各种社会关系为连边的社会网络；运用计算机仿真技术考察灌溉合作组织中异质性主体合作行为的扩散机制和主体之间的社会关系对扩散机制的影响，进而讨论农户自组织治理的制度绩效等问题。研究发现：无标度网络下合作扩散的广度具有较小的不确定性，但扩散速度比随机网络的不确定性更大。对资源依赖性越大，政策补助比例越高，平均合作人数越多，合作广度的不确定性越低，但合作扩散速度差异较大。对无标度网络，先行者类型和资源依赖性不同，占用者的支付意愿均值与稳定性随着政策支持比例的变化有差异。占用者间的社会学习和政策支持在推动合作扩散时，初始已采纳者的数量并不是决定扩散成功与否的关键因素。初始采纳者比例与合作扩散之间的关系，取决于特定的网络类型和先行者类型，这

---

① 爱尔兰都柏林大学人文与社会科学院复杂与自适应系统实验室熊航博士对本节ABM模型的编程、测试与运行提供了协助，在此表示感谢。

② Elizabeth Pennisi. 2005. How Did Cooperative Behavior Evolve，Science. Vol. 309.

③ Andrew M. Colman. 2006. The puzzle of cooperation. Nature，Vol. 440，6. p. 744.

对制订合作推广策略具有一定的指导意义。

一　复杂网络视角下的灌溉自组织治理

灌溉系统是一种典型的公共池塘资源，是人类在发展过程中展现公共精神、集体行动乃至群体信仰的缩影。在漫长的历史演变后，灌溉系统逐渐从中央权威所设置的制度框架中“逃逸”出来，成为一个反映微观个体在公共生活中行为选择的绝佳场域，由此也成为当代学术界关注的焦点话题。已有大量文献指出，现代灌溉系统依赖于用水者协会、非政府组织（NGO）等多方主体的合作参与，而不是单一权威机构的“黑箱式政策”（FAO，1994；IIMI，1994；Sampath，1992；Ostrom，1992；Meinzen-Dick，1997）。不过，大量研究证实了灌溉系统中社会合作的可能性（Janssen and Rollins 2012；Janssen and Baggio 2015；Boyd et al. 2003；Ostromand Gardner 1993；Bardhan and Pranab 2000；Janssen 2006），但对合作的机理及其所依赖的制度、社会和文化系统却有待深入探讨。

自组织治理作为一种基于社区、依赖于群体成员积极心智模式、能够实现“干中学”的“高阶”合作机制，能够帮助我们拓宽当代灌溉系统的组织谱系，修正参与式灌溉等传统合作机制的内在缺陷，也为研究者从个体博弈的微观视角——而不是宏大叙事的方式——去深入探讨灌溉系统的行为基础提供了新的切入点，已经在公共资源治理的研究中得到了较广泛的探讨。公共资源的治理属于更大范围上的社会治理，而社会治理是一个持续演化的动力学过程（范如国，2015）。在社会复杂性治理过程中，随机性、不确定性、行为主体之间的社会关联以及基于此的互动与博弈、各种行为机制之间的交互作用，往往使社会治理处于混沌边缘（Edge of Chaos）的自组织临界（Self-organized Critical）状态（G. Zhang et al.，2011），它是一个复合的权力、组织、文化和制度体制运行过程。在这一过程中，由于关联个体的社会网络及其结构能够在很大程度上重塑微观互动所导致的宏观性质，网络结构与功能之间的相互关系就成为复杂网络研究的一个重要方面，各种动力学过程与网络结构的耦合关系得到了广泛而深入的研究，如博弈与合作行为等（程洁、狄增如，2008）。因此，基于复杂网络视角，利用复杂性科学研究中的自组织、涌现、混沌、复杂适应系统等理论来分析和解释社会公共治理中的合作问题，越来越成为公共管理和资源环境可持续发展等领域所关注的一个热点。

本节的研究主题是农户灌溉自治理行为的形成机制，这里我们以一个自然村（通常为行政村下的村民小组）为样本单位，将自治理集体行动定义为自然村内部用水户之间的用水合作，如参与纠纷解决与协调、主动缴水费，参与用水协会的日常事务等，归纳起来，其权利包括用水权和选举权；其义务包括水费缴交及参与管理。我们认为，用水户有效的灌溉合作行为有助于促进成功的灌溉自组织管理。然而，本书第六章、第七章的分析也显示，农户对灌溉合作的意愿较低，用水合作组织在实际中收效甚微。

那么，是什么因素影响了用水户合作的意愿进而降低了灌溉绩效？用水户的行为不仅受到成本、收益等个体自身经济利益的激励影响，同时也会受到他周围的与他相同地位的其他人影响，也即“同伴效应（peer effect）”，在一些经济学著作里，也被叫作“contagion”，“neighborhood effects”或者“peer group effects”（Ding & Lehrer，2006）。在一定的社会网络中个体之间以及与其他类型的主体（如 WUAS）间发生行为互动，进而涌现出宏观层次上的行为模式，例如灌溉系统的合作治理，这样的“有机”过程或说合作形成的微观机制是怎样的？这个过程能否仿真出来？这种有机过程往往是非线性、难以预测的，可以尝试通过社会网络来模拟，例如可以考察什么样的社会网络结构容易产生自治理结构；这种社会网络结构中合作的扩散机制是如何形成的？鉴于计算机仿真是考察从微观行为到宏观现象之动态形成机制的有力工具，本研究采用基于主体建模方法对灌溉自治理合作行为的演进与促发机制进行仿真研究。

二　灌溉自组织治理的形成机制

灌溉资源属于典型的农村公共物品，具有进入的非排他性和消费的收益递减性，同时，由于收益回报低、投资周期长等原因，灌溉基础设施难以吸引外来资本和社会投资。在一些贫穷的偏远山区，财力较差的地区，多数农户生计以外出务工为主，耕地撂荒普遍，村庄灌溉事务无人问津；在一些不缺水的沿海地区，务农已经不是收入的主要来源，很多耕地已经被置换为农民宅基地或村集体用地进入商业运作，灌溉已经淡出人们的视野，因此，即使有愿意合作的先行者，合作扩散机制也不一定能实现。另外，在一些地势较高的丘陵地带或高山地区，由于水资源短缺等客观条件的限制，当地农户选择种植耐旱作物，如花生、地瓜、玉米等，对灌溉合作组织的期待与需求少，自发合作的扩散机制也难以在这些地区形成。

那么，是否在较平坦的平原地区，以传统稻作物为主的粮食主产区，合作扩散就能成功呢？本书认为，在这类地区，较有可能实现成功的灌溉自组织管理。当资源占用者对资源的依赖性较大、面临着不改变现状就将减少从所依赖的资源中获取的收益时，他们愿意共同行动起来改变现有规则以实现自身的收益（Ostrom，1992）。

灌溉资源的占有者们处在一个成员数量不太大的社会团体之中，他们之间通过社会关系相互联系，结成一个联系较为紧密的社会关系网络，且该网络比较稳定。占有者们考虑以新的规则来替代现有的规则，源于他们所共同面临的这项资源被过度开采的问题，而这项资源是他们的重要收入来源，甚至是其生计所依。大多数占有者已经认识到继续发展下去，甚至在不久的将来他们就将遭受巨大损失，因此当前的状态必须得到改变。灌溉自组织合作的形成过程可以大体分为早期、中期和后期三个阶段，塑造各阶段的主要因素不同。

（一）灌溉合作机制形成的早期

在灌溉合作机制形成的早期，主要有以下三个方面的因素影响机制的形成。

（1）占有者的资源依赖状况。不同的占有者对灌溉资源的依赖程度以及因资源被破坏而受到损失的程度不同，从该资源中所获收入占全部收入的比重较高的占有者，会对该资源有较高的依赖。那些已经为开采这项资源投入了较多固定成本或者由于所处的地理位置等原因，一旦资源被破坏将首先遭受损失的占有者，会更大程度上受到资源被破坏的影响。这两类情况通常会发生在同一群占有者身上，那些对资源依赖程度高的占有者往往会更多地受到资源被破坏的不利影响。这些占有者会有更强的动机维持这项资源的可持续性，当面临资源被不断破坏的境地时，他们会首先行动起来，动员其他人摒弃当前的做法，实行具有可持续性的开采规则。

（2）占用者的行动动机。这些首先行动起来的占有者（或称先行者）会首先动员那些在他们看来和他们自己的情况类似（即对这项资源的依赖程度较高和会在资源被破坏时遭受更大损失）同时更容易信任他们（即有更紧密的社会网络关系）的占有者。这些被先行者动员的占有者有较高的概率加入实行新规则的行动，即愿意同先行者共同行动。原因除了他们自己也比较紧迫地面临资源被破坏所带来的压力，因此也有较强的行动动机之外，还有额外的动力：①现在已经有人行动在前了，因此对他们来讲达成行动目标（即在全体占有者中实行新的规则）的难度和成本较低了；②这些先行者对于共同行动的承诺是比较可信的，因为如果共同行动不能成功他们受到的损失会更大。先行者的积极行动实际上打破了他们原有的行动均衡，原来不行动是占优决策，现在有可能行动才是占优决策，而越多人行动，越多的占优决策发生改变。这样一来，一批新的占有者会加入共同行动，又会以与先行者类似的方式来动员其他占有者加入，尽管其积极性可能总体上会相对先行者较低，而且动员的效果也可能总体上没有先行者那么好——因为越向次紧迫的占有者发展，占有者参加行动的动机会越低，同时被动员的占有者对所动员他们的占有者能够信守承诺的信任感也会越低。

（3）占有者的自身特点，即个体行动者的关系指向特征及其自身社会地位状况对其所能获取的社会资本的影响。企业家精神（主要为冒险精神）高、见识、能力等更广的个体通常在创新扩散过程中扮演“创新者 innovator”的角色（Rogers，2003），个人社会资本（主要指农户在村庄社会网络中的地位）对扩散的结果也有显著影响。Banerjee（2013）讨论了发起者的网络中心度对农村小额贷款扩散结果的影响，发现这种影响是显著的。由这样的个体组成的集体所共同形成的团体社会资本（行动者所在的社会网络整体的结构性特征及网络间的互动、制约对个体社会资源获取能力的影响）对团队中的个体具有约束作用，使他们能执行组织内部所共同遵守的规范，进而有效促进合作的扩散。

（二）灌溉合作机制形成的中期

这是合作行为加速扩散的阶段，群体的大部分个体逐步参与合作，最终形成关键大众（critical mass），即一个能够使得某一行为得以向全体成员扩散的大部分个体所组成的集体（Marwell，1993）。在扩散过程中，达到关键大众时的参与比例被称为一个跳跃点（tipping point），经过跳跃点以后，整个扩散将进入自我持续（self-sustain）状态，即向全体成员扩散的趋势将不可逆转。这是因为，随着动员行动的不断扩散，越来越多的占有者会承诺加入共同行动，即按照新的规则开采资源。如果有网络地位（度）较高的占有者较早地参与了扩散，整个扩散的速度会加快，因为这类占有者具有较强的动员力。他们有能力向上申请合作组织成立所需要的资源（财政、配套政策等），对合作的扩散有正面作用：他们可以利用自己的个人魅力和人际关系网来减少由旧规则转向新规则的成本，甚至可以强制没有加入的占有者加入，这些个体是决定能否达到合作扩散的“跳跃点”，进而最终实现合作扩散的关键（critical mass）。总体上这样的人对资源依赖度是较高的（后来进去的一批人只是比发起者的稍低），另外他们的社会网络地位会起到较大的影响，一个中心度高的个体是否加入的态度会对较多的个体产生影响（也即同伴效应）。此外，如果有企业家精神较大的占有者加入也会使得扩散更加容易，这种人是风险偏好的，敢于承担新规则、新变化带来的风险，但同时，一旦成功，他也是最先获得收益的。

另外，基于前文对用水协会的摸底性调查发现，在合作形成与扩散阶段，政府的宣传、推广与支持，即政策机制，也会起到一定的推动作用，有助于关键大众的形成，从而达到合作扩散的跳跃点，进入后期阶段。随着合作的扩散，参与人数增加，协调的成本增加，政府的财政支持能扶持合作组织的建立，帮助降低合作的成本。用水协会是非营利的社会团体，是基于农户自愿基础上的合作组织，成立时需要有一定的资金基础。实地访谈调查发现，有没有得到政府的财政支持，将会对协会的日常运转和可持续发展造成一定影响。

另外，通过社会团体登记获得独立的融资能力也是合作组织良性发展的基础。政府明确了用水组织的法律地位，合作组织具备了合法性，在征收会费、水权交易时就是独立的法律实体。同时，政府赋予合作组织灌溉系统产权，使其通过多角度经营增加自身的造血功能，降低各种日常成本。用水合作组织可持续发展最重要的因素就是把灌溉资源的权利下放给它的使用者，这些权利包括水资源的使用权和水利设施的所有权。即使协会没有资源所有权，但必须具有一定的经营决策权甚至部分剩余索取权，如果协会不拥有这些权利，那么他们就很难筹集到所需要的资金。通过政府赋权，用水协会可以自主管理灌溉设施的运行维护和灌溉用水分配。没有这些权利，合作组织将没有激励去组织农民，这些权利必须要制度化并受到法律的保护。同时，合作组织有收益了，才能够实现良性运转和可持续发展，其他地区看到成功的经验后，合作的扩散也更容易实现。

（三）灌溉合作机制形成的后期

这指的是合作行为的扩散已经经过了跳跃点的阶段。当已经有很高比例的占有者承诺加入共同行动以后，少数不愿意加入的占有者（如对资源的依赖程度很低、资源被破坏给他们带来的损失很小，甚至资源被破坏可能使得他们以某种方式获益等）可能会被迫加入。这种迫使他们加入的压力来自两个方面。①外部性。其他人都加入而自己不加入会使自己显得不合群和处于被孤立的境地，因此坚持当前行动的收益会受损（例如获得的社会尊重减少）。②更强烈的对共同决议的预期。如果已经有很大比例的占有者已经承诺采取共同行动，那么共同行动就很可能成为一个决议，成为一项所有占有者都必须无条件遵守的规章。共同规章中会指定惩罚措施，而如果违规的人是少数，这些人执行惩罚的预期就非常高。当同意加入共同行动的占有者达到一定比例时（例如2/3 多数），共同行动就会成为整个团体所作出的共同决议，形成一个带有强制力的规章。这个规章对不遵守共同行动约定的占有者规定了明确的惩罚措施，加上占有者之间存在较强的相互监督（先行者一类的占有者具有更高的进行监督的积极性），因此所有的占有者都会按照这个规章所体现的新的制度来行动。这样一来，整个团体就实现了自治理结构的集体行动。

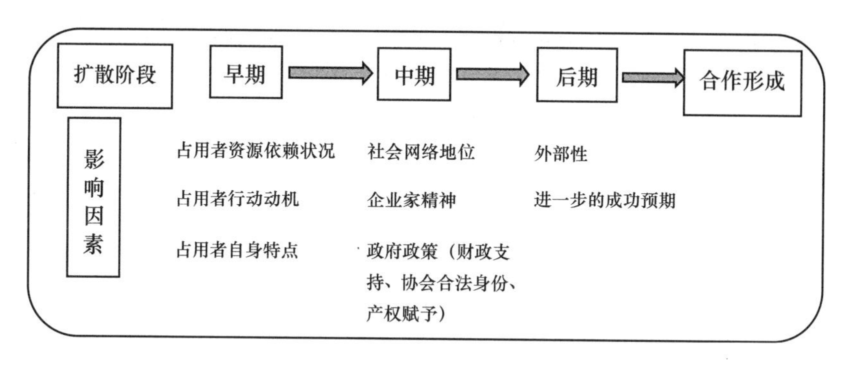

图 8－1　灌溉合作形成机制示意

因此，本书认为，社会资本（占有者的社会关系网络）与政府的政策支持两个变量，对合作的扩散或占用者适应性学习（Adaptive learning）能力的扩散都是必需的。尽管从我国的实际情况来看，政策的作用通常是在先，而后才有农户的个体行动，但如果将视野扩大到世界范围其他国家，先有个体创新行动，而后政策加以支持和推广的案例并不鲜见[①]。实际上，我国经济改革的一条重要经验，就是在前景尚不明确的情况下，允许个体先做尝试，成功则推广、不成功则取消，即“摸着石头过河”。因此本书并不特别强调两个机制的发生先后，甚至认为两者存在相互强化的互动关系。

一个完整的扩散一般会产生一个 S 形的扩散曲线。如图 8－2 所示，关键大众那里的点就是跳跃点，过了跳跃点后，合作扩散的增速放缓，最后趋向平行线，趋于稳定。

① 这部分案例可以参考埃莉诺·奥斯特罗姆《公共事物的治理之道——集体行动制度的演进》，余逊达等译，上海译文出版社 2012 年版。

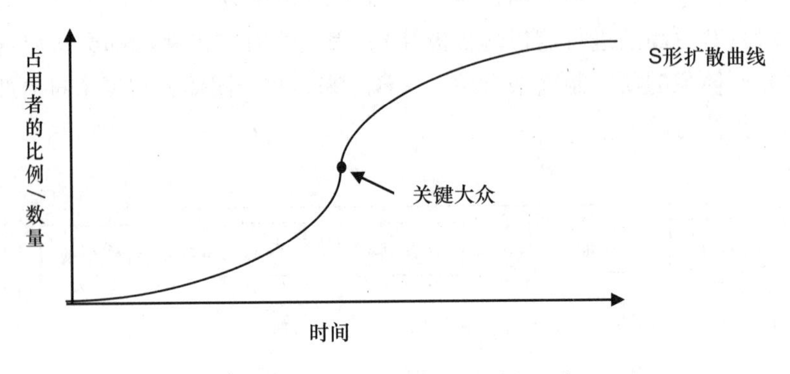

图8－2　合作行为扩散过程示意

三　研究方法与模型设计

本书基于以往的实地调查研究和既有文献，提出农户灌溉合作行为扩散机制的理论预设，接着应用基于主体建模（ABM）方法对这一行为过程进行模拟，运行仿真程序，观察其结果，收集不同情境条件下的仿真数据进行统计分析与建模，进而验证既有的理论假设。如果根据上述机制（假说）能够生产符合定义的合作治理结构，那就说明这种机制在理论上是产生合作治理的一种形式，这就在比较大的程度上验证了假说。同时，通过现有文献的结论来检验，如果根据机制产生自组织的条件、中间产物、可验证的结果和现有文献中的结论相吻合，则又得到了对现有研究的验证。

本书以村庄中自发形成的灌溉合作机制为参考建模。模型设计包含以下四个方面。

（一）社会系统

本研究将村庄社会系统模拟为一个社会网络，该网络由农户及其相互间的各类社会关系组成。目前主要的复杂网络模型有规则网络、无标度网络、小世界网络和随机网络。经典图论倾向于用规则的拓扑结构模拟真实网络。20 世纪中叶，Erdős 和 Rényi（P. Erdős and A. Rényi，1959）建立了随机网络的基本模型；20 世纪末，Watts and Strogatz（Duncan J. Watts and Steven Strogatz，1998）和 Barabási 和 Albert（Albert-Lúszló Barabúsi and Réka Albert，1999）先后提出小世界网络模型和无标度网络模型（何大韧等，2010）。小世界网络中，大部分的节点不与彼此邻接，但大部分节点可以从任一其他点经少数几步就可到达。若将一个小世界网络中的点代表一个人，而连接线代表人与人认识，则这小世界网络可以反映陌生人由彼此共同认识的人而连接的小世界现象。在这样的系统里，信息传递速度快，并且少量改变几个连接，就可以剧烈地改变网络的性能。在随机网络中，尽管连接是随机设置的，但大部分节点的连接数目会大致相同，即节点的分布方式遵循钟形的泊松分布，有一个特征性的"平均数"。连接数目比平均数高许多或低许多的节点都极少，随着连接数的增大，其概率呈指数式迅速递减，故随机网络亦称指数网络。与此不同的是，在无标度网络中，少数的节点往往拥有大量的连接，而大部分节点却很少，一般而言他们符合 Zipf 定律，（也就是 80/20 马太定律）。这种性质的网络称为无标度网络。这里的无标度是指网络缺乏一个特征度值（或平均度值），即节点度值的波动范围相当大。Barabúsi 与 Albert 针对复杂网络中普遍存在的幂律分布现象，提出了网络动态演化的 BA 模型，指出成长性和优先连接性是无标度网络度分布呈现幂律的两个最根本的原因。所谓成长性是指网络节点数的增加，优先连接性是指新加入的节点总是优先选择与度值较高的节点相连，比如，新加入协会的人总是会与社会关系度高的个体（通常是协会会长，干部等）相识。随着时间的演进，网络会逐渐呈现出一种"富者愈富，贫者愈贫"的现象。无标度网络反映了社会群体中一般存在少数权威人士或意见领袖的特征，较为符合灌溉管理的实际情况，同时考虑到计算机模拟的便捷性，本书将所研究的农户社会网络假设为无标度网络。此外，为了对比说明，本书同时模拟了随机网络的情况，因此对模型运行结论的说明，多数都是通过两种网络对比说明的。

扩散网络结构主要体现为网络的拓扑结构特征，即网络点和连边所具有的特定组合模式，如网络平均路径长度、平均聚集系数、度分布（Newman，2003）。假设网络中所有的连边是无向的（即潜在采纳者之间的影响是相互的），并且一对节点之间至多存在一条边，如潜在采纳

者 i 和 j 相互认识则边 $e_{ij}=1$，反之 $e_{ij}=0$。假设在网络 A 中，节点 i 的直接连边集合Γ_i的规模为 k_i，表示该节点所对应的潜在采纳者 i 与其他 k_i个潜在采纳者相互认识。此时称 k_i为潜在采纳者 i 的度，网络中所有潜在采纳者的度的平均值称为网络的平均度。[①] 在网络中，任选两个节点，连通这两个节点的最少边数，定义为这两个节点的路径长度，网络中所有节点对的路径长度的平均值，定义为网络的特征路径长度或平均路径长度，这是网络的全局特征。假设某个节点有 k 条边，则这 k 条边连接的节点（k 个）之间最多可能存在的边的条数为 k（k－1）/2，用实际存在的边数除以最多可能存在的边数得到的分数值，定义为这个节点的聚合系数。所有节点的聚合系数的均值定义为网络的聚合系数或平均聚集系数。聚合系数是网络的局部特征，反映了相邻两个人之间朋友圈子的重合度，即该节点的朋友之间也是朋友的程度。对于规则网络，任意两个点（个体）之间的特征路径长度长（通过多少个体联系在一起），但聚合系数高（你是朋友的朋友的概率高）。对于随机网络，任意两个点之间的特征路径长度短，但聚合系数低。而小世界网络，点之间特征路径长度小，接近随机网络，而聚合系数依旧相当高，接近规则网络。这些理论假设共同作用于水资源的占用者，涉及他们的社会经济特征变量，如对资源的依赖性、先行者的类型、个人特征（受教育水平、合作经历、领导能力等）、社会关系（村民之间交往频率、信息渠道；村民间、村小组间、村与村间关系）等。

（二）行为主体

行为主体指在灌溉活动中占用、提取或享用水资源等的利益相关者，如农户、基层政府。

1. 灌溉资源

（1）含义：为所有占有者所共同占有的公共灌溉资源，假定一个

---

① 在规则网络中，每个节点 i 具有相同的度且 $2\leqslant k_i\leqslant n-1$ 。在随机网络和小世界网络中，节点的度分布是以某个均值为中心的对称分布。在无标度网络中，节点的度分布符合幂律分布。因此，我们将网络的幂律度分布特征称为网络的无标度性。

自然村只拥有一项灌溉资源。

（2）属性：用颜色表示，黄色表示没有参与灌溉合作；红色表示参与灌溉合作；绿色表示参与合作后又退出，意见不定者。

2. 政府

政府从三个方面参与灌溉活动。第一，政府人员参与合作。政府人员是一类特殊的占有者，他们是具有最高企业家才能和度的占有者。每增加一个政府人员参与合作，财政支持的金额会增加（线性增加）。第二，提供财政支持。首先是每增加一个政府人员参与合作，财政支持线性增加。其次是当参与合作的占有者达到一定比例（例如50%）时，政府按照一定比例（例如40%）减少每个占有者参与合作需要支付的费用。第三，通过赋予协会灌溉设施产权、明晰用水协会法律地位等措施增加合作收益，降低合作成本。产权、法律地位的明细程度越高，收益越高，即成本降低得越多。在模型中，基于参数简化考虑，将财政支持与明晰协会法律地位、赋予灌溉系统产权等政府作用统一用 subsidy 一个参数表示。

3. 占有者

（1）含义：共同占有灌溉资源的占有者，以一个自然村（即当前行政村下辖的村民小组）为一个群体。其中有一类占有者是政府人员，他们是企业家才能和社会网络中的度（即连边的数量，degree）的乘积最高的占有者。假设各个占有者的规模是同质的，但是在冒险性、受教育水平等个人特征上是异质的。

（2）属性。

a. 企业家精神，即风险偏好、受教育水平等单个占有者所具有的特征，在模型中用受教育年限来表示。这些特征是系统外生给定的，并假设在整个群体中，各个占有者的个人特征的数值服从正态分布。

b. 对灌溉资源的依赖程度（distance），在模型中用占有者距离灌溉资源的距离来表示。简单起见，假设距离资源越近的占有者对资源的依赖程度越高，因此依赖程度与距离是反向关系，表示为距离的倒数（$\frac{1}{\text{dist}}$）。

c. 合作倾向（coop_ propensity），即一个占有者在一次循环中选择为“合作”的概率，这个概率由其对灌溉资源的依赖程度、个人特征，以及已经采纳的同伴的数量（网络上的特征）等共同决定，以下是单个占有者更新合作倾向的公式：

$$prop = \alpha \cdot char \cdot \frac{(coop\_links + 1)}{dist} \qquad 公式（8-1）$$

其中，α 指合作倾向的系数（外生给定）；prop 指占有者参与合作的倾向；char 指占有者个人特征；coop_ links：已经参与合作了的邻居的数量。合作指示（coop），值为 0 表示不合作，值为 1 表示合作。合作费用承受额度（spend），以下公式计算：

$$spend = \beta \cdot \frac{scale}{dist} \qquad 公式（8-2）$$

其中，β 指合作费用的系数（全局变量，即外生给定）；家庭规模，指家庭资产规模（scale），在整个群体正态随机分布。家庭资产规模越大、对资源依赖性越大的占有者，愿意承受的合作费用越高。

合作费用（fee），指单个占有者需要缴纳的合作费用，等于总协调成本减去财政支持后除以已经参与合作的人数，即

$$fee = \frac{cost - subsidy}{num\_adp} \qquad 公式（8-3）$$

其中，γ 指协调成本系数（cost-expo），cost 指协调成本，参与合作人数的指数函数，用以下公式表示：

$$cost = num^{\gamma} \qquad 公式（8-4）$$

（三）行为规则

一个农户是否参与合作取决于两个方面。（1）合作费用是否在其所能承受的范围之内。每个参与合作的农户都会付出一定的代价，这个代价就是其为了和其他个体一致行动而做出的妥协和利益让渡，我们称之为协调成本。对于整个社会群体（自然村）而言，协调成本的大小取决于参与人数的数量，公式为（8-4）该成本由所有参与者均摊。在一定的条件下，政府可能采取鼓励农户合作的政策，我们将政策的作用表示为补贴全社会的协调成本，因此农户实际缴纳的合作费用为公式（8-3），该费用可以看作农户参与合作需要缴纳的一

笔资金。农户所能够或愿意为合作而承受的代价取决于其对公共资源的依赖程度和农户规模（即家庭人口数量），表示为公式（8－2）。

（2）合作倾向。农户的合作倾向取决于三个因素：企业家精神、对资源的依赖程度以及具有社会关系的农户（本研究简化为邻居关系）的采纳情况，表示为公式（8－1）。在合作成本不超过其所能承受的范围时，一个农户具有 prop 的倾向参与合作。

在一次试验中，每个占有者的个人特征（char）和对资源的依赖程度（dist）是给定的，占有者参与合作的倾向取决于其已经参与合作的邻居数量（coop_ links）。coop_ links 的值越高，占有者参与合作的概率越高。与此同时，占有者合作费用承受额度（spend）不低于合作费用（fee），占有者才能参与合作，并根据合作倾向做出选择。此时，同伴效应、政策等都会影响其成本或收益的比较，因此，模型中蕴含了正向（参与合作的邻居越多，合作的比例越大）与反向（spend 不低于 fee）两种机制，这两种机制相互作用，最终模型才能收敛（见图 8－3）。

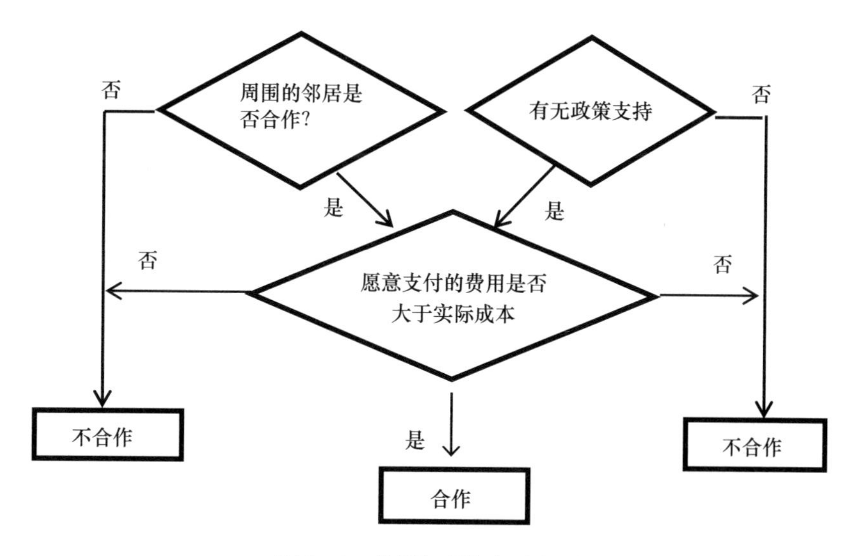

图 8－3　模型机制与行为规则

占有者之间通过一定的社会网络关系相连，整个群体中的网络关系结构有两种：Erdős-Rényi（ER）随机网络和 Barabási-Albert（BA）无标度网络。在随机网络中，每个占有者与其他占有者随机连接，占有者网络关系的度分布服从随机分布。在无标度网络中，每个占有者与度较大的占有者连接，占有者网络关系的度分布服从幂律分布。

模型每次运行时间为 100，设计模型停止的情况为：①当合作比例超过 90%，大部分人都愿意合作则停止；②合作人数少于最初带头合作的人数，很多人不愿意合作，停止；③围绕某一中间水平上下波动，即认为形成动态均衡，也停止运行。三种情况都是在系统达到均衡时停止运行。

（四）参数设置

模型中的参数设定如表 8－2 所示。模型每组参数重复仿真运算 130 次，每 20 次的样本（2211840 条记录）进行一次统计，取它们的平均值作为最终结果。仿真计算通过 NetLogo 软件编程实现。

表 8－2 **参数设定**

变量及参数	含义	运行范围	依据
Num-owner	占用者人数，以一个自然村为样本	20、40、60、80	实地调查，均值为 46.7，标准差为 26.4
Seed-ratio	最先合作的人数比例（先行者）	[5%，7.5%，10%，12.5%，15%]	实地调查，均值为 7.87%，标准差 4.40%
Network	网络类型	随机网络/无标度网络	研究发现中国中部农村网络结构近似无标度网络特征，在对比不同网络的动态变化时，随机网络通常被作为参照（Montanari and Amin 2010；Rand et al. 2011）
Seed-owner	先行者的类型	Close Owners/High Degree/High Entrepre	Peres 2014（high degree），Ostrom 1992（high dependence）和 Rogers 2010（high entrepreneurship）

续表

变量及参数	含义	运行范围	依据
Prob-ER	生成随机网络的连接概率	5%、10%	生成网络的特征值
SF-initial	生成无标度网络的初始节点数	3，4	与 Xiong and Payne (2017) 中描述的特征相似
SF-rewire	生成无标度网络的重连概率	1，2	
dist	到公共资源的距离，表示对资源的依赖性（四舍五入）	7，8，9，10，11，12，13，14，15，16，17	模型随机生成，取出现频率最多的值四舍五入
α（coop-coef）	合作倾向系数（外生给定）	0.3，0.4，0.5，0.6	使大部分扩散能够收敛，或有助于扩散的参数组合；不同的参数组合产生不同的结果
β（Spend-coef）	合作费用承受额度系数	3，4，5，6	
γ（cost-expo）	协调成本系数，即协调成本函数中的指数	1，1.1，1.2	
coop_ links	已经参与合作了的邻居的数量	1 表示合作，0 表示不合作	二分变量
scale	家庭规模（生产规模）在整个群体正态随机分布	在一个村庄中呈正态分布，均值6.5，标准差5	实地调查，均值 6.74，标准差 5.32
entrep	占有者的企业家精神特征，用户主的受教育年限表示	在一个村庄中呈正态分布，均值 9.34，标准差 3.6	实地调查，均值 9.5，标准差 3.50
subsidy-ratio	政策支持的比例	50%，60%，70%，80%	实地调查，均值 60%，标准差 15%

四　模型运行的结果

在本研究中，仿真实验所要考察的因变量主要是在两种网络结构下，占有者参与合作行为扩散的广度和速度。同时，本书还对以下结果感兴趣：①在不同或相同的网络类型下，合作行为扩散的广度和速度；②在不同的先行者角色下，网络结构不同时，参与合作行为扩散的广度和速度；不同先行者类型下，无标度网络结构下的占用者愿意支付的实际成本；③考察在同样的网络结构和资源依赖性情况下，不同的政策支持程度对合作扩散的影响；以及当网络类型和先行者类型相同情况下，政策支持变量对合作扩散的影响程度。以下我们主要从不同网络类型、先行者类型和政策支持情况对合作扩散的影响三个方面报告模型运行的结果。

（一）网络类型的异同对合作扩散的影响

1. 描述性分析

首先，考察在不同的网络结构下（Network 变量），占有者参与合作行为扩散的广度和速度。在不同的网络类型下，时间越短（step 越小），说明扩散得越快。广度指在系统达到均衡时的合作水平（见表 8－3）。

表 8－3　**不同网络类型下因变量合作人数的描述性统计**

网络类型	随机网络	无标度网络
因变量均值	39.10	39.01
因变量方差	345.98	340.59
因变量标准方差	18.60	18.46
因变量最大值	80	80
因变量最小值	0	0
因变量置信区间	[2.64，75.55]	[2.83，75.18]
Step　均值	75.23	75.25
Step　方差	1603.93	1694.07
Step　最大	100	100
Step　最小	1	1
Step　标准方差	40.05	41.16
Step　置信区间	[－3.27，153.73]	[－5.42，155.90]

从表 8－3 可见，至模型运行停止，两种网络结构下的模型特征没有实质性差异，平均选择合作的人数都为 39，最大合作数都是 80 人，广度相近；此时运行的平均时间都接近 75（step 均值为 75.23、75.25）。从最终采纳者比例来看，两种网络类型下合作扩散平均情况

都只有39人，但不同网络类型下的合作扩散的波动性不同，这里用130次仿真结果均值调整后的标准差来衡量。从平均采纳者比例波动来看，无标度网络下合作扩散的广度具有较小的不确定性（18.46），但扩散速度比随机网络的不确定性更大（41.16）。这启示我们在进行合作扩散预测时，应考虑扩散网络的拓扑结构特征，例如在少数几个先行者具有较大规模的社会关系度时（近似于无标度网络），合作扩散的速度比广度较难确定。

其次，考察在相同的网络类型下，合作人数达到最大时，占用者实际承担的费用情况。

研究发现实际承担费用系数最小时（取1），参与合作的农户人数最大可达到80，共327组。此时的政策支持比例均值为77.85%，资源依赖性均值为12.49，愿意承担的成本系数均值为5.252，时间步骤均值为2.41，合作倾向系数均值为0.560736，初始合作比例均值为10.25%。在这327组中，根据我们的假设，选取了合作倾向系数最大（0.6），愿意支付的成本最大（6），对资源依赖程度最高（presicion为11）的组合，此时显示网络密度较大，如表8－4所示。

表8－4　**两种网络类型下，实际承担费用最小时各参数的值**

网络类型	生成无标度网络的重连概率	生成无标度网络的初始节点数	生成随机网络的连接概率	占用者人数	先行者比例	先行者类型	政策支持比例	时间	合作人数
随机网络	1	3	0.1	80	0.15	High Entrepre	70%	2	80
随机网络	1	4	0.1	80	0.05	Close Owners	80%	2	80
随机网络	1	4	0.1	80	0.1	High Degree	80%	2	80
随机网络	2	4	0.1	80	0.15	Close Owners	70%	2	80
随机网络	2	4	0.1	80	0.15	High Entrepre	70%	2	80
无标度网络	2	4	0.1	80	0.15	High Entrepre	80%	3	80

当实际承担的费用达到最大（1.2）时，合作人数最大只有78人（占用者总数为80人），两种网络类型下的政策支持比例都为80%，资

源依赖性相同（12），愿意支付的成本相同（系数为6），合作倾向相同（0.6），此时网络参数值的情况如表8－5所示。

表8－5　**两种网络类型下，实际承担的费用最大时各参数值**

网络类型	生成无标度网络的重连概率	生成无标度网络的初始节点数	生成随机网络的连接概率	先行者比例	先行者类型	时间	合作人数
随机网络	1	3	0.1	0.15	High Entrepre	2	78
随机网络	1	3	0.1	0.05	High Entrepre	2	78
随机网络	1	4	0.1	0.05	High Entrepre	2	78
随机网络	1	4	0.1	0.05	High Degree	2	78
随机网络	2	3	0.1	0.1	Close Owners	2	78
随机网络	2	4	0.1	0.15	High Degree	2	78
无标度网络	2	4	0.05	0.15	High Degree	1	78

可见，当政策支持比例相同、占用者对资源依赖性一样，愿意支付的成本及合作倾向相似的情况下，即使实际需要承担的成本有所增加，对合作扩散的广度影响不大，此时网络密度都较大。

2. 回归分析

在同样的网络结构下，考察在政策支持变量、先行者类型及实际支付的合作费用相同的情况下，对水资源的依赖性不同，合作扩散的广度有何差异。

按网络类型（2个水平）和先行者类型（3个水平）进行分组多元回归（6组），采用stepwise法选择变量，以"对资源依赖性""实际承担费用""政策支持比例""先行者类型""初始连边数"及"断边重连比例"等变量为自变量，合作人数为因变量进行多元回归。回归方程如下：

$$count = C + cost\text{-}expo + subsidy + precision + Nurm\text{-}owner + Spend\text{-}cof + SF\text{-}rewire + coop\text{-}cof + \varepsilon \qquad 公式（8－5）$$

其中，C为截距项，ε为误差项。与之对应的6个回归结果如表8－6所示。

表 8－6　　根据网络结构和先行者类型分组多元回归的结果

控制变量	第一组	第二组	第三组	第四组	第五组	第六组
Network	Random	Random	Random	Scale-Fr	Scale-Fr	Scale-Fr
Seed-owner	Close Own	High Deg	High Ent	Close Own	High Deg	High Ent
cost-expo	-41.81 *** (0.08)	-42.40 *** (0.08)	-43.75 *** (0.08)	-44.71 *** (0.08)	-44.87 *** (0.08)	-46.06 *** (0.08)
subsidy	32.52 *** (0.06)	33.09 *** (0.06)	34.51 *** (0.06)	34.90 *** (0.06)	35.04 *** (0.06)	36.18 *** (0.06)
dist	-0.60 *** (0.01)	-0.62 *** (0.01)	-0.67 *** (0.01)	-0.65 *** (0.01)	-0.65 *** (0.01)	-0.68 *** (0.01)
prober	0.65 ** (0.23)	1.11 *** (0.23)	1.80 *** (0.23)	—	—	—
Num-owner	0.78 *** (0.00)	0.78 *** (0.00)	0.78 *** (0.00)	0.76 *** (0.00)	0.76 *** (0.00)	0.76 *** (0.00)
Spend-coef	2.61 *** (0.01)	2.65 *** (0.01)	2.75 *** (0.01)	2.79 *** (0.01)	2.80 *** (0.01)	2.90 *** (0.01)
Coop-cof	0.38 *** (0.00)	0.51 *** (0.05)	0.91 *** (0.05)	0.67 *** (0.05)	0.63 *** (0.05)	0.97 *** (0.05)
Seed-ratio	-0.31 * (0.14)	-0.64 *** (0.14)	-1.41 *** (0.14)	—	—	-0.97 *** (0.15)
SF-rewire	—	—	—	0.11 *** (0.01)	0.12 *** (0.01)	0.16 *** (0.01)
Constants	21.79 *** (0.12)	21.92 *** (0.12)	22.10 *** (0.12)	23.32 *** (0.12)	23.31 *** (0.12)	23.47 *** (0.12)
调整 R^2	0.9256	0.9248	0.9230	0.9251	0.9246	0.9226
模型的 Pr > F	<0.0001	<0.0001	<0.0001	<0.0001	<0.0001	<0.0001
因变量预测值的标准误差	5.131	5.161	5.242	5.159	5.172	5.252
样本数	820375	821107	825119	768972	766893	770605

说明：括号内的为相应的标准误差；* $p<0.05$；** $p<0.01$；*** $p<0.001$；— 表示该变量未进入方程。

两种网络类型下的记录数共 4773071 条[1]，统计结果如下。

① 在模型运行得出的全部数据中，从中挑出与灌溉资源距离出现频率最高的值（dist = 10－15），符合这种情况的记录有 4773071 条，其中网络类型为随机网络的有 2466601 条，无标度网络为 2306470 条。

（1）网络类型为随机网络，先行者类型为最靠近资源的占有者时，模型的调整 R^2 为0.9256，因变量的标准误差为5.131。采用多元逐步回归的方法，通过显著性检验的变量进入方程。从影响方向看，参与者实际承担的成本、占有者对资源的依赖性以及最早参与合作的人数比率对合作人数是负向影响，这表明参与者实际承担的成本越高、离资源的距离越远，合作人数越少，这符合前文的假设，但最早参与合作的人数比率与合作人数是反向关系，与前文的假设相悖，有待进一步分析。而政策补助比率、占有者数量、愿意支付的成本及合作系数对合作人数有正向影响，从而验证了假设的合理性。在随机网络下，先行者类型为高社会度和高企业家精神时，模型的调整 R^2 分别为0.9248以及0.9230，因变量预测值的标准误差分别为5.161、5.242，这两种类型与先行者类型为最靠近资源占有者类型相比较，在三种类型下，影响合作人数的自变量系数大小相近、方向相同，表明当网络类型同为随机网络时，先行者的三种类型自变量对合作人数的影响差异不大。

（2）选取网络类型为无标度网络，先行者类型为最靠近资源的占用者时，模型的调整 R^2 为0.9251，因变量预测值的标准误差为5.159，通过95%显著性检验的变量进入方程。从影响的方向来看，我们发现参与者实际承担的成本、占有者对资源的依赖性对合作人数产生负方向的影响，而政策补助比率、占有者数量、愿意支付的成本以及合作系数对合作人数有正方向的影响。这些都验证了前文假设的合理性。在无标度网络类型下，先行者为高社会关系度和高企业家精神时，模型的调整 R^2 分别为0.9246以及0.9226，因变量预测值的标准误差分别为5.172、5.252。多元逐步回归，在三种先行者类型下，除“最早参与合作人数”这个变量以外，其余进入方程的变量名称都一样，变量的系数大小相似，正负性相同。值得注意的是，在网络类型为无标度网络，先行者类型为高企业家精神时，“最早参与合作的人数”进入方程，但与合作人数是负相关的，这与我们的预期相悖。

综上所述，我们发现同一种网络类型下，三种不同先行者类型并无明显差异。从总体来看，两种网络类型进行比较，其中最早参与合作的人数这一变量对随机网络下的三种先行者类型都有显著性负向影响，但在无标度网络下，只有先行者类型为高企业家精神时，最早参与合作的人数才通过显著性检验。这表明在随机网络类型下，无论先行者类型如何，最早参与合作的人数越多，合作扩散的广度越小，但在无标度网络类型下，只有当先行者类型为高企业家精神时，才会出现这样的结果。

为进一步探讨先行者类型对模型的影响，我们将网络类型和先行者类型两个变量转化为虚拟变量进行多元回归分析。网络类型有两个水平，用一个虚拟变量 n 表示：$n=0$ 表示随机网络；$n=1$ 表示无标度网络。先行者有三个水平，用两个虚拟变量表示：$S_1=0$，$S_2=0$ 表示最靠近资源的占用者（0，0）；$S_1=1$，$S_2=0$ 表示高社会关系度的占用者（1，0）；$S_1=0$，$S_2=1$ 表示高企业家精神的占用者（0，1）。由于不需要进行分组，最后使用 stepwise 法得到一个多元回归方程。样本数为 14650433 条记录，模型总体的调整 R^2 为 0.9293，因变量预测值的标准误差为 4.926，通过 95% 显著性检验。

表 8－7　**全部数据多元回归结果**

	非标准回归系数（B）	B 的标准误差	显著水平（P）	B 的 95% 置信区间下限	B 的 95% 置信区间上限	标准回归系数
cost-expo	－52.72 ***	0.02	<0.001	－52.75	－52.68	－71.70
subsidy-ratio	41.43 ***	0.01	<0.001	41.40	41.46	56.35
dist	－0.75 ***	0.02	<0.001	－0.76	－0.75	－1.02
Prob-ER	1.14 ***	0.05	<0.001	1.04	1.24	1.56
Num-owner	0.74 ***	0.00	<0.001	0.74	0.74	1.01
Spend-cof	3.30 ***	0.00	<0.001	3.30	3.30	4.49
SF-initial	0.003	0.00	0.2322	－0.0020	0.0081	0.00
SF-rewire	0.04 ***	0.00	<0.001	0.04	0.05	0.06
coop-cof	0.48 ***	0.01	<0.001	0.46	0.50	0.66
Seed-ratio	－0.06 ***	0.00	<0.001	－0.1255	－0.0013	－0.09
n	－0.15 ***	0.00	<0.001	－0.16	－0.15	－0.21
S_1	－0.01 *	0.00	0.0172	－0.0137	－0.0013	－0.01
S_2	－0.03 ***	0.00	<0.001	－0.037	－0.025	－0.04

续表

	非标准回归系数（B）	B的标准误差	显著水平（P）	B的95%置信区间下限	B的95%置信区间上限	标准回归系数
截距项	25.84***	0.03	<0.001	25.78	25.90	—
调整 R^2				0.9293		
模型显著水平（P）				<0.001		
因变量预测值的标准误差				4.926		
样本数（N）				14650433		

说明：* p<0.05；** p<0.01；*** p<0.001；— 表示该变量未进入方程。

从结果可以看出，S_1 和 S_2 虚拟组合变量最终进入回归方程，表明先行者类型的取值对因变量合作人数有着显著的影响，相对于最靠近资源的发行者类型，高社会关系和高企业家精神的先行者情况下，合作扩散广度更小；并且网络类型对应的虚拟变量 n 最终进入方程，系数为 -0.15，说明相对于随机网络，在无标度网络下，合作扩散的人数更少。

而从其他非虚拟变量来看，与前文控制了网络类型和先行者类型进行分组多元回归时的结论类似，占用者实际承担的成本、对资源的依赖性对合作人数影响为负，而政策补助的比率、占有者数量、愿意支付的成本以及合作系数对合作人数影响为正，这些都符合前文假设。其中，实际承担成本与政策补助比率变量对合作人数产生的影响较大，这与模型最初设计的两个机制也是逻辑一致的。但是，两次的多元回归分析都显示，先行者的人数比率与合作扩散是负相关的，这与我们的理解相悖，有待进一步分析。这说明占用者间的社会学习和政策支持在推动合作扩散时，初始已采纳者的数量并不是决定扩散成功与否的关键因素。即使合作推广者促成了适当比例的初始采纳者，但若合作效益不佳，失败经历得以散布，则对合作的扩散反而起到负面影响。因此，还应通过其他方法来提升合作扩散的广度，如提高合作的质量，完善灌溉合作组织的内部管理和运营，提供合作的预期，降低成员参与合作的“心理门槛”等。

（二）不同的网络结构下，先行者类型对合作扩散的影响

首先，考察在不同的先行者类型（Seed-owner 变量）和网络结构

下，在政策补助等其他变量相同的条件下，合作扩散的广度和速度。

第一种先行者是最靠近资源的所有者（close-owner），先看无标度网络情况：选取资源依赖性相近、平均补助比例在65%的范围，平均成本系数在1.1，占用者总平均数为50人时，平均合作人数为38人，平均最多合作人数46人，最少平均也有25人，平均运行74步时收敛。再看随机网络，选取资源依赖性相近、平均补助比例在65%的范围，平均成本系数在1.1，占用者总平均数为50人时，平均合作人数为39人，平均最多合作人数46人，最少平均也有26人，平均运行74步时收敛。两种网络类型扩展的广度和速度相似，均没有实现合作的完全扩散（100%）。

第二种先行者为度最高的占用者，也即认识的邻居、朋友等社交圈最大的占用者。这样的先行者有更广阔的渠道接触大众媒体，存在广泛的人际关系，积极活跃地参与社会活动。在合作方面，先行者先于他们的追随者采纳灌溉合作决策，即前者更具有创新精神，是合作行为在社会系统内进一步扩散的初始推动力量。因此，先行者应处于扩散网络的相对核心位置并拥有较丰富的异质性信息资源，具备拥有并控制网络资源的能力。

先看在无标度网络情况下，与第三种先行者角色——高企业家精神相比，占用者总平均数为50人时①，在对水资源依赖性一样的情况下（取值11）②，在高社会关系度的先行者角色下，平均合作人数为40.4，高企业家精神下平均合作人数为38.89，结果相近。这表明当占用者对资源依赖性较大时，不论是高社会关系度或高企业家精神的先行者，合作可能性都较大，约至80%。Prec = 14时，先行者为高企业家精神中的平均合作人数为34.74，先行者类型为高社会关系时，平均合作人数为39.09；距离为15，先行者类型为高社会关系时，平均合作人数为36.46；先行者类型为高企业家精神时，平均合作人数为36.28；

---

①　一个自然村的资源占用者，模型参数设有20、40、60、80等取值点，统计时选取了符合条件的记录数下，该参数的平均值来指代这一变量。

②　对资源依赖性变量，模型中用“距离水资源的平均距离”表示，统计时选取了出现频率最高的数值，10—15。

距离为13时，先行者类型为高社会关系，平均合作人数为39.72，高企业家精神的先行者，平均合作人数为37.89；取12时，高社会关系先行者下的平均合作人数为38.15，高企业家精神先行者时的平均合作人数为38.52；取10时，高社会关系类型先行者情况下的平均合作人数39.16，高企业家精神先行者时则为40.18。可以看出，对于两类先行者类型，随着对资源依赖性的降低，平均合作人数都呈逐渐降低的趋势（见图8-4）。

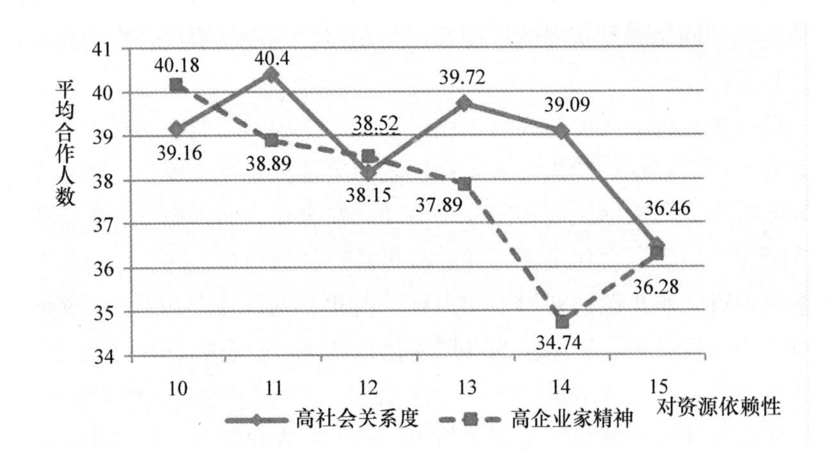

图8-4　无标度网络下不同先行者角色在资源依赖性相同情况下的平均合作人数对比

再看随机网络下，先行者为高社会关系度类型时，如表8-8所示，在控制“对资源依赖性”这一变量相同的情况下（均值都为12.5），占用者总平均数为50人时，当政策补助在50%的水平时，平均合作人数为33.65，60%时则为36.86；70%时则为40.43；达到80%时，平均合作人数为44.15。

从表8-8看出，资源占用者样本均值为50人时，随着政策补助的力度加大，平均合作人数也逐渐增加，从样本合作人数变量的方差可知，方差值逐渐变小，数据分布由分散转为集中，说明样本数据的波动变小；所需时间也不断减少，由94.69降至43.04，可知补助比例增大

时，合作扩散的速度也在不断增加，但此时时间样本数据在平均数附近波动较大。（见图 8－5）

表 8－8　　先行者类型为高社会关系度时，不同的政策补助情况下合作扩散的广度和速度

补助水平（%）	平均合作人数（coop＝1）	方差平均值[a]（coop＝1）	时间（step）均值	时间（step）方差均值[a]
50	33.65	34.08	94.69	339.96
60	36.86	31.15	87.79	716.26
70	40.43	18.61	71.84	1167.34
80	44.15	8.14	43.04	1166.27

说明：a：对符合条件的所有记录中，选择合作人数（coop＝1）的方差以及时间（step）本身的方差进行平均值计算。

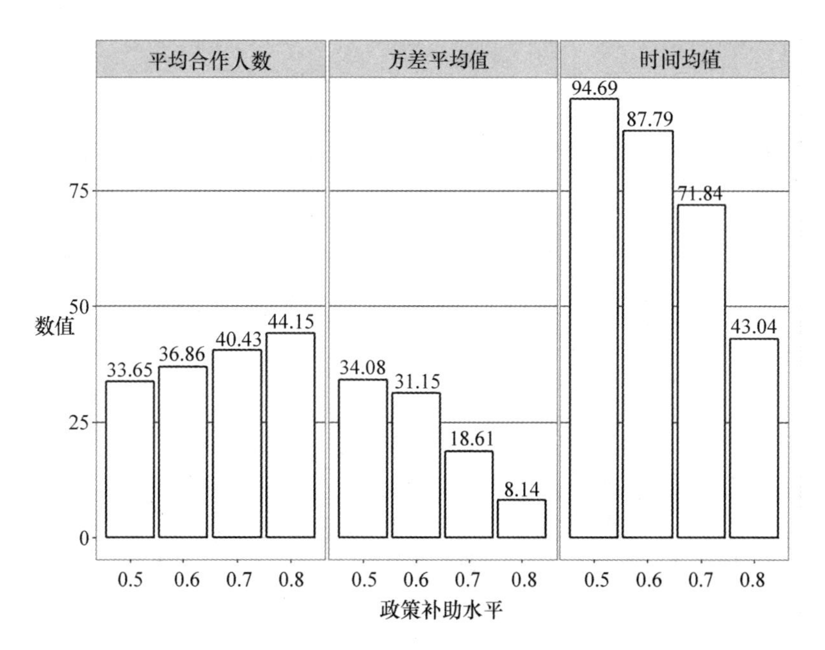

图 8－5　先行者类型为高社会关系度时，不同的政策补助情况下合作扩散的广度和速度

在先行者为高企业家精神类型时，各种统计数据结果对应如下（见表8－9、图8－6）：

表8－9　　先行者为高企业家精神角色时，不同政策补助情况下合作扩散的广度和速度

补助水平（%）	平均合作人数（coop＝1）	方差均值[a]（coop＝1）	时间（step）均值	时间（step）方差均值[a]
50	33.14	35.73	94.85	387.43
60	37.43	28.87	86.81	701.78
70	40.37	17.06	71.54	1151.28
80	44.13	8.75	43.14	1158.82

说明：a：对符合条件的所有记录中，选择合作人数（coop＝1）的方差以及时间（step）本身的方差进行平均值计算。

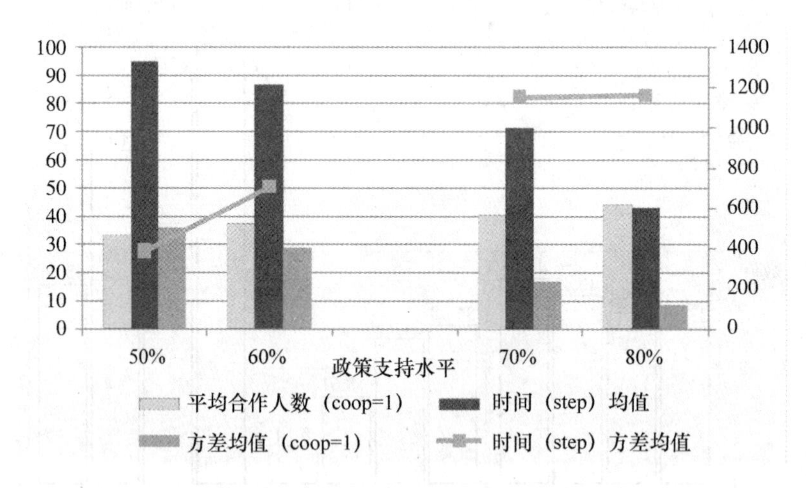

图8－6　先行者为高企业家精神角色时，不同政策补助情况下合作扩散的广度和速度

随着政策补助比例的上升，平均合作人数逐渐增加，数据离散程度逐渐降低，扩散的速度也更快，但此时时间样本数据在平均数附近波动

较大，与高社会关系度时的情形类似。

从最终的采纳者比例波动来看，网络结构和先行者类型对合作行为扩散的结果影响不大，对资源依赖性越大，政策补助比例越高，平均合作人数越多，合作广度的不确定性越低，但合作扩散速度差异较大。

其次，考察不同的先行者角色时，对无标度网络结构而言，在不同的政策支持比例下，占用者愿意支付的成本有何差异。

在网络类型是无标度网络，实际花费的成本系数（cost-expo）均值都是1.1的情况下，控制政策支持比例（Subsidy-ratio）、资源依赖度（distance）变量的取值相同，考察愿意支付的成本系数（Spend-cof）之均值、最大最小值、方差和置信区间。每种先行者类型下有72条记录符合要求，总计216条。再根据4种政策支持比例参数下，资源依赖性由大至小（10—15）分为6种情况，将这72条数据归类为24组，其他先行者类型的做法相同。结果发现216条记录支付意愿系数的最大值都为6，最小值都是3。

在先行者类型为最靠近资源（close owners），4种政策支持比例下，随着资源依赖性由大变小，支付意愿均值都呈逐渐下降趋势，取值很接近。取值最大的出现在政策支持为50%时，对资源依赖性最大的情况（4.53），但此时数据离散程度也是最大的（1.2786）。尽管在资源依赖性为14（50%）、15（80%）时，支付意愿均值有小幅上升，但都低于依赖性为10时的均值（见图8－7）。在依赖性为12之前，政策支持比例50%及70%的支付意愿均值甚至高于80%的支持力度，超过12这个阈值后，80%比60%、70%的政策支持比例时的支付意愿均值都高，但与50%时的情况相比，则时高时低。在80%的政策支持力度时，数据离散程度逐渐降低，但在依赖性很低（15）时，出现小幅的波动。政策支持为70%时，数据离散程度则先减少（11）后增大（13），依赖性最小时离散程度降到最低（见图8－8）。

随着资源依赖性由大变小，60%的政策支持度数据离散程度逐渐增大，但政策支持力度为50%时则正好相反，数据离散程度逐渐减少（图8－8）。

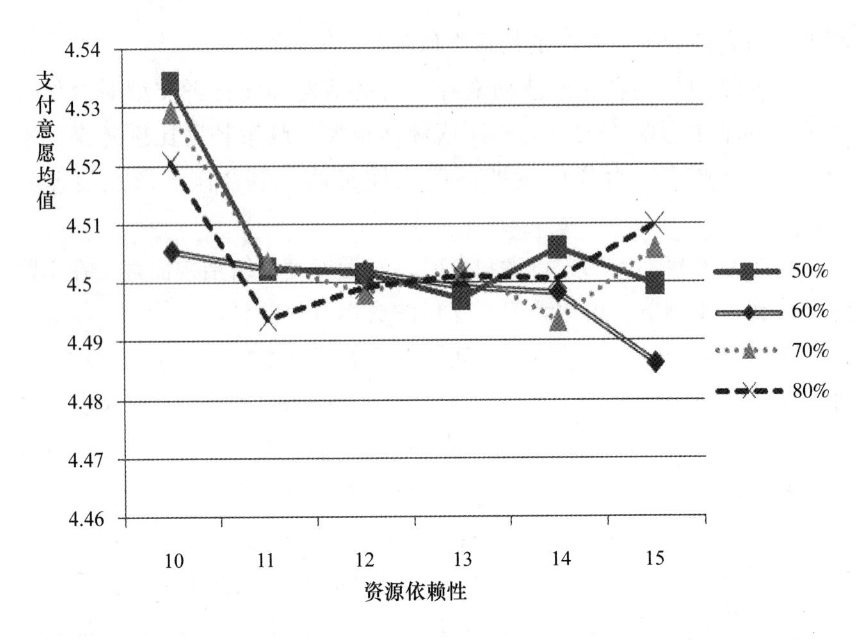

图 8－7　先行者类型为 close owners 时不同政策支持度下的支付意愿均值

当先行者类型为高社会关系度（high degree）时，50%及60%政策支持度时的支付意愿系数均值总体趋势都是随着资源依赖性由大变小而逐渐下降，但60%政策支持下，支付意愿均值在依赖性为15时有小幅上升（见图8－9），此时数据离散程度小幅增加，而60%政策支持度下的支付意愿值离散程度较大，减少—增大—减少交替出现，数据离散程度高低起伏。

再看政策支持为70%时，支付意愿系数均值先减少后增大，在依赖性为13时出现最低，说明最靠近和最远离水资源的占用者愿意支付合作成本的意愿最高，处于中间的占用者支付意愿最低，但此时数据离散程度增大，在依赖性取值为14时陡然下降（见图8－9）。80%政策支持度下的支付意愿系数均值呈倒“U”形分布，先小幅上升后在依赖性值为14处下降，数据波动程度缓慢增大（见图8－9）。

在先行者类型为高社会关系度情形下，支付意愿均值最高的出现在政策支持度为60%，同时对资源依赖性最大（10）的条件下，而数据

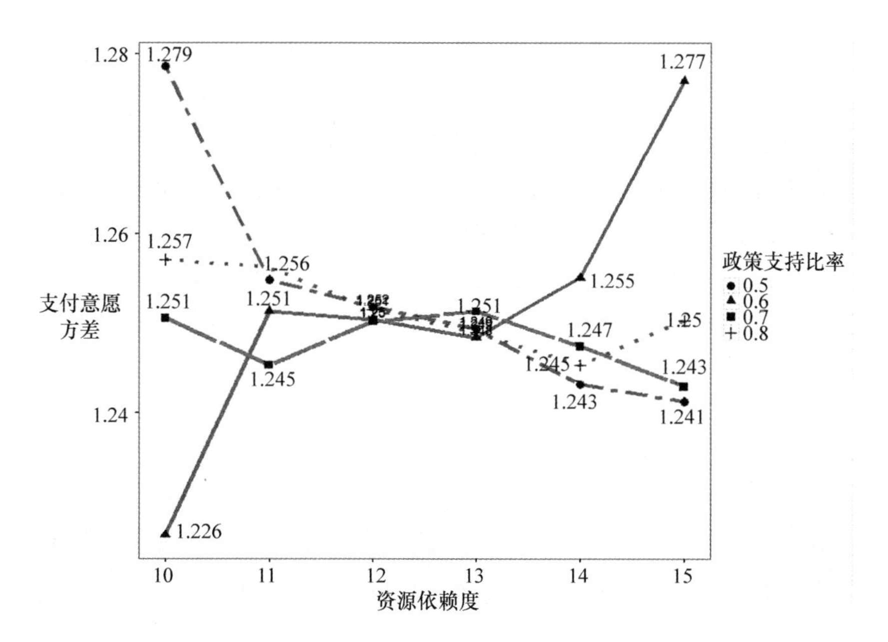

图 8-8　先行者类型为 close owners 时不同政策支持度下的支付意愿方差

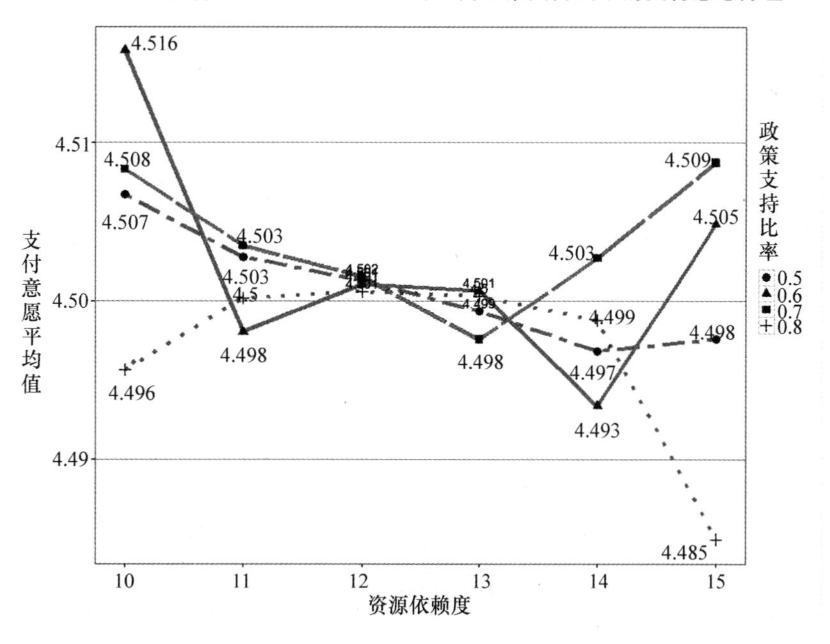

图 8-9　先行者类型为 high degree 时不同政策支持力度下的支付意愿系数均值

波动性最大则出现在80%政策支持，同时对资源依赖性最低的情况下（见图8－10）。

当先行者类型为高企业家精神（high entrepre）时，从图8－11可知，50%的政策支持力度时，倒钟形分布，支付意愿最高的情况出现在资源依赖性居中的情况；而60%时则相反，支付意愿最大的则是依赖性最大及最小的两端，中间依赖性的人支付意愿最低。其中，依赖性取值为15，政策支持为60%时的支付意愿是此种先行者类型下最高的。说明当有企业家精神的人为先行者时，只要政策支持度超过成本过半，即使对资源依赖性小的情况下，占用者对合作的支付意愿也是最高的，这符合我们对高企业家精神（高风险偏好）者的认知。

政策支持度为60%时，数据离散程度最低的时候出现在资源依赖性最大（10）及最低（15）处，中间状态的占用者支付意愿波动较大；而50%的政策支持度下，数据离散程度随着资源依赖性由大而小的变化逐渐降低。

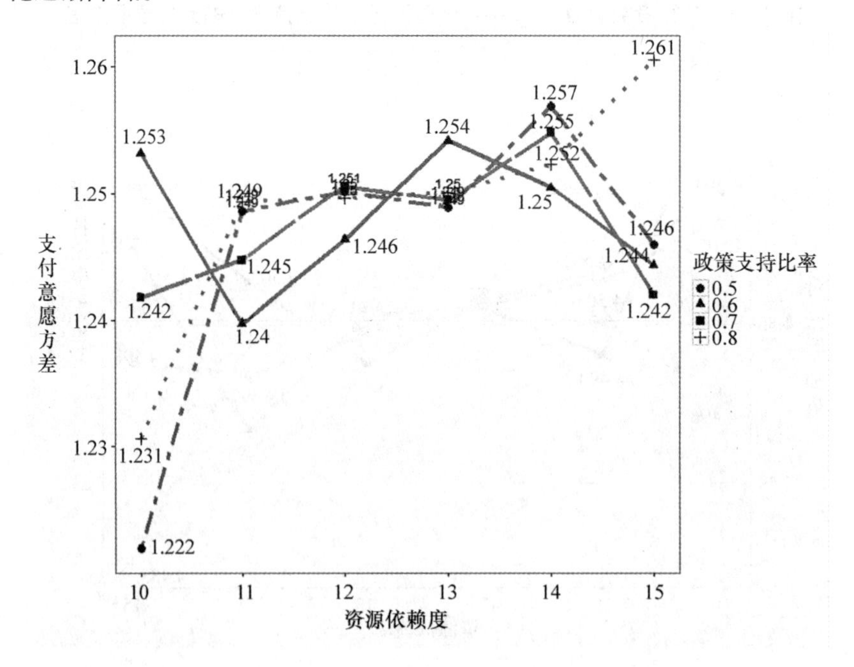

图8－10　先行者类型为high degree时不同政策支持力度下的支付意愿方差

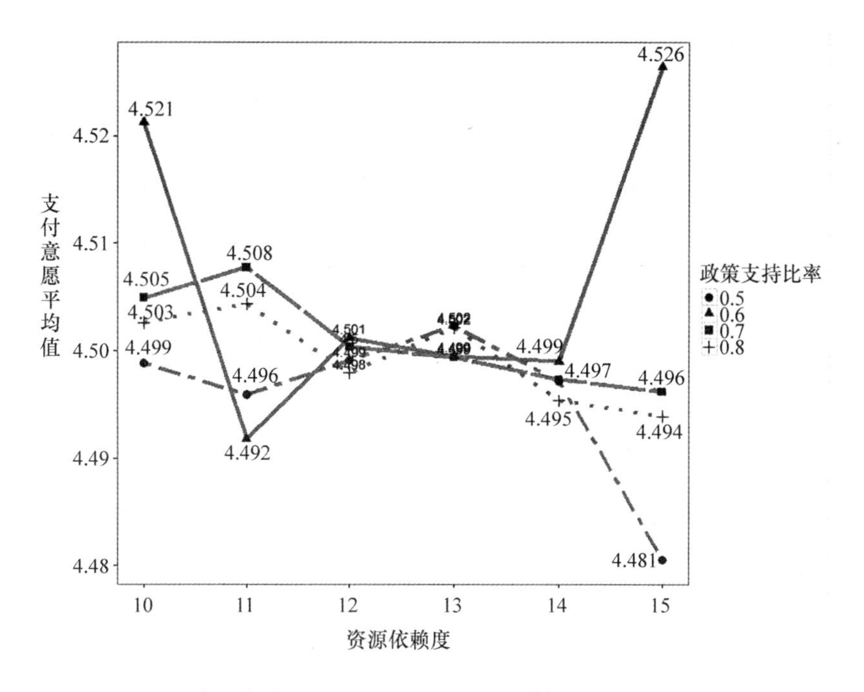

图 8－11　先行者类型为 high entre 时不同政策支持力度下的支付意愿均值

当政策支持度为 70% 及 80% 时，支付意愿均值总体趋势下降，但 80% 时出现波浪式起伏（见图 8－11）。两种政策支持度下，支付意愿最高都在依赖性值为 11 时，最低在依赖性值为 15 处，此时对 80% 政策支持情况而言，数据离散程度也是最低的。70% 政策支持度下，依赖性值为 11 时，支付意愿方差最低，总体上，两条折线都先减小后增大，分别在资源依赖性值为 11 和 14 两处出现拐点，说明对资源依赖性最大和最低的占用者支付意愿波动较大，中间状态的占用者意愿较为稳定。

可见，对高社会关系度的先行者类型下，资源依赖性最大及最低的占用者支付意愿较为集中和稳定，中间状态的占用者意愿起伏较大。对高企业家精神类型的先行者类型，占用者的支付意愿情况随着政策支持比例的变化而不同，当政策支持度刚刚能超过成本时（60%），对资源依赖性最大和最低的占用者支付意愿最大，中间依赖性的人支付意愿最低。这表明风险偏好较大时，即使是资源依赖性最低的人也愿意跟随先行者尝试灌溉合作这种新型用水管理模式。当政策支持度高达70%及80%时，支付意愿均值总体趋势下降，但趋势为波浪式高低起伏，说明对资源依赖性最大和最低的占用者支付意愿波动较大，中间状态的占用者意愿较为稳定（见图8－12）。

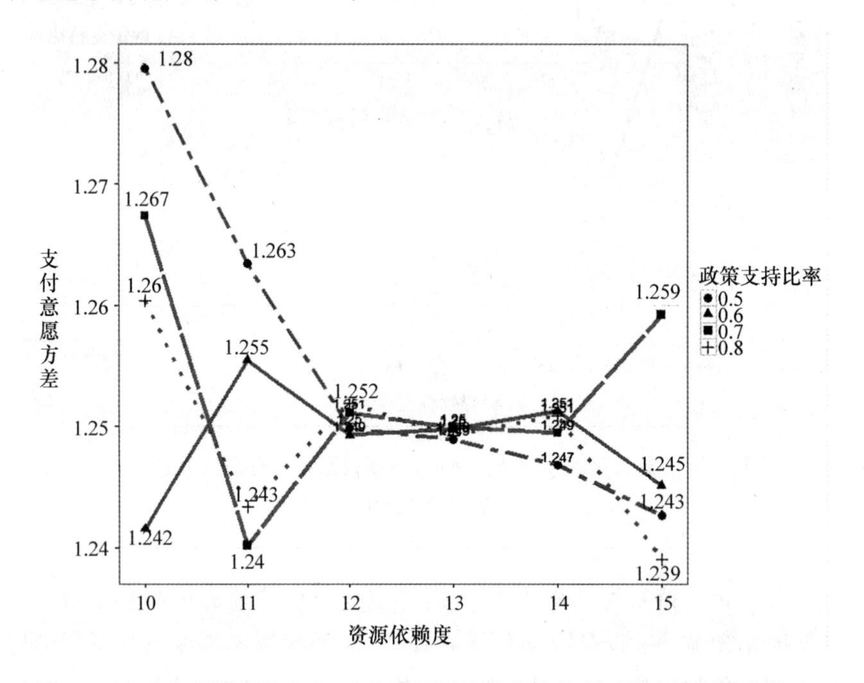

图8－12　先行者类型为 high entre 时不同政策支持力度下的支付意愿方差

将全部数据按照两种网络类型进行分组，一组为随机网络，另一组为无标度网络，对这两组数据分别进行多元逐步回归，因变量为合作人数，自变量为 cost-expo、subsidy-ratio、dist、Prob-ER、Num-owner 等。

在随机网络类型下（见表8－10），样本数为7294429，模型整体通过显著性检验，调整 R^2 为0.9284，拟合效果好。从变量来看，除 SF-initial、SF-rewire 两个变量外，其余变量都通过95%的显著性检验。方程表达式（只包含通过显著性检验的变量）为 $\hat{y} = 25.43 - 49.01\text{cos-t-expo} + 38.02\text{subsidy-ratio} - 0.69\text{dist} + 1.77\text{Prob-ER} + 0.75\text{Num-owner} +$

3.08Spend-cof + 0.40coop-cof − 0.27Seed-ratio − 0.01S_1 − 0.02S_2，误差项的最大值为15.550，最小值为−43.060。

从影响方向来看，cost-expo、dist、S_1、S_2 对合作人数的影响是负方向的，subsidy、Prob-ER、Num-owner、Spend-coef、coop-cof 对合作人数的影响是正方向的。虚拟变量 S_1、S_2 的系数为负，表明相对于最靠近资源的占有者来说，高企业家精神和高社会关系度的先行者类型对合作人数的影响是负向的。

表8−10　**随机网络下的多元逐步回归**

	非标准回归系数（B）	B的标准误差	显著水平（P）	B的95%置信区间下限	B的95%置信区间上限	标准回归系数
cost-expo	−49.01***	0.023	<0.001	−49.06	−48.97	−38.48
subsidy-ratio	38.02***	0.016	<0.001	37.99	38.05	29.85
dist	−0.69***	0.002	<0.001	−0.69	−0.68	−0.54
Prob-ER	1.77***	0.074	<0.001	1.62	1.91	1.39
Num-owner	0.75***	0.000	<0.001	0.7457	0.7461	0.59
Spend-coef	3.08***	0.002	<0.001	3.078	3.084	2.42
SF-initial	0.003	0.004	0.4862	−0.00	0.01	0.002
SF-rewire	0.001	0.004	0.7540	−0.01	0.01	0.001
coop-cof	0.40***	0.016	<0.001	0.37	0.43	0.32
Seed-ratio	−0.27***	0.045	<0.001	−0.36	−0.18	−0.21
S_1	−0.01*	0.005	0.0368	−0.02	−0.00	−0.01
S_2	−0.02***	0.005	<0.001	−0.03	−0.01	−0.02
截距项	25.43***	0.044	<0.001	25.34	25.51	—
调整 R^2				0.9284		
模型显著水平（P）				<0.001		
因变量预测值的标准误差				4.978		
样本数（N）				7294429		

说明：* $p<0.05$；** $p<0.01$；*** $p<0.001$

Seed-owner 有三个水平，用两个虚拟变量表示：$S_1=0$，$S_2=0$ 表示 close owners；$S_1=1$，$S_2=0$表示 high degree；$S_1=0$，$S_2=1$ 表示 High Entre。

在无标度网络类型下（见表8−11），样本数为7356004，模型整体通过显著性检验，调整 R^2 为0.9285，拟合效果好。从变量来看，与随机网络类型不同，Num-owner、seed-ratio 没有通过显著性检验，表明在无标度网络类型下，占用者数量和先行者比例对合作人数的影响不显著。方程表达式（只包含通过显著性检验的变量）为 y = 25.57 − 49.21cost expo + 38.27subsidy-ratio − 0.69dist − 0.02Prob-ER + 3.09spend coef + 0.003SF-initial + 0.07SF-wire + 0.33coop cof − 0.01s_1 − 0.04s_2，误差项的最大值为 18.175，最小值为 −44.600。

从影响方向来看，cost-expo、dist、Prob-ER、S_1、S_2 对合作人数的影响为负，subsidy、SF-initial、SF-rewire、Spend-coef、coop-cof 对合作人数的影响为正。虚拟变量 S_1、S_2 的系数为负，表明相对于最靠近资源的占有者来说，高企业家精神和高社会关系度的先行者对合作人数的影响是负向的。

表 8－11　无标度网络类型多元逐步回归

	非标准回归系数（B）	B 的标准误差	显著水平（P）	B 的 95% 置信区间下限	B 的 95% 置信区间上限	标准回归系数
cost-expo	−49.21***	0.022	<0.001	−49.25	−49.17	−38.89
subsidy-ratio	38.27***	0.016	<0.001	38.24	38.30	30.24
dist	−0.69***	0.002	<0.001	−0.69	−0.68	−0.54
Prob-ER	−0.02***	0.073	<0.001	−0.17	0.12	−0.02
Num-owner	0.74	0.000	0.7465	0.7409	0.7412	0.59
Spend-coef	3.09***	0.002	<0.001	3.09	3.10	2.44
SF-initial	0.003***	0.004	<0.001	−0.00	0.00	0.00
SF-rewire	0.07***	0.004	<0.001	0.06	0.08	0.05
coop-cof	0.33***	0.016	<0.001	0.30	0.36	0.26
Seed-ratio	−0.07	0.045	0.8747	−0.09	0.08	−0.01
S_1	−0.01*	0.004	0.0369	−0.02	−0.00	−0.01
S_2	−0.04***	0.004	<0.001	−0.05	−0.03	−0.03
截距项	25.57***	0.044	<0.001	25.48	25.65	—
调整 R^2				0.9285		
模型显著水平（P）				<0.001		
因变量预测值的标准误差				4.934		
样本数（N）				7356004		

说明：* p<0.05；** p<0.01；*** p<0.001

Seed-owner 有三个水平，用两个虚拟变量表示：S_1 = 0，S_2 = 0 表示最靠近资源的发行者（close owners）；S_1 = 1，S_2 = 0 表示高社会关系度的先行者（high degree）；S_1 = 0，S_2 = 1 表示高企业家精神的先行者（high entrepre）。

（三）政策支持程度对合作扩散的影响

1. 描述性统计

考察在同样的网络结构和资源依赖性情况下，不同的政策支持程度对合作扩散的影响。

根据模型运行结果，当政策支持（subsidy-ratio 变量）达 70%、80%时（表示来自政府方的支持能够弥补合作成本的 70%或 80%），合作人数为 80 人，最大；但是在补助比例为 50%、60%和 70%时，合作人数出现 0。也即，当政府财政补助未超过成本 70%时（如仅有 50%/60%），以 20 人的村小组为例，那些对资源依赖性较低（与水资源距离变量值为 12—14）的村民，由于愿意承担的合作费用低于实际协调成本，同意合作的人数为 0。此时，网络参数为生成随机网络的连接概率（Prob-ER 为 5%、10%），生成无标度网络的初始节点数（SF-initial 为 3/4），显示网络的密度较大（实际连边数量与最大可能连边数量的比值），合作也无法实现。生成无标度网络的重连概率（改变节点的连接对象）（SF-rewire 为 1/2），两种类型网络均在第一步时就收敛。

值得注意的是，政府财政补助在 70%时，同时出现了合作人数最大和最小的结果，整理合作人数最大（80 人）而补助比例同样为 70%的样本，发现在资源的依赖性相近（precision 变量值 11—14），连接概率等网络参数相同情况下，所不同的变量为合作系数为 0.4—0.6，承担合作费用系数为 5/6，此时的成本系数都为 1，模型同样在 2—4 步时就收敛了。注意到此时的资源占用者人数为 80，表明全部人参与了合作。这个情景下的占用者愿意支付的费用及合作倾向都更高，成本更低。

可见，本书预设的合作扩散机制得到初步验证：当政策支持比例过低（如低于 70%），即使在采纳合作的同伴数量（网络密度较大）、对资源的依赖性相似的情况下，由于愿意支付的合作费用低于实际合作成本，合作扩散的效果并不好；反之，政策支持比例能弥补成本的 70%甚至更高时，在资源依赖性和网络结构相同情况下，也要区分两种情况：若愿意承担的合作费用高于实际成本，合作扩散实现的效果更好；但若由于个人特征（如家庭资产规模、风险偏好、合作经历、受教育水平等）因素导致合作倾向过低，愿意承担的合作费用低于合作成本，则合作扩散效果不佳。

2. 回归分析

在网络类型和先行者类型相同情况下，考察政策支持变量对合作扩散的影响程度。

我们控制愿意花费的成本（Spend-coef）、实际承担的费用（cost-expo）、对资源的依赖程度（distance）、合作系数（coop-coef）、占有者数量（Num-owner）五个变量取值相同，考察政策因素（subsidy）对合作人数（count）的影响。用 person 相关系数检验两个连续型变量的关系，在 1135 组参数中，仅有 36 组统计结果达不到 99% 的显著性水平，合作人数（count）和政策因素（subsidy）的相关系数都为正，说明政策补助得越多，合作人数越多。其中，count 和 subsidy 相关系数的最大值为 1[①]，有 11 组，其次是 0.99929，接近 1，此时 Pr > r 的值为 0.0007，通过显著性检验。

为了进一步分析无标度网络下合作扩散的情况，我们仅仅选取无标度网络类型，共控制 5 个变量（愿意支付的成本、实际承担的费用、与资源的依赖性、合作倾向、占用者人数），以政策支持为自变量，合作人数为因变量进行一元回归。目的是考察在相同的成本和资源依赖性情况下，在既定的占用人数里，政策支持力度不同，合作的广度是否有变化。我们得到 1000 多个回归方程，其中，方程拟合优度大于 0.9 的共 47 个。尽管 47 组的政策支持变量系数不尽相同，但对因变量合作人数的影响都为正，而且系数较大，说明在对灌溉水资源的依赖性相同，成本支出及支付意愿相同，占用人数规模相同的情形下，政策支持力度越大，合作扩散广度越大。

① 在 11 组参数组合下，符合筛选要求的样本数各只有两个，因此相关系数出现 1 的情况。

其中，政策支持系数最大值为110，此时参数值分别为愿意支付的成本系数（Spend-coef）为3、实际花费的成本系数（cost-expo）为1.1、对资源的依赖度（distance）为15、合作系数（coop-cof）为0.6、占有者人数（Num-owner）为80。说明在以上参数组合下，合作人数对政策因素最为敏感，政策支持力度每增加一单位，合作人数增加110单位。

政策支持系数最小值为30.12，此时参数值分别为愿意支付的成本系数（Spend-coef）为4、实际花费的成本系数（cost-expo）为1.1、对资源的依赖度（distance）为10、合作系数（coop-cof）为0.3、占有者人数（Num-owner）为60。说明在以上参数组合下，合作人数对政策因素最不敏感，政策支持力度每增加一单位，合作人数增加30单位。

上文分析是基于本研究的假设而设定的自变量条件，以下我们仅仅控制网络类型和先行者类型两个变量，对全部数据（14650433条记录）中，所有相关自变量与因变量合作人数进行了分组多元回归，目的是看在不同的变量组合下，统计结果是否能得出有意义的发现。

我们首先对各自变量与因变量的相关性进行相关性检验，结果如下。

（1）当网络类型为随机网络时，考察合作人数（count）与所有变量（包括哑变量S_1、S_2）的相关关系。

根据表8－12显示，除SF-initial、SF-rewire、S_2达不到显著性以外，其余变量都与合作人数有显著的相关性。三种相关系数（Pearson、Spearman、Kendall）的符号都一致，相关系数相差无几。这说明即使变量类型有不同，但相关性检验的结果差别不大。从相关性的方向来看，合作人数与实际花费的成本（cost-expo）、对资源的依赖度（presicion）、S_2的相关系数为负。合作人数与政策因素（subsidy）、占有者人数（Num-owner）、愿意支付的成本（Spend-coef）、合作系数（coop-cof）、S_1的相关系数为正，说明相对于高企业家精神的先行者，最靠近资源的先行者对合作扩散的正向影响更大，而高社会关系度的先行者对合作扩散的影响则为负。

表 8－12　**随机网络下自变量与合作人数（count）的相关系数**

变量	Pearson	显著性（Prob > r）	Spearman	显著性（Prob > r）	Kendall Tau b	显著性（Prob > r）
cost-expo	-0. 22	<0. 0001	-0. 22	<0. 0001	-0. 17	<0. 0001
subsidy	0. 23	<0. 0001	0. 24	<0. 0001	0. 18	<0. 0001
precision	-0. 029	<0. 0001	-0. 036	<0. 0001	0. 0028	<0. 0001
Prob-ER	0. 0016	<0. 0001	0. 0018	<0. 0001	0. 0015	<0. 0001
Num-owner	0. 89	<0. 0001	0. 89	<0. 0001	0. 78	<0. 0001
Spend-coef	0. 19	<0. 0001	0. 19	<0. 0001	0. 14	<0. 0001
SF-initial	-0. 00003	0. 9266	-0. 00005	0. 8853	-0. 00004	0. 8853
SF-rewire	-0. 00007	0. 8491	-0. 00009	0. 8169	-0. 00007	0. 8169
coop-cof	0. 0023	<0. 0001	0. 0026	<0. 0001	0. 0020	<0. 0001
S_1	0. 0015	<0. 0001	0. 0016	<0. 0001	0. 0013	<0. 0001
S_2	-0. 00048	0. 1924	-0. 0006	0. 1071	-0. 00049	0. 1071

（2）当网络类型为无标度网络时，考察合作人数（count）与所有变量（包括哑变量 S_1、S_2）的相关关系。

表 8－13　**无标度网络下自变量与合作人数（count）的相关系数**

变量	Pearson	显著性（Prob > r）	Spearman	显著性（Prob > r）	Kendall Tau b	显著性（Prob > r）
cost-expo	-0. 22	<0. 0001	-0. 22	<0. 0001	-0. 1704	<0. 0001
subsidy	0. 23	<0. 0001	0. 24	<0. 0001	0. 1835	<0. 0001
precision	-0. 029	<0. 0001	-0. 035	<0. 0001	-0. 02726	<0. 0001
Prob-ER	0. 00072	0. 0515	0. 00083	0. 0242	0. 00069	0. 0242
Num-owner	0. 89	<0. 0001	0. 89	<0. 0001	0. 77445	<0. 0001
Spend-coef	0. 19	<0. 0001	0. 19	<0. 0001	0. 14608	<0. 0001
SF-initial	0. 00014	*0. 714*	0. 00016	*0. 6564*	0. 000114	*0. 6564*
SF-rewire	0. 0019	<0. 0001	0. 0026	<0. 0001	0. 00211	<0. 0001
coop-cof	0. 0021	<0. 0001	0. 0028	<0. 0001	0. 00208	<0. 0001
S_1	-0. 00061	*0. 0987*	-0. 00092	0. 0124	-0. 00076	0. 0124
S_2	0. 00094	0. 0108	0. 0011	0. 0021	0. 00094	0. 0021

根据表8－13显示，除斜体部分达不到显著性以外，其余变量都与合作人数有显著的相关性。三种相关系数Pearson、Spearman、Kendall符号都一致，系数大小接近。但在显著性检验下，三种系数结果有所不同，如S_1的Spearman和Kendall Tau b系数值都通过了显著性检验，但由于是非数值型变量，其Pearson系数的Prob > r的值为0.0987，没有通过95%水平的显著性检验。从相关性的方向来看，合作人数与实际花费的成本（cost-expo）、对资源的依赖度（presicion）、S_1的相关系数为负，说明是负向的关系。合作人数与政策因素（subsidy）、占有者人数（Num-owner）、愿意支付的成本（Spend-coef）、合作系数（coop-cof）、S_2的相关系数为正，与随机网络的统计结果基本相同，除了哑变量相关系数正负不同：与高企业家精神的先行者类型相比，高社会关系的先行者对合作扩散的正向影响更大，最靠近资源的先行者对合作扩散的影响为负。

接下来，我们对全部数据进行回归。控制网络类型和先行者类型，因变量为合作人数，自变量为“对资源依赖性”“实际承担费用”“政策支持比例”“先行者类型”“初始连边数”及“断边重连比例”等，我们共得到6个回归方程（见表8－14）。

从表8－14可以看出，全部数据的多元回归方程拟合优度都很高，结论与上文控制了若干自变量后所做的多元回归结果很相似。值得注意的是，先行者比例变量前的回归系数的正负性在不同的网络类型和先行者类型下有所不同。在先行者类型为高企业家精神时，两种网络情况下，先行者比例都与合作人数呈负相关，风险偏好者先行先试，一旦失败或没有收到预期收益，对合作扩散的效果反而差。高社会关系的先行者，在随机网络类型下，初始采纳者比例与因变量负相关，在无标度网络下则与因变量正相关。

在无标度网络下，那些社会关系网广的先行者往往成为初始采纳者，这样的人越多越有利于促进合作扩散的广度，在随机网络下，这种类型的先行者成为初始采纳者的比例越大，对合作扩散的广度反而不利。最近资源的先行者类型，初始采纳的比例系数在无标度网络中与合作扩散是正向关系，在随机网络中则不显著。这类先行者一般对资源的

表 8－14　根据网络类型和先行者类型分组多元回归结果

网络类型	先行者类型	调整 R^2	先行者比例变量系数	政策支持变量系数	实际花费的成本系数	对资源的依赖度系数	占有者人数系数	愿意支付的成本系数	合作系数	生成随机网络的连接概率	生成无标度网络的重连概率
随机网络	最近资源	0.9293	不显著	40.94*** (0.03)	−52.26*** (0.04)	−0.73*** (0.00)	0.74*** (0.00)	3.27*** (0.00)	0.47*** (0.03)	2.17 (0.13	不显著
	高社会关系	0.9293	−0.15* (0.08)	41.05*** (0.03)	−52.42*** (0.04)	−0.75*** (0.00)	0.74*** (0.00)	3.28*** (0.00)	0.52*** (0.03)	2.28*** (0.13)	不显著
	高企业家精神	0.9288	−0.40*** (0.08)	41.47*** (0.03)	−52.76*** (0.04)	−0.77*** (0.00)	0.74*** (0.00)	3.31*** (0.00)	0.63*** (0.03)	2.50*** (0.13)	不显著
无标度网络	最近资源	0.9298	0.19* (0.08)	41.56*** (0.03)	−52.81*** (0.04)	−0.76*** (0.00)	0.74*** (0.00)	3.31*** (0.00)	0.38*** (0.03)	不显著	0.08*** (0.01)
	高社会关系度	0.9296	0.23** (0.08)	41.62*** (0.03)	−52.86*** (0.04)	−0.75*** (0.00)	0.74*** (0.00)	3.31*** (0.00)	0.43*** (0.03)	不显著	0.09*** (0.01)
	高企业家精神	0.9292	−0.24** (0.08)	41.97*** (0.03)	−53.24*** (0.04)	−0.76*** (0.00)	0.74*** (0.00)	3.34*** (0.00)	0.47*** (0.03)	不显著	0.10*** (0.01)

注：括号里为相应的标准误差。* $p<0.05$；** $p<0.01$；*** $p<0.001$。

依赖性较大，较有可能被发动为初始采纳者。从网络拓扑结构来看，由于无标度网络节点之间的异质性程度较大，高社会关系度的节点必然集结了较多资源，它们作为初始采纳者有利于合作知识的扩散。而随机网络下的节点分布是对称的，各节点具有高度的同质性，“度”指标本身在区分社会成员时，其结果并没有太大的差异。该结论表明，初始采纳者比例与合作扩散之间的关系，取决于特定的网络类型和先行者类型，这对制订合作推广策略具有一定的指导意义。

随后，我们将先行者类型的两个哑变量也放入方程进行多元回归，R^2 为0.9293，Pr > F 的值小于0.0001，方程拟合优度较高，与前文控制了若干自变量时所做的回归结果极为相似，不同的是时间变量前的系数正负性改变。之后，我们将网络类型也转化为虚拟变量（n）进行多元回归，由于不需要进行分组，最后使用 stepwise 法得到一个多元回归方程。R^2 为0.9293，Pr > F 的值小于0.0001，方程拟合优度较高，各变量系数值与上一个方程基本相同，除了截距。

五　进一步的讨论

本节以复杂社会网络为载体，认为灌溉合作扩散是由潜在采纳者的微观采纳决策所共同涌现出的宏观动力学行为。社会成员间的同群效应（通过社会资本与互动学习过程）以及政府的政策支持，是影响潜在采纳者微观合作决策的重要影响因素。同时，复杂社会网络的拓扑结构特征对合作扩散从微观到宏观的涌现模式有一定影响。通过建立潜在采纳者在社会资本和政策支持的双重影响下，在比较成本效益基础上的合作采纳决策与扩散机制，运用基于主体建模方法研究了两种网络结构下，占有者灌溉合作行为扩散的广度和速度；不同政策支持力度对合作扩散的影响；不同的先行者类型下，合作扩散结果的差异，对采纳者愿意支付的成本额度的影响；合作广度与实际成本变量关系以及资源依赖性与合作扩散的关系。研究得出如下结论：

（1）在不同的社会网络类型下，合作扩散广度和速度的不确定性和影响因素具有较大差异，无标度网络下合作扩散的广度具有较小的不确定性，但扩散速度比随机网络的不确定性更大。在预测合作的成功扩散以及出现的时机时，应考虑合作所面对的社会网络拓扑结构特征。这在实际政策制订时需要根据不同地方的具体村庄类型、村庄中的不同社会网络、人口分布、种植条件、气候水文因素等客观情况来推广用水协会等合作组织，不能是“一刀切”，例如在少数几个先行者具有较大规模的社会关系度时（近似于无标度网络），合作扩散的速度比广度较难确定。

（2）从最终的采纳者比例波动来看，网络结构和先行者类型对合作行为扩散的结果影响不大，对资源依赖性越大，政策补助比例越高，平均合作人数越多，合作广度的不确定性越低，但合作扩散速度差异较大。在对灌溉水资源的依赖性相同，成本支出及支付意愿相同，占用人数规模相同的情形下，政策支持力度越大，合作扩散广度越大。这个发现与我们的实地调查结论吻合，下一节关于湖北省13个农民用水协会的实地调研证实了，运作较好的协会都得到了政府的政策支持，包括直接或间接的财政资助，灌溉设施产权的赋予等。值得指出的是，政府财政支持容易削弱用水协会的自治性和独立性，因此应更多地采取非货币化的扶持政策，如技术培训，公共服务提供以及基于社区的生计培育等，从根本上培养用水协会的造血功能。

（3）我们没有发现先行者比例对合作扩散的显著影响，不能直接支撑我们实地访谈调查的结果：强个人能力和高社会关系地位的先行者越多，越能促进用水协会的成功推广。一个可能的原因是，愿意支付的合作费用是否大于实际的合作成本，这是户主决定是否参与合作的瓶颈，对这一点，同群效应相对政策支持的影响更弱，另一个原因是，个体之间的异质性没有大到足以体现个体能力特征与社会关系地位的影响。例如，无标度网络中，当先行者是高社会关系度的占用者，对灌溉水源依赖性最大及最低的占用者支付意愿较为集中和稳定，中间状态的占用者意愿起伏较大。政策发动者应重点关注这些“中位”用水户，他们是否参与用水协会是灌溉合作能否成功扩散的关键，应尽可能做好“中位”用水者的思想工作，宣传灌溉合作的好处，提高其参与的意愿。以高企业家精神的先行者类型为参照，选取具有较多社会人际关系数量的初始采纳者比选取最靠近资源的采纳者更有利于合作的扩散；而在随机网络下结论正好相反，选取最靠近资源的先行者对合作扩散更佳。这启示我们，在推广灌溉合作组织的成立策略上，若村庄人际网络特征明显，应重点发动那些社会人际关系广的用水户首先加入用水者协会，有助于激励更多的用水户参与合作用水。但当首先参与的人具有较高风险偏好时，若合作效益不佳，失败经历得以散布，则会使更多人远离灌溉合作。因此，还应通过其他方法来提升合作扩散的广度，如赋予用水协会灌溉设施产权、明晰其法律地位并适当提供财政支持，完善内部管理和运营，提供合作的预期，降低成员参与合作的“心理门槛”等。若村庄人际关系联系不紧密，则应重点发动最依赖灌溉水源的用水户参与灌溉合作，当其他人见到先行者取得的效益时，合作扩散才有可能成功。

六　结论

本节基于灌溉合作形成与扩散的机制假设，应用基于主体模型对这一机制的形成过程进行仿真研究，结合前期实地调研的数据对模型参数进行标准化，探讨了灌溉合作形成过程中不同的网络结构，不同的政策支持力度和先行者类型与比例对合作广度与速度的影响。基于既有文献和实地调研，我们指出，农户只有在合作成本不超过他所能承受的额度或愿意支付的意愿时，才会选择参与灌溉合作的集体行动或组织，另外，合作决策还受到农户个人特征和同群效应的影响。因此，正面机制（社会学习效应）和负面机制（成本是否可接受）共同作用于灌溉合作的形成过程。对于这种难以从实地观察到并收集大量实际数据的非线性效应，基于主体建模方法能起到较大的帮助。

通过频繁的社会交往和自主制订规则的努力，共享的社区信念和长期社会学习的经验对灌溉集体行动将起到根本性的作用，但是这还不足以激励个体参与制度建设的努力。只有当预见到自己的努力能够有回报，个体才会愿意投入时间和精力去参与合作用水的组织和行动以应对水资源不足的挑战。从实地调查可知，个体的支付意愿受各个村庄社会经济属性的异质性所影响。在极度缺水的村庄，由于老化失修的灌溉基础设施需要注入大量修缮资金，个体的合作努力并不能得到预期回报，作为非营利性的农户自组织，用水协会面临较大的资金压力，因而政府的政策支持在灌溉合作行为的形成与扩散中起到关键的作用。然而，仅仅依赖政府的财政支持容易导致对行政部门的过分依赖，那些由政府和国际机构自上而下发起的项目往往会削弱灌溉系统的绩效（Baker，2005；Shivakoti et al.，2005）。因此，在探讨灌溉系统的自治理时，很重要的是要分析如何避免政府干预带来的潜在负面影响（Ostrom 1992；Tang 1992）。因此，将灌溉系统产权赋予用水协会，清晰定义协会的法人主体地位将对用水协会的可持续发展起到至关重要的影响，如同1994年世界发展报告所说的，“给予使用者和利益相关者强烈的发声权和真正的责任感”（World Bank，1994）有助于增强个体投资于小/中型农田水利设施的经济利益，建立社会资本。

同时，当我们预测灌溉合作的成功扩散及其涌现时间时，应该关注合作行为所赖以发生的社会网络特征。在不同的控制变量下，资源的依赖性对合作的广度和速度的影响不同，在无标度网络下，应关注对资源依赖性中位的用水户，动员其参与灌溉合作；并选取社会人际关系广的人作为合作的先行者，有助于推动用水合作行为的扩散。在随机网络中，选取资源依赖性最大的人为先行者对合作扩散更佳。

第三节　灌溉合作行为的促发机制研究
——基于湖北省13个农民用水协会的实地调查

上一节，我们根据本书研究的技术路线，在前期广泛社会调查的基础上，提出了灌溉合作行为形成机制的理论预设，从复杂适应系统理论出发，基于社会网络分析视角，将网络和网络上流动的知识视为一个互动的整体来研究，通过灌溉系统中各个主体间多层次、非线性的网络关联，揭示主体间的复杂互动关系，分析灌溉治理中公共合作的扩散机制及影响因素，这有助于深化人们对各种制度环境下利益主体的合作激励和合作模式的认识，理解异质性主体自愿供给群体公共品的合适治理机制，促进形成灌溉水资源治理与制度变迁的新范式。

本节将依据第一章的逻辑分析框架，分别从村庄物理属性、社群属性和制度规则属性三种层次提出相应的研究假设，基于湖北省 13 个农民用水协会的实地调查数据，应用多元统计分析方法进行假设检验。这同时也是应用实地数据，对前一节关于灌溉合作行为形成与扩散机制的计算机仿真结论进行实地检验的过程。

一　数据来源与研究假设

1. 数据来源

本部分分析基于 2015 年 6—7 月以及 2016 年 1—2 月在湖北省当阳市实地调研所得的数据资料，涵盖了当阳市四大灌区的 13 个农民用水协会，兼顾漳河和巩河这两个主要水系上游、中游、下游的村庄。在上游、中游、下游各个河段平均抽取两个村庄，在村庄内部，再根据灌溉水源的上游、中游、下游分段抽取一定比例的受调查农户（约占一个村庄总人数的 15%），重点访谈户主、村干部、协会领导，并随机走访田间地头正值劳作的农户。其中，2015 年暑假我们对东风三干渠农民用水协会、黄林支渠农民用水协会开展了焦点团体访谈、参与观察和入户问卷调查活动。特别是与两位协会会长分别进行了长达 2 个小时的深入访谈，并参观了协会的规章制度、产权证，了解协会多角化经营等业务。我们与会长一同前往东风灌区水库管理处座谈，参与观察协会向管理处缴水费、汇报工作等过程，并考察了灌区水利设施、渠道硬化情况、水库计量设备与安全隐忧、防洪抗汛工作等。此次调研以质性访谈为主，问卷调研为辅，共收回有效问卷 69 份，问卷内容涉及农户种植作物类型、耕地面积及与主要水源地距离；水资源的充足性与稳定性、农户的个人特征（受教育程度、风险偏好、社会关系、参与合作组织的经历等）；灌溉年平均投入（劳力、物力、资金）和灌溉效率；农户之间灌溉协作、红白喜事等社会交往的次数；村民间社会关系与用水协会绩效情况等。2016 年寒假的调研范围更宽（12 个协会），以问卷调研为主，质性研究为辅，抽样方案同上，共回收有效问卷 299 份。

以湖北省当阳市各灌区为调研案例点，依据是该地是世界银行在中国最早支持成立的用水协会试点。协会成立之初是根据世界银行的五个标准，在专家指导下组建的。在所调研的 13 个协会中，有些是协会主导灌溉事务，有些仍然是村集体管理或基层水利站负责，协会只是起到协调补充作用，也有少数协会基本没有做什么事，在农户之间的知晓度很低。据当阳市水利局同志介绍，湖北省目前做得最好的是东风三干渠用水协会和黄林支渠用水协会，因此我们首先走访这两个协会，希冀总结出其成功的主要经验和做法。之后，对比其他 11 个协会，研究影响这些协会组建和可持续发展的因素，分析农户参与意愿不足的原因，探讨灌溉合作行为的演进与促发机制，对之前的仿真研究也起到实地校准的作用。

2. 研究假设

根据本书的研究框架，参考世界银行制订的五个标准（水费收取是否公开透明，领导人是否民主选举，是否有良好的计量设施，有否以水文为边界，水资源是否充足稳定），本部分分别从村庄物理属性、社群属性和制度规则属性三个层次提出相应的研究假设，之后用 12 个协会的调研数据加以检验，并进一步根据质性调查资料，以东风三干渠农民用水协会为个案，对研究假设进一步开展理论检验。

将村庄属性视为自变量，将农户参加用水协会的行为视为因变量，可以看到：灌溉水源充足且稳定的地方，农户参加用水协会的比例更低；灌溉水利设施状况不好、量水设施安装状况较差的地方，参加用水协会的人越多；种植水稻等需水较多农作物的农户，参加用水协会越普遍；家庭实际灌溉面积越大的农户，参加用水协会越多；越认为用水协会作用显著的农户，参加用水协会的人越多。

一般来说，种植水稻等需水量较大的作物、灌溉面积越大的农户，对灌溉水源的依赖程度较高，对灌溉事务较为关注，希望借助于灌溉合作组织的力量解决灌溉问题，参与灌溉管理的积极性较高；相反，在灌溉水资源较充裕的地方，基本不存在水资源短缺问题，灌溉事务存在的困难、面临的障碍较少，成立用水协会的必要性较小，农户参加灌溉合作组织的积极性不高。距离水源地越远，灌溉成本更大，水资源可得性更差，参与灌溉合作组织意愿更强；离乡镇中心距离越远，城镇化程度越低，村庄较封闭，对务农和灌溉的依赖性更大，村民具有较高的同质性，在信息传递、协调与执行方面成本较低，有利于集体行动的达成。据此提出如下假设。

假设1：在灌溉水源充足且稳定、灌溉水利设施状况较好的地区，农户参与灌溉合作组织的比例越低。

假设2：种植需水量较大农作物的农户，更有可能参加灌溉合作组织。

假设3：离水源地和乡镇中心的距离越远，农户参与灌溉合作组织就越普遍。

从社群属性层次出发，在我们的调研中，由于湖北东风三干渠农民协会运行较好，协会在协调灌溉秩序、组织修建水利设施、分配用水计划等方面都起到了较好的作用，因此我们主要基于该案例提出我们关于灌溉合作行为形成机制的理论假设。正如上一节仿真研究结果，该协会的成功运行离不开政府的财政支持、法律地位明晰以及产权的赋予；同时，协会会长的个人能力和社会关系网也是协会赖以生存和发展的关键因素。会长曾经是基层水利工作站干部，也是社会关系广的能人，因此，当问及加入协会受谁的影响时，42.9%的受调查者选择“村干部”，其次是“村里的致富能人”（23.8%）。据黄会长本人介绍，刚开始组建用水协会，并不是所有村参与，但是当有些村参与协会后，为群众解决了灌溉难题，其他村看到了参与协会的好处，也相继参与进来。而刚开始组建如何激励和动员老百姓呢？“首抓村干部！”会长讲道，先召集各村村长、书记和村民小组长开会，宣传协会的目的和好处，并下乡挨家挨户对农户做工作，厘清群众的思想障碍，老百姓想通了，工作就好做了。因此，我们从该村实践中可以总结出，协会的成功组建和运行离不开村干部的积极推动。那么除了村干部各人的能力差异外，是否只要能成功动员村干部，用水协会就能得到顺利的组建呢？我们假设，还要根据村庄的具体社会形态来具体分析，村民关系融洽，社会资本较丰富的村庄，动员村干部（通常也是村庄能人），先凭借个人社会关系网（社会关系度高），依靠几个先行者的带动，能够克服协会成立之初的各种困难，将协会运作起来。村庄人际关系较疏离、社会资本弱的地区，则应重点发动最依赖灌溉水源的用水户参与灌溉合作，当其他人见到先行者取得的效益时，合作扩散才有可能成功，由此提出假设4。

假设4：村民关系、村小组关系、村与村关系越融洽，参与灌溉合作组织农户越多。

从制度规则层次出发，我们设想，良好管理的协会需要有好的规章制度，在水费收取、水量分配方面都应公开公平。同时，协会是农户自组织的非营利性团体，在大中型水利设施修缮维护等工程建设方面需要政府的财政支持；协会需要拥有小型水利工程的产权以拓宽多角化经营的渠道，从而实现自我造血功能和可持续发展；协会的法律地位和法人性质明晰，有助于农户正确认识协会的作用和功能，厘清协会与基层水利站、村委会组织之间的关系，据此提出假设5和假设6。

假设5：对于水费水价公开透明、经充分民主商议制订了惩罚机制和明晰公平的用水分配计划的用水协会，农户参与的积极性越大。

假设6：有政府政策（财政、产权）支持、有明晰的法律地位的用水协会，农民参与的人数越多。

二 案例村概况

（一）村庄总体特征

本次调查地点为湖北省宜昌当阳市，当阳市下辖7个镇、3个办事处、158个村民委员会。本次调查范围涵盖了当阳市的6个镇（淯溪镇、河溶镇、王店镇、半月镇、草埠湖镇、两河镇）、2个办事处（坝陵办事处和玉泉办事处）、21个村委会（半月镇红光村、宇宙村、胡场村、河溶镇前进村、郭场村、前合村、前华村、前程村、淯溪镇胜利村、联合村、中山村、坝陵办事处鲁山村、黄林村、国河村、精耀村、王店镇双莲村、泉河村、玉泉办事处焦堤村、官道河村、草埠湖镇邵冲村、楚城村）。

当阳市主要种植水稻（43.15%）、玉米（23.57%）、小麦（10.99%）等粮食作物，经济作物主要包括油菜（19.11%）、棉花（1.11%）等，还有部分农户种植了蔬菜、黄豆、红薯，具体情况见表8－15。

表8－15　**农作物种植类型**

农作物种植类型	频数	占比（%）	个案百分比（%）
水稻	271	43.15	90.64
小麦	69	10.99	23.08
玉米	148	23.57	49.50
蔬菜	6	0.96	2.01
黄豆	4	0.64	1.34
红薯	3	0.48	1.00
棉花	7	1.11	2.34
油菜	120	19.11	40.13
合计	628	100.00	210.03

灌溉水源类型主要为水库（52.59%）和江河湖海（32.96%），其次为农户自己打井（8.15%）水塘蓄水及山上引水（14.3%），山上引水、水塘蓄水的比例最低，为6.30%。对于当地灌溉水源的充足性和稳定性来说，部分村庄灌溉水资源充足且稳定（43.06%），21.53%的农户反映水源充足但是不稳定，35.42%的农户认为灌溉水源不充足且不稳定。具体情况见表8－16。

表8－16　**灌溉条件统计**

灌溉水源是否充足且稳定	充足且稳定	充足但不稳定	不充足不稳定	合计
频数	124	62	102	288
占比（%）	43.06	21.53	35.42	100.00
灌溉水利设施状况	良好	一般	年久失修，渗漏严重	合计
频数	40	90	152	282
占比（%）	14.18	31.91	53.90	100.00
末级渠系是否安装量水设施	是	否		合计
频数	22	221		243
占比（%）	9.05	90.95		100.00

据当地农户反映，灌溉水利设施状况堪忧。只有 14. 18% 的农户认为水利设施状况良好，31. 91% 的农户认为状况一般，超过半数（53. 90%）的农户认为水利设施年久失修，渗漏严重。根据我们的调查，末级渠系安装计量设施的状况不容乐观。只有 9. 05% 的农户反映，末级渠系安装了计量设施；大多数（90. 95%）农户反映，末级渠系并未安装计量设施。

据表 8 – 17 显示，农户的实际灌溉面积平均为 8. 86 亩，极大值为 40 亩。灌溉耕地距离乡镇和水源的平均路程相近，在 5—6 公里处，方差则相差 38. 99。显然，灌溉耕地与水源距离的离散程度更高——这意味着不同农户灌溉耕地与水源之间的距离存在着较大的差异，而各户灌溉耕地与乡镇之间的距离差异则相对较小。这符合我们对于乡村聚落形态的一般性认知。

表 8 – 17　**描述统计量**

	N	极小值	极大值	均值	标准差	方差
您家的实际灌溉面积（亩）	285	0	40	8. 86	5. 981	35. 777
您家灌溉耕地离乡镇的路程（公里）	275	. 10	20. 00	5. 7635	4. 49172	20. 176
您家灌溉耕地离水源的路程（公里）	235	. 00	50. 00	5. 9285	7. 69164	59. 161
有效的 N（列表状态）	222					

在调研过程中我们发现，用水协会的数量较少，只有 12. 71% 的农户反映，当地成立了类似用水协会这样的用水合作组织。但是这些用水协会的作用得到了农户的肯定，10. 76% 的农户认为用水协会的作用“非常显著”，40. 81% 的农户认为用水协会的作用“比较显著”，21. 08% 的农户认为用水协会的作用“一般”，14. 35% 的农户认为用水协会的作用“不太显著”，还有 13. 00% 的农户认为用水协会“没有作

用”。（见表8－18）

表8－18　　**用水协会的成立情况**

您认为用水协会的作用是否显著	非常显著	比较显著	一般	不太显著	没有作用	合计
频数	24	91	47	32	29	223
占比（%）	10.76	40.81	21.08	14.35	13.00	100.00

（二）农户总体特征——社群属性

1. 个体特征

本次受访的农户主要为男性（65.55%），多是中老年人。其中，50—60岁（含60岁）的农户比例最高（37.46%），其次是40—50岁（含50岁）（30.77%），60岁以上的农户比例不高（24.42%），年龄段最少的是35—49岁（4.35%）以及35岁以下（3.01%）。而农户的家庭规模以3—4人为主（40.80%），其次是5—6人（35.79%），1—2人的家庭较少（15.38%）。在教育水平方面，受调查农户的受教育程度较低，主要为小学学历（39.86%），其次为初中学历（36.49%），高中学历的占比为17.57%，没上过学和大学及以上的农户比例均低于10%，具体情况见表8－19。

表8－19　　**农户个人特征描述统计**

受教育程度	没上过学	小学	初中	高中	大学及以上	合计
频数	15	118	108	52	3	296
占比（%）	5.07	39.86	36.49	17.57	1.01	100.00
年均总收入（元）	1万以下（含1万）	1万—2万（含2万）	2万—3万（含3万）	3万—5万（含5万）	5万以上	合计
频数	47	57	65	58	72	299
占比（%）	15.72	19.06	21.74	19.40	24.08	100.00
务农年均收入（元）	0.5万以下	0.5万—1万（含1万）	1万—2万（含2万）	2万—3万（含3万）	3万以上	合计

续表

频数	45	94	108	33	19	299
占比（%）	15.05	31.44	36.12	11.04	6.35	100.00
务农年均总投入（元）	2000 以下（含 2000）	2000—5000（含 5000）	5000—10000（含 10000）	10000 以上		合计
频数	69	109	98	8		284
占比（%）	24.30	38.38	34.51	2.82		100.00
灌溉年均投入（元）	0	1—300（含 300）	300—500（含 500）	500—1000（含 1000）	1000 以上	合计
频数	33	102	45	69	35	284
占比（%）	11.62	35.92	15.85	24.30	12.32	100.00
灌溉缺水时的做法	等天下雨	自己抽水	与邻里相互帮助抽水	求助水利机构		合计
频数	40	141	10	165		356
占比（%）	11.24	39.61	2.81	46.35		100.00

农户的年均总收入分布较为均匀，5 万元以上占比 24.08%，2 万—3万元占比 21.74%，3 万—5 万元占比 19.40%，其次为 1 万—2 万元（19.06%）以及 1 万元以下（15.72%），而务农年均收入则相对分散，1 万—2 万元占比最高，为 36.12%，其次为 0.5 万—1 万元（31.44%），位于两端的 3 万元以上（6.35%）以及 0.5 万元以下（15.05%）都较少。

相比于总收入而言的务农总投入则主要集中在 2000—5000 元（38.38%）以及 5000 元—10000 元（34.51%），其次是 2000 元以下（24.30%），10000 元以上最少，仅占比 2.82%。

在务农总投入中，灌溉年均投入主要集中在 1 元—300 元（35.92%），其次是 500 元—1000 元（24.30%），12.32% 的农户在 1000 元以上，部分农户（11.62%）没有灌溉投入。

当灌溉缺水时，大多数农户（46.35%）选择求助水利机构，其次是自己抽水（39.61%），等天下雨占比 11.24%。

2. 社群关系考察

如前所述，社会资本是一种重要资本，它是理解个体如何实现合作、如何克服集体行动问题以达到更高程度的经济绩效的关键所在（埃莉诺·奥斯特罗姆，2003）。社会资本凝结在社会交往的建立与维系之中，我们通过问卷中涉及的几个方面来考察农户之间的社会关系网络：①农户了解外界信息的渠道；②农户是否当过村/镇/县干部，近三代家庭成员是否担任村干部；③遇到用水纠纷时，是否会组织协商解决；④当地是否存在谱系群体、宗教团体；⑤村民、村小组、村庄之间关系与融洽程度。统计发现，农户主要是通过信息媒介（70.98%）来了解外界信息的，其次是通过政府培训或宣传来了解（18.39%），通过亲戚朋友了解外界信息的占比9.20%。具体情况见表8－20。

表8－20　　　　　　　　**农户了解外界信息的渠道**

了解外界信息的渠道	信息媒介	亲戚朋友	政府培训或宣传	其他	合计
频数	247	32	64	5	348
占比（%）	70.98	9.20	18.39	1.44	100.00

从社会经历来看，大多数农户都没有干部经历，只有13.38%的农户当过村/镇/县干部，同时农户的家庭成员中也很少有当过村干部的，其中87.21%的农户反映他们近三代家庭成员没有担任过村干部。

在遇到用水纠纷时，只有少数农户（26.56%）会组织协商解决，大多数农户（73.44%）则不会组织解决。同时在调查中大多数农户（79.93%）反映当地不存在谱系群体、宗教团体，只有极少数（7.02%）的农户反映当地存在谱系群体、宗教团体。

从村民之间关系、村小组之间关系以及村与村之间关系的融洽程度来看，调查结果主要集中在很融洽和比较融洽两个选项。其中，村民之间关系很融洽的比例最高（40.27%），大于村小组之间（23.55%）和村与村之间（15.33%）的融洽程度。具体情况见表8－21。

表8－21　村民之间、村小组之间、村与村之间关系

	不融洽	不太融洽	一般	比较融洽	很融洽	合计
村民之间关系融洽吗?	1	2	31	141	118	293
占比（%）	0.34	0.68	10.58	48.12	40.27	100.00
村小组之间关系融洽吗?	1	2	75	146	69	293
占比（%）	0.34	0.68	25.60	49.83	23.55	100.00
村与村之间关系融洽吗?	0	1	107	135	44	287
占比（%）	0.00	0.35	37.28	47.04	15.33	100.00

3. 会长类型

作为领导者，用水协会的会长成为社群属性研究部分的另一个关注点。根据村民的说法，他们大多由村干部或者村中人缘好、社会关系广的人担任（约占有效样本量的81.8%）。这些人都可以被视为通常意义上的“乡村精英”。

在中国传统的乡土社会中，“乡村精英”不仅仅是帕累托所说的单纯支配民众的一类人的统称，实际上，精英群体内部存在着多层次的划分。传统型/现代型的乡村精英划分方式（贺雪峰，2000）强调地位声望与经济能力之间的区分，制度/非制度性的乡村精英划分方式（应星，2007）则更注重制度性所导致的权力差异。不论是从地位声望还是从制度设定的角度来说，用水协会会长与“乡村精英”的社会位置是成匹配关系的。我们可以看出，拥有广泛而良好的人际关系几乎与作为制度性保障的权力身份一样，成为获取协会领导者这种乡村精英地位的重要优势。（见表8－22）

4. 农户参与用水协会的动机

在受调查农户中，有73.5%的农户是协会会员，对于加入用水协会的215位村民来说，“用水难”是大多数人的理由（50.2%），其次则为“上级强制”（20%）与“灌溉成本高”（16.7%）。受到他人（成功者、带头人、亲朋好友等）影响而加入用水协会的人数并不多，仅占有效样本的13%。而对于未加入用水协会的46位村民而言，“用水协会的作用不大”（43.5%）与“缺水时，自己可以解决”

表 8－22　　用水协会的会长属于哪种类型的人？

		频率	百分比（%）	有效百分比（%）	累计百分比（%）
有效	村干部	82	27.4	42.7	42.7
	有经营头脑的人	25	8.4	13.0	55.7
	人缘好、社会关系广的人	75	25.1	39.1	94.8
	灌溉用水大户	10	3.3	5.2	100.0
	合计	192	64.2	100.0	
缺失	系统	107	35.8		
	合计	299	100.0		

（39.1%）则是更多人考虑的因素。

值得注意的是，“不缺水”并不构成大多数人选择不加入用水协会的原因。这与表 8－23 中选择“用水难”的人数之多形成了一种对照。这说明，用水不便或者说灌溉缺水的现象是广泛存在的，因此，当村民在判断是否加入用水协会时，除了考量灌溉所面临的客观物理条件外，用水协会本身的制度及效果同样瞩目。一些村民认为，加入用水协会的实际作用并不大或者还不如自己解决灌溉困难的效果好，在“成本—收益”的理念支配下他们便拒绝加入用水协会。

表 8－23　　您加入用水协会的原因

		频率	百分比（%）	有效百分比（%）	累计百分比（%）
有效	用水难	108	36.1	50.2	50.2
	灌溉成本高	36	12.0	16.7	66.9
	受其他人成功经验的宣传	2	.7	.9	67.8
	受带头人的影响	22	7.4	10.2	78.0
	上级强制	43	14.4	20.0	98.0
	亲朋好友的鼓动	4	1.3	1.9	100.0
	合计	215	71.9	100.0	
缺失	系统	84	28.1		
	合计	299	100.0		

表 8－24　　　　　　　　**您未加入用水协会的原因**

		频率	百分比（%）	有效百分比（%）	累计百分比（%）
有效	不缺水	3	1.0	6.5	6.5
	水费太高	5	1.7	10.9	17.4
	用水协会的作用不大	20	6.7	43.5	60.9
	缺水时，自己可以解决	18	6.0	39.1	100.0
	合计	46	15.4	100.0	
缺失	系统	253	84.5		
	合计	299	100.0		

（三）制度属性

从表 8－25 可以看出，大多数协会的管辖区域是以行政区划分，而不是以水文边界划分；水源充足的协会水费收缴都比较公开透明，而水源不充足的协会农户基本上都不知道水费水价信息；大多数协会的水量测量设施都不完善甚至没有测量设施，部分协会在主干渠上有水量测量设施，但末级渠道都没有测量设施；在协会会长产生方式上，由民主选举产生会长的协会在水费水价方面都做到了公开透明，水源也充足，但是大多数协会的会长都不是通过民主选举产生的。

根据调研结果，用水协会会长的产生方式主要包括民主选举（29.30%）、上级指派（17.22%）、村长或者支书担任（10.26%）。值得注意的一点是，43.22% 的受访农户反映不清楚用水协会会长的产生方式，表明农户对用水协会的认知不够。36.92% 的农户认为用水协会会长的领导能力“一般”，47.69% 的农户认为用水协会会长的领导能力“良好”，认为会长工作优秀的人占受调查者的 11.79%，只有 7 位农户认为用水协会会长的领导能力“不太好”或“很差”。

23.90% 的农户反映用水协会对拖欠水费的用水户有相应的监督和惩罚措施，而 76.10% 的农户则表示没有相应的惩罚措施，这表明用水协会的惩罚机制尚不完善，或者执行情况不好。52.85% 的农户表示知晓其他农户的水价、水量、水费信息，另外 47.15% 并不知晓其他农户的水费情况。只有 51 位农户参加用水协会的会员大会，占比 18.28%，绝大多数农户并未参加过会员大会。这表明用水协会会员大会的召开情况较差。农户参加过其他合作组织的比例较低，仅为6.41%，绝大多数农户并未参与过其他合作组织。

表8-25 协会其他方面情况汇总

用水协会会长的产生方式	村民民主选举	上级指派	村长或支书担任	不清楚		合计
频数	80	47	28	118		273
占比（%）	29.30	17.22	10.26	43.22		100.00
是否参加协会的会员大会	是		否			合计
频数	51		228			279
占比（%）	18.28		81.72			100.00
是否知晓其他用水户的水费、水量、水价信息	是		否			合计
频数	139		124			263
占比（%）	52.85		47.15			100.00
您认为用水协会会长的领导能力	优秀	良好	一般	不太好	很差	合计
频数	23	93	72	5	2	195
占比（%）	11.79	47.69	36.92	2.56	1.03	100.00
用水协会对拖欠水费的用水户是否有相应的监督和惩罚措施	是		否			合计
频数	49		156			205
占比（%）	23.90		76.10			100.00
您家曾经参与过其他合作组织吗	是		否			合计
频数	15		219			234
占比（%）	6.41		93.59			100.00

根据140位受访者的回答，超过一半的村民认为用水协会发展面临的最大困难与障碍是“农户的认识不足”或“农户的参与度不够”，其次是“资金不足”和“缺乏有奉献精神、有能力的领导”。

表8－26　您认为用水协会发展面临的最大困难与障碍是什么？

	用水协会面临的最大困难	频率	百分比（%）	有效百分比（%）	累计百分比（%）
有效	缺乏有奉献精神、有能力的领导	12	4.0	8.6	8.6
	资金不足	25	8.4	17.6	26.2
	农户的认识不足	51	17.1	36.4	62.6
	农户的参与度不够	38	12.7	27.1	89.7
	缺乏政府里的人脉资源	5	1.7	3.6	93.3
	法律地位不明晰	1	.3	.7	94.0
	产权没有落实	1	.3	.7	94.7
	政策限制太多	5	1.7	3.6	98.3
	其他	2	.7	1.4	100.0
	合计	140	46.8	100.0	
缺失	系统	159	53.2		
合计		299	100.0		

三　假设检验

（1）假设1：在灌溉水源充足且稳定、灌溉水利设施状况较好的地区，农户参与灌溉合作组织的比例越低。

①以问卷的第31题“您是否加入了用水协会”为因变量；以第18题“您家灌溉用水充足且稳定吗?”为自变量，并虚拟自变量，“充足且稳定”赋值为1，“充足但不稳定”赋值为2，“不充足不稳定”赋值为3，验证假设，结果如下。

在回答水资源是否充足稳定这道题的人里，回答充足稳定的占比21%，充足但不稳定的占比29.8%，认为水源不充足不稳定的人占回答人数的30.7%，各个选项约占三分之一。合计所有问题的记录数是241个（包括所有受访者），其中回答水资源充足稳定的一共105个（22+83），回答充足但不稳定的47人（14+33），不充足不稳定的88人（27+61）。在241个受访者中，加入用水协会的赋值为1（有178个人加入，占本道题受访者总数的73.9%），没有加入的赋值为0（63个人没有加入，占受访者总数26.1%）。63个未加入协会的受访者中，34.9%的人（22人）回答水资源充足且稳定，回答充足但不稳定的人占比22.2%，回答不充足不稳定的人占比42.9%，可见未加入协会者，过半数的人用水需求得不到满足。在加入了协会的受访者中，回答充足稳定水源的有83人，占协会会员178人里的46.6%；回答充足但不稳定的33人，占18.5%，回答不充足不稳定的61人，占178人里的34.3%，可见加入了协会，多数人的用水需求得到了满足（表8-27）。

进一步分析，回答水资源充足稳定的105人里，83人是协会会员，占比79%，在本题所有受访者人数中占比34.4%，认为水源充足但不稳定的47人中，有33人是协会会员，占比为70.2%（四舍五入），在所有241人中占13.7%。回答水源不充足不稳定的88人里，有61人是协会会员，占比69.3%。从这里也可以看出，总体而言协会会员比非会员得到的水资源更充足，但也有部分处于水源下游或地势较高地区的人得到的水资源不够稳定，那些得不到充足稳定水源的人，有的干脆放弃种植，外出打工，或改为种植耐旱作物，并不参与协会自主管理灌溉事务，因此仅仅从水源不充足不稳定单项统计的结果看，认为水源不充足不稳定的协会会员反而多于非会员。另一个原因，抽样调查时依据的是水文地理条件而不是会员身份，会员与非会员的比例是随机的，数量不均，这对统计结论也有影响。

表8-27显示，灌溉水资源的充足性和稳定性在5%的显著性水平上不显著。这表明结果与我们的假设不相符，样本无法推论到总体。另外，Lambda系数为0，表明自变量无助于解释因变量。在水源充足且稳定的条件下，如果水资源的分配不均，或者缺乏有效的管理，“有人用、无人管”的局面得不到控制和改善，仍然可能出现灌溉效率

表8－27　**"您是否加入了用水协会?" ＊ "您家灌溉用水充足且稳定吗?" 交叉制表**

			您家灌溉用水充足且稳定吗?				合计
			0	充足且稳定	充足但不稳定	不充足不稳定	
您是否加入了用水协会?	否	计数	0	22	14	27	63
		您是否加入了用水协会? 其中的百分比	0.0	34.9	22.2	42.9	100.0
		您家灌溉用水充足且稳定吗? 其中的百分比	0.0	21.0	29.8	30.7	26.1
		总数的百分比	0.0	9.1	5.8	11.2	26.1
	是	计数	1	83	33	61	178
		您是否加入了用水协会? 其中的百分比	0.6	46.6	18.5	34.3	100.0
		您家灌溉用水充足且稳定吗? 其中的百分比	100.0	79.0	70.2	69.3	73.9
		总数的百分比	0.4	34.4	13.7	25.3	73.9
合计		计数	1	105	47	88	241
		您是否加入了用水协会? 其中的百分比	0.4	43.6	19.5	36.5	100.0
		您家灌溉用水充足且稳定吗? 其中的百分比	100.0	100.0	100.0	100.0	100.0
		总数的百分比	0.4	43.6	19.5	36.5	100.0

卡方检验

	值	df	渐进 Sig. (双侧)	Monte Carlo Sig. (双侧)			Monte Carlo Sig. (单侧)		
				Sig.	95%置信区间		Sig.	95%置信区间	
					下限	上限		下限	上限
Pearson 卡方	3.081[a]	3	.379	.424[b]	.415	.434			
似然比	3.364	3	.339	.396[b]	.387	.406			

续表

	值	df	渐进 Sig.（双侧）	Monte Carlo Sig.（双侧）			Monte Carlo Sig.（单侧）		
				Sig.	95%置信区间		Sig.	95%置信区间	
					下限	上限		下限	上限
Fisher 的精确检验	3.219			.369[b]	.360	.379			
线性和线性组合	2.621[c]	1	.105	.119[b]	.113	.126	.059[b]	.054	.063
有效案例中的 N	241								

说明：a. 2 单元格（25.0%）的期望计数少于 5。最小期望计数为 .26。

b. 基于 10000 采样表，启动种子为 1993510611 。

c. 标准化统计量是 −1.619。

方向度量

			值	渐进标准误差[a]	近似值 T[b]	近似值 Sig.	Monte Carlo Sig.		
							Sig.	95%置信区间	
								下限	上限
按标量标定	Lambda	对称的	.025	.035	.715	.475			
		您是否加入了用水协会？（因变量）	.000	.000	.[c]	.[c]			
		您家灌溉用水充足且稳定吗？（自变量）	.037	.051	.715	.475			
	Goodman & Kruskal Tau	您是否加入了用水协会？（因变量）	.013	.013		.381[d]	.428[e]	.418	.438
		您家灌溉用水充足且稳定吗？（自变量）	.007	.008		.180[d]	.193[e]	.185	.201

说明：a. 不假定零假设。

b. 使用渐进标准误差假定零假设。

c. 因为渐进标准误差等于零而无法计算。

d. 基于卡方近似值。

e. 基于 10000 采样表，启动种子为 1993510611。

障的情况，因此，即使是在水资源充足且稳定的村庄，农户对用水协会仍有需求，仍有参与灌溉合作组织的意愿；另外，正是由于农户加入了用水协会，灌溉水资源才会充足且稳定，因此，水源充分的地区，参与用水协会的人数可能越多。

②以问卷的第31题“您是否加入了用水协会”为因变量，“是”赋值为1，“否”赋值为0；以第19题“当地的灌溉水利设施情况如何”为自变量，并虚拟自变量，“良好”赋值为3，“一般”赋值为2，“年久失修，渗漏严重”赋值为1，结果如下。

表8－28　**“您是否加入了用水协会?”*“当地的灌溉水利设施情况如何?”交叉制表**

			当地的灌溉水利设施情况如何?			合计
			年久失修，渗漏严重	一般	良好	
您是否加入了用水协会?	否	计数	13	24	25	62
		您是否加入了用水协会？其中的百分比	21.0	38.7	40.3	100.0
		当地的灌溉水利设施情况如何？其中的百分比	39.4	32.0	19.8	26.5
		总数的百分比	5.6	10.3	10.7	26.5
	是	计数	20	51	101	172
		您是否加入了用水协会？其中的百分比	11.6	29.7	58.7	100.0
		当地的灌溉水利设施情况如何？其中的百分比	60.6	68.0	80.2	73.5
		总数的百分比	8.5	21.8	43.2	73.5

续表

		当地的灌溉水利设施情况如何？			合计
		年久失修，渗漏严重	一般	良好	
合计	计数	33	75	126	234
	您是否加入了用水协会？其中的百分比	14. 1	32. 1	53. 8	100. 0
	当地的灌溉水利设施情况如何？其中的百分比	100. 0	100. 0	100. 0	100. 0
	总数的百分比	14. 1	32. 1	53. 8	100. 0

卡方检验

	值	df	渐进 Sig.（双侧）	Monte Carlo Sig.（双侧）			Monte Carlo Sig.（单侧）		
				Sig.	95% 置信区间		Sig.	95% 置信区间	
					下限	上限		下限	上限
Pearson 卡方	6. 851[a]	2	. 033	. 030[b]	. 027	. 034			
似然比	6. 761	2	. 034	. 035[b]	. 031	. 038			
Fisher 的精确检验	6. 901			. 028[b]	. 024	. 031			
线性和线性组合	6. 695[c]	1	. 010	. 011[b]	. 009	. 013	. 007[b]	. 006	. 009
有效案例中的 N	234								

说明：a. 0 单元格（.0%）的期望计数少于 5。最小期望计数为 8. 74。

b. 基于 10000 采样表，启动种子为 475497203 。

c. 标准化统计量是 2. 587。

续表

方向度量									
			值	渐进标准误差[a]	近似值 T	近似值 Sig.	Monte Carlo Sig.		
							Sig.	95% 置信区间	
								下限	上限
按标量标定	Lambda	对称的	.000	.000	.[b]	.[b]			
		您是否加入了用水协会?(因变量)	.000	.000	.[b]	.[b]			
		当地的灌溉水利设施情况如何?(自变量)	.000	.000	.[b]	.[b]			
	Goodman & Kruskal Tau	您是否加入了用水协会?(因变量)	.029	.023		.033[c]	.030[d]	.027	.034
		当地的灌溉水利设施情况如何?(自变量)	.017	.013		.020[c]	.028[d]	.024	.031

说明:a. 不假定零假设。

b. 因为渐进标准误差等于零而无法计算。

c. 基于卡方近似值。

d. 基于 10000 采样表,启动种子为 475497203。

表 8－28 显示,在 5% 的显著性水平上,灌溉水利设施状况的差异对农户是否加入用水协会有显著影响,且系数符号为正,故灌溉水利设施状况与农户加入用水协会的行为之间具有正的相关性,tau-y 系数为 0.029,即灌溉水利设施越好的地方,农户加入用水协会越普遍。在调研过程中,我们也发现,部分地区的水库修建完好、渠道硬化率很高,灌溉水在流动过程中渗漏较少,越能满足农户的灌溉需求,农户认为加入协会得到的好处更多,所以参与的积极性较好。

③以问卷的第 31 题"您是否加入了用水协会"为因变量,"是"赋值为 1 ,"否"赋值为 0;以第 20 题"末级渠系是否安装了计量设施"为自变量,"是"赋值为 1,"否"赋值为 0,结果如下。

表 8－29　“您是否加入了用水协会?” ＊ “末级渠系是否安装了计量设施?” 交叉制表

			末级渠系是否安装了计量设施?		合计
			否	是	
您是否加入了用水协会?	否	计数	49	4	53
		您是否加入了用水协会? 其中的百分比	92.5	7.5	100.0
		末级渠系是否安装了计量设施? 其中的百分比	26.1	21.1	25.6
		总数的百分比	23.7	1.9	25.6
	是	计数	139	15	154
		您是否加入了用水协会? 其中的百分比	90.3	9.7	100.0
		末级渠系是否安装了计量设施? 其中的百分比	73.9	78.9	74.4
		总数的百分比	67.1	7.2	74.4
合计		计数	188	19	207
		您是否加入了用水协会? 其中的百分比	90.8	9.2	100.0
		末级渠系是否安装了计量设施? 其中的百分比	100.0	100.0	100.0
		总数的百分比	90.8	9.2	100.0

卡方检验

	值	df	渐进 Sig.（双侧）	精确 Sig.（双侧）	精确 Sig.（单侧）	点概率
Pearson 卡方	.227[a]	1	.633	.786	.435	
连续校正[b]	.040	1	.841			
似然比	.236	1	.627	.786	.435	
Fisher 的精确检验				.786	.435	
线性和线性组合	.226[c]	1	.634	.786	.435	.204
有效案例中的 N	207					

说明：a. 单元格（25.0%）的期望计数少于 5。最小期望计数为 4.86。

b. 仅对 2×2 表计算。

c. 标准化统计量是 .476。

d. 对于 2×2 交叉制表，提供精确结果而不是 Monte Carlo 结果。

方向度量									
			值	渐进标准误差[a]	近似值T	近似值Sig.	Monte Carlo Sig.		
							Sig.	95%置信区间	
								下限	上限
按标量标定	Lambda	对称的	.000	.000	.[b]	.[b]			
		您是否加入了用水协会?(因变量)	.000	.000	.[b]	.[b]			
		末级渠系是否安装了计量设施?(自变量)	.000	.000	.[b]	.[b]			
	Goodman & Kruskal Tau	您是否加入了用水协会?(因变量)	.001	.004		.634[c]	.787[d]	.779	.795
		末级渠系是否安装了计量设施?(自变量)	.001	.004		.634[c]	.787[d]	.779	.795

说明：a. 不假定零假设。

b. 因为渐进标准误差等于零而无法计算。

c. 基于卡方近似值。

d. 基于 10000 采样表，启动种子为 126474071 。

表8－29显示，在5%的显著性水平上，末级渠系是否安装了测水、量水设施与农户是否加入用水协会的关系不显著，这表明结果与我们的假设不相符，样本无法推论到总体。另外，Lambda 系数为0，表明自变量无助于解释因变量。

安装测水、量水设施的出发点是测量用水量，作为水费收取的依据。然而，部分地区用水协会的水费收取标准是受益面积，因此测水、量水设施的安装与否不会直接影响农户的参与情况。另外，测水、量水设施的安装需要人力和财力的投入，在资金不足的条件下，实现灌溉用水的全面计量面临较大困难，实际上只有9.05%的农户反映当地安装了量水设施，这一变量对农户参与用水协会行为的影响微乎其微。

（2）假设2：对于种植需水量较大农作物的农户，参与灌溉合作组织的人越多。

首先，我们对农户的种植作物类型做了描述性统计，如表 8－30 所示。

表 8－30　**农户种植物类型的描述性统计**

种植物类型	有效数	没回答	是	否	平均数	标准差
主要种植水稻	290	9	271	19	0.93	0.2428
主要种植小麦	289	10	69	220	0.24	0.427
主要种植玉米	290	9	148	142	0.51	0.501
主要种植蔬菜（除去油菜）	290	9	6	284	0.02	0.143
主要种植黄豆	290	9	4	286	0.01	0.117
主要种植绿豆	290	9	0	290	0.00	0.000
主要种植红薯	290	9	3	287	0.01	0.101
主要种植棉花	288	9	7	283	0.02	0.154
主要种植油菜	287	11	120	168	0.42	0.494

从表 8－30 可以看出，被调查的农户主要种植物是水稻、玉米、油菜和小麦，其余选项几乎很少有农户种植。考虑到数据的有效性，笔者将主要验证水稻、玉米、油菜、小麦四种农作物类型与合作行为的相关性，如表 8－31 所示。

表 8－31　**种植作物类型与合作行为的相关性**

	方法	Pearson	Spearman
水稻	相关系数	0.149*	0.149*
	显著性（双侧）	0.021	0.021
	方法	Pearson	Spearman
小麦	相关系数	－0.146*	－0.146
	显著性（双侧）	0.024	0.024

续表

	方法	Pearson	Spearman
玉米	相关系数	-0.157*	-0.157*
	显著性（双侧）	0.015	0.015
	方法	Pearson	Spearman
油菜	相关系数	-0.054	-0.054
	显著性（双侧）	0.412	0.412

说明：* 表示在 0.05 水平（双侧）上显著相关。

从相关性分析汇总表中可以看出，种植作物类型是水稻的农户加入用水协会的人越多（正相关），而种植玉米和小麦的农户加入协会的较少（负相关）。种植油菜的农户与加入协会的行为之间没有显著的相关性。

以问卷的第 31 题“您是否加入了用水协会”为因变量，“是”赋值为 1 ，“否”赋值为 0；以第 14 题“您家主要种植农作物是水稻、小麦或玉米”为自变量，“是”赋值为 1，“否”赋值为 0，结果如下。

表 8-32　**“你是否加入了用水协会” * 主要农作物 交叉制表汇总**

			主要农作物		
			水稻	玉米	小麦
您是否加入了用水协会?	否	计数	56	40	22
		您是否加入了用水协会？其中的百分比	88.90	63.50	34.90
		总数的百分比	23.50	16.80	9.30
	是	计数	169	80	36
		您是否加入了用水协会？其中的百分比	96.60	45.70	20.70
		总数的百分比	71.00	33.60	15.20
合计		计数	225	120	58
		您是否加入了用水协会？其中的百分比	94.50	50.40	24.50
		总数的百分比	94.50	50.40	24.50

卡方检验汇总						
		值	df	渐进 Sig.（双侧）	精确 Sig.（双侧）	精确 Sig.（单侧）
水稻	Pearson 卡方	5.295[a]	1	0.021	0.029	0.029
	连续校正[b]	3.911	1	0.048		
	似然比	4.646	1	0.031	0.045	0.029
	Fisher 的精确检验				0.045	0.029
	线性和线性组合	5.272[c]	1	0.022	0.029	0.029
	有效案例中的 N	238				
玉米	Pearson 卡方	5.857[a]	1	0.016	0.019	0.011
	连续校正[b]	5.167	1	0.023		
	似然比	5.915	1	0.015	0.019	0.011
	Fisher 的精确检验				0.019	0.011
	线性和线性组合	5.832[c]	1	0.016	0.019	0.011
	有效案例中的 N	238				
小麦	Pearson 卡方	5.068[a]	1	0.024	0.027	0.02
	连续校正[b]	4.327	1	0.038		
	似然比	4.833	1	0.028	0.039	0.02
	Fisher 的精确检验				0.027	0.02
	线性和线性组合	5.047[c]	1	0.025	0.027	0.02
	有效案例中的 N	237				

方向度量汇总											
				值	渐进标准误差[a]	近似值 T[b]	近似值 Sig.	Monte Carlo Sig.		
								Sig.	95% 置信区间	
									下限	上限
水稻	按标量标定	Lambda	对称的	0.013	0.047	0.277	0.781			
			您是否加入了用水协会?（因变量）	0.016	0.057	0.277	0.781			
			您家主要种植：水稻（自变量）	0	0	. c	. c			
		Goodman & Kruskal Tau	您是否加入了用水协会?（因变量）	0.022	0.022		.022d	.030e	0.027	0.034
			您家主要种植：水稻（自变量）	0.022	0.022		.022d	.030e	0.027	0.034

续表

				值	渐进标准误差[a]	近似值T[b]	近似值Sig.	Monte Carlo Sig. Sig.	95%置信区间 下限	95%置信区间 上限
玉米	按标量标定	Lambda	对称的	0.083	0.07	1.137	0.256			
			您是否加入了用水协会?(因变量)	0	0	.[c]	.[c]			
			您家主要种植:玉米(自变量)	0.127	0.105	1.137	0.256			
		Goodman & Kruskal Tau	您是否加入了用水协会?(因变量)	0.025	0.02		.016[d]	.019[e]	0.016	0.022
			您家主要种植:玉米(自变量)	0.025	0.02		.016[d]	.019[e]	0.016	0.022
小麦	按标量标定	Lambda	对称的	0	0	.[b]	.[b]			
			您是否加入了用水协会?(因变量)	0	0	.[b]	.[b]			
			您家主要种植:小麦(自变量)	0	0	.[b]	.[b]			
		Goodman & Kruskal Tau	您是否加入了用水协会?(因变量)	0.021	0.02		.025[c]	.029[d]	0.026	0.032
			您家主要种植:小麦(自变量)	0.021	0.02		.025[c]	.029[d]	0.026	0.032

根据卡方检验汇总表，主要农作物水稻、小麦和玉米在5%的统计检验水平上是显著的，说明种植作物类型对农户参与灌溉合作组织的行为具有显著的影响。相对于玉米、小麦等旱地作物，水稻等农作物需水量较大，农户对灌溉水资源的依赖程度越高，因此参与灌溉合作组织的人越多。

（3）假设3：离水源地和乡镇中心的距离越远，农户越有可能参与灌溉合作组织。

①以69份问卷中的第23问“您是否加入了用水协会”为因变量，

"是"赋值为1，"否"赋值为0；以第7问"需要灌溉的耕地与水源的平均距离"为自变量，将距离小于1公里的赋值为1，距离在1—5公里内的赋值为2，距离在5公里以上的赋值为3，结果如下。

表8－33　**"您是否加入了农民用水协会" * 耕地离水源的距离 交叉制表**

<table>
<tr><td colspan="3" rowspan="2"></td><td colspan="3">耕地离水源的距离</td><td rowspan="2">合计</td></tr>
<tr><td>小于1公里</td><td>1—5公里之内</td><td>5公里以上</td></tr>
<tr><td rowspan="8">您是否加入了农民用水协会?</td><td rowspan="4">否，村集体管理</td><td>计数</td><td>19</td><td>23</td><td>3</td><td>45</td></tr>
<tr><td>您是否加入了农民用水协会?其中的百分比</td><td>42.2</td><td>51.1</td><td>6.7</td><td>100.0</td></tr>
<tr><td>耕地离水源的距离，其中的百分比</td><td>82.6</td><td>69.7</td><td>33.3</td><td>69.2</td></tr>
<tr><td>总数的百分比</td><td>29.2</td><td>35.4</td><td>4.6</td><td>69.2</td></tr>
<tr><td rowspan="4">是，参与灌溉管理</td><td>计数</td><td>4</td><td>10</td><td>6</td><td>20</td></tr>
<tr><td>您是否加入了农民用水协会?其中的百分比</td><td>20.0</td><td>50.0</td><td>30.0</td><td>100.0</td></tr>
<tr><td>耕地离水源的距离，其中的百分比</td><td>17.4</td><td>30.3</td><td>66.7</td><td>30.8</td></tr>
<tr><td>总数的百分比</td><td>6.2</td><td>15.4</td><td>9.2</td><td>30.8</td></tr>
<tr><td colspan="2" rowspan="4">合计</td><td>计数</td><td>23</td><td>33</td><td>9</td><td>65</td></tr>
<tr><td>您是否加入了农民用水协会?其中的百分比</td><td>35.4</td><td>50.8</td><td>13.8</td><td>100.0</td></tr>
<tr><td>耕地离水源的距离，其中的百分比</td><td>100.0</td><td>100.0</td><td>100.0</td><td>100.0</td></tr>
<tr><td>总数的百分比</td><td>35.4</td><td>50.8</td><td>13.8</td><td>100.0</td></tr>
</table>

卡方检验						
	值	df	渐进 Sig.（双侧）	精确 Sig.（双侧）	精确 Sig.（单侧）	点概率
Pearson 卡方	7. 380[a]	2	. 025	. 024		
似然比	7. 045	2	. 030	. 054		
Fisher 的精确检验	6. 802			. 028		
线性和线性组合	6. 345[b]	1	. 012	. 015	. 010	. 007
有效案例中的 N	65					

说明：a. 1 单元格（16. 7%）的期望计数少于 5。最小期望计数为 2. 77。

b. 标准化统计量是 2. 519。

方向度量							
			值	渐进标准误差[a]	近似值 T[b]	近似值 Sig.	精确 Sig.
按标量标定	Lambda	对称的	. 058	. 055	1. 008	. 314	
		您是否加入了农民用水协会（因变量）	. 150	. 138	1. 008	. 314	
		耕地离水源的距离（自变量）	. 000	. 000	.[c]	.[c]	
	Goodman & Kruskal Tau	您是否加入了农民用水协会（因变量）	. 114	. 081		. 026[d]	. 024
		耕地离水源的距离（自变量）	. 037	. 028		. 093[d]	. 094

说明：a. 不假定零假设。

b. 使用渐进标准误差假定零假设。

c. 因为渐进标准误差等于零而无法计算。

d. 基于卡方近似值。

结果显示，变量在5%的统计检验水平上显著且系数为正，“农户加入用水协会的行为”与“耕地离水源的距离”存在正相关关系。说明耕地离水源的距离越远，农户越需要寻求用水协会的帮助。

②以299份问卷的第31题“您是否加入了用水协会”为因变量，“是”赋值为1，“否”赋值为0；第17题“灌溉耕地距水源距离路程”为自变量，将距离小于1公里的赋值为1，距离在1—5公里内的赋值为2，距离在5—10公里的赋值为3，距离在10公里以上的赋值为4，结果如下。

表8－34　“您是否加入了用水协会?”＊耕地离水源的距离 交叉制表

			耕地离水源的距离				合计
			小于1公里	1—5公里	5—10公里	10公里以上	
您是否加入了用水协会?	否	计数	15	22	6	6	49
		您是否加入了用水协会？中的百分比	30.6	44.9	12.2	12.2	100.0
		耕地离水源的距离中的百分比	46.9	24.4	18.2	13.0	24.4
		总数的百分比	7.5	10.9	3.0	3.0	24.4
	是	计数	17	68	27	40	152
		您是否加入了用水协会？中的百分比	11.2	44.7	17.8	26.3	100.0
		耕地离水源的距离中的百分比	53.1	75.6	81.8	87.0	75.6
		总数的百分比	8.5	33.8	13.4	19.9	75.6
合计		计数	32	90	33	46	201
		您是否加入了用水协会？中的百分比	15.9	44.8	16.4	22.9	100.0
		耕地离水源的距离中的百分比	100.0	100.0	100.0	100.0	100.0
		总数的百分比	15.9	44.8	16.4	22.9	100.0

卡方检验						
	值	df	渐进 Sig.（双侧）	精确 Sig.（双侧）	精确 Sig.（单侧）	点概率
Pearson 卡方	12. 678[a]	3	. 005	. 005		
似然比	12. 011	3	. 007	. 009		
Fisher 的精确检验	11. 690			. 008		
线性和线性组合	10. 141[b]	1	. 001	. 001	. 001	. 000
有效案例中的 N	201					

说明：a. 0 单元格（0. 0%）的期望计数少于 5。最小期望计数为 7. 80。

b. 标准化统计量是 3. 184。

方向度量							
			值	渐进标准误差[a]	近似值 T	近似值 Sig.	精确 Sig.
按标量标定	Lambda	对称的	. 000	. 000	.[b]	.[b]	
		您是否加入了用水协会?（因变量）	. 000	. 000	.[b]	.[b]	
		耕地离水源的距离（自变量）	. 000	. 000	.[b]	.[b]	
	Goodman & Kruskal Tau	您是否加入了用水协会?（因变量）	. 063	. 037		. 006[c]	. 005
		耕地离水源的距离（自变量）	. 016	. 010		. 022[c]	. 026

说明：a. 不假定零假设。

b. 因为渐进标准误差等于零而无法计算。

c. 基于卡方近似值。

根据卡方检验结果，耕地离水源地的距离在 1% 的统计检验水平上显著，且系数符号为正，说明自变量“耕地离水源地的距离”与因变量“您是否加入用水协会”之间呈显著正相关关系，tau-y 系数为 0. 063，没有充足的理由拒绝原假设。

③以 299 份问卷的第 31 题“您是否加入了用水协会”为因变量，“是”赋值为 1 ，“否”赋值为 0；以“您家主要灌溉耕地离乡镇的路程”为自变量，将距离在 5 公里以内的赋值为 1，距离在 5—10 公里的赋值为 2，距离在 10 公里以上的赋值为 3，结果如下。

表 8 - 35　**“您是否加入了用水协会?” ＊ 耕地离乡镇的路程 交叉制表**

			耕地离乡镇的路程			合计
			5 公里以下	5—10 公里	10 公里以上	
您是否加入了用水协会?	否	计数	27	22	10	59
		您是否加入了用水协会? 中的百分比	45. 8	37. 3	16. 9	100. 0
		耕地离乡镇的路程中的百分比	23. 5	30. 1	25. 6	26. 0
		总数的百分比	11. 9	9. 7	4. 4	26. 0
	是	计数	88	51	29	168
		您是否加入了用水协会? 中的百分比	52. 4	30. 4	17. 3	100. 0
		耕地离乡镇的路程中的百分比	76. 5	69. 9	74. 4	74. 0
		总数的百分比	38. 8	22. 5	12. 8	74. 0
合计		计数	115	73	39	227
		您是否加入了用水协会? 中的百分比	50. 7	32. 2	17. 2	100. 0
		耕地离乡镇的路程中的百分比	100. 0	100. 0	100. 0	100. 0
		总数的百分比	50. 7	32. 2	17. 2	100. 0

卡方检验

	值	df	渐进 Sig.（双侧）	精确 Sig.（双侧）	精确 Sig.（单侧）	点概率
Pearson 卡方	1.032[a]	2	.597	.596		
似然比	1.020	2	.600	.596		
Fisher 的精确检验	1.064			.570		
线性和线性组合	.305[b]	1	.581	.616	.324	.068
有效案例中的 N	227					

说明：a. 0 单元格（0.0%）的期望计数少于 5。最小期望计数为 10.14。

b. 标准化统计量是 -.552。

方向度量

			值	渐进标准误差[a]	近似值 T	近似值 Sig.	精确 Sig.
按标量标定	Lambda	对称的	.000	.000	.[b]	.[b]	
		您是否加入了用水协会？（因变量）	.000	.000	.[b]	.[b]	
		耕地离乡镇的路程（自变量）	.000	.000	.[b]	.[b]	
	Goodman & Kruskal Tau	您是否加入了用水协会？（因变量）	.005	.009		.598[c]	.596
		耕地离乡镇的路程（自变量）	.003	.006		.520[c]	.499

说明：a. 不假定零假设。

b. 因为渐进标准误差等于零而无法计算。

c. 基于卡方近似值。

根据卡方检验结果，变量在5%的统计检验水平上不显著，二者的相关性无法从样本推论到总体，无法拒绝零假设。我们有理由相信，距离水源和镇中心越远，耕地位置越偏，在不改变种植作物类型的情况下，农户越需要用水协会这样的合作组织来帮助解决灌溉用水难问题，越有可能参与合作用水组织。

（4）假设4：村民关系、村小组关系、村与村关系越融洽，农户参与灌溉合作组织的人越多。

①以问卷的第31题“您是否加入了用水协会”为因变量，“是”赋值为1，“否”赋值为0；以第12题“您认为以下几个关系融洽吗”中“村民关系”的选项为自变量，“很融洽”赋值为5，“比较融洽”赋值为4，“一般”赋值为3，“不太融洽”赋值为2，“不融洽”赋值为1，结果如下。

表8－36　**“您是否加入了用水协会?”＊您认为村民之间关系融洽吗?交叉制表**

			您认为村民之间关系融洽吗?					合计
			不融洽	不太融洽	一般	比较融洽	很融洽	
您是否加入了用水协会?	否	计数	0	1	10	30	22	63
		您是否加入了用水协会?中的百分比	0.0	1.6	15.9	47.6	34.9	100.0
		您认为村民之间关系融洽吗?中的百分比	0.0	50.0	35.7	26.5	22.7	26.1
		总数的百分比	0.0	0.4	4.1	12.4	9.1	26.1
	是	计数	1	1	18	83	75	178
		您是否加入了用水协会?中的百分比	0.6	0.6	10.1	46.6	42.1	100.0
		您认为村民之间关系融洽吗?中的百分比	100.0	50.0	64.3	73.5	77.3	73.9
		总数的百分比	0.4	0.4	7.5	34.4	31.1	73.9

续表

		您认为村民之间关系融洽吗?					合计
		不融洽	不太融洽	一般	比较融洽	很融洽	
合计	计数	1	2	28	113	97	241
	您是否加入了用水协会?中的百分比	0.4	0.8	11.6	46.9	40.2	100.0
	您认为村民之间关系融洽吗?中的百分比	100.0	100.0	100.0	100.0	100.0	100.0
	总数的百分比	0.4	0.8	11.6	46.9	40.2	100.0

卡方检验

	值	df	渐进 Sig.(双侧)	精确 Sig.(双侧)	精确 Sig.(单侧)	点概率
Pearson 卡方	2.884[a]	4	.577	.578		
似然比	2.996	4	.558	.656		
Fisher 的精确检验	3.421			.486		
线性和线性组合	1.577[b]	1	.209	.225	.125	.036
有效案例中的 N	241					

说明:a. 4 单元格(40.0%)的期望计数少于 5。最小期望计数为 .26。

b. 标准化统计量是 1.256。

方向度量

			值	渐进标准误差[a]	近似值 T[b]	近似值 Sig.	精确 Sig.
按标量标定	Lambda	对称的	.000	.007	.000	1.000	
		您是否加入了用水协会?(因变量)	.000	.022	.000	1.000	
		您认为村民之间关系融洽吗?(自变量)	.000	.000	.[c]	.[c]	
	Goodman & Kruskal Tau	您是否加入了用水协会?(因变量)	.012	.014		.579[d]	.581
		您认为村民之间关系融洽吗?(自变量)	.003	.004		.612[d]	.499

说明:a. 不假定零假设。

b. 使用渐进标准误差假定零假设。

c. 因为渐进标准误差等于零而无法计算。

d. 基于卡方近似值。

②以问卷的第31题“您是否加入了用水协会”为因变量，“是”赋值为1，“否”赋值为0；以第12题“您认为以下几个关系融洽吗”中“村小组关系”的选项为自变量，“很融洽”赋值为5，“比较融洽”赋值为4，“一般”赋值为3，“不太融洽”赋值为2，“不融洽”赋值为1，结果如下。

表8－37　**“您是否加入了用水协会?”＊您认为村小组之间关系融洽吗？交叉制表**

			您认为村小组之间关系融洽吗?					合计
			不融洽	不太融洽	一般	比较融洽	很融洽	
您是否加入了用水协会?	否	计数	0	0	17	41	6	64
		您是否加入了用水协会？中的百分比	.0	.0	26.6	64.1	9.4	100.0
		您认为村小组之间关系融洽吗?中的百分比	.0	.0	29.8	33.6	10.0	26.6
		总数的百分比	.0	.0	7.1	17.0	2.5	26.6
	是	计数	1	1	40	81	54	177
		您是否加入了用水协会？中的百分比	.6	.6	22.6	45.8	30.5	100.0
		您认为村小组之间关系融洽吗?中的百分比	100.0	100.0	70.2	66.4	90.0	73.4
		总数的百分比	.4	.4	16.6	33.6	22.4	73.4
合计		计数	1	1	57	122	60	241
		您是否加入了用水协会？中的百分比	.4	.4	23.7	50.6	24.9	100.0
		您认为村小组之间关系融洽吗?中的百分比	100.0	100.0	100.0	100.0	100.0	100.0
		总数的百分比	.4	.4	23.7	50.6	24.9	100.0

卡方检验

	值	df	渐进 Sig.（双侧）	Monte Carlo Sig.（双侧）			Monte Carlo Sig.（单侧）		
				Sig.	95%置信区间		Sig.	95%置信区间	
					下限	上限		下限	上限
Pearson 卡方	12.577[a]	4	.014	.007[b]	.005	.009			
似然比	14.732	4	.005	.003[b]	.002	.004			
Fisher 的精确检验	13.799			.004[b]	.002	.005			
线性和线性组合	4.305[c]	1	.038	.048[b]	.044	.052	.027[b]	.024	.030
有效案例中的 N	241								

说明：a. 4 单元格（40.0%）的期望计数少于 5。最小期望计数为 .27。

b. 基于 10000 采样表，启动种子为 1615198575 。

c. 标准化统计量是 2.075。

方向度量

			值	渐进标准误差[a]	近似值 T	近似值 Sig.	Monte Carlo Sig.		
							Sig.	95%置信区间	
								下限	上限
按标量标定	Lambda	对称的	.000	.000	.[b]	.[b]			
		您是否加入了用水协会？（因变量）	.000	.000	.[b]	.[b]			
		您认为村小组之间关系融洽吗？（自变量）	.000	.000	.[b]	.[b]			
	Goodman & Kruskal Tau	您是否加入了用水协会？（因变量）	.052	.022		.014[c]	.007[d]	.006	.009
		您认为村小组之间关系融洽吗？（自变量）	.025	.012		.000[c]	.002[d]	.001	.003

说明：a. 不假定零假设。

b. 因为渐进标准误差等于零而无法计算。

c. 基于卡方近似值。

d. 基于 10000 采样表，启动种子为 1615198575 。

③以问卷的第31题“您是否加入了用水协会”为因变量，“是”赋值为1，“否”赋值为0；以第12题“您认为以下几个关系融洽吗”中“村与村关系”的选项为自变量，“很融洽”赋值为5，“比较融洽”赋值为4，“一般”赋值为3，“不太融洽”赋值为2，“不融洽”赋值为1，结果如下。

表8－38　“您是否加入了用水协会?”＊“您认为村与村之间关系融洽吗?”交叉制表

			您认为村与村之间关系融洽吗?					合计
				不太融洽	一般	比较融洽	很融洽	
您是否加入了用水协会?	否	计数	0	1	30	29	4	64
		您是否加入了用水协会?中的百分比	.0	1.6	46.9	45.3	6.3	100.0
		您认为村与村之间关系融洽吗?中的百分比	.0	100.0	36.1	25.4	10.3	26.7
		总数的百分比	.0	.4	12.5	12.1	1.7	26.7
	是	计数	3	0	53	85	35	176
		您是否加入了用水协会?中的百分比	1.7	.0	30.1	48.3	19.9	100.0
		您认为村与村之间关系融洽吗?中的百分比	100.0	.0	63.9	74.6	89.7	73.3
		总数的百分比	1.3	.0	22.1	35.4	14.6	73.3
合计		计数	3	1	83	114	39	240
		您是否加入了用水协会?中的百分比	1.3	.4	34.6	47.5	16.3	100.0
		您认为村与村之间关系融洽吗?中的百分比	100.0	100.0	100.0	100.0	100.0	100.0
		总数的百分比	1.3	.4	34.6	47.5	16.3	100.0

卡方检验

	值	df	渐进 Sig.（双侧）	Monte Carlo Sig.（双侧）			Monte Carlo Sig.（单侧）		
				Sig.	95%置信区间		Sig.	95%置信区间	
					下限	上限		下限	上限
Pearson 卡方	13.112[a]	4	.011	.009[b]	.007	.011			
似然比	14.662	4	.005	.005[b]	.004	.007			
Fisher 的精确检验	12.585			.008[b]	.006	.009			
线性和线性组合	5.000[c]	1	.025	.027[b]	.024	.031	.019[b]	.016	.022
有效案例中的 N	240								

说明：a. 4 单元格（40.0%）的期望计数少于 5。最小期望计数为 .27。

b. 基于 10000 采样表，启动种子为 79996689 。

c. 标准化统计量是 2.236。

方向度量

			值	渐进标准误差[a]	近似值 T[b]	近似值 Sig.	Monte Carlo Sig.		
							Sig.	95%置信区间	
								下限	上限
按标量标定	Lambda	对称的	.011	.041	.258	.796			
		您是否加入了用水协会?（因变量）	.016	.016	1.002	.316			
		您认为村与村之间关系融洽吗?（自变量）	.008	.061	.130	.896			
	Goodman & Kruskal Tau	您是否加入了用水协会?（因变量）	.055	.022		.011[c]	.009[d]	.007	.011
		您认为村与村之间关系融洽吗?（自变量）	.015	.010		.006[c]	.033[d]	.029	.036

说明：a. 不假定零假设。

b. 使用渐进标准误差假定零假设。

c. 基于卡方近似值。

d. 基于 10000 采样表，启动种子为 79996689 。

表 8－39　**“您是否加入了用水协会?”与关系融洽程度的相关性**

指标	您认为村民之间关系融洽吗?	您认为村小组之间关系融洽吗?	您认为村与村之间关系融洽吗?
相关系数	.083	.148 *	.185 * *
Sig.（双侧）	.197	.021	.004
N	241	241	240

说明：* 表示在置信度（双测）为 0.05 时，相关性是显著的。* * 表示在置信度（双测）为 0.01 时，相关性是显著的。

根据上述统计结果，村小组关系和村与村关系的融洽程度与农户是否加入用水协会正相关。具体来说，村小组关系和村与村关系融洽，农户越有可能参与灌溉合作组织，而村民关系的融洽程度对农户是否加入用水协会的影响不显著。

可能的原因有两个。一是在受访的农户中，绝大多数农户认为村民关系至少是“比较融洽”，48.12% 的农户选择了“比较融洽”，40.27% 的农户选择了“很融洽”，只有 1 个农户选择了“不融洽”，2 个农户选择了“不太融洽”，这表明当阳市整体村民关系比较融洽，这一因素在农户选择是否加入用水协会不是主要关注点，而根据调研数据显示，在村小组关系的选项中，选择“很融洽”的农户只占 23.55%，在村与村关系的选项中，选择“很融洽”的比例更低，只有 15.33%。表明相对于村民之间关系而言，村小组间、村与村间关系较为疏远。二是在用水协会的组建过程中，多数是以水文边界成立的，通常涉及多个村小组或村庄，村小组关系和村庄关系越融洽，越有利于用水协会的组建和运行，农户也更愿意参与。

（5）假设 5：水费水价公开透明、经过充分民主商议制订了惩罚机制及明晰公平的用水分配计划，用水协会，农户参与的人数越多。

①首先，就用水协会对拖欠水费的农户是否有惩罚措施进行描述性统计，被调查的 299 户中，有 205 户农户做出了回答。其中，有惩罚措施的仅有 49 户，没有惩罚措施的有 156 户。接着，我们对用水协会是否有惩罚措施与农户加入协会的行为进行相关性检验，结果如表 8－40 所示。

表8－40　有否惩罚措施与加入用水协会意愿的相关性检验

方法	Pearson	Spearman
相关系数	0.211**	0.211**
显著性（双侧）	0.003	0.003

说明：** 表示在0.01水平（双侧）上显著相关。

从上表可知，无论是Pearson检验还是Spearman检验，结果都证实了上文的假设，即用水协会制订惩罚措施与农户加入用水协会的行为之间确实存在显著的相关性（正相关）。以“您是否加入了用水协会”为因变量，以“用水协会对拖欠水费的用水户是否有相应的监督和惩罚措施”为自变量进行假设检验，结果如下。

表8－41　“您是否加入了用水协会?”＊用水协会对拖欠水费的用水户是否有惩罚措施?交叉制表

			用水协会对拖欠水费的用水户是否有惩罚措施?		合计
			否	是	
您是否加入了用水协会?	否	计数	43	4	47
		您是否加入了用水协会?中的百分比	91.5	8.5	100.0
		用水协会对拖欠水费的用水户是否有惩罚措施?中的百分比	29.7	8.5	24.5
		总数的百分比	22.4	2.1	24.5
	是	计数	102	43	145
		您是否加入了用水协会?中的百分比	70.3	29.7	100.0
		用水协会对拖欠水费的用水户是否有惩罚措施?中的百分比	70.3	91.5	75.5
		总数的百分比	53.1	22.4	75.5

续表

		用水协会对拖欠水费的用水户是否有惩罚措施？		合计
		否	是	
合计	计数	145	47	192
	您是否加入了用水协会？中的百分比	75.5	24.5	100.0
	用水协会对拖欠水费的用水户是否有惩罚措施？中的百分比	100.0	100.0	100.0
	总数的百分比	75.5	24.5	100.0

卡方检验

	值	df	渐进 Sig.（双侧）	精确 Sig.（双侧）	精确 Sig.（单侧）	点概率
Pearson 卡方	8.584[a]	1	.003	.003	.002	
连续校正[b]	7.478	1	.006			
似然比	10.056	1	.002	.003	.002	
Fisher 的精确检验				.003	.002	
线性和线性组合	8.539[c]	1	.003	.003	.002	.001
有效案例中的 N	192					

说明：a. 0 单元格（0.0%）的期望计数少于 5。最小期望计数为 11.51。
b. 仅对 2×2 表计算。
c. 标准化统计量是 2.922。

方向度量

			值	渐进标准误差[a]	近似值 T	近似值 Sig.	精确 Sig.
按标量标定	Lambda	对称的	.000	.000	.[b]	.[b]	
		您是否加入了用水协会？（因变量）	.000	.000	.[b]	.[b]	
		用水协会对拖欠水费的用水户是否有惩罚措施？（自变量）	.000	.000	.[b]	.[b]	
	Goodman & Kruskal Tau	您是否加入了用水协会？（因变量）	.045	.022		.003[c]	.003
		用水协会对拖欠水费的用水户是否有惩罚措施？（自变量）	.045	.022		.003[c]	.003

说明：a. 不假定零假设。

b. 因为渐进标准误差等于零而无法计算。

c. 基于卡方近似值。

由于变量在1%的统计检验水平上显著，且系数符号为正，说明自变量“用水协会对拖欠水费的用水户采取惩戒措施”与因变量“农民参与灌溉合作组织的行为”之间呈显著正相关关系。

②以问卷的第31题“您是否加入了用水协会”为因变量，以第25题“是否知晓其他用水户的水费、水量、水价信息”为自变量进行假设检验，结果如下。

表8-42 **“您是否加入了用水协会?” * 您是否知晓其他用水户的水费、水价、水量等信息? 交叉制表**

			您是否知晓其他用水户的水费、水价、水量等信息?		合计
			否	是	
您是否加入了用水协会?	否	计数	42	18	60
		您是否加入了用水协会?中的百分比	70.0	30.0	100.0
		您是否知晓其他用水户的水费、水价、水量等信息?中的百分比	40.4	14.4	26.2
		总数的百分比	18.3	7.9	26.2
	是	计数	62	107	169
		您是否加入了用水协会?中的百分比	36.7	63.3	100.0
		您是否知晓其他用水户的水费、水价、水量等信息?中的百分比	59.6	85.6	73.8
		总数的百分比	27.1	46.7	73.8
合计		计数	104	125	229
		您是否加入了用水协会?中的百分比	45.4	54.6	100.0
		您是否知晓其他用水户的水费、水价、水量等信息?中的百分比	100.0	100.0	100.0
		总数的百分比	45.4	54.6	100.0

卡方检验

	值	df	渐进 Sig.（双侧）	精确 Sig.（双侧）	精确 Sig.（单侧）	点概率
Pearson 卡方	19.823[a]	1	.000	.000	.000	
连续校正[b]	18.502	1	.000			
似然比	20.073	1	.000	.000	.000	
Fisher 的精确检验				.000	.000	
线性和线性组合	19.737[c]	1	.000	.000	.000	.000
有效案例中的 N	229					

说明：a. 0 单元格（0.0%）的期望计数少于 5。最小期望计数为 27.25。

b. 仅对 2×2 表计算。

c. 标准化统计量是 4.443。

方向度量

			值	渐进标准误差[a]	近似值 T[b]	近似值 Sig.	精确 Sig.
按标量标定	Lambda	对称的	.146	.041	3.165	.002	
		您是否加入了用水协会？（因变量）	.000	.000	.[c]	.[c]	
		您是否知晓其他用水户的水费、水价、水量等信息？（自变量）	.231	.065	3.165	.002	
	Goodman & Kruskal Tau	您是否加入了用水协会？（因变量）	.087	.037		.000[d]	.000
		您是否知晓其他用水户的水费、水价、水量等信息？（自变量）	.087	.036		.000[d]	.000

说明：a. 不假定零假设。

b. 使用渐进标准误差假定零假设。

c. 因为渐进标准误差等于零而无法计算。

d. 基于卡方近似值。

由于变量在1%的统计检验水平上显著，且系数符号为正，说明自变量“知晓其他用水户的水费水价等信息”与因变量“农民参与灌溉合作组织的行为”之间呈显著正相关关系。

③以东风三干渠农民协会问卷中“用水协会有无经过充分民主商议的灌溉设施维护计划和用水分配计划”作为自变量，分别对不同的回答赋值，得到的结果如下。

表8－43　**“您是否加入了农民用水协会?” * 有无用水分配计划 交叉制表**

			有无用水分配计划				合计
			有，通过会员大会民主决议	有，会长决定	有，按上级规定做	没有	
您是否加入了农民用水协会	否，由村集体管理	计数	2	1	3	7	13
		您是否加入了农民用水协会？中的百分比	15.4	7.7	23.1	53.8	100.0
		有无用水分配计划？中的百分比	18.2	33.3	75.0	58.3	43.3
		总数的百分比	6.7	3.3	10.0	23.3	43.3
	是，参与式灌溉管理	计数	9	2	1	5	17
		您是否加入了农民用水协会？中的百分比	52.9	11.8	5.9	29.4	100.0
		有无用水分配计划？中的百分比	81.8	66.7	25.0	41.7	56.7
		总数的百分比	30.0	6.7	3.3	16.7	56.7
合计		计数	11	3	4	12	30
		您是否加入了农民用水协会？中的百分比	36.7	10.0	13.3	40.0	100.0
		有无用水分配计划？中的百分比	100.0	100.0	100.0	100.0	100.0
		总数的百分比	36.7	10.0	13.3	40.0	100.0

卡方检验						
	值	df	渐进 Sig.（双侧）	精确 Sig.（双侧）	精确 Sig.（单侧）	点概率
Pearson 卡方	5. 689[a]	3	. 128	. 141		
似然比	6. 004	3	. 111	. 177		
Fisher 的精确检验	5. 601			. 130		
线性和线性组合	4. 298[b]	1	. 038	. 041	. 026	. 013
有效案例中的 N	30					

说明：a. 5 单元格（62. 5%）的期望计数少于 5。最小期望计数为 1. 30。

b. 标准化统计量是 －2. 073。

方向度量							
			值	渐进标准误差[a]	近似值 T[b]	近似值 Sig.	精确 Sig.
按标量标定	Lambda	对称的	. 258	. 183	1. 300	. 194	
		您是否加入了农民用水协会?（因变量）	. 308	. 256	1. 017	. 309	
		有无用水分配计划?（自变量）	. 222	. 183	1. 090	. 276	
	Goodman & Kruskal Tau	您是否加入了农民用水协会?（因变量）	. 190	. 135		. 139[c]	. 141
		有无用水分配计划?（自变量）	. 084	. 067		. 063[c]	. 072

说明：a. 不假定零假设。

b. 使用渐进标准误差假定零假设。

c. 基于卡方近似值。

从上表可以看出，变量在5%的统计检验水平上是不显著的，故二者的相关性无法从样本推论到总体，无法拒绝零假设。这里的原因主要是由于问卷样本量过少，仅有 30 人（43. 5%）完成这道题。原因在于，按照水文距离抽取的调查对象居住得更分散，不一定清楚用水协会内部制订的用水分配计划，一般农户也不甚关心，只要自己的地能满足灌溉需求即可。村小组间、村与村之间、上中下游之间如何按照协会的用水分配计划来协调用水，更多的是协会领导班子及村干部关心的内容。另外，大部分协会都没有制订规范的配水计划，仅是根据每个村上报的用水量来大致分配各村的用水指标。尽管在问卷统计上不能佐证我们的假设，但是，我们在与东风三干渠农民用水协会会长的定性访谈中了解到，该协会每年召集各小组长、村长支书等骨干开会，制订了较完善的用水配水计划，这也是世界银行当初以它为试点推广成立协会时的标准。由于制订了规范的用水分配计划，东风三干渠农民用水协会能够更好地协调各个用水小组的用水秩序，有效避免了用水纠纷，能够满足广大用水户的用水需求。正因为该协会切实解决了老百姓的用水需求，才有更多的村庄看到预期收益，主动参与到协会中来。由此，虽然假设5没有能得到直接的因果验证，但根据定性的访谈资料，可以说部分得到了间接的理论支持。

（6）假设6：有政府政策（财政、产权等）支持，法律地位明晰的用水协会，农民参与的人数越多。

①首先对东风三干渠农民用水协会问卷中“协会是否定期对水利设施修缮？维护资金来源？”这道开放性问题进行手工统计，在61个人的回答中，有44人回答水利设施有定期维护与修缮，17人回答没有修理。其中，有31人回答修缮资金来源为国家财政，3人回答是承包给农户，负责清理，有1人回答是从协会的水费中支出，1人回答是从水库的承包费中支出，1人回答是外界资金，余下有7人回答不清楚资金的来源。随后，我们将有修缮，包括国家财政支持、农民承包清理或有修缮但不明资金来源等情况均赋值为1，无修缮，赋值为0，产生一个新的变量①，与因变量“有否加入农民用水协会”进行假设检验，结果如表8-44所示。

---

① 考虑到农户真正关心的是水利设施有没有修缮，自己的田地能不能得到充足的灌溉水源，至于是国家出资，或协会各方筹钱，如外界投资或从水库承包费等途径出资等，农民并不关心，关键是协会最后能不能实现充足灌溉的结果。因此，将上述这些有修缮资金的各种情况均赋值为1，无修缮赋值为0。

表 8－44　“您是否加入了农民用水协会?”＊国家有否资助修缮水利设施交叉制表

			国家有否资助修缮水利设施		合计
			无修缮	国家资助或个人承包或外界	
您是否加入了农民用水协会?	否，村集体管理	计数	15	23	38
		您是否加入了农民用水协会？中的百分比	39.5	60.5	100.0
		国家有否资助修缮水利设施？中的百分比	88.2	53.5	63.3
		总数的百分比	25.0	38.3	63.3
		标准差	1.3	–.8	
	是，参与灌溉管理	计数	2	20	22
		您是否加入了农民用水协会？中的百分比	9.1	90.9	100.0
		国家有否资助修缮水利设施？中的百分比	11.8	46.5	36.7
		总数的百分比	3.3	33.3	36.7
		标准差	–1.7	1.1	
合计		计数	17	43	60
		您是否加入了农民用水协会？中的百分比	28.3	71.7	100.0
		国家有否资助修缮水利设施？中的百分比	100.0	100.0	100.0
		总数的百分比	28.3	71.7	100.0

卡方检验

	值	df	渐进 Sig.（双侧）	精确 Sig.（双侧）	精确 Sig.（单侧）
Pearson 卡方	6.334[a]	1	.012		
连续校正[b]	4.926	1	.026		
似然比	7.143	1	.008		
Fisher 的精确检验				.017	.011
线性和线性组合	6.229	1	.013		
有效案例中的 N	60				

说明：a. 0 单元格（0.0%）的期望计数少于5。最小期望计数为6.23。

b. 仅对 2×2 表计算。

方向度量

			值	渐进标准误差[a]	近似值 T	近似值 Sig.
按标量标定	Lambda	对称的	.000	.000	.[b]	.[b]
		您是否加入了农民用水协会?（因变量）	.000	.000	.[b]	.[b]
		国家有否资助修缮水利设施?（自变量）	.000	.000	.[b]	.[b]
	Goodman & Kruskal Tau	您是否加入了农民用水协会?（因变量）	.106	.064		.013[c]
		国家有否资助修缮水利设施?（自变量）	.106	.065		.013[c]

说明：a. 不假定零假设。

b. 因为渐进标准误差等于零而无法计算。

c. 基于卡方近似值。

根据卡方检验结果，变量在5%的统计检验水平上显著，tau-y 系数为0.106，说明能够筹集到维修水利设施所需资金，解决农户用水需求的用水协会，农户参与协会合作治理的行动越积极。在我们的调查中了解到，由于水利设施属于大型水利工程，耗资较大，投资的周期长，见效慢，外界或个人的投资极少，多数需要国家财政的投入。因此获得资金支持的来源绝大多数来自国家财政，通过基层水利站或村委向上申请项目的形式下拨给用水协会。例如在东风三干渠农民用水协会，小型塌方协会自己处理，大型塌方向政府报告，政府出资资助，以项目的形式发放，水利局每年补贴 3 万—5 万元。也因此，假设 6 有政府财政支持的用水协会，农户参与的人越多符合我们实际调研的发现。

②以 299 份问卷的第 31 题“您是否加入了用水协会”为因变量，“是”赋值为 1 ，“否”赋值为 0；以“您认为用水协会面临的最大困难是否是资金不足”为自变量，“是”赋值为 1 ，“否”赋值为 0，进行假设检验，结果如下。

表 8－45　**“您是否加入了用水协会?” ＊ 您认为用水协会面临的最大困难是否是资金不足 交叉制表**

<table>
<tr><th colspan="3" rowspan="2"></th><th colspan="2">您认为用水协会面临的最大困难是：资金不足</th><th rowspan="2">合计</th></tr>
<tr><th>否</th><th>是</th></tr>
<tr><td rowspan="8">您是否加入了用水协会?</td><td rowspan="4">否</td><td>计数</td><td>30</td><td>3</td><td>33</td></tr>
<tr><td>您是否加入了用水协会？中的百分比</td><td>90.9</td><td>9.1</td><td>100.0</td></tr>
<tr><td>您认为用水协会面临的最大困难是资金不足？中的百分比</td><td>53.6</td><td>12.0</td><td>40.7</td></tr>
<tr><td>总数的百分比</td><td>37.0</td><td>3.7</td><td>40.7</td></tr>
<tr><td rowspan="4">是</td><td>计数</td><td>26</td><td>22</td><td>48</td></tr>
<tr><td>您是否加入了用水协会？中的百分比</td><td>54.2</td><td>45.8</td><td>100.0</td></tr>
<tr><td>您认为用水协会面临的最大困难是资金不足？中的百分比</td><td>46.4</td><td>88.0</td><td>59.3</td></tr>
<tr><td>总数的百分比</td><td>32.1</td><td>27.2</td><td>59.3</td></tr>
<tr><td colspan="2" rowspan="4">合计</td><td>计数</td><td>56</td><td>25</td><td>81</td></tr>
<tr><td>您是否加入了用水协会？中的百分比</td><td>69.1</td><td>30.9</td><td>100.0</td></tr>
<tr><td>您认为用水协会面临的最大困难是资金不足？中的百分比</td><td>100.0</td><td>100.0</td><td>100.0</td></tr>
<tr><td>总数的百分比</td><td>69.1</td><td>30.9</td><td>100.0</td></tr>
</table>

卡方检验

	值	df	渐进 Sig.（双侧）	精确 Sig.（双侧）	精确 Sig.（单侧）	点概率
Pearson 卡方	12. 372[a]	1	. 000	. 000	. 000	
连续校正[b]	10. 710	1	. 001			
似然比	13. 803	1	. 000	. 000	. 000	
Fisher 的精确检验				. 000	. 000	
线性和线性组合	12. 219[c]	1	. 000	. 000	. 000	. 000
有效案例中的 N	81					

说明：a. 0 单元格（0）的期望计数少于 5。最小期望计数为 10. 19。

b. 仅对 2 ×2 表计算。

c. 标准化统计量是 3. 496。

方向度量

			值	渐进标准误差[a]	近似值 T[b]	近似值 Sig.	精确 Sig.
按标量标定	Lambda	对称的	. 069	. 125	. 535	. 592	
		您是否加入了用水协会？（因变量）	. 121	. 213	. 535	. 592	
		您认为用水协会面临的最大困难是资金不足（自变量）	. 000	. 000	.[c]	.[c]	
	Goodman & Kruskal Tau	您是否加入了用水协会？（因变量）	. 153	. 066		. 000[d]	. 000
		您认为用水协会面临的最大困难是资金不足（自变量）	. 153	. 067		. 000[d]	. 000

说明：a. 不假定零假设。

b. 使用渐进标准误差假定零假设。

c. 因为渐进标准误差等于零而无法计算。

d. 基于卡方近似值。

从卡方检验结果看出，变量在1%的统计检验水平上显著，且系数为正，说明“协会面临的最大困难是资金不足”与“农户参与用水协会的行为”之间存在正相关关系，tau-y 系数为0.153。这可以有两种理解：一是由于农户参与用水协会的人少，导致协会面临资金不足的困境，两者是同方向变动的正相关关系；二是由于协会面临资金不足的窘境，无法执行定期修缮维护水利设施等任务，对用水户的用水需求无法满足，农户自然不愿意参与到用水协会。也即，协会的资金周转越困难，农户越不愿意参与到用水合作组织中，两者同样是正相关关系。

③用东风三干渠农民用水协会问卷中的第23问“您是否加入了用水协会”为因变量，“是”赋值为1，“否”赋值为0；第30问“您认为用水协会的性质是?”为自变量，“不确定”赋值为0，“农民自组织的非营利性社会团体”赋值为1，“乡镇或村委的下属机构”赋值为2，“县里的派出机构”赋值为3，结果如下。

表8-46　“您是否加入了农民用水协会?”＊您认为用水协会的性质是交叉制表

			您认为用水协会的性质是				合计
			不了解	农民自组织的非营利性社会团体	乡镇或村委的下属机构	县里的派出机构	
您是否加入了农民用水协会?	否，由村集体管理	计数	7	1	8	6	22
		您是否加入了农民用水协会？中的百分比	31.8	4.5	36.4	27.3	100.0
		您认为用水协会的性质是？中的百分比	87.5	8.3	61.5	66.7	52.4
		总数的百分比	16.7	2.4	19.0	14.3	52.4
	是，参与灌溉管理	计数	1	11	5	3	20
		您是否加入了农民用水协会？中的百分比	5.0	55.0	25.0	15.0	100.0
		您认为用水协会的性质是？中的百分比	12.5	91.7	38.5	33.3	47.6
		总数的百分比	2.4	26.2	11.9	7.1	47.6

续表

		您认为用水协会的性质是				合计
		不了解	农民自组织的非营利性社会团体	乡镇或村委的下属机构	县里的派出机构	
合计	计数	8	12	13	9	42
	您是否加入了农民用水协会？中的百分比	19.0	28.6	31.0	21.4	100.0
	您认为用水协会的性质是？中的百分比	100.0	100.0	100.0	100.0	100.0
	总数的百分比	19.0	28.6	31.0	21.4	100.0

从上述东风三干渠农民协会问卷的描述性统计结果看出，即便是已经在民政部成功登记为非营利性民间团体，运转也较为顺利的湖北省东风三干渠农民用水协会，其中能够正确理解农民用水协会性质（农民自组织的非营利性社会团体）的农户少之又少，说明农户对这样的农民用水合作组织认识不足，甚至认为协会是乡镇或村委的派出机构，而这也是用水协会成立面临的困境之一：缺乏农户的理解和支持。表8－47将对协会性质的理解和协会是否起作用的评价进行相关检验，目的是看农户对协会的认识是否影响到其对协会作用的评判。我们无法从样本推论到总体，但能看出，认为用水协会在灌溉问题上有起作用的受访对象，有38.7%的人对协会非营利性民间团体的性质是有正确的认知的，25.8%和22.6%（共48.4%）的人仍然将协会误认为是政府的下属机构；反之，认为协会没有起作用的受访对象，有50%的人认为协会是乡镇或村委的下属机构，25%的人认为是县里的派出机构。也就是说，不论对协会的作用评价好与坏，多数村民对协会的认识不到位，协会运行好了，也是政府的原因，协会运转差了，也是政府。这种看似矛盾的现象其实很好理解，如同上一个假设检验结果，协会修缮水利设施所需资金主要来源是国家财政，没有政府财政支持，协会无法完成大

表8－47　　您认为用水协会对解决农田灌溉问题有起作用吗？
＊您认为用水协会的性质是 交叉制表

			您认为用水协会的性质是				合计
			不了解	农民自组织的非营利性社会团体	乡镇或村委的下属机构	县里的派出机构	
您认为用水协会对解决农田灌溉问题有起作用吗？	无	计数	1	0	2	1	4
		您认为用水协会对解决农田灌溉问题有起作用吗？中的百分比	25.0	0.0	50.0	25.0	100.0
		您认为用水协会的性质是？其中的百分比	20.0	0.0	20.0	12.5	11.4
		总数的百分比	2.9	0.0	5.7	2.9	11.4
	有	计数	4	12	8	7	31
		您认为用水协会对解决农田灌溉问题有起作用吗？中的百分比	12.9	38.7	25.8	22.6	100.0
		您认为用水协会的性质是？中的百分比	80.0	100.0	80.0	87.5	88.6
		总数的百分比	11.4	34.3	22.9	20.0	88.6
合计		计数	5	12	10	8	35
		您认为用水协会对解决农田灌溉问题有起作用吗？中的百分比	14.3	34.3	28.6	22.9	100.0
		您认为用水协会的性质是？中的百分比	100.0	100.0	100.0	100.0	100.0
		总数的百分比	14.3	34.3	28.6	22.9	100.0

量的水利投资，也就无法起到应有的作用，因此多数农户认为财力颇丰的东风三干渠农民用水协会得到的也是政府资助，也是政府的下属机构。另外，有部分人回答“不了解”，在与之深入交谈中我们得知，农户认为只要有人把水利的事搞好，农户有水灌溉就行了，至于是政府来做或是协会自己来做都无甚区别，这种看重实际利益的想法在受访村民中很普遍。加上协会的骨干，仍旧是村小组长，各村村长等村干部，他们履行工作职责时经常与村委、乡镇的事务重叠，给村民以错觉，认为用水协会还是同一帮人马在负责，也是政府的下属机构。

④用东风三干渠农民用水协会问卷中的第23问“您是否加入了农民用水协会?”为因变量，“是”赋值为1，“否”赋值为0；以“用水协会的运行费用来源是否是协会创收?”为自变量，“否”赋值为0，“是”赋值为1，结果如下。

表8－48 **“您是否加入了农民用水协会?” * 用水协会的运行费用来源是协会创收 交叉制表**

			用水协会的运行费用来源是协会创收		合计
			否	是	
您是否加入了农民用水协会?	否，村集体管理	计数	10	0	10
		您是否加入了农民用水协会？中的百分比	100.0	0.0	100.0
		用水协会的运行费用来源是协会创收？中的百分比	47.6	0.0	38.5
		总数的百分比	38.5	0.0	38.5
	是，参与灌溉管理	计数	11	5	16
		您是否加入了农民用水协会？中的百分比	68.8	31.2	100.0
		用水协会的运行费用来源是协会创收？中的百分比	52.4	100.0	61.5
		总数的百分比	42.3	19.2	61.5

续表

		用水协会的运行费用来源是协会创收		合计
		否	是	
合计	计数	21	5	26
	您是否加入了农民用水协会？中的百分比	80.8	19.2	100.0
	用水协会的运行费用来源是协会创收？中的百分比	100.0	100.0	100.0
	总数的百分比	80.8	19.2	100.0

卡方检验

	值	df	渐进 Sig.（双侧）	精确 Sig.（双侧）	精确 Sig.（单侧）	点概率
Pearson 卡方	3.869[a]	1	.049	.121	.066	
连续校正[b]	2.119	1	.146			
似然比	5.582	1	.018	.070	.066	
Fisher 的精确检验				.121	.066	
线性和线性组合	3.720[c]	1	.054	.121	.066	.066
有效案例中的 N	26					

说明：a. 2 单元格（50.0%）的期望计数少于 5。最小期望计数为 1.92。

b. 仅对 2×2 表计算。

c. 标准化统计量是 1.929。

<table>
<tr><th colspan="8">方向度量</th></tr>
<tr><th colspan="3"></th><th>值</th><th>渐进标准误差[a]</th><th>近似值T</th><th>近似值Sig.</th><th>精确Sig.</th></tr>
<tr><td rowspan="5">按标量标定</td><td rowspan="3">Lambda</td><td>对称的</td><td>.000</td><td>.000</td><td>.[b]</td><td>.[b]</td><td></td></tr>
<tr><td>您是否加入了农民用水协会?（因变量）</td><td>.000</td><td>.000</td><td>.[b]</td><td>.[b]</td><td></td></tr>
<tr><td>用水协会的运行费用来源是协会创收?（自变量）</td><td>.000</td><td>.000</td><td>.[b]</td><td>.[b]</td><td></td></tr>
<tr><td rowspan="2">Goodman & Kruskal Tau</td><td>您是否加入了农民用水协会?（因变量）</td><td>.149</td><td>.055</td><td></td><td>.054[c]</td><td>.121</td></tr>
<tr><td>用水协会的运行费用来源是协会创收?（自变量）</td><td>.149</td><td>.068</td><td></td><td>.054[c]</td><td>.121</td></tr>
</table>

说明：a. 不假定零假设。

b. 因为渐进标准误差等于零而无法计算。

c. 基于卡方近似值。

从卡方检验结果来看，变量在5%的统计检验水平上是显著的，且系数为正，说明协会能否创收，自行解决运行费用与农户是否加入合作组织之间存在正相关关系，tau-y 系数为0.149，即农户倾向于加入能实现自我创收，具备自我造血功能的协会。这样的协会数量极少，在湖北省也就东风三干渠农民协会和黄林支渠农民用水协会具备一定的自我造血功能。据东风三干渠农民用水协会会长介绍，“协会在周边搞了玉泉养殖分会，玉泉水利产品专业合作社。风调雨顺，不需要用水的时候，靠这些合作社，合作社大部分是养鱼的。周围的企业原来自来水要五毛、六毛，那我跟你说，我水源充足，你一年给我几万块钱，我们保证你一年不缺水，这么一来我们就把周边几个企业搞定了。我们跟企业接洽，我们把水库的水给你，你一年给我们多少钱。跟企业的关系搞好以后，协会的发展就会慢慢走上轨道。没有水，我们就想办法把它搞成有水；有水了，我们就想办法销售出去。要把死水弄成活水，活水才有效益。水给我们以后，我们要把它搞活。养殖专业户提供鱼饲料、技术，又帮他们把鱼销出去，提供鱼种，这个协会就搞活了。国家的水利基金要投到点子上，投到水利工程上。因此，要让农户参与到工程管理中来，要求农民参与工程的维护，有没有把水利弄到位，砂石料有没有用好。控制那些搞工程的人偷工减料，防止两毛的管子只用了一毛半。交给我们以后，就让我们来修，在我们的监督下，他们就不敢马虎。”（访谈编码：HDDFXHZ）

四　用水协会制度绩效比较分析

（一）受调查协会总体情况

当阳市有大小河流35条，分属沮河、漳河两大水系，形成漳河、巩河、东风、百里四大灌区，共有38家农民用水协会，本次调研涉及13个，分别是半月镇余家龙支渠协会、半月镇段店支渠协会、官道河南干渠农民用水协会、两河镇人工河三支渠协会、河溶镇董岗支渠协会、淯溪镇漳河一干渠白庙协会、黄林支渠用水协会、漳河西干渠用水协会、东风灌区双莲农民用水协会、巩河灌区群建农民用水协会、东风灌区泉河用水协会、东风三干渠农民用水协会、草埠湖镇农民用水协会，涵盖了四个灌区，也包含了不同层次的运行效果。其中，黄林支渠协会、段店支渠协会、双莲协会、东风三干渠用水协会运行较好，余家龙协会、巩河灌区用水者协会、泉河协会、白庙支渠协会、西干渠协会的运行效果属于中等水平，董岗支渠协会、草埠湖协会、人工河三支渠的运行较差。调研协会的总体情况如下。

1. 余家龙支渠农民用水协会

余家龙农民用水协会成立于2007年，协会按照水文边界划分，覆盖半月镇红光村大部分地区（红光村共七个生产小组，其中五个生产小组加入协会，另两个生产小组自行解决灌溉问题），全部为余家龙支渠灌区（余家龙支渠灌区属于百里灌区）的用水户。协会拥有充足的水资源，依靠余家龙泵站向人工河提水灌溉，年供水量180万平方米，有可靠的水源保障，灌溉面积11296亩。从调查问卷来看，协会管辖地区排在前三位的种植作物分别是玉米、水稻、小麦。

协会共有会员546户，共1181人。主席原来是村会计，属于村干部。退休后，由村干部提名，担任协会主席。协会共有五名执委，其中主席一名，副主席一名，秘书长一名。

协会用泵站抽水，每小时大约可以抽 800 方水，以时间来计量水费，一小时 100 元钱，没有量水、测水的设施。在调研问卷中，问及您是否知晓其他用水户的水价、水量和水费等信息时，有 50% 的用水户知晓，有 45% 的用水户不知道，5% 的用水户没有回答。协会没有具体的配水计划，每次放水时，根据水源的远近来安排顺序，通常是先远后近。泵站的资产价值一百万元左右，使用权交给协会，但协会除了用泵站抽水以外，并没有用作其他用途。

2. 段店支渠农民用水协会

段店支渠农民用水协会成立于 2007 年，按照水文边界划分，覆盖半月镇宇宙村的部分地区，全部为段店南北支渠渠系灌区的用水户。协会有充足的水资源——段店水库，是一座小（一）型水库，有效库容 608 万立方米，总库容 724 万立方米。正常年份，段店水库的水可以满足农田灌溉需求。在特别干旱的年份，可以通过清段支渠从跑马水库引水给段店水库，有可靠的水源保障。本协会管辖的渠道共有 3840 米，其中支渠两条，全长 2640 米，斗渠 4 条，全长 850 米，农渠两条，全长 350 米。协会所管辖的宇宙村主要的经济作物是柑橘，主要粮食作物分别是水稻、玉米、小麦。

协会成立之初有会员 67 户，共 223 人，后期协会成员不断增加，段店水库以下的宇宙村已经全部加入协会，现有会员 981 户，共 3008 人。协会有两个用水小组——南支渠用水小组和北支渠用水小组。从问卷来看，27.78% 用水户的受教育程度是小学，50% 初中，22.22% 是高中。村民之间的关系和谐程度（平均值为 4.28）大于村小组之间（4.17）和村与村之间（3.67）的和谐程度。宇宙村年人均收入 1.5 万元，在农作物上主要依靠柑橘等经济作物，此外，有不少年轻人外出打工。

协会主席是民主选举产生，此后连任。协会的执委有三名成员，分别是会长，副主席和秘书长。会长是村干部推荐，用水代表开会选举产生（由于协会会长工资很低，这要求会长有奉献精神，当时就只推了一个人选）。此后换届，无人竞选，原会长连任。据宇宙村村书记以及半月镇水利站站长反映，会长是地地道道的农民，性格刚烈，为人正直，敢于得罪人。在问卷中，35.71%的用水户认为会长的领导能力优秀，57.14%的用水户认为会长的领导能力良好，7.15%的用水户认为会长的领导能力一般。

在内部管理方面，协会有详细和明确的《用水户协会章程》，一年开三次会员大会，没有具体的配水计划，只是凭会长等多年经验进行目测。协会对渠道硬化、修缮等项目实施监督，项目完成后，需要会长签字验收工程。不管是否放水，用水户每年按照30元每亩交水费，对于不交水费的用水户协会没有惩罚措施。水费主要用于协会工作人员的补贴，设施的管理以及特殊干旱年份的救急。除此以外，协会没有别的收入，政府也没有给协会拨过款。协会面临财政困难时，由宇宙村村委出钱补助。协会拥有段店水库、渠道的使用权，但由于没有企业，不能卖水创造收入，国家对水质的要求也使得水库不能进行养殖创收。

协会在干旱年份需要向跑马水库（大约十年一次）买水，跑马水库隶属于水利局。由于半月镇有三个外来水源，分别成立了三个协会。为了更好地统筹，成立了一个总会。所以当需要向跑马水库买水时，协会将水费交给总会，再由总会交给跑马水库。水利站与协会是技术指导的关系，此外，维修渠道等项目需要通过水利站进行申请，但目前为止，财政尚未拨过钱给协会，协会的可持续发展面临资金困难。

3. 官道河南干渠农民用水协会

官道河南干渠农民用水协会成立于2015年，覆盖玉泉办事处官道河村。协会的水源主要是官道河，据协会负责人反映，水资源并不充足，一方面源于雨水较少，另一方面则是为满足当地工业园的需求，官道河接了水道输送给工业园，然后才用来灌溉农业。当官道河缺水时，协会从东风三干渠调水。从调查问卷来看，协会管辖地区排在前三位的种植作物分别是水稻、小麦、玉米。

协会共826户，3025人，有五名执委，在问卷调查中，只有16.7%的用水户认为主席是民主选举产生的，41.67%的用水户认为主席就是村干部担任，剩下的用水户则不清楚主席的产生方式。

水费收取较为公开，在问卷调查中，有58.33%的用水户知晓其他农户的水量、水价、水费等信息。末级渠系没有水量的计量设施。协会水渠会定期清理，一年两次。协会雇用当地的劳动力出工，由受益的农户出钱维修。官道河的产权不在协会，属于水利局。协会没有副业，除了灌溉和清理渠道，协会几乎没有其他职能。

4. 东风灌区双莲农民用水协会

东风灌区双莲农民用水协会成立于2005年，覆盖王店镇双莲村部分地区。协会的水源是东风渠，水资源充足有保障。

协会主席也是村支部委员。在问卷调查中，只有16.7%的用水户认为主席是民主选举产生，41.67%的用水户认为主席就是村干部担任。但主席的领导能力用水户较为认可，接近50%的用水户认为主席的能力属于优秀。

水费收取公开，有58.33%的用水户知晓其他用水户的水价、水量和水费等信息。水费按水量收取，一方水五分五。在楼冲高渠有分水闸，可以粗略计量水量。交水费则放水，不交水费，协会不放水。协会与供水单位有签订供水合同，每年都会签一次合同。关于渠道的维护，如果属于小型维修，以用水小组为单位，用水户出工，大型维修由国家的项目来支持。协会的主要职能是收取水费以及维修渠道，没有自己的经营活动，没有造血功能。

5. 东风三干渠农民用水协会

协会属于东风灌区，主要灌溉水源来自玉泉水库，协会辖区内有3座小（一）型水库和6座小（二）型水库。成立之初（2000年）渠道总长度11600米。渠道的流量0.5，水利用率为30%。现在协会的渠道总长度为43000米，渠道的流量增加到1.2，水利用率提高到65%。在渠首和支渠口兴建量水槽、标准测流断面5处，总体来说测量水量较为精确。协会管辖区主要作物是水稻，约占70%，少量旱地种植红薯。灌溉面积由成立之初的6192亩增加到25000多亩。

协会于2000年9月8日成立，覆盖当阳市王店镇、玉泉办事处的9个村和1个风景区农业队，39个用水小组，用水户由成立之初的1271户增加到目前的3543户。用水户平均年龄集中在50岁，受教育程度主要为初中水平。会长原在水利站工作，具备基本的水利知识。每五年换届选举，会长连续当选，个人能力很强，既能与企业关系不错，将水卖给企业获得收入，也能和用水户进行沟通培训，解决用水纠纷等。

在内部管理方面，协会有详细和明确的《用水户协会章程》，涉及财务管理、灌溉管理、工程管理、水费征收和使用管理方法以及奖惩制度。协会成立之初，竞选会长时，开过会员大会。由于协会跨村，组织会员大会难度大，一般是协会领导加上用水小组的组长和各村村长支书开会讨论协会事务。协会经费一部分来自水费，以原价每立方米0.55元向用水户收取水费，一亩地一次需水300方，就是每亩15元钱的水费，中间的损耗归协会承担。协会向东风灌区管理局买水，价格是每立方米水0.55元。协会的经费主要来自政府的支持，如2005年宜昌市人民政府出台《末级灌溉渠系建设以奖代补管理方法》，在宜昌市水电局和当阳市水利局支持下，协会三年投入资金95万元。此外，会员资源筹资、企业赞助、会员义务投劳等50多万元。2006年，协会打通一引水隧洞，使玉泉水库每年可增加蓄水能力80万方，这80万方水属于协会，通过卖水给企业，水产养殖等增加收入。租赁开发荒山30余亩，从事种植，获得收入。末级渠系工程的产权属于协会，协会有产权证。此外，小型水库的使用权也转让给协会经营。

在监督与惩罚措施上，财政所、水利站、水利局都对协会有监督权。协会在会员大会上公布财政情况，有个公告栏。财政所进行审计和监督。村里的监督主要是人事变动和项目招标，村长通常是协会的执委。但对于水费未交的用水户几乎没有惩罚措施，原则上是先交钱，后放水，根据实际的水费再多退少补。协会成立之初，用水户不愿交水费，对“水是商品”的认识不足，协会对用水户进行培训和宣传，没有惩罚措施。后期协会的水费收取率很高，几乎没有用水户拖欠水费。

6. 董岗支渠农民用水协会

协会成立于2004年，按水文边界划分，覆盖河溶镇前合村、前进村、郭场村和前程村部分小组，管辖洪门冲水库、龙井水库、二五水库三个水库，水资源充足有保障。协会管辖区主要种植作物分别是水稻、油菜、玉米。

自协会成立经历三任主席。第一任主席是郭场村的村干部，直到

2014 年 4 月，市水利局同意将协会原法人代表变更为水利站站长。变更原因是协会法人未落实相关政策，各项管理不到位。现任主席同时也是前进村的治保主任。主席变更的原因是原协会法定代表人员是财政编制人员（水利站站长），不符合相关政策，所以 2015 年 6 月起，水利站站长等提名决定主席一职换人。

协会没有将水量、水费、水价等信息在公告栏上公开，但用水户可以通过与其他用水户交流，询问用水小组组长等途径获取这些信息。从调查问卷来看，50% 的用水户知晓其他用水户的水费、水价、水量等信息。协会向农户收取水费，在平常年份用水库的水给农户放水，水价为五分五一方，以用水小组为单位，按照一次放水的亩数进行分摊，农户按照放水的亩数来交税费。水库有计量设施，但末级渠系没有。名义上董岗支渠协会辖三个水库，洪门冲水库、龙井水库和二五水库。实则二五水库［小（二）型水库］，是村集体管理，产权也落在村里。另外两个水库，洪门冲水库和龙井水库协会有使用权，有产权证。

7. 漳河一干渠白庙支渠农民用水协会

协会成立于 2013 年，按水文边界划分，覆盖淯溪镇胜利村、联合村、曹岗村以及洪桥铺村。水资源来自漳河白庙支渠，充足有保障，但渠系尚未完善，位于下游的农田，灌溉水不能通过渠道到达。协会管辖区主要种植作物是水稻、油菜、玉米。

协会的主席也是胜利村村干部。在问卷调查中，72% 的用水户不知道协会主席的产生方式，不认识协会主席，仅仅知晓用水小组的组长。协会没有测水、量水设施，由协会管理人员根据渠道水位来估计水量。

8. 漳河西干渠农民用水协会

协会成立于 2014 年，按水文边界划分，覆盖淯溪镇马店村、八景坡村、光明村、龙井村、中山村五个村。水资源来自漳河水库，充足有保障。协会管辖区主要种植作物是水稻、玉米、油菜。

协会主席原来是村里的管水员，现在是村里的支部副书记，对各种情况比较熟悉，所以当初由镇水利站站长推荐担任协会主席。

协会没有测水、量水设施，由协会管理人员根据渠道水位来估计水量。协会没有明确的配水计划，由协会管理人员临时安排。由于不交水费的情况很少，对不交水费的用水户没有相应的惩罚措施。水利基础设施的产权方面，跨村的渠道产权证都在镇里，村里的渠道产权就在村里。

9. 黄林支渠农民用水协会

协会成立于1998年，按水文边界成立，分为精耀用水小组、照耀用水小组、黄林用水小组、鲁山用水小组、国河用水小组以及庙前镇清平用水小组。水源来自杨树河水库，水资源充足。灌溉面积为6321亩，协会管辖区主要种植作物是水稻、玉米、小麦。

协会成员共2356户，共8851人，主席原是林文清，领导能力优秀、负责，被媒体称为“管水婆婆”。后因身体原因不再担任协会主席，由其儿子担任主席。协会在林文清的带领下，逐步规范并做出了一定成效，2014年被评为国家农民专业合作示范组织。协会由其儿子带领后，继承了之前的很多做法。协会有测水、量水的设施，通过渠道的比例尺刻度可以估算水量。协会有产权证，对水库和渠道有使用权，但协会没有副业，不能创造收入，协会资金很大一部分来自国家的资助。

10. 巩河灌区群建农民用水协会

协会成立于2014年，按水文边界划分，覆盖玉泉办事处的焦堤村、庙前镇的巩河村等，全部属于巩河灌区。协会的灌溉水来自巩河水库，由于生活用水也是巩河提供，再加上季节性影响，水资源不是很充足，季节性缺水比较明显。协会管辖区主要种植作物是水稻、油菜、玉米。

协会主席知名度不高，66.7%的用水户不知道协会主席的产生方式。协会收取水费有差别，焦堤村水费是每亩约30元，其余村是每亩约60元，由于修建水库时，焦堤村村民出工，并让出了一部分耕地，水费的减免是对他们的补偿。

协会末级渠系没有计量设施，主干渠有计量设施。实际上协会按亩收取水费。用水户交水费比较自觉，协会对不交水费的用水户没有相应的惩罚措施。协会与供水单位有签订供水合同，但没有具体的配水计划。协会对水库有具体经营权，但并没有经营副业等，没有创收。

11. 草埠湖镇农民用水协会

协会成立于2014年，覆盖草埠湖镇大部分村。整个草埠湖镇的水田很少，本来就不多的水田也因为用水不便、经济效益差等原因改成旱地。农户几乎没听过协会的名字，协会没有起到实际的作用。

12. 东风灌区泉河农民用水协会

东风灌区泉河农民用水协会成立于2005年，管辖王店镇泉河村。水资源不太充足，从调查问卷来看，只有33%的用水户认为水资源充足。协会没有测水量水的计量设施。排在前三位的主要种植作物分别是水稻、玉米和油菜。协会民主管理方面，45%的用水户知晓水费等信息，只有13.33%的用水户认为会长是民主选举产生。

13. 人工河三支渠农民用水协会

人工河三支渠农民用水协会成立于2015年，协会按水系成立，水源来自人工河三支渠，水资源充足。协会管辖范围覆盖胡场村、富里寺村等。从调查问卷来看，排在前三位的主要种植作物分别是水稻、玉米和油菜。协会没有测水量水的计量设施。从问卷统计数据来看，22.22%的用水户认为会长是民主选举产生。

表8－49　**调研协会的总体情况**

灌区名称	协会名称	是否按水文边界组建	水费收缴有否透明	水源充足性	是否民主选举	有否水量计量设施
百里灌区	半月镇余家龙协会	协会是属于余家龙支渠灌区，用水小组是生产小组	是	是	否，主席是村干部	泵站有，但没有精确到农户的水量测量
	人工河三支渠协会	管辖范围为人工河三支渠	是	是	从问卷来看，22.22%的用水户认为会长是民主选举	从问卷来看，没有计量设施

续表

灌区名称	协会名称	是否按水文边界组建	水费收缴有否透明	水源充足性	是否民主选举	有否水量计量设施
东风灌区	半月镇段店支渠协会	是，两个用水小组是水文边界划分	是	是	是	没有计量设施
	官道河南干渠协会	管辖官道河村	是	否	从问卷来看，16.7%的用水户认为会长是民主选举	无测量设施
	双莲协会	管辖范围是双莲村	是	是		主干渠有，末级没有
	泉河协会	管辖范围是泉河村	回答的用水户中，45%的农户知晓水费等信息	从问卷看，33%的用水户认为自己灌溉水资源充足	从问卷来看，只有13.33%的用水户认为会长是民主选举	从问卷来看，所有用水户都回答没有测量设施
	东风三干渠农民用水协会	是	是	上游村庄充足，下游较缺乏	是	泵站有，但没有精确到农户的水量测量
漳河灌区	河溶镇董岗支渠协会	是	50%的农户知道水费、水价、水量	是	否	主干渠有，末级没有
	漳河一干渠支渠白庙支渠协会	是，划分依据：属于白庙支渠	是	是	否	主干渠有，末级没有
	漳河西干渠用水协会	是，划分依据：属于西干渠范围	是	是	否	主干渠有，末级没有

续表

灌区名称	协会名称	是否按水文边界组建	水费收缴有否透明	水源充足性	是否民主选举	有否水量计量设施
巩河灌区	黄林支渠协会	是	是	是	是	部分渠道有比例尺刻度
	巩河灌区协会	管辖范围是焦堤村		不是很充足，季节性缺水比较明显		主干渠有测量设施，末级没有测量设施
	草埠湖镇协会	管辖范围是草埠湖镇	否	否	否，由水利站站长兼任	否

（二）协会绩效指标及描述性统计

为了更好地比较不同协会的制度绩效，本部分利用问卷最后一题，从社会绩效、经济绩效和生态绩效三个维度对被调查协会进行效益比较。社会绩效包括水费收取的公平性、放水顺序的公平性、对贫困用水户的帮助、对妇女用水户的帮助、用水纠纷的减少。经济绩效包括水费负担的减少、灌溉引起的收入增加、看水守水劳动力的减少、协会盈余、协会造血功能以及协会水费收取率。生态绩效包括灌溉水源水质改善、渠道工程的防洪抗汛、渠道硬化、灌溉用水效率、渠道用水效率、农田水土保持情况、渠道泥水淤积改善、生物多样性保持情况以及景观美学价值方面。考虑到问题的可测量性，绩效指标的选项采取李克特五级量表的设置，分为非常好、比较好、一般、不太好、不好，共五级。

1. 指标权重的设置

我们通过专家打分法来对绩效指标赋予权重。专家问卷共发放 15 份，采取匿名回答的方式。主要发放对象为当阳市水利站农水科负责人，以及调研协会所在镇的水利站站长，所辖村的村书记。共回收有效问卷 12 份，问卷有效回收率为 80%。将专家对每项指标的分值（非常重要—5 分，比较重要—4 分，一般—3 分，比较不重要—2 分，非常不重要—1 分），进行加权平均，得到每个指标的权重，如表8 -50所示。

表 8－50　　绩效指标权重设置

分类	指标	平均得分	权重（%）
社会绩效	水费收取的公平性	5.00	7.55
	放水顺序的公平性	4.33	6.55
	对贫困用水户的帮助	3.67	5.54
	对妇女用水户的帮助	3.67	5.54
	用水纠纷减少	5.00	7.55
	小计	21.67	32.73
经济绩效	水费负担减少	5.00	6.29
	灌溉收入增加	4.33	5.45
	看守、守水劳动力减少	4.33	5.45
	协会收大于支，有盈余	3.67	4.62
	协会造血功能	4.67	5.87
	协会的水费收取率	5.00	6.29
	小计	27	33.99
生态绩效	灌溉水源水质改善	4.00	3.36
	渠道工程的防汛抗洪	4.33	3.64
	渠道硬化	5.00	4.20
	灌溉用水效率	4.67	3.92
	渠道用水效率	4.67	3.92
	农田水土保持情况（是否盐碱化）	5.00	4.20
	渠道泥水淤积改善	4.67	3.92
	生物多样性保持	3.67	3.08
	景观美学价值	3.67	3.08
	小计	39.67	33.28

总体来看，三种绩效所占比重差别不大，说明专家们认可社会绩效、经济绩效和生态绩效几乎具有同等的重要程度。具体来看，经济绩效相对重要一些，占比为 33.99%，其次是生态绩效，为 33.28%，最后是社会绩效，为 32.73%。从单个指标来看，在社会绩效中，水费收

取的公平性和用水纠纷的减少最为重要，这与我们在实地调研中得到的结论一致。随着农民生活水平的提高，水费支出对一般农户来说都是负担得起的，农户更在乎的是水费收取的公平性，无论是按亩均摊的水费收取标准，还是计量水价，只要标准是统一的，农户都比较能接受。在协会成立之前，在灌溉水资源短缺的季节，用水户因为争夺水资源发生纠纷比较常见，由于涉及切身利益，村干部的调解效果也不太理想，因此对于用水纠纷减少这一指标，专家也给予了较高权重。至于放水顺序的公平性，对妇女用水户和贫困用水户的帮助，则是对协会提出了更高的要求。从目前情况来看，不少协会在这些方面还是心有余而力不足，因此，专家在这些指标上的打分也相对较低，权重相对较小。在经济绩效中，水费负担的减少方面以及协会水费收取率比重最高，水费负担的减少关乎用水户的切身利益，而收取的水费则是协会赖以生存的基础。相对于这两项指标而言，灌溉引起的收入增加、看水守水劳动力的减少、协会的收支和造血功能这几项指标的重要性有所降低，是对协会更全面的要求。在生态绩效中，渠道硬化和农田水土保持情况的重要性更高，近几年，国家投入大量资金对渠道，特别是干渠进行硬化，以减少水的渗漏。农田水土保持情况会对农业生产产生重要影响。权重较高的几项指标与农民用水协会的职能基本契合，如《农民用水者协会章程》通常都详细制订了灌溉管理制度、工程维修等方案，用水协会的主要职能是工程管理、灌溉管理、水费收缴、纠纷解决等。

2. 协会绩效描述性统计

问卷中用水协会的绩效评价包含20个指标。首先，我们统计了各个指标的均值，以均值的大小反映用水协会在不同方面的绩效高低。据表8－51显示，“对贫困用水户的帮助”和“对妇女用水户的帮助”的均值最低，同为2.99，其次则是“协会造血功能，创造收入”，均值为3.03。这反映出用水协会并不能在帮助弱势群体方面起到显著作用，且大部分协会不具有自我造血功能。反观均值最高的选项依次为“渠道硬化率（3.87）”“用水纠纷的减少方面（3.81）”与“协会的水费收取率（3.81）”，这说明用水协会在提高灌溉渠道硬化率、增加协会水费的收取率与减少用水纠纷方面有突出的表现，这也是协会成立最主要的工作任务。

表 8－51　　　　　　　　**用水协会绩效评价的均值统计**

	水费收取的公平性	放水顺序的公平性	对贫困用水户的帮助	对妇女用水户的帮助	用水纠纷的减少	水费负担减少	灌溉收入增加	看水、守水劳动力的减少	协会收大于支，有盈余	协会造血功能，创造收入	协会的水费收取率	灌溉水源的水质改善	渠道工程的防洪抗汛能力	渠道硬化率	灌溉用水效率	渠道用水效率	农田土壤保持情况（盐碱化等）	渠道泥水淤积改善	生物多样性保持	景观美学价值
N 有效	299	299	299	299	299	299	298	299	299	299	299	299	299	299	299	299	299	299	299	299
缺失	0	0	0	0	0	0	1	0	0	0	0	0	0	0	0	0	0	0	0	0
均值	3.70	3.57	2.99	2.99	3.81	3.09	3.45	3.56	3.10	3.03	3.81	3.51	3.76	3.87	3.78	3.74	3.55	3.70	3.68	3.77

表 8－52 反映了村民对绩效评估不同层次的态度划分。几乎在所有评估层次中，大多数村民的态度都集中在“一般”与“比较好”两个层面。我们观察了不同评估层次中选择“非常好”的人数频率与百分比。最大值出现在对“水费收取的公平性”评价中——有 77 人认为“非常好”，占样本总量的 25.8%。鉴于“水费收取的公平性”均值并不突出，我们有理由猜测村民对于用水协会收取水费公平性的感知存在较大差异。[①] 而上述观察的最小值出现在两个评估层面：“协会收大于支，有盈余”（18 人样本量 6%）以及“协会具有造血功能、能创造收入（17 人样本量 5.7%）”。显然，用水协会的创收功能并没有获得较高的评价；同样“对妇女用水户的帮助”中，有 37 人选择了“非常不好”（样本量 12.4%），为全部评估中选择“非常不好”的人数之最大值，这符合根据表 8－51 所做的判断——用水协会对帮助特殊群体（特别是妇女等弱势群体）的作用不显著。

① 这与我们的调查情况相符：对问卷中，“您对目前的水费水平是否能承受”有些人回答 50 多元每亩太高，有些则认为可以接受，也有村民反映，小组里总有几个不愿意交水费的人，不配合协会工作。例如田地靠近水塘的农户就不愿意交，但若天旱无雨，水塘水满足不了灌溉需求，他又想用协会的水。

表 8－52　　用水协会绩效评估具体指标的描述性统计

评估指标＼态度排序	非常不好	比较不好	一般	比较好	非常好	合计
水费收取的公平性	10/3.3	32/10.7	74/24.7	106/35.5	77/25.8	299/100
放水顺序的公平	15/5	30/10	74/24.7	130/43.5	50/16.7	299/100
对贫困用水户的帮助	27/9.0	73/24.4	106/35.5	62/20.7	31/10.4	299/100
对妇女用水户的帮助	37/12.4	54/18.1	112/37.5	67/22.4	29/9.7	299/100
用水纠纷的减少	1/0.3	17/5.7	75/25.1	150/50.2	56/18.7	299/100
水费负担减少	11/3.7	77/25.8	111/37.1	75/25.1	25/8.4	299/100
灌溉收入增加	3/1.0	26/8.7	140/47	91/30.5	38/12.8	299/100
看水、守水劳动力的减少	1/0.3	8/2.7	153/51.2	98/32.8	39/13	299/100
协会收大于支，有盈余	17/5.7	58/19.4	121/40.5	85/28.4	18/6.0	299/100
协会造血功能，创造收入	23/7.7	62/20.7	115/38.5	82/27.4	17/5.7	299/100
协会的水费收取率	5/1.7	14/4.7	80/26.8	135/45.2	65/21.7	299/100
灌溉水源的水质改善	6/2.0	31/10.4	105/35.1	118/39.5	39/13.0	299/100
渠道工程的防汛抗旱能力	0/0	8/2.7	96/32.1	155/51.8	40/13.4	299/100
渠道硬化率	3/1.0	19/6.4	56/18.7	157/52.5	64/21.4	299/100
灌溉用水效率	2/0.7	13/4.3	78/26.1	161/53.8	45/15.1	299/100
渠道用水效率	2/0.7	16/5.4	86/28.8	149/49.8	46/15.4	299/100
土壤保持情况（盐碱化等）	1/0.3	23/7.7	117/39.1	126/42.1	32/10.7	299/100
渠道泥水淤积改善	7/2.3	26/8.7	62/20.7	159/53.2	45/15.1	299/100
生物多样性保持	0/0	6/2.0	131/43.8	115/38.5	47/15.7	299/100
景观美学价值	0/0	6/2.0	111/37.1	127/42.5	55/18.4	299/100

说明：由于篇幅所限，表中仅列出每个指标的频数及对应的有效百分比，如第一单元格中10/3.3表示频数为10，有效百分比3.3%。

在对具体绩效指标描述性统计的基础上，为比较不同灌区的各个协会在三种绩效维度上的差异，我们根据表 8－50 专家问卷的权重设置进行加权平均，计算得到各个协会三种绩效的平均数以及方差，具体如表 8－53 所示。

表 8－53　　　　**不同灌区各个协会绩效的描述性统计**

灌区名称	协会名称	样本数	社会绩效（平均值/标准差）	经济绩效（平均数/标准差）	生态绩效（平均数/标准差）	总绩效（平均数/标准差）
漳河灌区	DGZQ 农民用水协会	96	1.13（0.221）	1.14（0.119）	1.11（0.168）	3.38（0.368）
	YGQBMZQ 农民用水协会	25	1.31（0.089）	1.23（0.159）	1.03（0.066）	3.57（0.256）
	ZHXGQ 农民用水协会	24	1.09（0.195）	1.13（0.119）	1.21（0.148）	3.43（0.290）
	小计	145	1.11（0.217）	1.13（0.121）	1.12（0.165）	3.36（0.346）
巩河灌区	HLZQ 农民用水协会	39	1.06（0.218）	1.07（0.119）	1.10（0.148）	3.23（0.279）
	QJ 农民用水协会	18	0.99（0.139）	1.20（0.144）	1.03（0.119）	3.22（0.326）
	CBHZ 农民用水协会	11	0.99（0.184）	1.03（0.177）	1.02（0.154）	3.04（0.375）
	小计	68	1.04（0.198）	1.11（0.186）	1.02（0.133）	3.17（0.389）
东风灌区	DDZQ 农民用水协会	18	1.35（0.223）	1.22（0.186）	1.08（0.076）	3.65（0.291）
	GDHNGQ 农民用水协会	12	1.23（0.262）	1.19（0.144）	1.05（0.167）	3.47（0.385）
	SL 农民用水协会	12	1.18（0.181）	1.19（0.104）	1.07（0.142）	3.44（0.353）
	QH 农民用水协会	15	1.08（0.146）	1.02（0.106）	1.16（0.099）	3.26（0.185）
	小计	57	1.22（0.226）	1.16（0.163）	1.09（0.124）	3.47（0.333）
百里灌区	YJL 农民用水协会	20	1.29（0.223）	1.20（0.165）	1.04（0.177）	3.53（0.381）
	RGHSZQ 农民用水协会	9	1.29（0.158）	1.21（0.153）	1.08（0.174）	3.58（0.318）
	小计	29	1.29（0.203）	1.21（0.159）	1.05（0.174）	3.55（0.358）

说明：每个协会样本数差异主要是由于灌区和协会的规模造成的。此处按照协会管辖村庄所处的地理位置（处于水源上游、中游、下游），各抽 2 个村，在村庄内部同样按耕地离灌溉水源的距离远近分为上段、中段、下段，每段距离分别抽取 5% 的受访户，每个村的样本数约占该村总户数的 15% 进行抽样调查，并对协会的具体名称进行了匿名处理。括号内为标准差。

从上表可以得出，横向比较来看，社会绩效、经济绩效和生态绩效三者的评价得分差异不大，再次从侧面验证了设置三类绩效的合理性。其中社会绩效最大值为1.35，最小值为0.99。经济绩效最大值为1.23，最小值为1.02。生态绩效最大值为1.21，最小值为1.02。相对来说，社会绩效的极差最大，经济绩效其次，生态绩效极差最小。这与我们的实地观察相符，发展较好的协会更加关注社会绩效，较差的协会则无暇顾及，因此不同的协会在社会绩效方面存在较大差异，而生态绩效的极差最小，这是因为生态绩效的差别在短期内显现不出来。从整体来看，将三类绩效的加权平均值进行相加得到总绩效，所有的协会总绩效都落在［3，4］这个区间，说明协会的绩效高于“一般”（3分），低于“比较好”（4分），总绩效分值最高的是DDZQ农民用水协会，为3.65，总绩效分值最低的为CBHZ农民用水协会，为3.04。我们发现将三类绩效的平均值加总得到的总绩效差异性较小，与现实调研中我们了解到的情况：不同协会的运行状况差别较大，并不符合，因此下文将会使用基于多元联系数的集对分析模型来对协会绩效进行综合评价。

（三）协会绩效的综合评价

上文将绩效分为社会绩效、经济绩效和生态绩效三个方面，那么将三种绩效进行整合，协会的绩效又会呈现出怎样的差异呢？考虑到问卷的指标选项设置采用李克特五级量表，并且指标相对丰富，研究采用基于多元联系数集对分析模型的方法对农民用水协会进行综合绩效评价。

1. 集对分析简介

我国学者赵克勤于1989年首次提出集对分析的概念，此后集对分析被广泛运用于确定与不确定的研究。集对分析的思想建立在事物之间的联系、转化的同一度和对立面。如我们根据问题W的需要对集对H的特征展开分析，共得到N个特征，其中有S个为集对H中的两个集合所共有，这两个集合在其中的P个特征上相对立，在其余的F=N-S-P个特征上既不对立，又不统一，则称比值：

S/N为这两个集合在问题W下的同一度，简称同一度；

F/N为这两个集合在问题W下的差异度，简称差异度；

P/N 为这两个集合在问题 W 下的对立度，简称对立度，并用式子 $u(w)=\frac{S}{N}+\frac{F}{N}i+\frac{P}{N}j$ 表示，简写为 $u=a+bi+cj$。

2. 多元联系数集对模型

将 $u=a+bi+cj$ 的 bi 项进行推广，再根据指标的设计（李克特五级量表），得到五元联系数的一般形式如下。

$u=a+bi+cj+dk+em$；其中 a，b，c，d，$e\in[0,1]$，且 $a+b+c+d+e=1$。

3. 确定评价指标集 O

根据本文的绩效设计，评价指标集 O 由 O_1：社会绩效，O_2：经济绩效，O_3：生态绩效三个子指标构成。其中社会绩效的二级指标有水费收取的公平性（O_{11}）、放水顺序的公平性（O_{12}），对贫困用水户的帮助（O_{13}），对贫困用水户的帮助（O_{14}），对妇女用水户的帮助（O_{15}）。同样的方式将经济绩效和生态绩效的二级指标纳入评价指标集中。

4. 建立评价集及权重集 Q

一个评价集由评价指标的等级组成，结合本文问卷设计，评价等级有 5 个，组成评价集 $P=\{p_1, p_2, p_3, p_4, p_5\}=\{$非常好，比较好，一般，比较不好，非常不好$\}$。

对评价指标集 O 建立权重集 Q，根据专家的打分，取平均值加以折算，得到 O_1，O_2，O_3 中各指标的权重如下：

$Q_1=(0.23, 0.2, 0.17, 0.17, 0.23)$，$Q_2=(0.19, 0.16, 0.16, 0.13, 0.17, 0.19)$，$Q_3=(0.10, 0.11, 0.13, 0.11, 0.11, 0.13, 0.11, 0.10, 0.10)$，其中 $Q_i=(q_{i1}, q_{i2}, \cdots, q_{in})$，满足 $Q_i=1$。

5. 建立单指标评价矩阵 R

单因素评价是指以评价指标集的因素 O_i 为基础，从而确定相对于评价集元素评价对象的属于程度 r_{ij}，单因素评价集是指对第 i 个因素 O_i 评价出来的结果，从而 $R_i=(r_{i1}, r_{i2}, \cdots, r_{in})$。

以董岗支渠农民用水协会为例，根据上述方法，得到如下矩阵：

$$R1=\begin{bmatrix}0.229 & 0.375 & 0.250 & 0.125 & 0.021\\ 0.146 & 0.573 & 0.156 & 0.083 & 0.042\\ 0.052 & 0.229 & 0.323 & 0.313 & 0.083\\ 0.052 & 0.208 & 0.375 & 0.260 & 0.105\\ 0.156 & 0.625 & 0.177 & 0.031 & 0.011\end{bmatrix}$$

$$R2=\begin{bmatrix}0.052 & 0.198 & 0.396 & 0.292 & 0.062\\ 0.135 & 0.281 & 0.479 & 0.083 & 0.022\\ 0.094 & 0.354 & 0.490 & 0.052 & 0.010\\ 0.104 & 0.354 & 0.396 & 0.104 & 0.042\\ 0.073 & 0.333 & 0.375 & 0.188 & 0.031\\ 0.146 & 0.417 & 0.333 & 0.083 & 0.021\end{bmatrix}$$

$$R3=\begin{bmatrix}0.146 & 0.417 & 0.333 & 0.083 & 0.021\\ 0.229 & 0.542 & 0.208 & 0.021 & 0.000\\ 0.208 & 0.531 & 0.198 & 0.031 & 0.032\\ 0.208 & 0.583 & 0.146 & 0.063 & 0.000\\ 0.156 & 0.563 & 0.156 & 0.125 & 0.000\\ 0.156 & 0.385 & 0.406 & 0.053 & 0.000\\ 0.177 & 0.510 & 0.198 & 0.104 & 0.011\\ 0.156 & 0.417 & 0.396 & 0.031 & 0.000\\ 0.115 & 0.500 & 0.354 & 0.031 & 0.000\end{bmatrix}$$

$R1$ 矩阵第一个行向量（0.229，0.375，0.250，0.125，0.021）是指对于评价指标 O_{11}，在水费收取的公平性问题上 22.9% 的农户认为非常好，37.5% 的农户认为比较好，25% 的农户认为一般，12.5% 的农户认为比较不好，而 2.1% 的农户认为非常不好。其余的向量含义也是类似的。用五元联系数表示为 $u(O_{11}) = 0.229 + 0.375i + 0.250j + 0.125k + 0.021m$。

6. 模型评价

对于每一个评价指标子集，一级模型公式：

$$B_i = Q_iR_i = (b_{i1}, b_{i2}, \cdots, b_{i5})\ (i = 1, 2, 3)$$

公式（8－5）

计算得出 B_1 =（0.136，0.419，0.248，0.150，0.047），B_2 =

(0.112, 0.341, 0.373, 0.138, 0.036), B_3 = (0.174, 0.494, 0.265, 0.060, 0.007), 在此基础上构建二级模型，首先构建评价矩阵 S：

$$S=\begin{bmatrix}B_1\\B_2\\B_3\end{bmatrix}=\begin{bmatrix}b11 & b12 & b13 & b14 & b15\\b21 & b22 & b23 & b24 & b25\\b31 & b32 & b33 & b34 & b35\end{bmatrix}=\begin{bmatrix}0.136 & 0.419 & 0.248 & 0.150 & 0.047\\0.112 & 0.341 & 0.373 & 0.138 & 0.036\\0.174 & 0.494 & 0.265 & 0.060 & 0.007\end{bmatrix}$$

对每个评价指标 Oi 根据专家打分给出权重分配 W，$W=(w_1, w_2, w_3)=(0.33, 0.34, 0.33)$，据此计算综合评价多元联系数：

$$u=WSE=(0.33, 0.34, 0.33)\begin{bmatrix}0.136 & 0.419 & 0.248 & 0.150 & 0.047\\0.112 & 0.341 & 0.373 & 0.138 & 0.036\\0.174 & 0.494 & 0.265 & 0.060 & 0.007\end{bmatrix}\begin{bmatrix}l\\i\\j\\k\\m\end{bmatrix}$$

$$=0.140+0.417i+0.296j+0.116k+0.031m$$

7. 综合评价

根据集对分析理论，联系数的联系分量遵循均分原则，m 分量固定取 -1，区间 [-1, 1] 平均分成三个子区间，对应剩下的三个分量，因此，i 的取值范围是 [0.333, 1]，j 的取值范围是 [-0.333, 0.333]，k 的取值范围是 [-1, -0.333]。根据本文综合评价的等级排序问题，联系分量的取值为区间的中间值。所以，$i=0.667$，$j=0$，$k=-0.667$，代入上述公式，计算得出 $u=0.310$。同样的方法运用在其他农民用水协会评价上，我们可以得到表 8-54。

表 8-54　**协会绩效综合评价**

灌区名称	协会名称	绩效综合评价（u）
漳河灌区	DGZQ 农民用水协会	0.310
	YGQBMZQ 农民用水协会	0.415
	ZHXGQ 农民用水协会	0.341

续表

灌区名称	协会名称	绩效综合评价（u）
巩河灌区	HLZQ 农民用水协会	0.230
	QJ 农民用水协会	0.229
	CBHZ 农民用水协会	0.110
东风灌区	DDZQ 农民用水协会	0.454
	GDHNGQ 农民用水协会	0.354
	SL 农民用水协会	0.359
	QH 农民用水协会	0.251
百里灌区	YJL 农民用水协会	0.394
	RGHSZQ 农民用水协会	0.416

联系数值 u 是归一化处理的，取值范围在［-1，1］，本文是五元联系数，所以将［-1，1］区间平均分为五个子区间，再与评价等级一一对应，具体地说就是非常好、比较好、一般、比较不好、非常不好分别对应［0.6，1］，［0.2，0.6］，［-0.2，0.2］，［-0.6，-0.2］，［-1，-0.6］。依据以上划分，从综合评价来看，除 CBHZ 农民用水者协会位于“一般”的区间，其余协会都属于“较好”的区间，其中绩效综合评价得分最高的是 DDZQ 农民协会，u 值为 0.454。采用集对分析模型得到的绩效综合评价得分最高的协会与综合得分最低的协会与上文通过总绩效得到的结论一致。尽管大多数协会的综合绩效得分位于［0.2，0.6］区间，但相比于上文的总绩效得分，协会的绩效综合评价差距较大，与实际调研的情况更为接近。HLZQ 农民用水者协会和 QJ 农民用水者协会的综合绩效得分较低，均在 0.3 以下，而其余协会综合绩效集中在 0.3 以上。从四个灌区的情况来看，位于巩河灌区的协会绩效综合评价得分普遍偏低。东风灌区协会的绩效差异较大，百里灌区的绩效则普遍相对较高，漳河灌区的绩效居中。相比于上文的总绩效得分，协会的绩效综合评价得分差距较大，极差为 0.344，与实际调研的情况更为接近。

（四）协会绩效与农户灌溉合作行为的关系探究

以上用集对分析模型对农民用水协会绩效进行了综合评价，可知不同协会的绩效存在较大差异，那么是什么原因导致绩效的差异呢？哪些绩效因素影响了农户参与用水协会的行为呢？以下我们对用水协会灌溉合作行为展开回归分析，以进一步探究协会绩效与农户灌溉合作行为间的关系。

1. 协会绩效的因子分析

降维是回归分析的有利前提。因此我们需要对含有 20 个测量层次的绩效评估进行因子分析。经过最大方差法的旋转之后，用水协会的绩效评估被划分为六种新的因子。

因子 1：灌溉水源的水质改善、渠道硬化率、灌溉用水效率、渠道用水效率、农田土壤保持情况（盐碱化等）、渠道泥水淤积改善（物理绩效—灌溉效益）。

因子 2：渠道工程的防洪抗汛能力、生物多样性保持方面、景观美学价值方面（物理绩效—生态价值）。

因子 3：对贫困用水户的帮助、对妇女用水户的帮助、协会的水费收取率（社会绩效—帮扶弱势）。

因子 4：用水纠纷的减少方面、水费负担减少方面、因灌溉引起的收入增加、看水/守水劳动力的减少（经济绩效—减少成本）。

因子 5：水费收取的公平性、放水顺序的公平性（社会绩效—公平秩序）。

因子 6：协会收大于支、有盈余，协会有造血功能，能创造收入（经济绩效—增加利润）。

上述六种因子实际归属于三个层面：物理绩效、社会绩效与经济绩效。首先，因子 1 与因子 2 同为物理性的绩效评估层面，其中，因子 1 中所包含的评估层次均围绕着用水协会的灌溉价值（不论是水源质量、渠道质量还是灌溉效率），而因子 2 中所包含的评估层次则针对灌溉的生态绩效。其次，因子 3 与因子 5 同为社会性的绩效评估层面，其中，因子 3 中所包含的评估层次均与帮扶弱势群体相关（水费收取率的高低是影响弱势群体生活的重要因素），因子 5 所包含的评估层次则显然与公平秩序的营造与维护相关。最后，因子 4 与因子 6 同为经济性的绩效评估层次，其中，因子 4 具有减少成本的核心特征，而因子 6 则具有增加利润的核心特征。

综上所述，我们将因子1命名为“物理绩效—灌溉效益”，因子2命名为“物理绩效—生态价值”，因子3命名为“社会绩效—帮扶弱势”，因子4命名为“经济绩效—减少成本”，因子5命名为“社会绩效—公平秩序”，因子6命名为“经济绩效—增加利润”。

表8－55　**成分转换矩阵**

成分	1	2	3	4	5	6
1	.673	.589	.167	.329	.251	.034
2	-.403	-.147	.662	.376	.484	.043
3	-.009	-.294	-.592	.736	.145	-.034
4	.277	-.356	-.070	-.221	.319	.801
5	.336	-.383	-.049	-.321	.534	-.592
6	-.443	.521	-.420	-.238	.543	.066

表8－56　**旋转成分矩阵**

评估指标	成分					
	1	2	3	4	5	6
水费收取的公平性	.029	.241	.213	.127	.704	.023
放水顺序的公平性	.050	-.035	.170	.095	.768	.111
对贫困用水户的帮助	-.027	.127	.752	.142	.304	.002
对妇女用水户的帮助	-.036	-.067	.799	.062	.296	-.123
用水纠纷的减少	.358	-.145	.186	.527	.214	-.340
水费负担减少	-.098	-.041	.146	.636	.258	.139
因灌溉引起的收入增加	.137	.319	.190	.640	-.077	-.027
看水、守水劳动力的减少	.000	.148	-.219	.656	.046	.061
协会收大于支、有盈余	.063	-.006	-.091	.347	.037	.643
协会造血功能，创造收入	.092	-.159	.098	-.103	.140	.739
协会的水费收取率	.062	-.209	-.602	.161	.282	-.366
灌溉水源的水质改善	.528	.066	-.100	.092	.262	.054
渠道工程的防洪抗汛能力	.249	.588	-.164	-.049	.353	.043
渠道硬化率	.684	.255	.045	-.148	-.078	.001

续表

评估指标	成分					
	1	2	3	4	5	6
灌溉用水效率	.707	.373	-.074	-.048	.111	.198
渠道用水效率	.698	.276	-.215	.000	-.031	.042
农田土壤保持情况（盐碱化等）	.433	.379	.200	.293	.012	.137
渠道泥水淤积改善	.743	-.010	.108	.167	-.032	-.081
生物多样性保持	.252	.825	.116	.168	.012	-.108
景观美学价值	.254	.775	.124	.145	.025	-.129

说明：提取方法 ：主成分分析法。

旋转法 ：具有 Kaiser 标准化的正交旋转法。

a. 旋转在 11 次迭代后收敛。

2. 新变量“绩效评估总分”与农户参与行为的相关性检验

由于绩效分类中的子题目较多，且因子分析后六个公因子的解释总方差不足 70%，因此在处理绩效评估部分时还可将各小题相加，生成“绩效评估总分”这一新变量，并考察它作为自变量是否会影响村民参与用水协会的行为。村民的参与行为（即因变量）包括如下三个指标：①是否参加用水协会；②是否参加会员大会；③是否参加会长选举。结果显示，“绩效评估总分”与因变量指标是否参加用水协会和是否参加会员大会之间存在显著相关，与指标是否参加会长选举不存在显著相关。具体分析如下。

表 8－57　**是否加入了用水协会组统计量**

	您是否加入了用水协会?	N	均值	标准差	均值的标准误
绩效评估	是	179	68.9218	7.46411	.55789
	否	65	65.8154	7.68703	.95346

表 8 - 58　　是否加入了用水协会独立样本检验

		方差方程的 Levene 检验		均值方程的 t 检验						
									差分的 95% 置信区间	
		F	Sig.	t	df	Sig.（双侧）	均值差值	标准误差值	下限	上限
绩效评估	假设方差相等	.463	.497	2.851	242	.005	3.10640	1.08954	.96021	5.25260
	假设方差不相等			2.812	110.662	.006	3.10640	1.10468	.91732	5.29548

以上结果显示了参与和未参与用水协会的村民绩效评估总分之间的不同，经独立样本检验，二者存在显著的差异。根据组统计量显示，参与用水协会村民的绩效评估均值为 68.92，而未参与用水协会村民的绩效评估均值为 65.82，前者比后者高 3.1 分。

表 8 - 59　　是否参加协会的会员大会组统计量

	您是否参加协会的会员大会?	N	均值	标准差	均值的标准误
绩效评估	是	51	71.0980	8.52820	1.19419
	否	227	67.3965	7.11110	.47198

表 8 - 60　　是否参加协会的会员大会独立样本检验

		方差方程的 Levene 检验		均值方程的 t 检验						
									差分的 95% 置信区间	
		F	Sig.	t	df	Sig.（双侧）	均值差值	标准误差值	下限	上限
绩效评估	假设方差相等	3.740	.054	3.233	276	.001	3.70156	1.14486	1.44780	5.95533
	假设方差不相等			2.883	66.482	.005	3.70156	1.28407	1.13817	6.26495

以上结果显示了参与和未参与用水协会会员大会的村民绩效评估总分之间的不同，经独立样本检验，二者存在显著的差异。根据组统计量显示，参与会员大会村民的绩效评估均值为71.10，而未参与会员大会村民的绩效评估均值为67.40，前者比后者高3.7分。

用水户对用水协会绩效的评估与有否参与会长选举无关，但与“会长由村长或支书担任”在5%的显著性水平上相关（Eta = 0.21，P < 0.05）。这和我们调查的实际情况相符：协会会长多是由村干部提名担任，或由基层水利站、村委等干部提名会长人选，然后让会员投票选举。也即，会长本身就是现任干部或曾经是干部。参与投票选举的主要也是村小组组长、村两委干部以及党员和一些积极分子，并非所有的用水户都参与投票。因此，用水户对协会绩效的看法与其是否参与选举并无显著相关性。

表8-61　**绩效评估总分 * 会长由村长或支书担任卡方检验**

	值	df	渐进 Sig.（双侧）
Pearson 卡方	56.278[a]	36	.017
似然比	45.368	36	.136
线性和线性组合	13.056	1	.000
有效案例中的 N	298		

说明：a. 57单元格（77.0%）的期望计数少于5。最小期望计数为.09。

表8-62　**方向度量**

			Eta 值
按间隔标定	η	绩效评估总分 因变量	.210
		村长或支书担任 因变量	.435

（1）用水协会灌溉合作行为的回归分析。如前所述，本章从三个层面分析影响村民参与用水协会的因素：物理因素、社会因素及制度因素。以下模型将以“您是否加入了用水协会”为因变量，而对于自变量，除了从上述三个层面中挑选可能具有相关性的典型因素以外，再加

上代表个人特征的“受教育程度”，分别进入模型。剔除无关变量后模型的自变量及其描述如表 8－63 所示。

表 8－63　**是否加入用水协会 Logistic 模型中的相关自变量**

变量名称	变量说明	变量类型
小学	村民的受教育水平（以教育水平为“没上过学”进行参照）	二分变量
初中	村民的受教育水平（以教育水平为“没上过学”进行参照）	二分变量
高中及以上	村民的受教育水平（以教育水平为“没上过学”进行参照）	二分变量
村民民主选举	用水协会会长产生方式（以“上级指派”为参照）	二分变量
是否知晓其他用水户的水费、水价、水量等信息 X5	协会的信息透明程度	二分变量
用水协会对拖欠水费的用水户是否有惩罚措施 X6	协会的奖惩措施	二分变量
领导能力	会长的领导能力如何（“很差”“不太好”“一般”赋值为 0，“良好”“优秀”赋值为 1）	二分变量（由定序变量虚拟而成）
物理绩效—灌溉效益	评估协会的灌溉价值	二分变量（因子分析所得）
物理绩效—生态价值	评估协会的价值	二分变量（因子分析所得）
社会绩效—帮扶弱势	评估协会帮扶弱势群体的绩效	二分变量（因子分析所得）
社会绩效—公平秩序 X8	评估协会促进公平秩序的绩效	二分变量（因子分析所得）
经济绩效—减少成本	评估协会减少成本的绩效	二分变量（因子分析所得）
经济绩效—增加利润	评估协会增加利润的绩效	二分变量（因子分析所得）

回归结果如表 8－64 所示：在模型系数综合检验中，Sig. 值均为 0，卡方值为 55. 725，表明模型能较好地预测总体。Cox & Snell R^2 和 Negelkerke R^2 值越接近 1，说明拟合度越好，这里分别为 0. 314 和 0. 476。从模型的整体拟合情况来看，极大似然估计值为 103. 804，Negelkerke R^2 为 0. 476，P 值为 0，说明整个模型的拟合效果较好，模型的估计在一定程度上可以拟合所调查的数据。H－L 检验表中，方程拟合度检验，Sig. 值如果是大于 0. 05，说明应该接受结果，即认同拟合方程与真实方程基本没有偏差。Sig. 值是 0. 283 大于 0. 05，说明模型能够很好地拟合整体，不存在显著的差异。Hosmer 和 Lemeshow 检验的随机性表中，观测值与期望值大致相同，可以直观地认为，该模型拟合度较好。从分类表的模型预测准确率来看，该模型对农户加入用水协会的预测准确率为 92. 1%，对没有加入协会的预测准确率为 44. 1%，模型的整体预测率达到了 81. 1%，说明模型的整体预测效果比较好。

表 8－64 **方程中的变量**

变量	B	S. E.	Wals	Sig.	Exp (B)
会长民主选举	1. 277	. 579	4. 863	. 027	3. 584
有无惩罚制度	1. 893	. 852	4. 940	. 026	6. 641
物理绩效—灌溉效益	. 904	. 289	9. 805	. 002	2. 470
社会绩效—公平秩序	. 576	. 264	4. 758	. 029	1. 778
经济绩效—增加利润	－. 952	. 297	10. 284	. 001	. 386
常量	. 600	1. 027	. 341	. 559	1. 822
Cox & Snell R^2/Negelkerke R^2			0. 314/0. 476		
模型系数的综合检验显著性水平			0. 000		
Hosmer and Lemeshow 拟合优度检验			0. 283		
模型预测准确率			81. 1%		

从最终拟合结果看，有民主选举制度、有惩罚措施、灌溉效益和公

平秩序比较好的用水协会更容易吸引村民参与。然而，村民对用水协会增加利润的评价越高，参与的可能性反而越小。在实际调查中我们了解到，涉及协会多角化经营和增强自我造血功能的创收业务，普通的用水户知之甚少，也没有参与，一般是会长、副会长、会计等协会核心班子成员更为了解运作的过程。一些资金往来，如乡镇地方政府、水利站、村委等对协会的财政支持比例，协会的收益与成本情况，一般农户都回答不清楚。

在访谈中得知，东风三干渠用水协会自我经营的“产业”有外包堰塘和水库给人养鱼，产权明晰，灌区的水可以用来养殖。“过去水库经营权属于政府，出了安全事故，农民都上访找政府；现在，协会拥有水利设施的产权证，我们打算在水库装防护栏，但是农民不同意，我们就说这是我们自己的事，出了安全事故，以前是找国家、找政府，现在是我们要负责。80%的人都同意把防护栏装上，即使是贷款也去办。说明办了产权证，老百姓就能意识到，这是自己的事，不能推到政府头上，这是有区别的。”（访谈编码：DFSXH）

可见，协会培育自己的造血功能，开展多角化经营的过程，同样离不开农户的参与，只有农户发挥主人翁精神，将协会的事当作自己的事，才能齐心共管把大家面临的灌溉难题处理好。因此上述统计结论也反映出目前多数协会缺乏鼓励农户参与公共灌溉事务的激励机制，即使有多角化经营的做法，也很少吸纳农户的参与，多数农户不了解。东风三干渠农民用水协会会长的想法颇具启发意义。

（2）用水协会总体评价的回归分析。除了考察影响农户对协会绩效评价好坏的因素，以下我们将绩效评价中的各个指标作为影响因子，看看这些人们认为协会应起的作用项是否会影响农户对协会的看法。本部分将受访对象对用水协会的绩效评估各项作为自变量，和其他一些属于物理属性、社群属性和制度规则属性方面的自变量一起（见表8-65）与因变量：“您觉得用水协会的作用显著吗?”（设为二分变量，“没有作用”“不太显著”“一般”赋值为0，“比较显著”“非常显著”赋值为1）构建Logistic模型，进行多元回归分析。

表 8－65　　用水协会的作用是否显著 Logistic 模型相关自变量

变量名称	变量说明	变量类型
小学	村民的受教育水平（以教育水平为“没上过学”进行参照）	二分变量
初中	村民的受教育水平（以教育水平为“没上过学”进行参照）	二分变量
高中及以上	村民的受教育水平（以教育水平为“没上过学”进行参照）	二分变量
是否担任过村/镇/县干部	村民是否做过干部	二分变量
灌溉水利设施一般	当地灌溉水利设施情况（以“灌溉水利设施年久失修”进行参照）	二分变量
灌溉水利设施良好	当地灌溉水利设施情况（以“灌溉水利设施年久失修”进行参照）	二分变量
村民民主选举	用水协会会长产生方式（以“上级指派”为参照）	二分变量
是否知晓其他用水户的水费、水价、水量等信息	协会的信息透明程度	二分变量
用水协会对拖欠水费的用水户是否有惩罚措施	协会的奖惩措施	二分变量
领导能力	会长的领导能力如何（“很差”“不太好”“一般”赋值为 0，“良好”“优秀”赋值为 1）	二分变量（由定序变量虚拟而成）
绩效评估中的各项指标	评估协会的各种价值（“非常不好”“比较不好”“一般”赋值为 0，“比较好”“非常好”赋值为 1）	二分变量（由定序变量虚拟而成）

模型运行结果及检验如表 8－66 所示。

表 8－66　　　　**模型一方程中的变量**

变量	B	S. E.	Wals	Sig.	Exp（B）
灌溉设施良好	4. 246	1. 472	8. 317	. 004	69. 831
灌溉设施一般	3. 070	1. 361	5. 092	. 024	21. 543
会长民主选举	3. 154	. 962	10. 748	. 001	23. 436
水费信息是否公开透明	3. 099	. 858	13. 054	. 000	22. 185
放水顺序公平	1. 814	. 769	5. 563	. 018	6. 137
水费负担减少	2. 127	. 917	5. 377	. 020	8. 392
劳动力成本降低	－2. 144	. 834	6. 602	. 010	. 117
防洪抗汛	2. 918	1. 104	6. 985	. 008	18. 510
灌溉用水效率	3. 734	1. 429	6. 832	. 009	41. 855
渠道用水效率	－3. 785	1. 401	7. 304	. 007	. 023
景观美学价值	－2. 877	1. 308	4. 835	. 028	. 056
贫困用水户	4. 395	1. 413	9. 673	. 002	81. 048
妇女用水户	－3. 960	1. 351	8. 594	. 003	. 019
常量	－11. 103	3. 507	10. 023	. 002	. 000
Negelkerke R^2				0. 710	
模型系数的综合检验显著性水平				0. 000	
Hosmer and Lemeshow 拟合优度检验				0. 893	
模型预测准确率				84. 4%	

从回归结果可知，Negelkerke R^2 为 0. 710，说明整个模型的拟合效果较好，模型的估计在一定程度上可以拟合所调查的数据。在 H－L 检验中，Sig. 值为 0. 893 大于 0. 05，无法拒绝零假设，说明模型能够很好地拟合整体，不存在显著的差异；模型的整体预测率达到了 84. 4%，说明模型的整体预测效果比较好。

接下来，我们从模型一中挑取相关变量放入模型二。

表8-67　**模型二方程中的变量**

变量	B	S. E.	Wals	Sig.	Exp (B)
灌溉设施良好	2.375	.877	7.341	.007	10.754
会长民主选举产生	2.486	.659	14.218	.000	12.014
水费信息是否公开透明	2.086	.569	13.416	.000	8.049
水费负担减少	1.332	.611	4.756	.029	3.789
灌溉用水效率	2.213	.961	5.309	.021	9.146
渠道用水效率	-2.136	.914	5.456	.020	.118
常量	-5.888	1.654	12.669	.000	.003
Negelkerke R^2				0.571	
模型系数的综合检验显著性水平				0.000	
Hosmer and Lemeshow 拟合优度检验				0.990	
模型预测准确率				84.8%	

从回归结果可知，Negelkerke R^2 为0.571，说明整个模型的拟合效果较好，模型的估计在一定程度上可以拟合所调查的数据。在H-L检验中，Sig. 值为0.99大于0.05，无法拒绝零假设，说明模型能够很好地拟合整体，不存在显著的差异；模型的整体预测率达到了84.8%，说明模型的整体预测效果比较好。

模型一与模型二中，P值小于0.05的有以下共同的影响因子：灌溉设施良好；会长民主选举产生；水费信息公开透明；水费负担减少；灌溉用水效率和渠道用水效率。在模型一中，以下自变量也通过了显著性检验：放水顺序公平，劳动力成本降低，防洪抗汛，景观美学价值，贫困用水户，妇女用水户。我们根据本书的研究框架将这些有显著意义的影响因子归类，如图8-13所示。

其中，变量“渠道用水效率”在两个模型中的系数均为负，景观美学价值、妇女用水户扶持和劳动力成本降低在模型一中系数为负，在模型二中不显著。多数用水协会都没有制订照顾妇女用水户的措施，农户对这一项的绩效评估较差也在情理之中。景观美学价值对用水协会而言，也不是主要考虑的事项，破坏水生态环境通常需要涉及水道水渠的

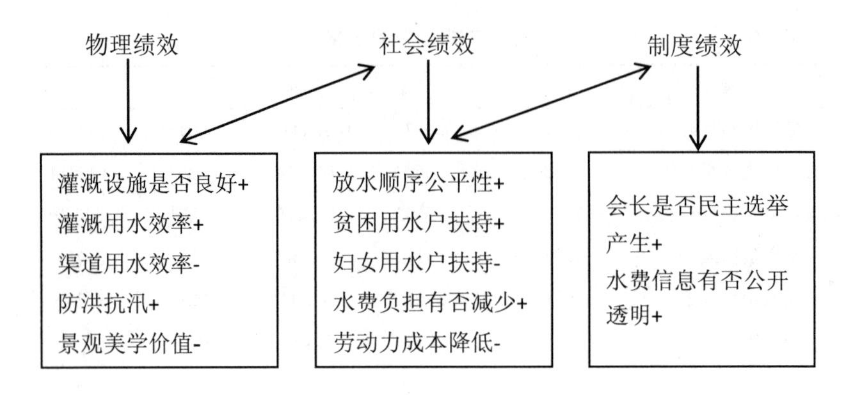

图 8-13　模型 1、2 中共同的影响因子

说明：+表示与因变量正相关，-表示与因变量负相关。

改造，穿山水管的铺设等，一些水利工程会涉及对农户的占地征地，水库养鱼也会破坏灌溉用水水质。但协会主持的水利工程较少涉及渠道改造，主要是渠道的清淤和硬化。反之，如果本来渠道用水效率高，表明渠道渗漏不严重，淤堵的情况少，那么协会的用处就不大，农户对协会能起到的作用评价也会较低。同理，如果渠道用水效率和灌溉用水效率都良好，需要消耗的看水、守水的劳动力成本就低，原来协会主席和看水员的一个主要任务——协调用水纠纷和用水秩序，管理水闸门开与闭的时间——也就减轻不少。因此，对那些原本灌溉物理设施较完善的村庄，协会的绩效得分可能越低，对于原本灌溉设施不完善，渠道渗漏严重的地方，若协会的成立有效解决了这些难题，则绩效得分就高。因此，灌溉用水效率高，灌溉设施良好等自变量，应根据村庄物理属性的不同具体分析。受访农户来自 13 个协会，协会按照水文边界跨村成立，即使是同一个协会的会员，处于不同的河道，水源情况不同，渠道和灌溉用水效率因之不同，使得他们对协会绩效的评价不一。

社会属性方面的显著因子包括放水秩序公平，水费负担减少以及对贫困户的扶持（劳力协助和水费减免等），协会在这些方面做得越好，用水户对其的评价自然越高。制度属性方面，会长是否民主产生，水费等信息公开透明两者也对因变量有正向影响。事实上，会长由民主选举产生的协会，水费信息等都能做到公开透明，两者是密切关联的。如果信息不公开，农户对协会做了什么，怎么做，都不了解，对协会绩效的评价也无从谈起。换句话说，制度绩效评价差，社会绩效或物理绩效也会差，因为会员根本不清楚是否有成效。反之，物理绩效差也会影响到社会绩效的实现，进而使制度绩效成为空中楼阁。因为物理绩效是协会成立最直接的目的，这个没有做好，农户的用水需求得不到满足，一旦产生用水纠纷，他们要花费更多的劳力去看水守水，增加劳动力成本和水费负担就是意料之中了。这样的结果，便是没有人愿意加入和组建用水协会，甚至选举不出愿意奉献自我，为大家服务的会长，制度绩效即是空谈。可见，三种绩效维度之间互动紧密，相互作用、相互影响。

（3）影响绩效的因素分析

根据模型一、模型二的估计结果，影响农户对用水协会绩效评价的主要因素可以归纳如下。

在物理属性方面，灌溉基础设施完好，防洪抗汛与景观美学价值功能兼具是用水户评价协会绩效的主要指标，这与世行对协会成立标准的规定“有充足的水源”本质上是统一的，灌溉设施良好的地区，水源的利用规划较合理，对灌溉水的需求基本能满足。大多数协会都具备“水资源充足”这一项世界银行提出的标准。其中，一些较成功的协会还拥有自己独立的水源，如东风三干渠农民用水协会有独立的玉泉水库，隧道引水后增加的 80 万方水归协会使用，可以买卖水。董岗支渠农民用水协会水源也较丰足，来自洪门冲水库、龙井水库、二五水库。相比之下，段店支渠农民用水协会所处的环境相对复杂，半月镇有三个外接水库，协会还需受到半月镇总会的约束。余家龙农民用水协会的水源依赖的是灌区的人工河，且无水量计量设施（见表 8 - 49），这就在物理属性上比其他协会面临更多的不利因素，也因此其物理绩效得分最低（3.57）（见表 8 - 53）。除此之外，灌溉用水效率和渠道用水效率也是统计显著的评价指标，这与灌溉设施是否完好息息相关。东风三干渠农民用水协会辖区渠道等配套设施完善，几乎全部硬化，渠系发达，这也是它成功的物理前提。

值得一提的是，不同的种植作物，对灌溉水的依赖程度不同，也会影响协会运转的绩效。东风三干渠农民用水协会辖区主要种植水稻，属于水田，对灌溉水资源依赖程度高。加之灌溉面积大，用水户对灌溉事务更为重视，更有积极性，也容易形成规模效应。段店支渠农民用水协会辖区除水稻外，还有大量的柑橘等经济作物，农户对灌溉水的依赖性较低，对协会各种事项的积极性较差，参与度较低，从而会影响到协会的绩效，特别是经济绩效。余家龙协会辖区主要种植作物是玉米，其次才是水稻。我们从表8－53可以看出，三个协会中，余家龙协会的经济绩效最低，为3.55。

从社群属性来看，放水秩序是否公平、水费负担减少，劳动力成本降低，扶持贫困用水户等统计检验显著的绩效评估指标很大程度上取决于用水协会内部管理运营的成效。管理良好的协会，能够降低农户的水费和劳动力成本，满足农户的用水需求，人民满意；管理差的协会，无法实现上述目标，参与不参与一个样，农户甚至不知道有协会的存在。而协会的经营管理离不开具备基本的水利知识，有组织协调能力、奉献精神和责任感的会长。协会会长的领导能力越优秀，协会的运行越成功。以东风三干渠用水协会为例，它的成功离不开协会会长个人较强的管理运作能力。该协会拥有小型水利设施的使用权，"按渠道大小，把渠道的管护权承包给农户，水利局每年给我们管护经费。根据渠道的质量，好的管护经费就是3毛到5毛，有污泥的就是8毛到1块。我们把这个拿出来承包给用水户，给你500块钱的管护经费，第一除杂草，第二出现暴雨，及时开闸，第三保证渠道畅通、无淤泥。畅通无阻，保证老百姓有水，这是重中之重。对大型渠道，我们协会都有转承包。承包到位以后，协会出资清理，出现大的险情，会向当地的政府部门报告。"①

同时，协会会长的领导能力还需要结合协会的规模来对绩效产生影响，协会规模越大，对会长的领导能力要求越高。协会规模小，会长领导能力一般，协会的绩效往往不会太差，然而当协会规模较大（如跨村成立的协会）时，会长领导能力不足，则会直接影响协会的绩效。

① 根据东风三干渠农民用水协会会长的访谈记录整理。

虽然余家龙协会会长的领导能力评价较低，但余家龙协会的规模相对较小，管辖的人数少，对会长领导能力的要求相对较低。董岗支渠农民用水协会管辖四个村，认为会长的领导能力优秀的用水户比例为20%，低于段店支渠农民用水协会35.71%的比例。我们在实地调研中发现，董岗支渠管辖的某些村的用水户对会长是很陌生的，除了知晓名字以外，其他几乎一无所知，三个协会中，董岗支渠的总绩效最低，为10.52。

从制度属性来看，会长的选举方式是很重要的因素，段店支渠农民协会会长是民主选举产生的，而其余两个协会则是村干部提名担任。民主选举反映的是民主管理，而民主管理也是农民用水协会的宗旨之一。另一方面，民主选举产生会长，也为日后协会活动的开展带来了保障。会长从用水户中产生，由用水户选举，在很大程度上保证了会长作用的发挥。信息透明，有利于发挥用水户对协会的监督作用。也是影响绩效的重要因素。用水协会的出现，使过去灌溉局、基层政府以及农户三者之间的纵向“委托—代理”关系，变成了灌溉局、用水协会和用水户之间的横向合作关系。信息公开，有助于减少由于信息不对称导致的道德风险问题。从问卷来看，信息透明度最高的是段店支渠农民用水协会，约62.5%的用水户知晓水价、水量、水费信息。其次是余家龙支渠农民用水协会。信息透明度最低的是董岗支渠农民用水协会，仅有不到一半（48%）的用水户知晓相关信息。而三个协会的绩效排名也与信息透明度呈正向关系，信息透明度最高的段店支渠农民用水协会的绩效评分也是最高的。

在产权方面，大多数协会都对水库、水利设施拥有使用权，但由于国家对水质保护的规定，周边经济发展和市场需求不足等，几乎很少有协会能利用水库、水利设施来进行创收。因此，政府不仅仅要将使用权交给协会，还应当为协会培育自我造血功能提供相应的支持条件，如提供市场需求信息，技术培训、赋予水利设施的经营权和收益权等。

在财政支持方面，东风三干渠的成功经验验证了我们上一章计算机仿真模型运行的机制假设：在社会资本机制（同群效应）及政府的财政、法律制度等政策支持机制的共同作用下，灌溉合作行为得以形成和扩散。东风三干渠农民用水协会被评为全国示范性协会，财政的支持力度大，为协会的运行提供了经济支撑。段店支渠农民用水协会几乎没有财政的支持，协会靠收取的水费勉强支撑，有些年份甚至连会长等的工资都发不出，会长完全凭借自我奉献在工作。但值得一提的是，如同本书第七章案例分析指出的，政府的财政支持可能导致协会过分依赖政府，形成二者的行政依附关系，不利于协会的独立性及长远发展。因此，可考虑以技术援助、政策支持、基础设施提供、业务培训等“类财政”的支付方式，帮助协会更好地实现可持续发展。

附：本章数据处理说明

1. 自变量：

（1）控制变量

性别：男性赋值为1，女性赋值为0；

年龄：使用原有年龄定距变量，生成了年龄^2/100项；

教育程度：生成了初中、高中、大学3个虚拟变量，以“小学及以下”作为参照；

人均收入：使用家庭年收入、家庭人口数生成了人均年收入，并取对数，作为收入自变量。

（2）制度自变量

水文边界：边界按照行政区域划分，赋值为1，按照水文状况划分，赋值为0；

水费收缴透明：水费收缴透明赋值为2，部分透明赋值为1，不透明赋值为0，并生成两个虚拟变量。有较多缺失值，使用村民问卷中是否知道他人水费情况替代缺失值；

水源充足：水源充足，赋值为1，不充足赋值为0；

民主选举：会长由民主选举产生，赋值为1，否则赋值为0。有较多缺失值，使用村民问卷中会长是如何产生的问题替代缺失值，是民主选举赋值为1，其他为0；

水量计量：只要有水量计量设施的，赋值为1，没有任何计量设施的，赋值为0。

（3）其他自变量（制度层面）

会长领导能力：会长领导能力评价4—5的，编码为1，即领导能力好，其他为0，作为参照；

是否有惩罚机制：有惩罚机制的，赋值为1，其他为0。

（4）其他自变量（物理因素）：

当地的灌溉水利设施状况如何：生成“灌溉设施好”与“一般”两个虚拟变量，以“灌溉设施老旧”作为参照。

（5）其他自变量（社会资本）

村民之间关系融洽度：4—5赋值为1，表示关系融洽，其他赋值为0，作为参照；

村小组之间关系融洽度：同上；

村之间关系融洽度：同上。

2. 因变量：一系列评价

水费负担减少方面：1—2赋值为0，3赋值为1，4—5赋值为2，这是有三个取值的定序变量，所以这里选择Ordered Logistic模型进行回归分析；

协会的水费收取率、渠道硬化率、灌溉用水效率、用水纠纷减少四个因变量，处理方法同上；

看守、守水劳动力减少：由于劳动力减少方面选择1—2的只有3%，使用定序模型意义不大。因此将1—3重新赋值为0，4—5赋值为1，得到二分变量，使用Logistic回归模型分析。

针对所有因变量，首先放入只有控制变量的回归模型，然后加入表示各个协会制度因素的5个自变量，最后再加入其他自变量，尝试发现物理因素、社会关系等自变量对协会绩效评价的影响。

第九章　从外源型合作到内生型合作：农村合作用水机制的制度选择

基于对农田灌溉合作行为前后历时三年的考察，本章作为全书的总论，力求总结出在中国转型时期，农田水利基础设施合作治理的制度安排，指出从外源型合作走向内生型合作，才是农村合作用水机制的制度选择。在这里，合作治理是有阶段性的，分为初阶、中阶和高阶形态，外源型合作可以说属于初阶形态的合作，而内生型合作则属于高阶形态的合作，所以，探讨合作治理的结构、制度以及运行机制，促进由初级形态的外源型合作转变为高阶形态的内生型合作，则是更为根本性的任务。本章首先介绍合作治理的内涵与阶段划分，在此基础上探讨农田灌溉管理如何从合作治理的初级阶段走向高级阶段，以及合作治理在当下中国实行的适应性与限度。

一　合作治理的内涵

过去20多年来，作为一种新治理策略的“合作治理”（Collaborative Governance）逐渐发展起来。这种治理模式将多种利益相关者纳入公共政策议程中，与政府部门共同制订基于合意基础上（consensus-oriented）的政治决策（Chris Ansell and Alison Gash，2008）。合作治理的兴起是对政策末端执行失效与政治调控高成本的回应，它已经成长为一种弥补管理主义责任缺失与利益集团多元化之弊病的替代策略。另一方面，合作治理的呼声也源于人们不断增长的对知识和制度能力的渴求。随着知识越来越专门化和分布式发展，制度基础设施变得更为复杂和相互依赖，如Gray（1989）所说的，越来越多的政策制订者和管理者面临着“混乱”（turbulence），社会变得日益复杂，不同团体的利益、价值与目标变得更加多元化，使得合作治理成为必需（库珀，2001）。

合作治理是在一种社会力量和社会结构破碎、多元、去中心化的社会形态中产生的，可以称为后现代社会。在后现代社会中存在着高度的复杂性、不确定性、动态性和风险性，没有任何一个组织或公共权威能凭借一己之力解决所有问题，人们需要相互依赖、共同合作才能有效处理各种问题。如罗伯特·阿格拉诺夫（2007）所言：“协作的需要源于参与者的相互依赖，因为每个参与者拥有完成一项任务所需的不同类型和不同层次的技术和资源。”杰瑞·斯托克（2007）也指出，“现代治理面临着权力依赖的严重挑战。权力依赖意味着致力于集体行动的组织必须依赖于其他组织，并且不能通过命令的方式迫使对方回应，而只能通过资源交换和基于共同目标的谈判来实现。”陈剩勇等（2012）同样认为，“面对日趋分权和多样化的社会，组织唯有越来越依赖外部环境完成其使命，其大部分工作必须通过协调各级组织（包括公共和私人的）之间的复杂联结来完成。”

在这种背景下，不少学者对合作治理的内涵予以了广泛的关注。Chris Ansell（2008）认为，合作治理是正式的、公意导向的，涉及国家和非国家参与者的旨在集体决策或执行公共政策，或管理公共财产的过程。Taehyon Choi（2011）认为“合作治理”是一组来自公共、私人以及非营利等多个部门的利益相关者，为了解决一个复杂的、涉及多面的公共难题而协同工作并制订相关政策的过程和制度。Kirk Emerson 和 Stephen Balogh（2011）则提出了更为具体且涵盖面更广的理解，将合作治理视为“为了实现一个公共目的，使人们有建设性地参与跨公共部门、跨不同层级政府、或跨公共、私人、公民团体的，公共政策制订和管理的过程和结构”。

合作治理具有如下几个主要特征（樊慧玲、李军超，2010）。①主体的多元化。治理主体除了包含政府部门，还包括一切可能参与进来的多元主体；治理的过程是多元主体协调互动、相互影响的过程。同时，多元主体主要是通过合作、协商的途径共同对社会公共事务进行管理。治理主体的多元化导致了治理过程中权力的运行向度是多元的、相互的，而不是单一的和自上而下的。②关系的依赖性。在合作治理模式中，没有哪一个治理主体拥有足够的资源和能力来独立治理公共事务。各主体需要相互补充、互通有无才能有效地治理社会事务。③行动的自组织化。治理的行动机制是以“反思的理性”为基础，即把目标定位于谈判和反思之中，通过谈判和反思做出调整，借助谈判协商达成共识、通过建立相互信任以实现合作，从而在“正和博弈”中求得共赢。④结构的网络化。在合作治理模式中多元主体面对共同的问题，依靠各自的优势和资源，通过相互间的对话设立共同目标，通力合作针对共同关注的问题采取集体行动，最终建立一种共担风险和责任的公共治理网络。

本研究认为，作为一种公共事务的社会治理模式，“合作治理是一种以公共利益为目标的社会合作过程——政府在这一过程中起到关键但不一定是支配性的作用”（托尼·麦克格鲁，2003）。合作治理具体的结构、制度与运行机制应根据不同国情下具体的公共事务类型和社会组织的成长情况具体分析。本研究将农田灌溉合作治理界定为政府与市场、社会之间的合作，尤其强调政府与社会组织为解决灌溉“最后一公里”难题的合作与协同。它包括国家、村社集体和农民间合作的纵向制度安排（责任和权利分配）；也包括政府让利于市场、分权于社区，实现政府、市场和社区三者间合作的横向制度安排；从而区别于国际主体间的国际事务治理，也区别于政府之间的跨界或跨区域的府际协同治理，有别于西方基于公开市场竞争基础上达成的合作契约关系。

二 合作治理的发展阶段

基于本书第三章介绍的适应性共管与政策网络理论观点，我们知道，“共管”所传达的主要思想就是要改变原本的“自上而下”政策导向，走向引导多元组织共同合作的治理根据。作为治理结构的政策网络，同样描绘了公共政策责任主体多元化的图像，预示着政府在推行公共政策过程中既要避免单向的控制机制，又要充分注重政策效果反馈的回路；既要承担起领导、协调的关键角色，又要重视与社会网络组织建构合作和交流机制。这些理论都为政府结构从科层治理（Hierarchical

Governance）向网络治理（Network Governance）形式发展提供了重要的思想来源。笔者更倾向于将合作治理看作一种权力的再分配过程，从左往右，根据权力下放的程度，从政府的全权管治到参与式管理，分权管理乃至政府最少干预的自组织治理，合作治理体现为一个由不同发展阶段组成的连续谱系。在这个光谱的两端，合作治理的表现形式也由最左端的“外源型合作”发展为最右端的“内生型合作”，自上而下的行政色彩逐渐递减，自下而上的草根力量则逐渐壮大（见图9－1）。

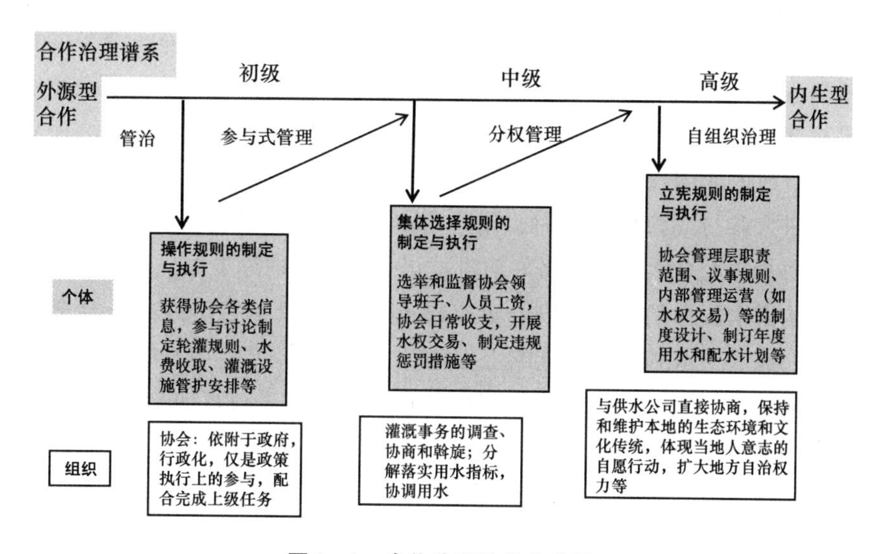

图9－1　合作治理的各个阶段

如图9－1所示，从外源型合作发展为内生型合作，合作治理经历了初级、中级和高级三个阶段，每个阶段灌溉农户的权利和义务也不同，分别对应制订和执行操作规则、集体选择规则和立宪规则。从这个角度看，也可以说合作治理是一个复杂的演化系统，三个发展阶段类似于有内在联系的三个子系统。在这种系统中，变异、选择和自稳定相互作用，产生出各种新的可识别模式。当我们考虑这种交叠嵌套的制度时，我们就称其为规则系统，它可以靠试验和演化性学习来引导，也可以靠设计来引导，也即由威权管治到自组织治理的规则秩序既可以是计划出来的，也可以是自发形成的。

从合作治理的主体来看，可以分为两个层面，组织层面和个体层面。

（1）在合作治理的初级阶段，有影响力的社会组织一般都与政府保持着紧密联系。这个阶段的参与和合作是基于政府主导的总体型社会背景，其合作程度仍然有别于或低于西方公共服务领域的合作程度，更似一种权威型的合作模式，即权威型政府与弱公民型社会的合作。在灌溉事务上，用水协会的成立和发展高度依赖于地方政府的行政资源，协会的成立多是由政府行政权威强制推动，甚或作为地方政府政绩考核的依据。这样的用水协会多是按照行政边界组建，协会的领导班子也经常是村两委兼任，协会多数为虚设，没有起到与地方水利机构合作治理灌溉水资源的作用。

进入参与式管理阶段时，用水协会与地方水利机构的协作逐渐增多，协会需配合水利机构做好防洪抗汛、渠道维护等工作，执行地方水利机构调水配水的计划安排，在各级地方政府以项目形式的资金资助下，完成农田水利基础设施的工程建设、管理与运营。在个体层次，用水户能够参与制订和执行操作层次的规则，例如，获得协会各类信息，参与讨论制订轮灌规则、水费缴交、灌溉设施管护安排等。但总体上，此一阶段政府与协会、农户之间的合作还属于外源型合作，是一种自上而下的外力驱动型的合作模式。这种合作方式并非“自我导向”（self-oriented），也不是建立在对个体利益关注的基础上，社区缺乏自我发展、自主决策的能力，一旦外力消退，合作就会消逝。

（2）在合作治理的中级阶段，致力于集体行动的政府组织必须依赖于用水协会这样的民间非营利组织，并且不能通过命令的方式迫使对方回应，而只能通过资源交换和基于共同目标的谈判来实现。农田水利大部分工作必须通过协调各级组织（包括公共和私人的）之间的复杂联结来完成，这是分权管理模式的体现，此时合作共识的达成、合作能力的培养和合作绩效的产生均受到政府和社会组织这两方面要素的限制。合作治理强调各方主体之间的平等协商关系，在一项公共政策所需要的集体行动过程中，政府能够纳入其他利益相关者的意见，吸纳其参与决策的制订、执行与监督各个环节，最终目的是达成共识，从而成为各方合作行动的指南。

在灌溉政策制订的合作治理中，政府一般扮演领导者、发起者或催化者的角色，以引导各利益相关者通过个人或组织的方式就政策问题、议程设置和方案规划等发表意见、提供信息、进行交谈、讨价还价、投票表决，最终达成共识。参与的主体包括作为具有公共精神的社会组织和个人通过关键公众接触、公民大会、咨询委员会、公民调查和由公民发起的接触、协商和斡旋等形式参与公共政策制订，其目的是提供信息，达成共识，谋求自身利益的实现，强调多主体平等参与、权力相互依赖、行为自主的网络。在组织层面，用水协会等民间非营利团体是政府制订和执行灌溉事务的合作伙伴，对分层管辖业务，协会能够就所在灌区的灌溉事务发出自己的声音，以明晰的法人团体身份参与灌溉事务的调查、协商和斡旋。在试行水权交易的地区，协会可以依据种植作物类型及当地情况，组织农户制订适合自己的用水定额需求计划，并将指标分解落实到每一个用水户的土地和每一灌溉轮次上，然后核发用水户水权证。对水权范围内的水量，用水户可以自由交易，交易双方自愿达成水量转让协议后，即可提请用水协会或基层水利服务机构组织协调供水。在个体层面，用水户能够参与集体选择规则的制订与执行，如选举和监督协会领导班子、人员工资、协会日常收支、开展水权交易等。

（3）合作治理的高级阶段是一种高级形态的组织行为，是超越了形式民主的真正的实质性民主。此阶段合作治理在行为模式上超越了政府过程的公众参与，它以平等主体的自愿行为打破了公众参与政府过程的中心主义结构（张康之，2008）。政府必须在政策目标实现的过程中与非政府的、非营利的组织，甚至与私人组织和普通民众开展广泛的合作。无论对于公共政策的制订还是执行，这种合作都远远超越了以政府为主体的公众参与构想的设计方案。人们自己组织起来，通过对话和磋商来确立价值观、信仰和伦理准则等行为标准，以确保我们的生活世界富有意义和秩序井然。这种“自愿的合作可以创造出个人无法创造的价值，无论这些个人多么富有，多么精明。在公民共同体中，公民组织蓬勃发展，人们参与多种社会活动，遍及共同体生活各个领域。公民共同体合作的社会契约基础，不是法律的，而是道德的”。（帕特南，2001）此一阶段合作治理的艺术在于“通过最大限度地倡议自由、团结一致和多样性达到最大的和谐。任何地方的革新只要更为恰当，能够增加社会资本，能够持久地扩大回应挑战的范围，同时又尊重一定的共同原则，对所有人来说，便是一种进步”。（卡蓝默，2005）

在个体层面，用水户能够参与协会事务最高规则的制订与执行，如确定协会管理层职责范围、议事规则、内部管理运营（如水权交易）等的制度设计、制订年度用水和配水计划等。在组织层面，作为代表农户利益的自我管理组织，用水协会与供水公司直接协商，而不必经过村委会或基层水利站，大中型灌区与地方水务机构去谈判，避免了委托—代理的信息不对称问题与腐败现象。用水协会与政府及其水务机构形成合作关系，在灌区形成上下双层的信息传递和监控激励关系，有效地降低促使具体用水户在流域机构的规划中合作和履行义务的行政成本，实现水资源的优化配置。

三　从外源型合作向内生型合作转变

根据第三章农田水利基础设施合作治理的理论视角，本节融入奥斯特罗姆教授等人的“适应性治理”理论及公共资源治理的制度理论，探索如何从外源型的灌溉合作转变为促进灌溉资源可持续利用的内生型合作治理结构。“适应性治理”强调改变“命令与控制”型的传统官僚结构，通过分权、合作、社会学习和多层级治理等手段来重构农田灌溉水资源的治理体系。基于此，本部分以全书的逻辑研究框架为起点，从物理层面、社群层面和制度层面三个方面建构从外源型合作治理走向内生型合作治理模式的制度结构，探索促进农田灌溉可持续发展与利用的政策机制和治理体系。

如图 9－2 所示，农田灌溉合作治理机制可以从以下三个方面进行扩展。

（1）制度层面，在法律上明晰用水协会的法人地位，并强化农户对协会性质、作用和意义的认识。通过产权制度调整，将灌溉基础设施

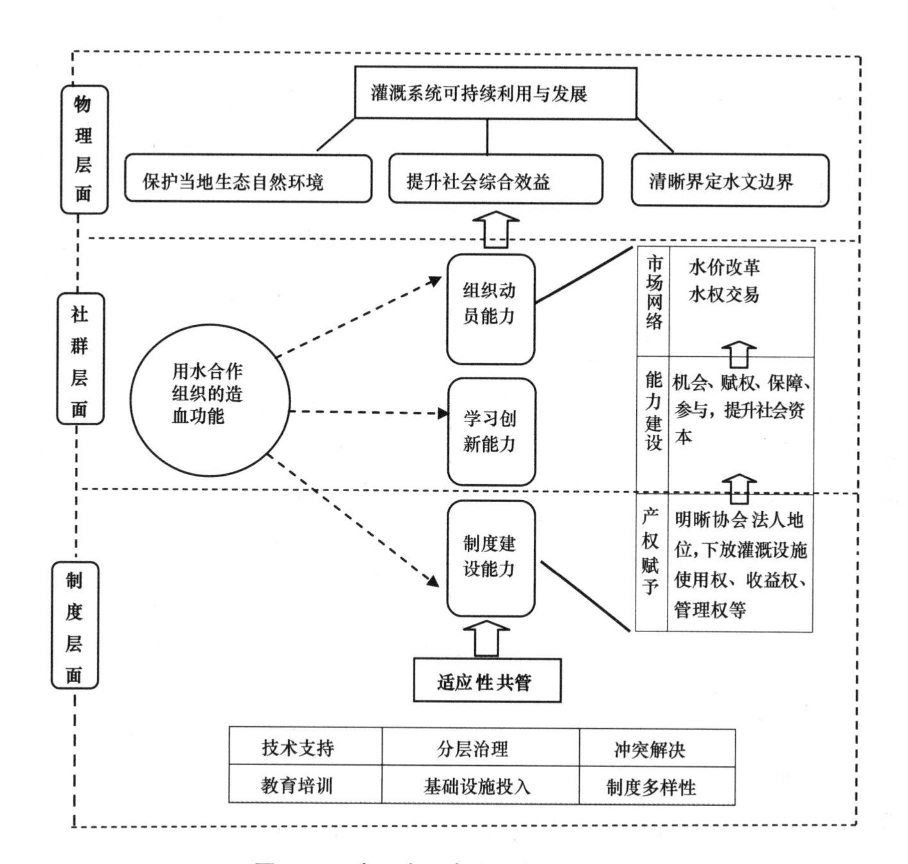

图9－2　农田水利内生型合作治理框架

的使用权、收益权、管理权赋予用水协会，使之真正获得实际的自由支配权。地方政府机构从规制性走向服务性，重点发挥在信息提供、灌溉技术和市场支持、用水冲突解决、灌溉基础设施建设和教育培训等方面的功能。

产权的赋予和协会法人地位的明晰能够帮助用水协会尽快成长和构建自身基于内部的生长能力，减少对行政机构的过分依赖。这种能力包括积极应对外界挑战的能力、学习创新的能力、组织动员能力等。外源型发展尽管能在协会成立初期起到推动和扶持作用，但是如果外来行政资源不足或管理混乱与低效，对协会的长远发展是非常不利的。外源型的合作往往过度强调发展速度和规模，而忽略了本土自然历史文化传统的传承、当地灌溉资源的保护及社区综合效益的提升。内生型合作组织的发展意味着一个本地社会动员的过程，通过一个能够将各种利益团体集合起来的组织结构，去追求符合本地意愿的战略规划过程以及资源分配机制，最终目的是实现该组织可持续发展的能力。因此，内生型合作组织往往被视为一种进步的组织结构，它使得发展的过程由本地控制，发展的选择由本地决定，发展的利益保留在本地。为实现内生型合作组织的有效发展，政府机构并不是放任不管或说无事可做，仍然要从各地实际情况出发，在尊重地方制度多样性的前提下，发挥其在灌溉技术支持、教育培训指导、冲突解决和必要的基础设施建设投入上的功能。

①技术支持。政府机构对农田灌溉基础设施工程的建设、管护和维修，水质监测、水量计量设备安装与使用、防洪抗汛渠道加固、清淤整治，以及节水设备的安装应用、水事科技的推广普及等应当提供技术支持和指导。

②教育培训。对农户自我组建的用水协会的性质、作用和意义等应进一步普及相关知识，强化“水是商品”概念，对水权交易、水费水价改革等重要举措举办相应的培训班或讲习营，对协会领导班子的组织管理能力、财务收支账目管理、水利工程维修管护能力等进行培训和指导，特别应着重培养协会自身的造血功能，通过开展交流汇报活动，组织参观考察经验丰富的用水协会等，提升多角化经营业务等素质拓展功能。

③基础设施投入。农田水利工程通常耗资巨大，周期长，见效慢，用水协会是非营利的民间团体，其财力不足以支撑如此巨大的工程建设，因此，大型水利工程应由国家出资兴建，或地方政府机构给予较大财政支持，对一些年久失修，老化渗漏严重的灌溉设施应给予修缮资金的支持。

④分层治理。建立分层次治理体系，降低对用水协会人事、财政等的行政干预，培养其基于内部的生长能力，形成多样性的制度。政府治理应更多集中在政策制订和监督职能上，将协会能做的事，如制订分水配水计划、协会人事调整，辖区用水户冲突解决，辖区内部水权交易事项，灌溉设施使用与经营等，委托给协会，并将管理职责向地方移交和

下放。从管治协会，到允许其参与管理，之后赋予其一定的权益，最后是支持和服务协会，使其自我管理。

⑤冲突解决。对水利工作任务繁重，地域面积较大的跨乡镇的流域，协助处理涉及整条流域的多个协会之间，或不同村庄之间的用水纠纷与矛盾。

⑥制度多样性。组建用水协会，促进农户内生型的用水合作，需要因地制宜，根据各地实际情况有序开展，而不是将用水协会作为“万能灵药”，实行“一刀切”的强制政策。在实际调研中我们也发现，一些地区由于地形、气候特征或水源条件不足等原因，多数已经改种耐旱型作物，对灌溉的要求低，对用水协会的需求也不大，这样的地区，就不应强制其推广组建用水协会。另有一些地区，一直保持由村委管理和负责灌溉事务的做法，当地农户的用水需求也能得到满足，用水户对村委村干部的工作也给予了肯定，因此对用水协会的需求也不强烈。这样的地区也不需硬性要求地方上推广用水协会，总之，政府应尊重当地传统文化和保持维护本地的生态环境，形成多样性的制度。

（2）社群层面，尤其重要的是培养用水协会的自我造血功能。不仅要赋予协会明确的权力，还要加强它运用这种权力的能力，使他们能根据更高层次的参与能力、发展能力来改善自身的福利。同时要培养社会资本和信任的能力，促进基于社区的治理。从这个角度看，农田灌溉的合作治理是一个再组织化、建立民主治理体系的过程。具体而言，包括以下几点。

①组织动员能力。这是基于社会资本的集体行动能力，是指在相互信任的情况下通过沟通、交流和协商以及利益和目标分享后所达成的合作自治能力。这对协会领导班子而言尤为重要，对东风三干渠农民用水协会的调查显示，一开始并不是灌区所有村庄都愿意加入用水协会，会长凭自己的私人关系和社会交往，一家一户做工作，先动员起村民代表、小组组长等村干部，以及一些党员积极分子。刚开始农户有拒缴水费，拖欠或缴交不足的，但经过会长动员和做工作后，大家主动把协会的事当作自己的事，主动参与灌溉工程的分段承包和管护工作，提高了灌溉效率。如此一来，无须交费请水库放水，仅靠雨水和堰塘就能满足

灌溉需求。其他村看到了参与协会的预期收益后，也纷纷自愿参与进来。

②学习创新能力。这是反映外界挑战、促进社会学习，引进符合本地层次的社会规则的特定形式的能力。能够学习和吸取其他协会好的做法，以本地的政治经济生态环境、文化传统为基础，开展学习、计划和经营活动。如在环保的框架内考虑开发，追求包括生活适意、福利、文化以及有利于村民权益的综合目标。东风三干渠农民用水协会就曾引进自来水厂，将玉泉水库的水卖给企业获得收益；将一些堰塘承包给他人养鱼养鸭等。

③制度建设能力。用水协会应建立起村民参与制度，体现村民的意志，并拥有为了实现该计划而管制资本与土地利用的自治权。制订民主选举制度、公开透明、平等的取水和用水规则。为广大用水户相互学习及发现新策略设计对话和讨论的机制，传播成功运转的用水协会及其设计原则的信息，提供低成本的冲突解决场域，使内部冲突得到有效的调解，避免造成社会震荡以及对社会资本的损害。政府机构必须积极主动地把用水户的生计和需求分析纳入政策设计、执行和管理之中，调整、分配和授予政府的权力，建立合法的授权环境和地方调解机制，建立基层环境民主治理体系，维护信息的公开性和竞争的公平性，为自主治理铺设制度基础。

（3）物理层面，政府机构应致力于当地灌溉系统的可持续利用与发展。治理体系不再把最大化产品产出、净现值作为追求的目标，而是将水资源管理看作科学和社会因素的混合体，将注意力集中在投入和过程上，如水质、生物多样性、生态恢复力等。因此，应结合村庄当地的生态环境和水文地理条件，引导农户种植适应本地水土，保护当地生态环境，种植效益好的作物，建立起能使附加价值回归本地的地区产业关联。其次，用水协会是以水文为边界组建，这意味着有些地区可能要调整行政区划，甚至是改建、新建灌溉水渠，以使灌区水利设施能实际覆盖到参与用水协会的村庄或个人。在这里，政府机构应为当地社区、协会或基层水利服务机构提供必要的技术指导和财政与政策支持，促使各个利益相关单位能相互协调与配合，清晰界定用水协会的管理边界，为其成功运转奠定良性基础。

四　农田灌溉合作治理在我国的适应性与限度

用水协会这种农村合作用水组织是世界银行支持下从国外引进的灌溉管理转移经验，尽管这种改革模式在改革初期发挥了重要的导向和促进作用，但由于缺乏用水者的充分参与，各地水资源条件的千差万别以及地方政府领导对改革认知程度上的差异，导致改革的实施效果与改革的设计方案之间存在着一定的差距（王金霞等，2005）。如同福建省Q县J村用水协会的案例调查显示，用水协会之所以“水土不服”，是和我国的国情即当前的社会经济发展状况分不开的。目前，包括福建省在内的各地区学习和引进的只是用水协会的“形”，而没有学到最本质的“神”，只有“形神兼备”，用水协会这一舶来品才能真正为我所用。这里的“神”，很关键的一点是灌溉基础设施产权收益。在我国，大型水利工程多数是五六十年代国家出资兴建，多数是国有或集体产权，一般农村水利设施的责任人是乡镇政府或村里，多数灌区管理局也实行了事业单位改制，库塘等设施的产权人也都是国家所有，而水利设施是投资长见效慢的农村公共物品，小农户个体极难有激励去投资和兴建这样的大型水利设施，以致出现未经良好管理的“公地悲剧”。

也正因如此，世界各国政府都对灌溉基础设施投入了一定的财政支持。协会是一种经济自立型组织，具有法人地位，代表用水农户的利益，参与灌区管理，对于所投资兴建的灌溉工程拥有财产所有权。水权可以买卖和转让，有发达的水权交易市场。水价主要由市场调节，但接受用水户的监督。我国地方政府根据各地财力不同，对用水协会的财政投入也数额不等，但政府对用水协会财政上的支持使得前者对后者构成了一定的控制性关系和支持性关系，多数用水协会被染上了行政色彩。因此，用水协会这种国际经验要能在我国得以有效推行，还需要一些适应性条件。

首先，要想让用水协会能真正成为独立的农民自治团体，政府要为其创造法律、行政、物质与技术条件，提供人员培训、相关知识普及，以及给予一定的政策优惠倾斜。在法律上，要明晰协会的独立法人主体地位。在行政管理体制上，对属于协会自身的事务，如领导班子组建、水费收缴应用、工程管护分工等制度规则的制订，政府不应起决定作用，可以要求协会向地方水利服务机构报备，接受其监督。在物质与技术上，大型水利工程政府财政需投入足够的建设资金，在节水设备、渠道改建等涉及水利专业工程知识方面，政府应给予技术支持。

但值得注意的是，所有这些扶持都要以尊重协会的独立主体地位为前提，政府不应以此为筹码左右协会的人事、财政和内部管理运营，因此政府机构与协会组织之间的关系，政府的干预限度、协会的权益与义务等，均应在社团组织条例上给予明示并依法执行。协会自身的组织章程也应细化，明确其与地方政府机构之间工作的衔接与配合。

其次，协会要想吸纳更多的农户，形成村庄社区合作管理灌溉水资源的良好格局，就要让农民看到参与协会的预期收益，即降低灌溉成本，提高灌溉收益，满足灌溉需求。同时，在费用方面，要让农户交得明明白白，公开所有账目支出，通过制度设计有效排除“搭便车”者。

再次，协会领导班子的管理和运作能力也至关重要，有了灌溉设施的管理权、收益权和处置权，协会领导如果缺乏企业家精神、多角化经营的智慧，不善于挖掘辖区自然禀赋、历史人文资源创造一定的收入作为协会长期的发展基金，协会的可持续发展也将面临困境。

最后，用水协会只是农户灌溉合作的一种自组织形式，它并不是“万应灵药”，能放之四海而皆准。受制于缺乏经验和相关专业知识等因素影响，社会组织的志愿失灵可能会侵蚀其合作服务的参与能力。因此，在特定条件下，合作治理的适用程度与政府的合作服务管理能力及社会组织的合作服务参与能力及公民社会的成熟程度密切相关。我们在谈合作治理时，不应简单机械地移植西方国家的经验，而应该在廓清合作参与的具体领域和方式的基础上，判断是否适用和怎样适用当下中国的实际。

附录　历年调查问卷及访谈提纲

“农田灌溉合作行为研究”调查2014
（村庄问卷）

尊敬的受访对象：

您好！

本次调查是厦门大学经济学院承担的国家基金项目“农田灌溉合作行为研究”的重要内容，项目成员为厦门大学经济学院的师生。研究目的是通过调查全国农田水利管理制度、运行机制与面临的困境，研究农户合作管理水资源的方式、效果，特别是对用水协会这种农户参与式管理组织的实践效果与存在问题开展案例研究，比较、分析、评价不同村庄的做法，研究完善基层水利服务体系，以期对我国“三农”问题的解决、实现农民增收、农村稳定提供智力支持。本项目是纯粹的学术研究，我们希望您对每一个问题都认真、如实表达自己的意见。

课题组郑重保证：此次调研所收集到各项信息将会作保密处理，问卷是匿名的，调研者要求的个人/办公信息仅用于学术分析及进一步的访谈与信息跟进，不会外露。感谢受访者的耐心与支持！

厦门大学“农田灌溉合作行为研究”项目组

以下由调查员填写：

问卷编号：CZ ________

访问地点：____ 省____ 市/县____ 乡/镇____ 村

调查员姓名：______　　调查时间：____

受访对象：性别：____年龄：____职务：____

以下由受访对象作答：

请在最适当的"□"中打"√"，可多选。并在相应的横线上填上您的答案与情况说明。

第一部分　基本问题

您的性别：____　年龄：____　职务：____

1. 本村共有____个村民小组，共有____户，总人口为____人，其中外村人有________人。

2. 本村共有耕地面积____亩，其中，水田____亩，旱地____亩，林地____亩。

3. 本村耕地的灌溉面积共____亩，本村主要的种植作物类型是________。

4. 本村属于__________灌区，共有泵站______个，水库______座，其中，大型水库数______，中型水库数______，小型水库数______。

5. 村庄主要的灌溉水源是？

□江、河、湖、海（请写明名称）__________　□水库（名称）

□打井、挖堰　□山上引水　□水塘蓄水　□其他（请写明______）

6. 本村灌溉是否缺水？

□水量充足　□一般　□中度缺水　□高度缺水

7. 近十年来，本村是否有过因争水、抢水、堵水等发生的矛盾或冲突事件？

□有____次（请具体说明______）

□没有

8. 近十年来，村庄是否出现大旱、大涝，庄稼大面积减产？

□有　□没有（请跳至第10题）

9. 如有，最后是如何解决灾情的？

□农户自行解决（请具体说明______）

□基层水利服务机构解决（请具体说明______）

□用水协会解决（请具体说明______）

□没有解决，任其减产　□其他（请写明______）

10. 本村有否成立类似用水协会的农民用水合作组织？如有，您认为它发挥了一定的作用吗？

□没有成立

□有成立，有发挥作用（请具体说明：______________________________________）

□有成立，但没有什么作用（原因请写明：__________________________________）

11. 您认为用水协会和以前的水站，哪种更能有效地解决灌溉问题？

□用水协会　□水站　□各有利弊　□都可以　□都不行

□不清楚

12. 目前负责协调本村人用水事务的组织或个人是？

□基层水利服务机构　□村干部　□用水协会/水利会

□老人协会　□无人负责　□农户自我协商　□其他（请写明______）

13. 今年国家的新政策要以乡镇或小流域为单元，健全基层水利服务机构，本村所在的乡镇是否有成立这样的新的水利机构？

□有（名称请标明：______）　□没有　□不清楚或不知道

第二部分　描述性问题

1. 有人偷水被发现的话，他要受什么惩罚吗？村里一般是怎么处理的？

2. 村里水费收取、人员开支等财务情况是否有公开？

3. 在分水、配水、水利设施承包等涉水事务中，您有参与讨论或发表意见的机会吗？

4. 本村如果有成立用水协会，您认为它发挥了哪些作用？面临哪些困境？

5. 村民代表、用水协会会长是由村民自己选举的吗？您信任他们吗？

6. 今年，水利部、财政部关于进一步完善基层水利建设的指导意见指出，要以乡镇或小流域为单元，健全基层水利服务机构，将它作为县政府的派出机构，您认为，它与以前的水利工作站相比，应该发挥哪些不同的作用？

7. 新的基层水利服务机构与村庄所在的用水协会之间关系如何？前者是否促进了后者更好地开展工作？（请具体说明）

8. 村委会或村干部在本村农田灌溉/村民合作用水中发挥了怎样的作用？

9. 村民小组是否发挥了作用？发挥了怎样的作用？

问卷到此结束，感谢您的用心填写！

“农田灌溉合作行为研究”调查2014
（农户问卷）

尊敬的受访对象：

您好！

本次调查是厦门大学经济学院承担的国家基金项目“农田灌溉合作行为研究”的重要内容，项目成员为厦门大学经济学院的师生。研究目的是通过调查全国农田水利管理制度、运行机制与面临的困境，研究农户合作管理水资源的方式、效果，特别是对用水协会这种农户参与式管理组织的实践效果与存在问题开展案例研究，比较、分析、评价不同村庄的做法，研究完善基层水利服务体系，以期对我国“三农”问题的解决、实现农民增收、农村稳定提供智力支持。本项目是纯粹的学术研究，我们希望您对每一个问题都认真、如实表达自己的意见。

课题组郑重保证：此次调研所收集到各项信息将会作保密处理，问卷是匿名的，调研者要求的个人/办公信息仅用于学术分析及进一步的访谈与信息跟进，不会外露。感谢受访者的耐心与支持！

厦门大学“农田灌溉合作行为研究”项目组

以下由调查员填写：
问卷编号：NH
受访地点：___省___市/县_____乡/镇___村
调查员姓名：_______　　调查时间：_______

以下由受访对象作答：

请在最适当的“□”中打“√”，可多选。并在相应的横线上填上您的答案与情况说明。

第一部分　基本问题

1. 性别：□男　□女

2. 您多大年纪？_____周岁

3. 您的受教育程度：

□ 小学及以下　□ 初中　□ 高中（中专、技校）　　□ 大专及以上

4. 您家有多少口人？______

其中，务农：____人　　外出打工：____人

其他（养殖业、做药材、建筑、林业、旅游等，请具体标明）

5. 您家的土地面积？

□ 水田：____ 亩　　□ 旱地：____ 亩　　□　林地：____ 亩　　□其他：____亩

6. 您家农田面积中，自有地____ 亩　　转租或承包地______亩

7. 您家农田主要种植哪些农作物？

□水稻　　□小麦　□烟草　　□蔬菜　　□玉米　　□甘蔗

□其他（请写明______）

8. 过去 5 年来，您家务农所获收入平均一年有多少？

□1 万元以下　□1 万—2 万元　□2 万—3 万元　□3 万—5 万元　□5 万元以上

9. 过去 5 年来，您家非农收入平均一年有多少？

□1 万元以下　□1 万—2 万元　□2 万—3 万元　□3 万—5 万元　□5 万元以上

10. 当灌溉缺水时，您认为应该求助谁？

□乡政府、村委　　□基层水利服务机构　　□农民用水合作组织

□水库　　□天降大雨　　□自己解决

11. 您觉得村里的以下几个关系融洽吗？

（1）村民之间　□很融洽　□比较融洽　□一般

□不融洽　□说不清

（2）村小组之间　□很融洽　□比较融洽　□一般　　□不融洽

□说不清

（3）村与村之间　□很融洽　□比较融洽　□一般　　□不融洽

□说不清

12. 您主要通过哪些渠道了解外界信息？

（1）广播电视　（2）家人朋友　（3）报纸杂志　（4）外出打工　（5）网络　（6）参加培训　（7）政府宣传　（8）其他（请写明____ ）

13. 现在或从前是否当过干部？

□是，村组干部（拿工资补贴）　□是，乡镇干部　□是，县（区）里的干部　□ 否

14. 现在或从前是否加入过各种专业合作社或家庭农场？

□有（请写明原因：________）

□没有

15. 将来有否打算或继续参与农户合作经营？

□有

□没有（请写明原因：________）

16. 村里用水紧张出现矛盾时，您会组织大家坐下来协商和解决问题吗？

□会　□不会，他们不会听我的　□不会，没法协商　□不会，我不想得罪人　□不会，干部说了算　□不会，我不管这种事　□其他（请写明原因：______）

17. 您是否同意用水协会使得村民之间的关系更加融洽了？

□完全同意　□比较同意　□一般　□不太同意　□完全不同意

18. 您认为用水协会解决农田灌溉问题（缺水、争水、抢水、水利基础设施不足等）的作用显著吗？

□非常显著　□比较显著　□一般　□不太显著　□没有作用

19. 您认为用户协会和以前的水站相比，哪种更能有效地解决灌溉问题？

□用水协会　□水站　□各有利弊　□都可以　□都不行

20. 今年国家的新政策要以乡镇或小流域为单元，健全基层水利服务机构，本村所在的乡镇是否有成立这样的新的水利机构？

□有（名称请标明：________）　□没有　□不清楚或不知道

21. 如有，它与原来旧的水利站有何区别？

□管水员更加尽责　□水利设施管护效率提高了　□有效解决了村庄灌溉用水难的问题　□没有太大区别，都不管事　□ 不清楚

□其他（请说明：______________）

22. 村里的灌溉基础设施（排水渠、水库、泵站、堰塘等）私人承包后，发生了哪些变化？

请从完全不符到完全相符的7种程度中，选择最合适的□打勾（没有实施承包经营的可跳过此题）。

	完全不符	相符程度 ⟷ 1 2 3 4 5 6 7	完全相符
私人承包水利设施管护得更好		□□□□□□□	
私人承包后灌溉效率提高了		□□□□□□□	
私人承包后，不交水费偷水的人少了		□□□□□□□	
私人承包后大家用水更公平了		□□□□□□□	
其他好处请说明：			
私人承包后灌溉水成本提高了		□□□□□□□	
私人经营与村庄灌溉用水需求发生矛盾		□□□□□□□	
私人承包后水质被污染了		□□□□□□□	
私人承包后水利设施被挪为他用		□□□□□□□	
其他弊端请说明：			

23. 您是否同意，农户组成合作组织/合作社后，能使村民之间的关系更加融洽？

□完全同意　　□比较同意　　□一般　　□不太同意　　□完全不同意

第二部分　描述性问题

1. 有人偷水被发现的话，他要受什么惩罚吗？村里一般是怎么处理的？

2. 村里水费收取、人员开支等财务情况是否有公开？

3. 在分水、配水、水利设施承包等涉水事务中，您有参与讨论或发表意见的机会吗？

4. 村民代表、用水协会会长是由村民自己选举的吗？您信任他们吗？

5. 村委会或村干部在本村农田灌溉/村民合作用水中发挥了怎样的作用？

6. 村民小组是否发挥了作用？发挥了怎样的作用？

感谢您的用心填写！

“农田灌溉合作行为研究”调查2014
（用水协会问卷）

尊敬的受访对象：

您好！

本次调查是厦门大学经济学院承担的国家基金项目“农田灌溉合作行为研究”的重要内容，项目成员为厦门大学经济学院的师生。研究目的是通过调查全国农田水利管理制度、运行机制与面临的困境，研究农户合作管理水资源的方式、效果，特别是对用水协会这种农户参与式管理组织的实践效果与存在问题开展案例研究，比较、分析、评价不同村庄的做法，研究完善基层水利服务体系，以期对我国“三农”问题的解决、实现农民增收、农村稳定提供智力支持。本项目是纯粹的学术研究，我们希望您对每一个问题都认真、如实表达自己的意见。

课题组郑重保证：此次调研所收集到各项信息将会作保密处理，问卷是匿名的，调研者要求的个人/办公信息仅用于学术分析及进一步的访谈与信息跟进，不会外露。感谢受访者的耐心与支持！

厦门大学“农田灌溉合作行为研究”项目组

以下由调查员填写：
问卷编号：XH
受访地点：____ 省____ 市____ 县/区____乡/镇____ 村
调查员姓名：________　　调查时间：________

以下由受访对象作答：

请在最适当的“□”中打“√”，可多选。并在相应的横线上填上您的答案与情况说明。

第一部分　基本问题

1. 本村用水协会哪一年成立的？______年，名称____________，管辖范围是________。

2. 如果有成立用水协会，协会领导是如何产生的？

□村民选举　　　　□上级（乡镇、县/区）指派

□村长或支书担任　　□不清楚

3. 您认为农民用水协会是什么样的组织？

□农民自组织社团　　□乡镇或村委的下属机构

□县里的派出机构　　□不了解

4. 您是否愿意参与这样的农民合作组织？

□愿意　　　□不愿意（请写明原因：________________）

□不清楚

5. 您参与了用水协会的哪些工作？

□财务人员　　　□会长　　　□管水员　　　□纠纷协调

□水利设施维护与修缮　　　□抢险加固河堤　　□没有参与

□收取水费　　　□其他（请写明：______________）

6. 您家灌溉水取水方式是？

□向村里或用水协会买水　　□限时取水　　□取水许可证

□水库、泵站供水（交水费电费）　　　□免费（村组代缴）

□山上引水　　□划片承包　　□打井挖堰　　　□其他______

7. 您认为灌溉用水是否应该收水费，您愿意缴交的水费标准是？

□按土地面积收　　□按产量收　　□按农作物需水量收

□不应该收　　□说不清

8. 您是从哪些渠道了解到水费收取、使用情况的？

□村干部　　　□村民代表　　　□村民会议

□村务公开宣传栏　　□用水协会　　□无从了解

□本村没有收水费　　□其他（请写明______）

选择没有收水费的，跳至第11题。

9. 您认为水费收取、使用和管理是否公平？为什么？

□公平　　□不公平　　　□不知道

理由：____________

10. 如果不公平，村里怎么协调和处理用水纠纷？

□村民代表大会讨论　　□按照早先订下的规则和风俗

□村干部调解　　□用水协会监督与制裁

□有威望有公益心的村民出面协调　　□没人管　　□族长出面

□邻里相互协调　　□不知道　　□其他（请写明______）

11. 村里用水紧张出现矛盾时，您会组织大家坐下来协商和解决问题吗？

□会　　□不会，他们不会听我的　　□不会，没法协商

□不会，我不想得罪人　　□不会，干部说了算

□不会，我不管这种事　　□我们这用水从来不紧张

□其他（请写明原因：________）

12. 对用水不交水费的农户，协会是否有相应的监督和惩罚措施？

□有，（请写明______）

□没有

13. 您对“一事一议”制度的看法？

□没有实际作用（原因请写明__________）

□不可能或很难实现（原因请写明__________ ）

□有一定作用（作用请写明__________ ）

□ 不清楚

14. 您认为用水协会解决农田灌溉问题（缺水、用水纠纷、水利基础设施年久失修等）的作用显著吗？

□非常显著　　□比较显著　　□一般　　□不太显著

□没有作用

15. 您认为影响协会有效发挥作用的因素有哪些？

□财力紧张　　□村民不热心　　□政府不支持

□没有实际权力　　□土地制度的束缚

□协会领导能力不足　　□其他（请写明______）

16. 您认为用水协会和以前的水站相比，哪种更能有效地解决灌溉问题（防汛抗旱、协调用水纠纷、满足群众灌溉用水需要等）？

□用水协会　□水站　□各有利弊　□都可以　□都不行

17. 您认为协会发展面临的最大困难与障碍是什么？

□缺乏有奉献精神有责任心的领导　□资金不足

□农民的认识不足　□缺乏政府里的人脉资源

□法律地位不明晰　□权限太少　□不太清楚

□上头政策限制太死（请说明________）

□其他（请说明________）

18. 今年国家的新政策要以乡镇或小流域为单元，健全基层水利服务机构，本村所在的乡镇是否有成立这样的新的水利机构？

□有（名称请标明：________ ）　　□没有

□不清楚或不知道

19. 如有，它与原来旧的水利站有何区别？

□管水员更加尽责　　□水利设施管护效率提高了

□有效解决了村庄灌溉用水难的问题　□没有太大区别，都不管事

□不清楚　□其他（请说明：＿＿＿＿＿＿＿）

20. 您是否同意用水协会使得村民之间的关系更加融洽了？

□完全同意　　　□比较同意　　　□一般　　　□不太同意

□完全不同意

21. 您是否加入了其他农民合作组织？

□是　　　□否

22. 您的受教育程度：

□小学及以下　　　□初中　　　□高中（中专、技校）

□大专及以上

23. 您是否为党员：

□ 是　　　□ 否

第二部分　描述性问题

1. 有人偷水被发现的话，他要受什么惩罚吗？村里一般是怎么处理的？

2. 村里水费收取、人员开支等财务情况是否有公开？

3. 在分水、配水、水利设施承包等涉水事务中，您有参与讨论或发表意见的机会吗？

4. 村民代表、用水协会会长是由村民自己选举的吗？您信任他们吗？

5. 您认为用水协会在水利事务方面发挥了哪些作用？面临的障碍或困境是什么？

6. 与以前的水利站相比，用水协会的工作是否得到老百姓更多认可？

7. 今年，水利部、财政部关于进一步完善基层水利建设的指导意见指出，要以乡镇或小流域为单元，健全基层水利服务机构，将它作为县政府的派出机构，您认为，它与以前的水利工作站相比，应该发挥哪些不同的作用？

8. 新的基层水利服务机构与村庄所在的用水协会之间关系如何？前者是否促进了后者更好地开展工作（请具体说明）？

9. 村委会或村干部在本村农田灌溉/村民合作用水中发挥怎样的作用？

感谢您的用心填写！

“农田灌溉合作行为研究”调查2014
（基层政府问卷）

尊敬的受访对象：

您好！

本次调查是厦门大学经济学院承担的国家基金项目“农田灌溉合作行为研究”的重要内容，项目成员为厦门大学经济学院的师生。研究目的是通过调查全国农田水利管理制度、运行机制与面临的困境，研究农户合作管理水资源的方式、效果，特别是对用水协会这种农户参与式管理组织的实践效果与存在问题开展案例研究，比较、分析、评价不同村庄的做法，研究完善基层水利服务体系，以期对我国“三农”问题的解决、实现农民增收、农村稳定提供智力支持。本项目是纯粹的学术研究，我们希望您对每一个问题都认真、如实表达自己的意见。

课题组郑重保证：此次调研所收集到各项信息将会作保密处理，问卷是匿名的，调研者要求的个人/办公信息仅用于学术分析及进一步的访谈与信息跟进，不会外露。感谢受访者的耐心与支持！

厦门大学“农田灌溉合作行为研究”项目组

以下由调查员填写：

问卷编号：ZF ________

受访地点：____ 省____ 市____县/区____乡/镇____部门（局、所、科室、工作站）

调查员姓名：________ 调查时间：________

以下由受访对象作答：

1. 辖区的水文地理条件如何？各村的灌溉水资源情况怎么样？本辖区的水利灌溉工作难点是哪些？

2. 灌区内的水利基础设施情况怎么样？有多少（大型、中型、小型）水库、泵站、机电井等（是否有破损失修？修缮维护情况?）?

3. 灌区主要的灌溉水源？缺水干旱时，农户一般如何取水浇地？

4. 灌区是否有成立用水协会？您认为用水协会解决农田灌溉问题的作用显著吗？

5. 您认为用户协会和以前的水站，哪种更能有效地解决灌溉问题？与以前的水利站相比，用水协会的工作是否得到老百姓更多认可？

6. 您认为用水协会在水利事务方面发挥了哪些作用？面临的障碍或困境是什么？

7. 目前国家要求各省市水利局（水务局）等进一步健全规范基层水利服务体系，全面提高基层水利服务能力和水平。请问贵局是否有根据本地实际的农田水利灌溉情况对原有的基层水利服务组织或机构进行相应的改革？如果有，采取了何种具体的改革方法？

8. 为什么要对原有的基层水利服务组织进行改革（或者说原有的基层水利服务组织在实际运行过程中存在什么问题或缺点）？

9. 请问根据本年改革后的情况，基层水利服务组织相对于原有的组织有何改进之处（或者说改革后的组织相对于原有的组织优势在哪）？您认为，它与以前的水利工作站相比，应该发挥哪些不同的作用？

10. 改革后的基层水利服务组织在实际中存在的问题有哪些？有没有采取适当的措施进行改进？

11. 改革后的基层水利服务组织，人事任免、经费来源、工作职能、行政隶属等方面是否与原来的组织有不同？不同之处在哪儿？

12. 新的基层水利服务机构与村庄所在的用水协会之间关系如何？前者是否促进了后者更好地开展工作？（请具体说明）

希望提供的书面资料：

（1）水利局/村镇水利工作站

辖区近年来主要水利工程等数据、文件：灌溉水资源量、水质、灌溉面积、水库数、大中小型水库等水利现状和经费投入与流动记录

水利局/水利站所出台的管理机制与监督机制：管理机构的产生、规章制度、运行方式（用人、财务）、管理与监督人员构成与职责分工

（2）财政局/农村事务办公室

辖区水利经费、拨款与使用情况

与内、外部机构联系机制（人民政府—民政局、水利局—村委会—用水协会内部联系、信息传达机制）

感谢您的耐心回答！

表1　　2014年调查基层政府问卷分布　　单位：份

福建省	宁德市	屏南县	古峰镇	水利局	3
	漳州市	龙海市	—	水务局	1
	南平市	光泽县	华侨乡	华侨村	1
四川省	泸州市	龙马潭县	长安乡	水务技术推广站	1
			特兴乡	水务技术推广站	1
山东省	淄博市	临淄区	齐都镇	水务部门	3
江西省	宜春市	万载县	双桥镇	水务局	3
广西壮族自治区	桂林市	永福县	永福镇	水利局农保站	1
		灵州县	大圩镇	水利局农保站	1
		永福县	堡里乡	板峡水库管理处	1
河南省	驻马店市	正阳县	—	水利局	3
总计					19

表2　　2014年调查农户问卷分布　　单位：份

省份	市	县	乡	村	份数	小计（市）	小计（省）
	重庆市	荣昌县	峰高镇	峨嵋村	1	3	3
			昌州街道	杜家坝村	1		
			古昌镇	百合村	1		
福建省	莆田市	仙游县	榜头镇	下昆村	1	1	151
	福州市	闽清县	池园镇	东前村	2	2	
	泉州市	南安市	丰州镇	桃源村	1	11	
				丛源地村	1		
			浮桥镇	新地村	1		
		晋江市	西园街道	砌田村	4		
		安溪县	湖头乡	湖一村	2		
				湖二村	1		
				各铺村	1		
	宁德市	屏南县	屏城镇	前汾溪村	18	21	
			长桥乡	上牛山村	2		
			古峰镇	古夏村	1		

续表

省份	市	县	乡	村	份数	小计（市）	小计（省）
福建省	漳州市	芗城区	天宝镇	墨溪村	5	41	
				塔尾村	13		
		龙海市	傍山镇	柯坑村	1		
				象山村	2		
			海澄镇	黎明村	4		
				港口村	1		
			隆教镇	黄坑村	1		
			岗尾镇	上午村	7		
				梅市村	1		
				考后村	1		
				古域村	1		
				省山村	1		
				城外村	1		
		漳浦县	刘下镇	弯门村	1		
			前亭乡	刘下村	1		
	南平市	光泽县	华侨乡	吴屯村	1	19	
				华侨村	17		
		延平区	西芹镇	高坪村	1		
	三明市	大田县	广平镇	元沙村	20	56	
		将乐县	高塘镇	常源村	5		
				文曲村	3		
			古墉镇	新华村	1		
				张公村	2		
			安仁镇	洞前村	4		
				上际村	1		
			黄潭镇	西湖村	2		
			万全镇	常安村	2		
		尤溪县	西城镇	文峰村	16		

续表

省份	市	县	乡	村	份数	小计（市）	小计（省）
广西壮族自治区	百色市	龙江区	龙景街道	大湾村	1	9	29
				大旺坡豆村	1		
				福禄村	1		
			六塘镇	大和村	1		
		田阳县	那坡乡	那驮村	1		
				东江村	1		
		平果县	四塘镇	永靖村	2		
				大塘村	1		
	桂林市	七星区	朝阳镇	冷家村	1	20	
		永福县	永福镇	小木村	14		
				四合村	2		
			苏桥镇	千桥村	1		
			广福乡	大石村	2		
河南省	驻马店市	驿城区	水屯镇	水屯村	1	16	22
		正阳县	付寨乡	尚莹村	1		
			袁寨乡	杨寨村	1		
			陡沟乡	隗湾村	4		
				汪楼村	3		
				吴庄村	1		
				西闵村	1		
			铜钟镇	王寨村	1		
				小李村	1		
		汝南县	长兴乡	缺失	1		
			罗店乡	小王寺村	1		
	信阳市	平城区	肖王镇	刘湖村	1	1	
	商丘市	睢县	城郊乡	豆子沿村	1	5	
				三里屯村	1		
			河集镇	徐庄村	1		
			上岗乡	东村	2		

续表

省份	市	县	乡	村	份数	小计（市）	小计（省）
湖南省	娄底市	双峰县	洪山镇	前塘村	18	32	36
		娄星区	石井镇	石井村	14		
	益阳市	安化县	长塘镇	林山塘冲村	3	4	
				岳峰村	1		
四川省	泸州市	龙马潭县	特兴乡	走马村	1	2	2
		武胜县	长安镇	张嘴村	1		
江西省	宜春市	万载县	双桥乡	龙田村	32	32	32
浙江省	金华市	永康市	舟山镇	申亭村	1	1	1
江苏省	镇江市	丹徒区	谷阳镇	莱村	5	10	20
				姚庄村	4		
		句容县	上党镇	东贪村	1		
			白兔镇	古隍村	3	9	
				行香村	1		
			蒋乔镇	嶂山村	5		
	盐城市	盐都区	郭猛镇	黄刘村	1	1	
湖北省	十堰市	郧西县	六郎乡	陆家沟村	5	5	17
	宜昌市	秭归县	沙镇溪乡	范家坪村	1	12	
				屯里荒村	5		
			两河口镇	中心观村	3		
				二甲村	2		
				高桥河村	1		

续表

省份	市	县	乡	村	份数	小计（市）	小计（省）
山东省	潍坊市	高密市	井沟镇	王货郎村	1	4	24
		临朐县	辛寨镇	苏家河村	1		
				小店子村	2		
	淄博市	临淄区	朱台镇	大夫店村	1	18	
				陈营村	1		
				王营村	1		
				房家村	1		
			齐都镇	石佛村	1		
				东关村	2		
				南门村	2		
				郎家村	1		
			金山镇	南仇西村	2		
				南仇东村	1		
			齐陵镇	梁家终村	3		
				后李村	2		
	德州市	平原县	王庙乡	东曹村	1	1	
	日照市	东港区	三庄镇	范家楼村	1	1	

续表

<table>
<tr><th>省份</th><th>市</th><th>县</th><th>乡</th><th>村</th><th>份数</th><th>小计（市）</th><th>小计（省）</th></tr>
<tr><td rowspan="15">安徽省</td><td rowspan="2">黄山市</td><td>屯溪区</td><td>屯光镇</td><td>下草市村</td><td>1</td><td rowspan="2">13</td><td rowspan="15">35</td></tr>
<tr><td>歙县</td><td>徽城镇</td><td>就田村</td><td>12</td></tr>
<tr><td>淮北市</td><td>濉溪县</td><td>烈山镇</td><td>君王村</td><td>1</td><td>1</td></tr>
<tr><td rowspan="2">宿州市</td><td rowspan="2">埇桥区</td><td rowspan="2">西二铺镇</td><td>韩岭村</td><td>4</td><td rowspan="2">6</td></tr>
<tr><td>沈家村</td><td>2</td></tr>
<tr><td>芜湖市</td><td>无为县</td><td>陡沟镇</td><td>凤凰桥村</td><td>1</td><td rowspan="4"></td></tr>
<tr><td>六安市</td><td>寿县</td><td>闫店镇</td><td>马头村</td><td>2</td></tr>
<tr><td rowspan="2">安庆市</td><td rowspan="2">怀宁县</td><td>公岭镇</td><td>宝福村</td><td>1</td></tr>
<tr><td>秀山乡</td><td>蒋楼村</td><td>1</td></tr>
<tr><td rowspan="6">合肥市</td><td>包河区</td><td>常青乡</td><td>姚公村</td><td>2</td><td rowspan="6">10</td></tr>
<tr><td>太湖县</td><td>寺前镇</td><td>许河村</td><td>1</td></tr>
<tr><td rowspan="4">肥西县</td><td>上派镇</td><td>三岗村</td><td>1</td></tr>
<tr><td rowspan="2">四合乡</td><td>上堰村</td><td>1</td></tr>
<tr><td>八里村</td><td>1</td></tr>
<tr><td>花岗镇</td><td>李祠村</td><td>4</td></tr>
<tr><td>山西省</td><td>运城市</td><td>永济县</td><td>开张乡</td><td>土桥村</td><td>47</td><td>47</td><td>47</td></tr>
<tr><td rowspan="9">河北省</td><td rowspan="9">张家口市</td><td rowspan="7">万全县</td><td rowspan="3">孔家庄镇</td><td>暖店堡村</td><td>2</td><td rowspan="7">8</td><td rowspan="9">10</td></tr>
<tr><td>东红庙村</td><td>1</td></tr>
<tr><td>吴家庄村</td><td>1</td></tr>
<tr><td>安家堡乡</td><td>安家堡村</td><td>1</td></tr>
<tr><td>宣平堡乡</td><td>宣平堡村</td><td>1</td></tr>
<tr><td>北辛屯镇</td><td>刘虎庄村</td><td>1</td></tr>
<tr><td>万全乡</td><td>缺失</td><td>1</td></tr>
<tr><td rowspan="2">怀安县</td><td>西湾堡乡</td><td>张家场村</td><td>1</td><td rowspan="2">2</td></tr>
<tr><td>王虎屯乡</td><td>闫家沟村</td><td>1</td></tr>
<tr><td>宁夏</td><td>固原市</td><td>彭堡乡</td><td>别庄村</td><td>1</td><td>1</td><td>1</td><td>1</td></tr>
<tr><td>总计</td><td></td><td></td><td></td><td></td><td></td><td></td><td>430</td></tr>
</table>

表3　　2014年调查中村庄问卷样本分布　　单位：份

江西省	宜春市	万载县	双桥镇	龙田村	2
安徽省	黄山市	歙县	徽城乡	就田村	1
	宿州市	埇桥区	西二铺乡	沈家村	1
四川省	泸州市	龙马潭县	特兴乡	走马村	1
			长安乡	张嘴村	1
福建省	泉州市	安溪县	湖头镇	湖一村	1
				各埔村	1
		晋江县	西园街道	砌田村	2
	宁德市	屏南县	长桥镇	长桥村	1
				上牛山村	1
			棠口乡	西村	1
	漳州市	龙海市	海澄镇	—	1
				内楼村	1
				河福村	1
	三明市	大田县	广平乡	元沙村	1
		将乐县	黄潭乡	西湖村	1
				吴村	1
			古镛乡	张公村	1
广西壮族自治区	桂林市	永福县	桃城乡	四合村	2
			永福镇	小木屯	1
河南省	驻马店市	正阳县	陡沟镇	隗湾村	1
				汪楼村	1
				祝湾村	1
江苏省	镇江市	丹途区	谷阳乡	莱村	1
				姚庄村	1
		句容县	白兔乡	古煌村	1
湖北省	十堰市	郧西县	六郎乡	六家沟村	1
山东省	淄博市	临淄区	金山镇	南化西村	1
			齐陵镇	—	1
	潍坊市	临朐县	齐都镇	小店子村	1
湖南省	娄底市	娄星区	石井镇	石井村	1
总计					34

表4　　2014年调查中用水协会问卷样本分布

四川省	泸州市	龙马潭县	特兴乡	走马村	1
			长安乡	张嘴村	1
江西省	宜春市	万载县	双桥乡	龙田村	3
福建省	三明市	将乐县	古镛乡	新华村	1
			黄潭乡	黄潭村	1
				祖教村	1
				泰村	1
山东省	淄博市	临淄区	朱台乡		1
总计					10

“农田灌溉合作行为研究”调查
2015

尊敬的受访对象：

您好！

本次调查是厦门大学经济学院承担的国家项目“农田灌溉合作行为研究”的重要内容，项目成员为厦门大学经济学院的师生。研究目的是通过调查农户合作管理水资源的方式、效果，特别是对用水协会这种农户参与式灌溉管理的实践效果与存在问题开展案例研究，湖北省东风渠用水协会、漳河灌区用水协会在这方面取得了很大成绩，通过学习此成功经验模式，课题组将进一步研究对其他省推动灌溉合作管理的借鉴意义，以期对“三农”问题的解决、实现农民增收、农村稳定提供智力支持。本项目是纯粹的学术研究，我们希望您对每一个问题都认真、如实表达自己的意见。

课题组郑重保证：此次调研所收集到各项信息将会作保密处理。感谢受访者的耐心与支持！

厦门大学“农田灌溉合作行为研究”项目组

问卷编号：

受访地点：湖北省____ 市___县/市/区____ 乡/镇___村

位于____灌区____ 用水协会____河/江/湖____ 游（上、中、下）

以下由受访对象（限户主）作答：请在最适当的“□”中打“√”，可多选，并在相应的横线上填上您的答案与情况说明。

【户主个人特征】

1. 性别：□男　　□女

2. 您现在的年龄：____ 周岁

3. 您的受教育程度：

□没有上过学　□小学　□初中　□高中（含中专、技校）　□大学（大

专、本科）

【农业生产特征】

4. 您家的总人口：____人

其中，非劳动力（无劳动能力、婴幼儿、学生等）____人

劳动力：务农____人，非务农____ 人

5. 您家拥有的耕地面积为____亩，人均拥有耕地面积____亩

其中，水田____亩，旱地____亩，其他____亩（请具体说明：______）

6. 您家的实际耕地面积（包含自有、租入、承包）为____亩，人均实际耕地面积______亩

其中，水田____亩，旱地____亩，其他____亩（请具体说明：______）

7. 您家灌溉用水的水源是____，需要灌溉的耕地与水源的平均距离为____千米

8. 您家主要的灌溉方式是：

□漫灌（包括井灌、河水灌溉等地表水）　□喷灌（压力水喷射到种植地块上）　□滴灌（管道系统以水滴形式供水）　□管道输水灌溉　□其他（请说明：______ ）

9. 您家灌溉用水是否充足和稳定（季节性缺水）？

□充足且稳定　□充足但不稳定（请写明原因：____ ）　□不充足不稳定（请写明原因：____）

10. 村里的灌溉水利设施状况如何？

□良好　□渗漏严重，年久失修　□一般

11. 末级渠系是否有安装了测水、量水的计量设施？

□有，安装地点为：________ □无

12. 您家主要耕地离乡镇最短直线距离为______千米（或步行时间、骑行时间）

13. 您家主要种植的农作物及灌溉投入成本为：

农作物	单产（斤/亩）	化肥、农药等化学品投入（元/年）	灌溉频率（次/天、周、月）	灌溉水量（立方米或吨/次）	平均浇水时间（小时/次）	平均守水、看水的劳动力（小时/天/人）

14. 最近 3 年，您家年均总收入（包含种植业、养殖业、畜牧业、外出务工、转移性收入等）为：____元，其中，务农的年均总收入为：____元

15. 最近 3 年，您家耕地的年均总投入（种子、化肥、农药、灌溉、机械等）为____元，其中灌溉年均总投入（灌溉设备及水费、电费或油费、人工费等）为：____元

16. 您愿意承担的水费是____元/立方米或亩，愿意承担的维修水利设施的费用是____ 元/年

17. 您实际承担的水费是____元/立方米或亩，实际承担的维修水利设施的费用是____ 元/年

【社会资本】

18. 您的近三代家庭成员中有否担任村/镇或以上干部或在国有企业任领导职务或管理层？

□有，村镇干部　　□有，国企任职　　□ 否

19. 您家与附近邻居的社会交往（红白喜事、婴儿出生、搬新家、考大学等）频率：____

20. 过去一年来，您家在灌溉用水事务上，获得过其他村民帮助的次数：____

21. 过去一年来，您家在灌溉用水事务上，帮助其他村民的次数：____

22. 您家曾经参与过其他农户合作组织吗？

□有（请说明：____ ）　□没有

23. 您是否加入了农民用水协会？

□是，参与灌溉管理　□否，村集体管理

选择“加入”的，请跳过 24 题：

24. 您未加入用水协会的原因是：

□不缺水　□成本太高　□用水协会的作用不大　□缺水时，自己可以解决　□本村没有用水协会，不了解

25. 您加入用水协会的原因是：

□用水难、成本高、水费负担重　□获得利润、分红　□受他人成功经验的宣传　□受带头人的影响（带头人的类型：____）

□上头强制　□亲朋好友的鼓动

26. 您加入用水协会主要是受谁的影响？

□村里的致富能人　□村干部　□社会关系很广，有组织能力的人

□老朋友或老同学　□亲戚　□其他（请说明：____）

27. 您在用水协会的职位是：____

28. 您参与了用水协会的哪些工作？

□规章制度的制订　□水利设施维修、管护　□用水调度

□收取水费　□用水纠纷调解　□业务经营　□参与会员大会

□其他（请写明：____）

【灌溉组织特征】

29. 本村用水协会名称为____，成立于____年，会员有____户/人，管辖范围是____

30. 您认为用水协会的性质是：

□农民自组织的非营利性社会团体　□乡镇或村委的下属机构

□县里的派出机构　□不了解

31. 用水协会的主要职能是：

□灌溉用水调度　□水利工程维修管护　□水费收缴　□纠纷协调

□其他（请写明：____）

32. 所在用水协会的成立依据是：

□水文边界　□自然村或行政区

33. 用水协会会长的产生方式为：

□村民民主选举　□上级（乡镇、县/区）指派　□村长或支书担任

□不清楚

34. 目前灌溉用水水费收取标准（计收依据）是：

□基本水价＋计量水价　□按斗渠测量的用水量向协会缴费买水

□按亩均摊

35. 用水协会是否公平透明地收集水费，有否定期公布或在会员代表会议上公开？

□是　□否

36. 用水协会有无经过充分民主商议的灌溉设施维护计划和用水分配计划？

□有，通过会员大会民主决议　□有，会长决定　□有，按上级规定做

□没有

37. 用水协会的运行费用来源是：

□水费　□财政补助　□协会创收　□社会捐助

□向上争取政策性扶持资金

38. 用水协会拥有末级渠系工程（“最后一公里”）产权的运营情况：

□开展水利设施承包租赁　□水库经营（如卖水）　□开展水产养殖、果蔬种植　□农资、化　肥、饲料代销等　□项目工程施工　□有产

权，但没有开展业务　　□没有产权　□其他（请写明：______）

39. 用水协会获得的财政补助占总支出比例为：____

40. 配水到户是怎么分配用水指标的？（配水时间、配水流量、配水面积、配水定额）

答：____________________

41. 协会是否定期对水利设施进行修缮？维修资金来源自？

答：____________________

42. 维修费收取标准或依据是什么？

□按受益面积　□按耕地面积　□按用水量　□其他（请说明：____）
□没有收

43. 您认为用水协会对解决农田灌溉问题起了哪些作用？

□水费及时收取　□渠道维护　□协调用水纠纷　□解决用水不足
□提高了用水效率　□农作物产量增加　□降低了守水看水等成本　□没有什么作用

44. 用水协会对拖欠水费的用水户是否有相应的监督和惩罚措施？

□有（请说明：____）　□没有

45. 您认为参与用水协会之后，与参与之前相比：

用水协会的绩效评价	参与协会之前	参与协会之后（近3年的平均值）	变动（增加/减少）
看水、守水劳动力的变化	___小时/天/人	___小时/天/人	___小时/天/人
灌溉次数的变化	___次/（天/周/月）	___次/（天/周/月）	___次/（天/周/月）
水价的变化	___元/亩 ___元/方	___元/亩 ___元/方	___元/亩 ___元/方
放水时间	___小时/天	___小时/天	___小时/天
用水量的变化	___方/年	___方/年	___方/年
水费支出的变化	___元/年/亩	___元/年/亩	___元/年/亩
水利设施维修费用的变化	___元/年	___元/年	___元/年
农作物年产量的变化	___：___斤 ___：___斤 ___：___斤	___：___斤 ___：___斤 ___：___斤	___：___斤 ___：___斤 ___：___斤

续表

用水协会的绩效评价	参与协会之前	参与协会之后（近 3 年的平均值）	变动（增加/减少）
化肥、农药等化学投入品成本变化	____：____元/年 ____：____元/年 ____：____元/年	____：____元/年 ____：____元/年 ____：____元/年	____：____元/年 ____：____元/年 ____：____元/年
出现用水纠纷的次数	____次/年	____次/年	____次/年

【协会的可持续发展能力】

46. 所在用水协会经营的副业有____，去年营业收入为____

47. 用水协会是否引进了外来资本投资？如有（请说明____）

48. 您认为协会发展面临的最大困难与障碍是什么？

□缺乏有奉献精神、有能力的领导　□资金不足　□农民的认识不足

□法律地位不明晰　□产权没有落实　□土地制度的束缚

□治理和运营能力缺乏　□其他（请说明：____）

问卷到此结束，感谢您的用心填写！

用水协会访谈提纲
2015

首先感谢您在百忙中抽空协助我们课题组的调研活动。本次调查是厦门大学经济学院承担的国家基金项目“农田灌溉合作行为研究”的重要内容，项目成员为厦门大学经济学院的师生。研究目的是通过调查农户合作管理水资源的方式、效果，特别是对用水协会这种农户参与式灌溉管理的实践效果与存在问题开展案例研究。贵市东风渠用水协会、漳河灌区用水协会在这方面取得了很大成绩，通过学习此成功经验模式，课题组将进一步研究对其他省推动灌溉合作管理的借鉴意义，以期对我国“三农”问题的解决、实现农民增收、农村稳定提供智力支持。

（一）辖区概况

1. 辖区的水文地理概况？主要种植作物（粮食作物和经济作物）情况？

2. 辖区的主要灌溉水源？水量供给是否充足、可靠？

3. 水利设施基本情况如何？（水库、泵站、机电井等的数量、维护修缮情况、完好度）

（二）用水协会的职责内容

1. 用水协会的法律地位？会长的产生方式？各个村的分布，各个村参与协会的情况和成绩？

2. 用水协会的经费来源？主要职能？管理体制？

3. 协会有无经过充分民主商议的灌溉设施维护计划和用水分配计划？用水计划在建立定额管理，实施配水到户，推行水务公开，在用水管理、工程维护、水费收缴，水事纠纷协调等方面的做法？

4. 协会的灌溉方案：每年各用水组需申请放多少水？什么时间开闸放水？村与村、组与组的轮灌期多长？有否到村到组到天的细化方案？

5. 工程养护制度，实行分级负责制，落实责任人，并确定维修资金的来源按用水户受益面积在协会内采取“一事一议”的方式收取？

6. 水费的收取标准、收取流程？渠灌区国有水利工程单位与用水合作组织之间有否设置用水计量点？有条件的地区可否计量到田头、核算到户？

7. 对末级渠系和供水计量设施建设采取“民办公助”“先建后补”的奖励机

制做法？如何提高农民参与建设和管理的积极性？

8. 基层水利工作站、灌区管理处与用水协会之间的关系和工作衔接是怎样的？

9. 您认为用水协会的运行效果有差异的主要原因是什么？

（三）水价制度改革与财政状况

1. 辖区的农业水价综合改革计划及进展（“三位一体”的农业水价综合改革试点情况）？改革后，用水效率是否提高了？

2. 协会的财政收支情况，上级财政补助占协会总成本的比例是多少？

3. 协会创收营利情况？末级渠系工程产权有否具体落实？

4. 用水协会拥有末级渠系工程产权的运营情况？

5. 协会的运行所需总成本平均每年多少？

6. 市财政“以奖代补”、协会创办经济实体创收、社会捐助、向上争取政策性扶持资金各自的比例？

湖北省当阳市水利局访谈提纲
2015

（一）辖区概况

1. 辖区的水文地理概况？主要种植作物（粮食作物和经济作物）情况？

2. 辖区内农民的收入（务农、非务农）情况如何？

3. 辖区的主要灌溉水源？水量供给是否充足、可靠？

4. 水利设施基本情况如何？（水库、泵站、机电井等的数量、维护修缮情况、完好度）

（二）用水协会的职责内容

1. 辖区内用水协会的成立、组建和运营情况？

2. 辖区内哪些协会属于世行项目？成功与否？主要原因是什么？

3. 世行的支持方式有哪些？（财政资助、人力资本支持）具体数额是多少？

4. 用水协会所获得的财政补贴、政府支持情况，按年度或比例等？

5. 会长产生方式，历任会长担任情况；协会领导层的培训情况？

6. 水费、水量、水价等计收的依据和办法，历年水费收取情况？

7. 灌区管理局、基层水利工作站与用水协会的分工和联系？

8. 水利站由原来的基层工作站改革至现在“县里的派出机构”，其实施情况如何？改革前后的主要变化有哪些？

9. 对用水协会的绩效如何评估？是否有人员监督用水协会的运行？

（三）水价制度改革

1. 辖区的农业水价综合改革计划及进展（“三位一体”的农业水价综合改革试点情况、两部制水价与终端水价制）？改革前后，差异主要体现在哪些方面？

2. 辖区用水协会的财政收支情况，政府财政补助占协会总成本的比例是多少？

3. 市财政“以奖代补”、协会创办经济实体创收、社会捐助、向上争取政策性扶持资金各自的比例？

4. 水量计量设备的安装情况以及资金来源？

5. 改革目前遇到的困难有哪些？

东风渠灌区管理处访谈提纲
2015

（一）辖区概况

1. 灌区内的水文地理概况？主要种植作物（粮食作物和经济作物）情况？

2. 辖区的主要灌溉水源？水量供给是否充足、可靠？

3. 水利设施基本情况如何？（水库、泵站、机电井等的数量、维护修缮情况、完好度）

（二）管理处的职责内容

1. 灌区的水库运转、经营情况？

2. 灌区管理处在制订各村、各协会用水调度计划、水利工程维护方案等发挥的作用？

3. 灌区管理处与用水协会在水量供给、水费收取等工作上的关系？管理处如何协调协会与水库等供水公司之间的工作衔接？

4. 灌区管理处、用水协会、基层水利工作站的分工与联系？

（三）水价制度改革与财政状况

1. 灌区的农业水价综合改革计划及进展（“三位一体”的农业水价综合改革试点情况、两部水价制与终端水价制）？改革前后，差异主要体现在哪些方面？

2. 灌区的财政收支情况，水库是否能收到足额的水费？水利设施维修经费的情况如何？

3. 协会的财政情况，争取政府政策性扶持资金的比例？

4. 水计量设施的安装情况以及资金来源？

5. 水价改革对协会工作和灌区工作带来哪些变化？

6. 是否有尝试推行水权交易制度？目前的进展情况如何？

基层水利工作站访谈提纲
2015

（一）辖区概况

1. 辖区内的水文地理概况？主要种植作物（粮食作物和经济作物）情况？

2. 辖区的主要灌溉水源？水量供给是否充足、可靠？

3. 水利设施基本情况如何？（水库、泵站、机电井等的数量、维护修缮情况、完好度）

（二）工作站的职责内容

1. 工作站对各协会的用水调度计划、水利工程维护方案等如何发挥指导和协调作用？

2. 工作站与用水协会的协作，人事、财务上的对接情况？

3. 灌区管理处、用水协会与基层水利工作站的分工与联系？

4. 2013 年，工作站改为县级政府派出机构，工作内容是否有所变化？面临哪些障碍与困难？

（三）水价制度改革与财政状况

1. 辖区的农业水价综合改革计划及进展（“三位一体”的农业水价综合改革试点情况、两部水价制与终端水价制）？改革后，用水效率是否提高了？

2. 辖区的财政收支情况，工作站的经费来源与行政编制？

3. 水计量设施的安装情况以及资金来源？

“农田灌溉合作行为研究”调查问卷 2016

尊敬的受访对象：

您好！

本次调查是厦门大学经济学院承担的国家项目“农田灌溉合作行为研究”的重要内容，项目成员为厦门大学经济学院的师生。研究目的是通过调查农户合作管理水资源的方式、效果，特别是对用水协会这种农户参与式灌溉管理的实践效果与存在问题开展案例研究。湖北省当阳市的用水协会在这方面取得了很大成绩，课题组试图通过学习此成功经验模式，进一步研究对其他省推动灌溉合作管理的借鉴意义，以期对“三农”问题的解决、实现农民增收、农村稳定提供智力支持。本项目是纯粹的学术研究，我们希望您对每一个问题都认真、如实表达自己的意见。

课题组郑重承诺：此次调研所收集到各项信息将会作保密处理。感谢您的支持！

厦门大学“农田灌溉合作行为研究”项目组

问卷编号：
受访地点：____省____市____县/市/区____乡/镇____村
位于____灌区____河/江/湖____游（上、中、下）
调查员姓名：____　调查时间：____

以下由受访对象（限户主）作答：请在最适当的“□”中打“√”，可多选。

【社群属性】

1. 性别：□男　　□女
2. 您现在的年龄：____周岁
3. 您的受教育程度：

□没上过学　□小学　□初中　□高中（中专、技校）
□大学（大专、本科）以上

4. 您是否当过村/镇/县干部？

□是（请具体说明：____）　　□否

5. 您的近三代家庭成员中有否担任村/镇/县干部或在国有企业任领导职务或管理层？

□有，村镇干部　　□有，国企任职　　□ 否

6. 在遇到用水纠纷时，您是否会组织协商解决？

□是，原因是：______□否，原因是：______

7. 您家的总人口：____人，其中，非劳动力（无劳动能力、婴幼儿、学生等）____人；劳动力：务农____人，非务农____人，务农劳动力所占比例为______

8. 最近3年，您家年均总收入（包含种植业、养殖业、打工等）为：____元，其中，务农的年均总收入为：____元

9. 最近3年，您家务农年均总投入（种子、化肥、农药、灌溉、收割）为____元，其中，灌溉年均总投入（灌溉设备及水费、电费、油费、人工费）为____元。

10. 您主要通过哪些渠道了解外界信息？

□信息媒介（电视、网络、报刊等）　□亲戚朋友　□政府培训或宣传

□其他：____

11. 当地是否存在谱系群体、宗教团体？

□是（请具体说明：____）　　□否

12. 您认为以下几个关系融洽吗？

（1）村民之间　　□很融洽 □比较融洽　□一般　□不太融洽 □不融洽

（2）村小组之间　　□很融洽 □比较融洽　□一般　□不太融洽 □不融洽

（3）村与村之间　　□很融洽 □比较融洽　□一般　□不太融洽 □不融洽

13. 灌溉缺水时，您通常：

□等天下雨　　□自己抽水　□与邻里相互帮助抽水　□求助水利机构

【物理属性】

14. 您家主要种植哪些农作物？（限填三项种植最多的）

□水稻　□小麦　□玉米　□蔬菜　□黄豆　□绿豆　□红薯

□棉花　□油菜

15. 您家的实际灌溉面积（含自有、承包）为____亩，人均____亩/人。

16. 您家主要灌溉耕地离乡镇的路程为____千米。

17. 您家灌溉用水的水源是____，灌溉耕地距水源的路程为____千米。

18. 您家灌溉用水是否充足和稳定？

□充足且稳定　□充足但不稳定（请写明原因：______）

□不充足不稳定（请写明原因：______）

19. 当地的灌溉水利设施状况如何？

□良好　□一般　□年久失修，渗漏严重

20. 末级渠系（“最后一公里”）是否安装了测水、量水的计量设施？

□有，安装地点为：______　　□无

【制度属性】

21. 当地用水协会名称为____，成立于____年，管辖范围是______

22. 用水协会会长的产生方式为：

□村民民主选举　　□上级（乡镇、县/区）指派

□村长或村支书担任　　□不清楚

23. 你是否参与会长选举的投票？

□是　　□否

24. 您是否参加协会的会员大会？

□是　　□否

25. 您是否知晓其他用水户的水费、水价、水量等信息？

□是　　□否

26. 用水协会的会长属于：

□村干部　□有经营头脑的人　　□人缘好、社会关系广的人

□灌溉用水大户

27. 您认为用水协会会长的领导能力：

□优秀　　□良好　　□一般　　□不太好　　□很差

28. 用水协会对拖欠水费的用水户是否有相应的监督和惩罚措施？

□有（请说明：______）　　□没有

29. 您认为用水协会的作用是否显著？

□非常显著　□比较显著　　□一般　　□不太显著　　□没有作用

30. 您家曾经参与过其他农户合作组织吗？

□有（请说明：______）　　□没有

31. 您是否加入了用水协会？

□是，参与式灌溉管理　　□否，村集体管理

如果您未加入用水协会，请跳至第35题。

32. 您加入协会有____年。

33. 您在用水协会的职位是：____，您参与了用水协会的哪些工作？

□规章制度的制订　　□水利设施维护、管护　　□用水调度　　□收取水费

□用水纠纷调解　　□业务经营　　□其他：____

34. 您加入用水协会的原因是：

□用水难　□灌溉成本高　□看到他人成功经验　□受带头人的影响

□上级强制　□亲朋好友的鼓动

35. 您未加入用水协会的原因是：

□不缺水　□水费太高　□用水协会的作用不大

□缺水时，自己可以解决

36. 未来，您是否会考虑加入用水协会？

□是，原因是：____　　□否，原因是：____

37. 您认为协会发展面临的最大困难与障碍是什么？

□缺乏有奉献精神、有能力的领导　□资金不足　□农户的认识不足

□农户的参与度不够　□缺乏政府里的人脉资源　□法律地位不明晰

□产权没有落实　□政策限制太多　□其他（请说明______）

【绩效评价】

38. 请对用水协会的绩效进行评价，在对应的框里打"√"。

绩效 \ 评价	非常好	比较好	一般	比较不好	非常不好
水费收取的公平性					
放水顺序的公平性					
对贫困用水户的帮助					
对妇女用水户的帮助					
用水纠纷的减少					
水费负担减少					
灌溉收入增加					
看守、守水劳动力减少					
协会收大于支，有盈余					
协会造血功能，创造收入					
协会的水费收取率					
灌溉水源水质改善					
渠道工程的防汛抗旱能力					
渠道硬化率					
灌溉用水效率					
渠道用水效率					

续表

评价 绩效	非常好	比较好	一般	比较不好	非常不好
农田土壤保持情况？（是否盐碱化）					
渠道泥水淤积改善					
生物多样性保持					
景观美学价值					

感谢你的配合与支持！

参考文献

外文文献：

Abhijit Banerjee, Arun G. Chandrasekhar, Esther Duflo and Matthew O. Jackson, "The Diffusion of Microfinance", *Science*, July 2013, pp. 363 – 341.

Acevedo et al., "Models of natural and human dynamics in forest landscapes: Cross-site and cross-cultural synthesis", *Geoforum*, Vol. 39, 2008, pp. 846 – 866.

Acosta-Michlik and Espadon, "Assessing vulnerability of selected farming communities in the Philippines based on a behavioural model of agent's adaptation to global environmental change", *Global Environmental Change*, Vol. 18, 2008, pp. 554 – 563.

A. J. Park, H. H. Tsang, M. Sun, and U. Glasser, "An agent-based model and computational framework for counter-terrorism and public safety based on swarm intelligence", *Security Informatics*, December 2012, pp. 1 – 23.

Altaweel M., "Investigating agricultural sustainability and strategies in northern Mesopotamia: results produced using a socio-ecological modelling approach", *Journal of Archaeological Science*, No. 35, 2008, pp. 821 – 835.

Amy R. Poteete, Marco A. Janssen, and Elinor Ostrom, *Working Together: Collective Action, the Commons, and Multiple Methods in Practice*, Princeton: Princeton University Press, 2010.

An Li, Marc Linderman, Ashton Shortridge, Jiaguo Qi and Jianguo Liu, "Exploring Complexity in a Human-Environment System: An Agent-based

Spatial Model for Multidisciplinary and Multiscale Integration", *Annals of the Association of American Geographers*, No. 95, 2005, pp. 54 – 79.

Anselme, B. et al., "Modelling of spatial dynamics and biodiversity conservation on Lure mountain", *Environmental Modelling & Software*, Vol. 25, No. 11, 2010, pp. 1385 – 1398.

Antoni Calvó-Armengol, Eleonora Patacchini and Yves Zenou, "Peer Effects and Social Networks in Education", *Review of Economic Studies*, Vol. 76, 2009, pp. 1239 – 1267.

Anwar S, Jeanneret C., Parrott L. and Marceau D., "Conceptualization and implementation of a multi-agent model to simulate whale-watching tours in the St. Lawrence Estuary in Quebec, Canada", *Environmental Modelling & Software*, No. 22, 2007, pp. 1775 – 1787.

Apicella C. L., Marlowe F. W., Fowler J. H., et al., "Social networks and cooperation in hunter-gatherers", *Nature*, No. 481, 2012, pp. 73 – 82.

Arabiyat, T. S., E. Segarra, and J. L. Johnson, " Technology Adoption in Agriculture: Implications for Ground Water Conservation in the Texas High Plains", *Resources, Conservation and Recycling*, No. 32, 2001, pp. 147 – 56.

Armitage, D., "Traditional agroecological knowledge, adaptive management and the socio-politics of conservation in Central Sulawesi, Indonesia", *Environmental Conservation*, Vol. 30, No. 1, 2003, pp. 79 – 90.

Arun Agrawal, Daniel G. Brown, Gautam Rao, Rick Riolo, Derek T. Robinson, Michael Bommarito, "Interactions between organizations and networks in common-pool resource governance", *Environmental Science & Policy*, Vol. 25, January 2013, pp. 138 – 146.

Axelrod R., *The Complexity of Cooperation: Agent-based Models of Competition and Collaboration*, New Jersey: Princeton University Press, 1997.

A. Yair Grinberger, and Daniel Felsenstein, "Dynamic agent based simulation of welfare effects of urban disasters. Computers", *Environment and Urban Systems*, Vol. 59, No. 9, 2016, pp. 129 – 141.

A. Y. Grinberger, M. Lichter, and D. Felsenstein, "Dynamic agent based simulation of an urban disaster using synthetic big data," In P. Thakuria, N. Tilahun, M. Zellner (Eds.), *Seeing Cities Through Big Data: Research, Methods and Applications in Urban Informatics*, New York: Springer, 2016.

Baggio and Janssen, J. A. Baggio, M. A. Janssen, "Comparing agent-based models on experimental data of irrigation games", In R. Pasupathy, S.-H. Kim, A. Tolk, R. Hill, M. E. Kuhl (Eds.), *Proceedings of the* 2013 *winter simulation conference*, 2013, pp. 1742 – 1753.

Baker, M., *The Kuhls of Kangra: Community Managed Irrigation in the Western Himalaya*, Seattle: University of Washington Press, 2005.

Bandiera O, Rasul I., "Social networks and technology adoption in Northern Mozambique", *Econ.*, No. 116, 2006, pp. 869 – 902.

Banerjee, A., Chandrasekhar, A. G, Duflo, E. & Jackson, M. O., "The Diffusion of Microfinance", *Science*, No. 341, 2013,

Barabási, Albert-László, Albert, Réka, "Emergence of scaling in random networks", *Science*, Vol. 286, No. 5439, 1999, pp. 509 – 512.

Bardhan and Pranab. Irrigation and cooperation: An empirical analysis of 48 irrigation communities in South India. In: Economic Development and cultural change, 48 (4), 2000, pp. 847 – 865.

Bardhan, P., "Analytics of the Institutions of Informal Cooperation in Rural Development", *World Development*, Vol. 21, No. 4, 1993, pp. 633 – 639.

Barker R. and F. Molle, *Evolution of Irrigation in South and Southeast Asia. Research Report 5. Comprehensive Assessment of Water Management in Agriculture*, Sri Lanka. Regmi : IWMI Publication, 2004.

Batty M., "Agents, cells, and cities: new representational models for simulating multi-scale urban dynamics", *Environment and Planning A*, No. 37, 2005, pp. 1373 – 1394.

Berkes, F., *Sacred ecology: Traditional ecological knowledge and resource management*, Philadelphia: Taylor and Francis, 1999.

Berkes, F. , Colding, J. , & Folke, C. , "Rediscovery of traditional knowledge as adaptive management", *Ecological Applications*, Vol. 10, No. 5, 2000, pp. 1251 – 1262.

Berkes, F. , Colding, J. & Folke, C. (Eds.), *Navigating Social-Ecological Systems: Building Resilience for Complexity and Change*, Cambridge, UK: Cambridge University Press, 2003.

Berkes, F. , & Folke, C. (Eds.), *Linking social and ecological systems: Management practices and social mechanisms for building resilience*, Cambridge, UK: Cambridge University Press, 1998.

Beckett, Herbert L. , "The accountant's viewpoint on water pricing policy", in Arthur F. Pillsbury (ed.), *Proceedings*, *Water Pricing Policy Conference*, University of California, Los Angeles, March 1968.

Bithell, M. , Brasington, J. , "Coupling agent-based models of subsistence farming with individual-based forest models and dynamic models of water distribution", *Environmental Modelling & Software*, Vol. 24, No. 2, 2009, pp. 173 – 190.

Björn Vollan, et al. , "Cooperation and the Commons", *Science*, Vol. 330, No. 923, 2010.

Bousquet, F. , Le Page, C. , "Mulit-agent simulations and ecosystem management: a review", *Ecological Modelling*, No. 176, 2004, pp. 313 – 332.

Boyd R, Gintis H, Bowles S, Richerson PJ. The evolution of altruistic punishment. In: Proceedings of the National Academy of Sciences, 100 (6), 2003, pp. 3531 – 3535.

Boyd, R. and Mathew, S. , "A Narrow Road to Cooperation", *Science*, Vol. 316, 2007, pp. 1858 – 1859.

Brede, M. , DeVries, H. J. M. , "Harvesting heterogeneous renewable resources: uncoordinated, selfish, team, and community-oriented strategies", *Environmental Modelling & Software*, Vol. 25, No. 1, 2010, pp. 117 – 128.

Bromley, D. W. , "The commons. common property and environment policy", *Environment and Resource Economics*, No. 2, 1992.

Candelaria E. Sansores, Flavio Reyes-Ramírez, Luis E. Calderon-Aguilera, Héctor F. Gómez, "A novel modeling approach for the 'end-to-end' analysis of marine ecosystems", *Ecological Informatics*, Vol. 32, No. 3, 2016, pp. 39 –52.

Carl Folke, "Traditional knowledge in social ecological systems", *Ecology and Society*, No. 9, 2004.

Castella, JC, Trung TN, Boissau S., "Participatory simulation of land-use changes in the northern mountains of Vietnam: the combined use of an agent-based model, a role-playing game, and a geographic information system", *Ecology and Society*, No. 10, 2005.

Castells, M., "The Power of Identity", Oxford: Blackwell, 1997, pp. 304 –305.

Castells, M., *The Rise of the Network Society: Economy, Society and Culture*, Massachusetts: Blackwell Publishers Ltd., 1996.

Cernea M. M., "The Sociologist's Approach to Sustainable Development. Finance and Development", December, 1993.

C. Fosco and F. Mengel, "Cooperation through imitation and exclusion in networks", *Journal of Economic Dynamics & Control*, Vol. 35, No. 5, 2011.

Chen, Xueren and Renbao Ji, "Overview of Irrigation Management Transfer in China", Paper Presented at the International Conference on Irrigation Management Transfer, Wuhan, P. R. China, September 20 –24, 1994.

Chris Ansell, Alison Gash, "Collaborative Governance in Theory and Practice", *Journal of Public Administration Research and Theory*, UK: Oxford University Press, 2008.

Cifdaloz, O., A. Regmi, J. M. Anderies, and A. A. Rodriguez, "Robustness, vulnerability, and adaptive capacity in small-scale social-ecological systems: the Pumpa Irrigation system in Nepal", *Ecology and Society*, Vol. 15, No. 3, 2010.

Clément Chion, P. Lamontagne, S. Turgeon, L. Parrott, J. -A. Landry, D. J. Marceau, C. C. A. Martins, R. Michaud, N. Ménard, G. Cantin, S. Dionne, "Eliciting cognitive processes underlying patterns of human-wildlife interactions for agent-based modeling", *Ecological Modelling*, Vol. 222, No. 14, 2011, pp. 2213 – 2226.

Coleman. "Social Capital in the Creation of Human Capital", *American Journal of Sociology*, Vol. 94, 1988.

Coleman, J. S., *Foundations of Social Theory*, Cambridge: Belknap, 1990.

Colman, A., "The Puzzle of Cooperation", *Nature*, Vol. 440, 2006, pp. 744 – 745.

Costanza, R et al., "The Value of the World's Ecosystem Services and Natural Capital", *Nature*, No. 387, 1997, pp. 253 – 260.

Coupal, R. H., and P. N. Wilson. "Adoption Water-Conserving Irrigation Technology: The Case of Surge Irrigation in Arizona", *Agricultural Water Management*, No. 18, 1990, pp. 15 – 28.

Crooks and Castle, A. T. Crooks, C. Castle, "The integration of agent-based modelling and geographical information for geospatial simulation", In A. Heppenstall, A. T. Crooks, L. M. See, M. Batty (Eds.), *Agent-based models of geographical systems*, New York: Springer, 2012, pp. 219 – 252.

Crooks and Wise, A. T. Crooks, S. Wise, "GI Sand agent based models for humanitarian assistance", *Computers, Environment and Urban Systems*, No. 41, 2013, pp. 100 – 111.

D'Aquino, P., Barreteau O., Etienne M., Boissau S., Aubert S., Bousquet F., Le Page C., Daré W., "The Role Playing Games in an ABM participatory modeling process: outcomes from five different experiments carried out in the last five years", In: Rizzoli AE, Jakeman AJ, editors, Proceedings of the International Environmental Modelling and Software Society Conference, 24 – 27 June, Lugano, Switzerland, No. 713, 2002, pp. 275 – 280.

Dawson et al., R. J. Dawson, R. Peppe, M. Wang, "An agent-based model for risk-based flood incident management", *Natural Hazards*, Vol. 59,

No. 1, 2011, pp. 167 – 189.

de Almeida, S. J. et al., "Multi-agent modeling and simulation of an Aedes aegypti mosquito population", *Environmental Modelling&Software*, Vol. 25, No. 12, 2010, pp. 1490 – 1507.

Dietz T.; Ostrom E., Stern P. C., "The Struggle to Govern the Commons", Science, Vol. 302, No. 5652, 2003, pp. 1907 – 1912.

Dinar, A., & Subramanian, A., "Water pricing experience", World Bank Technical Paper, 1997.

D. Murray-Rust, C. Brown, J. van Vliet, S. J. Alam, D. T. Robinson, P. H. Verburg, M. Rounsevell, "Combining agent functional types, capitals and services to model land use dynamics", *Environmental Modelling & Software*, Vol. 59, No. 9, 2014, pp. 187 – 201.

Duffy, John, "Agent-Based Models and Human Subject Experiments", In Leigh Tesfatsion and Kenneth L. Judd ed., *Handbook of Computational Economics: Agent-Based Computational Economics*, Oxford: Elsevier, No. 2, 2006, pp. 949 – 1011.

Duncan J. Watts and Steven Strogatz, "Collective dynamics of 'small-world' networks", *Nature*, No. 393, 1998, pp. 440 – 442.

Elinor Ostrom, T. K. Ahn, *A Social Science Perspective on Social Capital: Social Capital and Collective Action*, 2001.

Epstein J. M., Axtell R., *Growing artificial societies: social science from the bottom up*, Washington: Brookings Institute, 1996.

Erdős, P., Rényi, A., "On Random Graphs. I", Publicationes Mathematicae, No. 6, 1959, pp. 290 – 297.

Etienne, Michel. Sylvopast, "A Multiple Target Role-Playing Game to Assess Negotiation Processes in Sylvopastoral Management Planning", *Journal of Artificial Societies and Social Simulation*, Vol. 6, No. 2, 2003.

Ettema, D. A., "Multi-agent model of urban processes: Modeling relocation processes and price setting in housing markets", *Computers, Environment and Urban Systems*, Vol. 35, No. 1, 2011, pp. 1 – 11.

Evans TP, Kelly H. , "Multi-scale analysis of a household level agent-based model of land cover change", *Journal of Environmental Management*, No. 2, 2004, pp. 57 –72.

FAO, *Transfer of irrigation management services: Guidelines*, FAO Irrigation and Drainage Paper 58, Rome. 1999.

F. Berkes, et al. (Eds.), *Navigating Social-Ecological Systems: Building Resilience for Complexity and Change*, Cambridge: Cambridge University Press, 2003.

F. Bousquet, C. Le Page, "Multi-agent simulations and ecosystem management: a review", *Ecological Modelling*, No. 176, 2004, pp. 313 –332.

Filatova, T. , et al. , "Land market mechanisms for preservation of space for coastal ecosystems: an agent-based analysis", *Environmental Modelling & Software*, Vol. 26, No. 2, 2011, pp. 179 –190.

Gächter S, Nosenzo D, Sefton M. , "Peer effects in pro-social behavior: social norms or social preferences?" *J. Eur. Econ. Assoc*, Vol. 11, No. 3, 2013, pp. 548 –573.

Gao and Hailu, L. Gao, A. Hailu, "Ranking management strategies with complex outcomes: an AHP-fuzzy evaluation of recreational fishing using an integrated agent-based model of a coral reef ecosystem", *Environmental Modelling & Software*, No. 31, 2012, pp. 3 –18.

Gerst, M. D. , et al. , "Discovering plausible energy and economic futures under global change using multi-dimensional scenario discovery", *Environmental Modelling and Software*, No. 44, 2013, pp. 76 –86.

Gheblawi, Mohamed Said, *Estimating the value of stochastic irrigation water deliveries in southern Alberta: a discrete sequential stochastic programming approach*, Canada: University of Alberta, 2004.

Gilbert, N. , Doran, J. (Eds.), *Simulating Societies*, UCL Press, 1994.

Ginot V, Le Page C, Souissi S. , "A multi-agents architecture to enhance end-user individual-based modelling", *Ecological Modelling*, No. 157, 2002, pp. 23 –41.

Goette L. , Huffman D, Meier S. , "The impact of social ties on group interactions: evidence from minimal groups and randomly assigned real groups", *American Economic Journal: Microeconomics*, Vol. 4, No. 1, 2012, pp. 101 –115.

Goldsmith-Pinkham, Paul, and Guido W. Imbens, "Social networks and the identification of peer effects ", *Journal of Business & Economic Statistics*, Vol. 31, No. 3, 2013, pp. 253 –264.

Grace B. Villamor, Meine van Noordwijk, "Gender specific land-use decisions and implications for ecosystem services in semi-matrilineal Sumatra", *Global Environmental Change*, Vol. 39, No. 7, 2016, pp. 69 –80.

Gracia-Lazaro C, Ferrer A, Ruiz G, et al. , "Heterogeneous networks do not promote cooperation when humans play a Prisoner's Dilemma ", *Proc. Natl. Acad. Sci.* USA, Vol. 109, No. 32, 2012, pp. 12922 –12926.

Gray, Barbara, Collaborating: Finding common ground for multi-party problems. San Francisco, CA: Jossey-Bass. 1989.

Greif, A. , "Cultrual beliefs and the organization of society: a historical and theoretical reflection on collectivist and individualist societies", *Journal of Political Economy*, No. 102, 1994, pp. 912 –950.

Greif, A. , P. , " Milgrom and B. Weingast. Coordination, commitment, and enforcement: the case of the Merchant Guild", *Journal of Political Economy*, No. 102, 1994, pp. 745 –76.

Greif, A. , *Genoa and the Maghribi Traders: Historical and Comparative Institutional Analysis*, Cambridge: Cambridge University Press, 1999.

Grimm, Volker, Eloy Revilla, Uta Berger, et. al. , "Pattern-Oriented Modeling of Agent-Based Complex Systems: Lessons from Ecology", *Science*, No. 310, 2005, pp. 987 –991.

Grinberger and Felsenstein A. Y. Grinberger, D. Felsenstein, "Bouncing back or bouncing forward? Simulating urban resilience. Urban ", *Design and Planning*, Vol. 167, No. 3, 2014, pp. 115 –124.

G. Roberts, "Evolution of Direct and Indirect Reciprocity", *Proceedings of the Royal Society B*, No. 275, 2008.

G. Zhang et al., "Self Organized Criticality in a Modified Olami-Feder-Christensen Model", *The European Physical Journal B: Condensed Matter and Complex Systems*, Vol. 82, No. 1, 2011, pp. 83 – 89.

Haase, D., et al., "Modeling and simulating residential mobility in a shrinking city using an agent-based approach", *Environmental Modelling & Software*, Vol. 25, No. 10, 2010, pp. 1225 – 1240.

Hang Xiong, Diane Payne and Stephen Kinsella, "Peer Effects and Social Network: The Case of Rural Diffusion in Central China", unpublished manuscript.

Hang Xiong, Diane Payne and Stephen Kinsella, "Peer effects in the diffusion of innovations: Theory and simulation", *Journal of Behavioral and Experimental Economics*, Vol. 63, No. 8, 2016, pp. 1 – 13.

Hardin, G., "The tragedy of unmanaged commons", *Trends in Ecology & Evolution*, May 1994.

Hare M, Deadman P., "Further towards a taxonomy of agent-based simulation models in environmental management", *Mathematics and Computers in Simulation*, No. 64, 2004, pp. 25 – 40.

Hawking, Stephen, cited by John Urry, "The Complexities of the Global", *Theory, Culture & Society*, Vol. 22, No. 5, 2005, pp. 235 – 254.

Hayami, Barker and Bennagen, "Price Incentives vs. Irrigation Investments: Policy Alternatives for Food Self-Sufficiency", IRRI Agricultural Economics Department Paper No. 76 – 15 (Los Banos, Philippines, International Rice Research Institute), 1976.

Heclo, H. "Issue Networks and the Executive Establishment", in A. King, *The American Political System. ed.*, Washington, DC.: AEI, 1978, p. 102.

Herry Purnomo, Guillermo A. Mendoza, Ravi Prabhu, Yurdi Yasmi, "Developing multi-stakeholder forest management scenarios: a multi-agent system simulation approach applied in Indonesia", *Forest policy and economics*, No. 7, 2005, pp. 475 -491.

Hogeweg P. , Hesper B. , "The ontogeny of the interaction structure in bumble bee colonies: a mirror model", *Behav Ecol Sociobiol*, No. 12, 1983, pp. 271 -283.

Holland, John H. , *Complexity: A very short introduction*, OUP Oxford, July, 2014.

Holland, John H. , *Emergence: From chaos to order*, OUP Oxford, 2000.

Holling, C. &Gunderson, L. , *Panarchy: Understanding Transformation in Human and Natural Systems*, Washington, D. C: Island Press, 2001.

Holling, C. S. (Ed.), *Adaptive Environmental Assessment and Management*, New York: Wiley, 1978.

Holling, C. S. , & Goldberg, M. A. , "In Contemporary Anthropology: An Anthology", ed. D. G. Bates and S. H. Lee, *Ecology and Planning*, New York: Alfred Knopf, 1981, pp. 78 -93.

Hong Yang and Xiaohe Zhang and Alexander J. B. Zehnder, "Scarcity, Pricing Mechanism and Institutional Reform in Northern China Irrigated Agriculture", *Agriculture water management*, Vol. 18, No. 1, 2002.

Howlett, Michael and Ramesh M. , *Studying Public Policy : Policy Cycles and Policy Subsystems*, Oxford: Oxford University Press, 1995, pp. 82 -85.

H. Purnomo et al. , "Developing multi-stakeholder forest management scenarios: a multi-agent system simulation approach applied in Indonesia", *Forest Policy and Economics*, No. 7, 2005, pp. 475 -491.

Hugh Turral, "Recent Trends in Irrigation Management Changing Directions for the Public Sector", *Natural Resource Perspectives*, Vol. 9, No. 5, 1995.

Hughes T, Bellwood D, Folke C, et al. , " New Paradigms for Supporting the Resilience of Marine Ecosystems", *Trends in Ecology & Evolution*, Vol. 20, No. 7, 2005, pp. 80 -86.

Hunt, Robert, "Appropriate Social Organization: Water User Associations in Bureaucratic Canal Irrigation Systems", *Human Organization*, Vol. 1, 1989, pp. 79 -90.

Hwang, K., "Face and favor: the Chinese power game", *American Journal of Sociology*, Vol. 92, No. 4, 1987, pp. 944 – 974.

International Water Management Institute (IWMI), Deutsche Gesellschaft Fur Technische Zusammenarbeit (GTZ) Gmbh and Food and Agriculture Organization of the United Nations (FAO), *Transfer of Irrigation Management Services Guidelines*, Rome, 1999.

International Water Management Institute (IWMI), Food and Agriculture Organization of the United Nations (FAO), *Irrigation Management Transfer*, Rome: FAO, United Nations, 1995.

International Water Management Institute (IWMI), "Impacts of Irrigation Management Transfer: A Review of the Evidence", Research Report No. 11. 1997.

Janssen MA, Ahn TK. Learning, signaling, and social preferences in public-good games. Ecology and society, 11 (2) . 2006.

Janssen, M. A. and J. M. Anderies, "Robustness Trade-offs in Social-Ecological Systems", *International Journal of the Commons*, Vol. 1, No. 1, 2007, pp. 43 – 65.

Janssen, M, J. Anderies, and E. Ostrom, "Robustness of social-ecological systems to spatial and temporal variability", *Society and Natural Resources*, Vol. 20, No. 4, 2007, pp. 307 – 322.

Janssen MA, Rollins ND. Evolution of cooperation in asymmetric commons dilemmas. In: Journal of Economic Behavior & Organization, 81 (1), 2012, pp. 220 – 229.

Janssen MA, Baggio JA. Using Agent-Based Models to Compare Behavioral Theories on Experimental Data: Application for Irrigation Games. In: CBIE Working Paper Series. 2015.

Jasanoff, S et al., "Conversations with the Community: AAAS at the Millennium", *Science*, Vol. 278, No. 5346, 1997, pp. 2066 – 2067.

J. Henrich, "Cultural Group Selection, Coevolutionary Processes and Large Scale Cooperation", *Journal of Economic Behavior & Organization*, No. 53,

2004.

Jiang, W. , "Sustainable Water Management in China", 2003.

Jianguo Liu, et al. , "Complexity of Coupled Human and Natural Systems", *Science*, Vol. 317, 2007, pp. 1513 – 1516.

Jianguo Liu, Harold Mooney, Vanessa Hull, "Systems integration for global sustainability", *PNAS*, 2015, pp. 347 – 963.

J. M. Epstein, R. L. Axtell, *Growing Artificial Societies: Social Science from the Bottom Up*, MA: MIT Press, Cambridge, 1996.

Johansson, R. C. , Y. Tsur, T. L. Roe, R. Doukkali, and A. Dinar, "Pricing irrigation water: A review of theory and practice", *Water Policy*, Vol. 4, No. 2, 2002, pp. 173 – 199.

John H. Miller and Scott E. Page, *Complex Adaptive System: An Introduction to Computational Models of Social Life*, Princeton University Press, 2007.

John M. Anderies, Marco A. Janssen, and Elinor Ostrom, "A Framework to Analyze the Robustness of Social-ecological Systems from an Institutional Perspective", *Ecology and Society*, Vol. 9, No. 1, 2004, p. 18.

Johnson, S. H. III. , *Management transfer in Mexico: A strategy to achieve irrigation district sustainability*, Research Report 16, Colombo, Sri Lanka: International Water Management Institute, 1997.

J. S. Lansing, *Priests and Programmers: Technologies of Power in the Engineered Landscape of Bali*, Princeton : Princeton Univ. Press, 1991.

J. T. Gullahorn and J. E. Gullahorn, "Some Computer Applications in Social Science" , *American Sociological Review*, Vol. 30, No. 3, 1965.

J. Wang, J. Huang, Q. Huang, S. Rozelle & H. F. Farnsworth, "The evolution of groundwater governance: productivity, equity and changes in the level of China's aquifers", *Quarterly Journal of Engineering Geology and Hydrogeology*, No. 42, 2009, pp. 267 – 280.

Keller, A. A. , O. C. Sandall, R. G. Rinker, M. M. Mitani, B. Bierwagen, and M. J. Snodgrass, *Cost and performance evaluation of treatment technologies for MTBE-contaminated water*. UC Toxics Research and Teaching Program. Report to the governor of California, 1998.

K. Carley, L. Gasser, "Computational Organization Theory", *Lawrence Erlbaum Associates*, No. 4, 1994.

Kenis, Patrick and Volker Schneider, *Policy Networks and Policy Analysis: Scrutinizing a New Analytical Toolbox* , in Marin and Mayntz (Eds.), 1991, pp. 25 – 59.

Kevin M. Johnston , *Agent-based Modeling in ArcGis*, Esri Press, 2013.

Kinzig, A. P. , "Bridging disciplinary divides to address environmental and intellectual challenges", *Ecosystems*, No. 4, 2001, pp. 709 – 715.

Kickert et al. , A Management Perspective on Policy Network. In Kickert, W. J. , E. Klijin, and J. Koppenjan (Eds.), *Managing complex networks*, London: Sage Publication, 1997.

Kirk Emerson, "An Integrative Framework for Collaborative Governance", *Journal of Public Administration Research and Theory Advance Access*, No. 5, 2011.

Kooiman, "Special-Political Governance: Introduction", in Kooiman (Eds.), *Modern Governance: New Government-Society Interaction* , London: Sage. , 1993, pp. 35 – 48.

Kreps, D. , *Game Theory and Economic Modelling*, Oxford: Oxford University Press, 1990, p. 183.

Landau , M. , "Multiorganizational Systems in Public Administration", *Journal of Public Administration Research and Theory*, Vol. 1, No. 1, 1991 , pp. 5 – 18.

Larkin D. , and G. Wilson, *Object-oriented programming and the Objective-Clanguage*, Cupertino, CA: Apple Computer, Inc. , 1999.

Le Bars, M. , Attonaty, J. -M. , Pinson, S. , Ferrand, N. , *An agent-based simulation testing the impact of water allocation on collective farmers' behaviours*, Simulation A Special Issue on: Applications of Agent-Based Simulation to Social and Organisational Domains, 2005.

Lee S. , Holme P. , Wu, Z-X. , "Emergent hierarchical structures in multiadaptive games", *Phys. Rev. Lett.*, No. 106, 2011.

Lei Gao, Atakelty Hailub, "Identifying preferred management options: An integrated agent-based recreational fishing simulation model with an AHP-TOPSIS evaluation method", *Ecological Modelling*, Vol. 249, No. 24, pp. 75 – 83, 2013.

Lei Gao, Atakelty Hailu, "Evaluating the effects of area closure for recreational fishing in a coral reef ecosystem: The benefits of an integrated economic and biophysical modeling", *Ecological Economics*, Vol. 70, No. 10, 2011, pp. 1735 – 1745.

L. Gao, B. Durnota, Y. Ding, H. Dai, "An agent-based simulation system for evaluating gridding urban management strategies", *Knowledge-Based Systems*, No. 26, 2012, pp. 174 – 184.

Li An et al., *Exploring Complexity in a Human-Environment System: An Agent-based Spatial Model for Multidisciplinary and Multiscale Integration*, Annals of the Association of American Geographers, No. 95, 2005, pp. 54 – 79.

Liu, Jianguo et al., "Complexity of Coupled Human and Natural Systems", *Science*, Vol. 14, No. 317, 2007, pp. 1513 – 1516.

Lin, J., Si, S. X., "Can Guanxi be a problem? Contexts, ties, and some unfavorable consequences of social capital in China", *Asia Pacific Journal of Management*, Vol. 27, No. 3, 2010, pp. 561 – 581.

Lin Nan, "Social Resources and Instrumental Action", *Social Structure and Network Analysis*, P. Marsden and N. Lin. Sage Publications, 1982, pp. 131 – 147.

Lohmar, B., Wang, J., Rozelle, S., Huang, J., and Dawe, D., *Investment, conflicts and incentives: The role of institutions and policies in China's agricultural water management on the North China Plain*, Managing Water for the Poor: Proceedings of the Regional Workshop on Pro-Poor Intervention Strategies in Irrigated Agriculture in Asia (Bangladesh, China, India, Indonesia, Pakistan and Vietnam), Colombo, 9 – 10 August

2001. Ed. Intizar Hussain and Eric Biltonen, 89 – 126. Colombo, Sri Lanka: International Water Management Institute.

Low, B. C., "Huaman ecosystem interactions: a dynamic integrated model", *Ecological Economy*, No. 31, 1999, pp. 227 – 241.

L. Tesfatsion, "Agent-Based Computational Economics", Economics Working Paper, Iowa State University, No. 1, 2002.

Magda Chudzińska, Daniel Ayllón, Jesper Madsen, Jacob Nabe-Nielsen, "Discriminating between possible foraging decisions using pattern-oriented modelling: The case of pink-footed geese in Mid-Norway during their spring migration", *Ecological Modelling*, Vol. 320, No. 1, 2016, pp. 299 – 315.

Magliocca et al., N. Magliocca, E. Safirova, V. McConnell, M. Walls, "An economic agent-based model of coupled housing and land markets (CHALMS)", *Computers, Environment and Urban Systems*, Vol. 35, No. 3, 2011, pp. 183 – 191.

M. A. Nowak. K., "Sigmund. Evolution of Indirect Reciprocity by Image Scoring", *Nature*, No. 393, 1998, pp. 573 – 577.

Malanson, G. P., "Considering complexity", *Annals of the Association of American Geographers*, Vol. 89, No. 4, 1999, pp. 746 – 753.

Marco A. Janssen, John M. Anderies, Irene Pérez, David J. Yu, "The effect of information in a behavioral irrigation experiment", *Water Resources and Economics*, Vol. 12, No. 10, 2015, pp. 14 – 26.

Marco A. Janssena, Jacopo A. Baggioa, "Using agent-based models to compare behavioral theories on experimental data: Application for irrigation games", *Journal of Environmental Psychology*, 2016.

Marco A. Janssen (editor), "Complexity and Ecosystem Management: The Theory and Practice of Multi-Agent Systems", Cheltenham: Edward Elgar Publishing, 2002.

Marco A. Janssen, Nathan D., "Rollins. Evolution of cooperation in asymmetric commons dilemmas", *Journal of Economic Behavior & Organization*, No. 81, 2012, pp. 220 – 229.

Markus Brede, Bert J. M. de Vries, "The energy transition in a climate-constrained world: Regional vs. global optimization", *Environmental Modelling & Software*, Vol. 44, No. 6, 2013, pp. 44 – 61.

Marsden P. V., "Core discussion network of Americans", *American Sociological Review*, No. 52, 1987.

Martin, Edward and Robert Yoder, *Institutions for Irrigation Management in Farmer-Managed Systems: Examples from the Hills of Nepal*, Research Paper No. 5. Digana, Sri Lanka: International Irrigation Management Institute, 1987.

Marwell, G., & Oliver, P., *The critical mass in collective action*, Cambridge University Press, 1993.

Masahiko Aoki, "Organizational conventions and the gains from diversity: an evolutionary game approach", *Corporate and Industrial Change*, No. 7, 1998, pp. 399 – 432.

Maski, Clarles F., "Identification of Endogenous Social Effects: The Refection Problem", *Review of Economic Studies*, Vol. 60, No. 3, 1993, pp. 531 – 542.

McFarland, "Interest groups and theories of power in America", *British Journal of Political Science*, No. 17, No. 1, 1987, p. 146.

M. Choudhury, A. Basu, S. Sarkar, "MultiAgent Simulation of Emergence of Schwa Deletion Pattern in Hindi", *Journal of Artificial Societies and Social Simulation*, Vol. 9, No. 2, 2006.

Meinzen-Diek, R., "Farmer Participation in Irrigation: 20 Years of Experience and Lessons for the Future", *Irrion and Drainage Systems*, Vol. 16, No. 11, 1997.

Meinzen-Dick, R., "Beyond panaceas in irrigation institutions", *Proceedings of the National Academy of Sciences*, No. 104, 2007, pp. 15200 – 15205.

Milgrom, P., D. North and B. Weingast, "The role of institutions in the revival of trade: the law merchant, private judges, and the champagne fairs", *Economics and Politics*, No. 2, 1990, pp. 1 – 23.

Millennium Ecosystem Assessment, *Ecosystems and Human Well-being: Synthesis*, *Washington DC: Island Press*, 2005.

Miller, John H. , and Scott E. Page, *Complex adaptive systems: An introduction to computational models of social life*, Princeton University Press, 2009.

M. Le Bars, Ph. Le Grusse, "Use of a decision support system and a simulation game to help collective decision-making in water management" , *Computers and Electronics in Agriculture*, No. 62, 2008, pp. 182 – 189.

Moglia, M. , et al. , "Modelling an urban water system on the edge of chaos", *Environmental Modelling & Software*, Vol. 25, No. 12, 2010, pp. 1528 – 1538.

Molden, D. J. , Sakthivadivel, R. , Habib, Z. , *Basin Level Use and Productivity of Water: Examples from South Asia*, Research Report 49. International Water Management Institute, Colombo. , 2000.

Montanari A, Saberi A. The spread of innovations in social networks. In: Proceedings of the National Academy of Sciences, 107 (47), 2010, pp. 20196 – 20201.

Morrison AE, Addison DJ. , "Assessing the role of climate change and human predation on marine resources at the Fatu-ma-Futi site, Tituila Island, American Samoa: an agent based model", *Hemisphere*, No. 43, 2008, pp. 22 – 34.

Murillo, J. , et al. , "Improving urban waste water management through an auction-based management of discharges", *Environmental Modelling & Software*, Vol. 26, No. 6, 2011, pp. 689 – 696.

Nakashima, M. , "Pakistan's Institutional Reform of Irrigation Management: Initial Conditions and Issues for the Reform", *Hiroshima Journal of International Studies*, No. 5, 2005, pp. 121 – 135.

Naivitit W. , Le Page C. , Trébuil G. , Gajaseni N. , "Participatory agent-based modelling and simulation of rice production and labor migrations in Northeast Thailand", *Environmental Modelling & Software*, Vol. 885 ,

No. 25, 2010, pp. 1345 – 1358.

Newman M. E. J. , "The structure and function of complex networks", *SIAM Review*, No. 45, 2003, pp. 167 – 256.

Ngai, L. Rachel, and Tenreyro, Silvana, "Hot and Cold Seasons in the Housing Market", *American Economic Review*, Vol. 104, No. 12, 2014, pp. 3991 – 4026.

N. Magliocca, V. McConnell, M. Walls, "Exploring sprawl: Results from an economic agent-based model of land and housing markets", *Ecological Economics*, No. 113, 2015, pp. 114 – 125.

North, Douglass C. , *Understanding the Process of Economic Change*, Princeton, NJ: Princeton University Press, 2005, p. 112.

Olivier Barreteau, Francois Bousquet, "SHADOC: a multi-agent model to tackle viability of irrigated systems", *Annals of Operations Research*, No. 94, 2000, pp. 139 – 162.

Olsson P. , C. Folke, and F. Berkes, "Adaptive Co-management for Building Resilience in Social-Ecological Systems", *Environmental Management*, Vol. 34, No. 1, 2004, pp. 75 – 90.

Ostrom E, Gardner R. Coping with asymmetries in the commons: self-governing irrigation systems can work. In: The Journal of Economic Perspectives, 7 (4), 1993, pp. 93 – 112.

Ostrom E. , "A Behavioral Approach to The Rational Choice Theory of Collective Action", *American Politics Science Review*, Vol. 92, No. 1, 1998, pp. 1 – 22.

Ostrom E. , "A General Framework for Analyzing Sustainability of Social-Ecological Systems", *Science*, Vol. 325, 2009, pp. 419 – 422.

Ostrom, E. , *Crafting institutions for self-governing irrigation systems*, San Francisco: Institute for Contemporary Studies, 1992.

Ostrom, E. , *Governing the commons: the evolution of institutions for collective action*, New York: Cambridge University Press, 1990.

Ostrom, E. , Ouyang Z. , Provencher W. , Redman CL, Schneider SH, Taylor WW. , "Complexity of coupled human and natural systems", *Science* , Vol. 317, No. 15, 2007, pp. 13 – 16.

Ostrom, E. , Walker, J. and Gardner, R. , "Covenants With and Without a Sword: Self-Governance is Possible", *American Political Science Review*, Vol. 86, 1992, pp. 404 – 417.

Ostrom, E. , *Understanding Institutional Diversity*, Princeton, NJ: Princeton University Press, 2005.

Ostrom, E. , "Collective Action and the Evolution of Social Norms", *Journal of Economic Perspectives* , Vol. 14, No. 3, 2000, pp. 137 – 158.

Ostrom, E. & Nagendra H. , "Insights on linking forests, trees, and people from the air, on the ground, and in the laboratory", *PNAS*, Vol. 103, No. 51, 2007, pp. 19224 – 19231.

Ostrom, E. , "A Diagnostic Approach for Going Beyond Panaceas", *PNAS*, Vol. 104, No. 39, 2007, pp. 15181 – 11587.

Ostrom, E. , "The Rudiments of Theory of the Origins, Survival and Performance of Common Property Institutions", In Bromley (ed.), *Making the Commons Work*, San Francisco: Institute for Contemporary Studies, 1992.

Olson, P. , Folke, C. , & Berkes, F. , "Adaptive Co-management for Building Resilience in Social-ecological Systems" , *Environmental Management* , Vol. 34, No. 1, 2004, pp. 75 – 90.

O'Sullivan, David, James DA Millington, George LW Perry, and John Wainwright, "Agent-Based Models-Because They' Re Worth It?", In *Agent-Based Models of Geographical Systems*, 2012, pp. 109 – 123.

Palacios-Velez. E. , "Performance of Water Users' Associations in the Operation and Maintennance of Irrigation Districts in Mexico" , Paper presented at the International Conference on Irrigation Management Transfer, Wuhan, P. R. China, 1994.

Parker DC, Manson SM, Janssen MA, et. al. , "Multi-agent systems for the simulation of land-use and land-cover change: a review", *Annals of the*

Association of American Geographers, No. 93, 2003, pp. 314 – 37.

Parker et al., "Agent-Based Urban Land Markets: Agent's Pricing Behavior, Land Prices and Urban Land Use Change", *Journal of Artificial Societies and Social Simulation*, 2009.

Park, S. H., Luo, Y., "Guanxi and organizational dynamics: organizational networking in Chinese firms", *Strategic Management Journal*, Vol. 22, No. 5, 2001, pp. 455 – 477.

Patrick Lambert, Eric Rochard, "Identification of the inland population dynamics of the European eel using pattern-oriented modelling", *Ecological Modelling*, Vol. 206, No. 1 – 2, 2007, pp. 166 – 178.

Paul A. Sabatier and Hank Jenkins-Smith (Eds.), *Policy Change and Learning: An Advo cacy Coalition Approach*, Boulder: Westview Press, 1993, pp. 13 – 39.

Peres R. The impact of network characteristics on the diffusion of innovations. In: Physica A: Statistical Mechanics and Its Applications, 402, 2014, pp. 330 – 343.

Perez, L., Dragicevic, S., "Modeling mountain pine beetle infestation with an agent-based approach at two spatial scales", *Environmental Modelling & Software*, Vol. 25, No. 2, 2010, pp. 223 – 236.

Perrings, C., "Resilience and sustainable development", *Environment and Development Economics*, No. 11, 2006, pp. 417 – 427.

Pontius Jr., R. G., D. Huffaker and K. Denman, "Useful Techniques of Validation for Spatially Explicit Land-change Models", *Ecological Modelling*, Vol. 179, No. 4, 2004, pp. 445 – 461.

Pooyandeh, M. & Marceau, DJ., "A spatial web/agent-based model to support stakeholders' negotiation regarding land development", *Journal of Environmental Management*, No. 129, 2013, pp. 309 – 323.

P. Salze, E. Beck, J. Douvinet, M. Amalric, E. Bonnet, E. Daudé, S. Sheeren, "OXI-CITY: an agent-based model for exploring the effects of risk awareness and spatial configuration on the survival rate in the case of industrial accidents ", *Cybergeo-European Journal of Geography*, Vol. 692, 2014.

Putnam, R. D. , & Goss, K. A. , *Democracies in Flux: The Evolution of Social Capital in Contemporary Society*, New York: Oxford University Oress, 2002.

Pulliam HR, Dunning JB, Liu J. , "Population dynamics in complex landscapes", *Ecological Applications*, Vol. 909, No. 2, 1992, pp. 165 – 177.

Q. Huang, D. C. Parker, T. Filatova, S. Sun, "A review of urban residential choice models using agent-based modeling", *Environment and Planning B: Planning and Design*, Vol. 41, No. 4, 2014, pp. 661 – 689.

Radman, C. Human, " dimensions of ecosystem studies ", *Ecosystems*, No. 2, 1999, pp. 296 – 298.

Rand D. G. , Arbesman S. , Christakis N. A. , "Dynamic social networks promote cooperation in experiments with humans", *Proc. Natl. Acad. Sci.* , Vol. 108, No. 48, 2011, pp. 19193 – 19198.

R. A. W. Rhodes, *Beyond Westminster and Whitehall : the sub-center government of Britain*, London: Unwin-Hyman, 1988 , pp. 14 – 311.

R. Axelrod, *The Evolution of Cooperation*, New York: Basic Books, No. 173, 1984.

R. Costanza, et al. , "Modeling Complex Ecological Economic Systems: Towards an Evolutionary Dynamic Understanding of People and Nature", *BioScience*, Vol. 43, 1993, pp. 545 – 555.

Reynolds, C. , "Flocks, herds and schools: a distributed behavioral model", *Comput. Graph*, No. 21, 1987, pp. 25 – 34.

Rhodes, R. A. W. , *Understanding Governance: Policynetworks, governance, reflexivity and accountability*, BBuckingham: Open University Press, 1997.

Rindfuss R. , Entwisle B. , Walsh S. , et al. , "Frontier Land Use Change: Synthesis, Challenges, and Next Steps", *Annals of the Association of American Geographers*, No. 97, 2007, pp. 739 – 754.

Rogers EM. Diffusion of innovations. Simon and Schuster. 2010.

Rogers, P., de Silva, R. & Bhatia, R., "Water is an economic good: how to use prices to promote equity, efficiency and sustainability", *Water Policy*, No. 4, 2002, pp. 1 – 17.

Rosa, E., & Dietz, T., "Climate change and society: speculation, construction and scientific investigation", *International Sociology*, No. 13, 1998, pp. 421 – 455.

Sagardoy J. A., "Lessons Learned from Irrigation Management Transfer Programs", Paper presented at the International Conference on Irrigation Management Transfer, Wuhan, P. R. China, 1994.

Sakoda, JM., "The checkerboard model of social interaction", *J Math Soc*, No. 1, 1971, pp. 119 – 132.

S. A. Levin, *Fragile Dominion: Complexity and the Commons*, Reading, MA: Perseus Books, 1999.

Salmon, Timothy C., "An Evaluation of Econometrics Models of Adaptive Learning", *Econometrica*, No. 69, 2001, pp. 1597 – 1628.

Samad, M. and D. Vermillion, *Assessment of Participatory management of Irrigation Schemes in Sri Lanka: Partial reform, Partial benefits*, Research Report 34, Colombo, Sri Lanka: International Water Management Institute, 1999.

Sampath R. K., "Issues in Irrigation Pricing In Developing Countries", *World Development*, Vol. 20, No. 7, 1992.

Santos F. C., Pacheco J. M., "Risk of collective failure provides an escape from the tragedy of the commons", *Proc. Natl. Acad. Sci.*, USA, Vol. 108, No. 26, 2011, pp. 10421 – 10425.

Santos, F. L., "Evaluation and Adoption of Irrigation Technologies: Management-Design Curves for Furrow and Level Basin Systems", *Agricultural Systems*, No. 52, 1996, pp. 317 – 29.

Sarah Wise, Andrew T. Crooks, "Agent-based modeling for community resource management: Acequia-based agriculture. Computers", *Environment and Urban Systems*, Vol. 36, No. 6, 2012, pp. 562 –572.

Savas. E. S. , *Lessons from the Privatization Movement*, *Opening Speech*, Presented at the International Conference on Irrigation Management Transfer, Wuhan, P. R. China, 1994.

S. Bowles, H. Gintis, "The Evolution of Strong Reciprocity: Cooperation in Heterogeneous Populations", *Theoretical Population Biology*, No. 65, 2004.

Schreinemachers, P. , Berger, T. , "An agent-based simulation model of human-environment interactions in agricultural systems", *Environmental Modelling & Software*, Vol. 26, No. 7, 2011, pp. 845 –859.

Scheffer, M. et al. , "Catastrophic shifts in ecosystems", *Nature*, No. 413, 2001, pp. 591 –596.

Schlüter, M. , and C. Pahl-Wostl, "Mechanisms of resilience in common-pool resource management systems: an agent-based model of water use in a river basin", *Ecology and Society*, Vol. 12, No. 2, 2007.

Schotter, A. , *The Economic Theory of Social Institutions*, Cambridge: Cambridge University Press, 1981.

Sebastian Rasch, Thomas Heckelei, Roelof Johannes Oomen, "Reorganizing resource use in a communal livestock production socio-ecological system in South Africa", *Land Use Policy*, No. 52, 2016, pp. 221 –231.

Shivakoti Ganesh P. and Elinor Ostrom ed. , *Improving Irrigation Governance and Management in Nepal*, Oakland, CA : ICS Press, 2002.

Sichman, J. , Conte, R. , Gilbert, N. (Eds.), *Multi-Agent Systems and Agent Based Simulation*, Springer, 1998, p. 1534.

Simon, C. , Etienne, M. , "A companion modelling approach applied to forest management planning", *Environmental Modelling & Software*, Vol. 25, No. 11, 2010, pp. 1371 –1384.

Steven M. Manson, Tom Evans, "Agent-based modeling of deforestation in southern Yucatan, Mexico, and reforestation in the Midwest United States", *PNAS*, Vol. 104, No. 52, 2007, pp. 20678 –20683.

Svendsen, M. and Vermillion, D. , *Irrigation Management Transfer in the Columbia Basin*: *Lessons and International Implications*, Colombo, Sri Lanka, 1994.

Taehyon Choi, "Information Sharing, Deliberation, and Collective Decision Making: A Computational Model of Collaborative Governance", Doctoral Dissertation of University of Southern California, 2011.

Takuji W. , Tsusaka, Kei Kajisa, Valerien O. , Pede, Keitaro Aoyagi, "Neighborhood effects and social behavior: The case of irrigated and rain-fed farmers in Bohol, the Philippines", *Journal of Economic Behavior & Organization*, No. 118, 2015, pp. 227 –246.

Tanja A. Borzel, "What's So Special About Policy Networks? —An Exploration of the Concept and Its Usefulness in Studying European Governance", *European Integ ration online Papers*, Vol. 1, No. 16 , 1997.

Tayan Rai Gurung. Francois Bousquet, Guy Trebuil, "Companion modeling, conflict resolution, and institution building: sharing irrigation water in the Lingmuteychu watershed, Bhutan", *Ecology and Society*, No. 11, 2006.

Thomas Berger, "Agent-based spatial models applied to agriculture: a simulation tool for technology diffusion, resource use changes and policy analysis", *Agricultural Economics*, No. 25, 2001, pp. 245 –260.

Tesfatsion, L. , "How economists can get alife", In: Arthur, W. , Durlauf, S. , Lane, S. (Eds.), *The Economy as an Evolving Complex System II*, Santa Fe : Addison-Wesley, 1997, pp. 533 –564.

T. Filatova, "Empirical agent-based land market: Integrating adaptive economic behavior in urban land-use models", *Computers*, *Environment and Urban Systems*, Vol. 54, No. 11, 2015, pp. 397 –413.

Trawick, P. , "Successfully Governing the Commons: Principles of Social Organization in an Andean Irrigation System", *Human Ecology*, No. 29, 2001, pp. 1 –25.

T. Schelling, "Dynamic Models of Segregation", *Journal of Mathematical Sociology*, No. 1, 1971, pp. 143 –186.

Tyler, S. R. , "The State, Local Government, and Resource Management in Southeast Asia: Recent Trends in the Philippines, Vietnam, and Thailand", *Journal of Business Administration*, Vol. 22 & 23, 1994, pp. 61 - 68.

Uphoff, Norman, M. L. Wickramasinghe, C. M. Wuayaratna, "Optimum Participation in Irrigation Management: Issues and Evidence from Sri Lanka", *Human Organization*, Vol. 49, No. 1, 1990, pp. 89 - 97.

Van Oel, P. R. , et al. , "Feedback mechanisms between water availability and water use in a semi-arid river basin: a spatially explicit multi-agent simulation approach", *Environmental Modelling & Software*, Vol. 25, No. 4, 2010, pp. 433 - 443.

Veldkamp A, Verburg P. , "Modelling land use change and environmental impact", *Journal of Environmental Management*, No. 72, 2004, pp. 1 - 3.

Vermillion, D. L. and C. Garces-Restrepo, "Impacts of Colombia's Current Irrigation Management Transfer Program", Colombo, Sri Lanka: International Water Management Institute, 1998.

Vermillion, D. L. , "Impacts of irrigation management transfer: A review of the evidence. ", Colombo, Sri Lanka: International Irrigation Management Institute, 1997.

Vermillion, D. L. and Grrces-Restrepo, C. , "Irrigation Management Transfer in Colombia: A Pilot Experiment and Its Consequences", Colombo, Sri Lanka, 1995.

Viktoriia Radchuk, Karin Johst, Jürgen Groeneveld, Volker Grimm, Nicolas Schtickzelle, "Behind the scenes of population viability modeling: Predicting butterfly metapopulation dynamics under climate change", *Ecological Modelling*, Vol. 259, No. 24, 2013, pp. 62 - 73.

Walsh et al. , "Using stylized agent-based models for population-environment research: A case study from the Galápagos Islands", *Popul Environ*, Vol. 75, No. 4, May, 2010, pp. 279 - 287.

Wang J, Suri S, Watts D J. , "Cooperation and assortativity with dynamic partner updating", *Proc. Natl. Acad. Sci.* USA, Vol. 109, No. 36, 2012.

W. C. Clark and N. M. Dickson, "Sustainability Science: The Emerging Research Program", *Proceedings of the National Academy of Science*, Vol. 100, 2003, pp. 8059 - 8061.

Weili Ding & Steven F. Lehrer, "Do peers affect student achievement in China's secondary schools?", *Nber Working Paper Sepies*, 2006.

Weimin Jiang, Chris Cornelisen, Ben Knight, Mark Gibbs, "A pattern-oriented model for assessing effects of weather and freshwater discharge on black coral (Antipathes fiordensis) distribution in a fjord", *Ecological Modelling*, Vol. 304, No. 24, 2015, pp. 59 - 68.

Weingast, B., "The political foundations of democracy and the rule of law", *American Political Science Review*, No. 91, 1997, pp. 245 - 263.

Wilson SW., "Classifier systems and the animat problem", *Machine Learning*, No. 2, 1987, pp. 199 - 228.

World Bank, "Water Resources Management, A World Bank Policy Paper", Washington, D. C.: World Bank, Operations Evaluation Department, 1993.

World Bank, "A Review of World Bank Experience in Irrigation", Washington, DC: World Bank, Operations Evaluation Department, 1994.

Wu Yang, Wei Liu, Andrés Viña, Mao-Ning Tuanmu, Guangming He, Thomas Dietz, and Jianguo Liu, "Nonlinear effects of group size on collective action and resource outcomes", Proc Natl Acad Sci USA, Vol. 110, No. 27, 2013, pp. 10916 - 10921.

Xiaodong Chen, Andrés Viña, Ashton Shortridge, Li An and Jianguo Liu, "Assessing the Effectiveness of Payments for Ecosystem Services: an Agent-Based Modeling Approach", *Ecology and Society*, Vol. 19, No. 1, 2014.

Xin, K. R., Pearce, J. L., "Guanxi: connections as substitutes for formal institutional support", *Academy of Management Journal*, No. 39, 1996, pp. 1641 - 1658.

Xiong H, Diane P "Characteristics of Chinese rural networks: Evidence from villages in central China", In: Chinese Journal of Sociology 3, No. 1, 2017, pp. 74 -97.

Xu Lin, "Identifying Peer Effects in Student Academic Achievement by Spatial Autoregressive Models with Group Unobservables", *Journal of Labor Economics*, Vol. 28, No. 4, 2010, pp. 825 -860.

Yamauchi, F., "Social learning, neighborhood effects, and investment in human capital: evidence from Green-Revolution India", *J. Dev. Econ.*, Vol. 83, No. 1, 2007, pp. 37 -62.

Yanlai Zhou, Shenglian GuoChong-Yu Xub, Dedi Liub, Lu Chend, Dong Wanga, "Integrated optimal allocation model for complex adaptive system of water resources management: Case study", J*ournal of Hydrology*, Vol. 531, No. 12, 2015, pp. 977 -991.

Yang, M. M., *Gifts Favors and Banquets: The Art of Social Relationships in China*, New York : Cornell University Press, 1994.

Yang, Yong, Ana V Diez-Roux, Amy H Auchincloss, Daniel A Rodriguez, and Daniel G Brown, "Exploring Walking Differences by Socioeconomic Status Using A Spatial Agent-Based Model", *Health And Place*, 2012, pp. 96 -99.

Young, H. P., *Individual Strategy and Social Structure: An Evolutionary Theory of Institutions*, Princeton, NJ: Princeton University Press, 1998.

Zhang, B., et al., "An adaptive agent-based modeling approach for analyzing the influence of transaction costs on emissions trading markets", *Environmental Modelling & Software*, Vol. 26, No. 4, 2011, pp. 482 -491.

Zhang, W. H., "Social capital: theoretical discussion and empirical studies", *Sociological Studies*, No. 4, 2003, pp. 23 -35.

Zhikun Ding, Yifei Wang, Patrick X. W. Zou, "An agent based environmental impact assessment of building demolition waste management: Conventional versus green management", *Journal of Cleaner Production*, Vol. 133, No. 10, 2016, pp. 1136 -1153.

Zhijun Ma, David S. Melville, Jianguo Liu et al., "Rethinking China's new great wall: Massive seawall construction in coastal wetlands threatens biodiversity", *Science*, No. 11, 2014.

中文文献：

[美] 埃莉诺·奥斯特罗姆：《公共事物的治理之道——集体行动制度的演进》，余逊达、陈旭东译，上海三联书店 2000 年版。

[美] 埃莉诺·奥斯特罗姆：《公共资源的未来：超越市场失灵和政府管制》，中国人民大学出版社 2015 年版。

[美] 埃莉诺·奥斯特罗姆：《共同合作：集体行为、公共资源与实践中的多元方法》，中国人民大学出版社 2013 年版。

[美] 埃莉诺·奥斯特罗姆：《规则、博弈与公共池塘资源》，陕西人民出版社 2015 年版。

[美] 埃莉诺·奥斯特罗姆：《社会资本：流行的狂热抑或基本的概念?》，龙虎译，《经济社会体制比较》2003 年第 2 期。

[美] 埃莉诺·奥斯特罗姆：《制度激励与可持续发展：基础设施政策透视》，上海三联书店 2000 年版。

[美] 保罗·A. 萨巴蒂尔：《政策过程理论》，彭宗超、钟开斌译，北京三联书店 2004 年版。

毕勇刚、秦丽娜、杜文成：《北京市推广建立农民用水者协会的实践及成效》，《中国水利》2006 年第 5 期。

蔡晶晶：《从外源型合作到内生型合作：农村合作用水机制的制度选择——以福建省农民用水协会调查为基础》，《甘肃行政学院学报》2012 年第 4 期。

蔡晶晶：《公共资源治理的制度理论及其演进——2009 年诺贝尔经济学奖得主埃莉诺·奥斯特罗姆的研究及启示》，《东南学术》2010 年第 1 期。

蔡晶晶：《环境与资源的"持续性科学"——国外"社会—生态"耦合分析的兴起、途径和意义》，《国外社会科学》2011 年第 3 期。

蔡晶晶：《农田水利制度的分散实验与人为设计：一个博弈均衡分析》，《国家行政学院学报》2013 年第 4 期。

蔡晶晶:《社会—生态系统视野下的集体林权制度改革:一个新的政策框架》,《学术月刊》2011 年第 12 期。

蔡岚、潘华山:《合作治理——解决区域合作问题的新思路》,《公共管理研究》2010 年卷。

曹锦清:《黄河边的中国》,上海文艺出版社 2004 年版。

曹荣湘:《走出囚徒困境:社会资本与制度分析》,上海三联书店 2003 年版。

曾桂华:《农民用水协会参与灌溉管理的研究——以山东省为例》,博士学位论文,山东大学,2010 年。

曾鹏:《社区网络与集体行动》,社会科学文献出版社 2008 年版。

钞晓鸿:《灌溉、环境与水利共同体:基于清代关中中部的分析》,《中国社会科学》2006 年第 4 期。

陈阿江:《治水新解——对历史上若干治水案例的分析》,《河海大学学报》(哲学社会科学版)2009 年第 3 期。

陈关荣、汪小帆、李翔:《复杂网络引论》(Introduction to Complex Networks: Models, Structures and Dynamics),高等教育出版社 2012 年版。

陈菁、朱克成、李玉松:《农村水利管理模式理论研究》,《河海大学学报》(自然科学版)2004 年第 1 期。

陈雷、杨广欣:《深化小型水利工程产权制度改革 加快农村水利事业发展》,《中国农村水利水电》1998 年第 6 期。

陈剩勇、于兰兰:《网络化治理:一种新的公共治理模式》,《政治学研究》2012 年第 2 期。

陈潭、刘建义:《集体行动、利益博弈与村庄公共物品供给——岳村公共物品供给困境及其实践逻辑》,《公共管理学报》2010 年第 3 期。

程洁、狄增如:《复杂网络上集群行为与自旋模型》,《力学进展》2008 年第 6 期。

[美] 道格拉斯·C. 诺思:《制度》,《新华文摘》2006 年第 20 期。

[美] 道格拉斯·C. 诺思:《制度,制度变迁与经济绩效》,上海三联书店 1994 年版。

丁平、李崇光、李瑾:《我国灌溉用水管理体制改革及发展前景》,《中国农村水利水电》2006 年第 4 期。
丁平：《我国农业灌溉用水管理体制研究》，博士学位论文，华中农业大学，2006 年。
董磊明：《农民为什么难以合作》，《华中师范大学学报》（人文社会科学版）2004 年第 1 期。
董晓萍、［法］蓝克利：《不灌而治——山西四社五村水利文献与民俗》，中华书局 2003 年版，第 19 页。
杜海峰：《公共管理与复杂性科学》，《浙江社会科学》2009 年第 3 期。
樊慧玲、李军超：《嵌套性规则体系下的合作治理——政府社会性规制与企业社会责任契合的新视角》，《天津社会科学》2010 年第 6 期。
范如国 ：《制度演化及其复杂性》，科学出版社 2011 年版。
范如国：《复杂性治理：工程学范型与多元化实现机制》，《中国社会科学》2015 年第 10 期。
方福康：《21 世纪 100 个科学难题》，吉林出版社 1998 年版，第 881—883 页。
方美琪、张树人：《复杂系统建模与仿真》（第二版），中国人民大学出版社 2011 年版。
方群：《中国水资源安全研究》，《经济研究参考》2004 年第 59 期。
冯广志、陈菁：《参与式灌溉管理的案例调查——安徽省淠源渠灌区参与式灌溉管理调查之一》，《中国农村水利水电》2004 年第 7 期。
冯广志：《用水户参与灌溉管理与灌区改革》，《中国农村水利水电》2002 年第 12 期。
冯广志：张汉松：《国外“用水户参与灌溉管理”及我国开展该项工作的建议》，《中国农村水利水电》1997 年第 2 期。
［美］盖瑞·米勒：《管理困境：科层的政治经济学》，上海人民出版社 2006 年版。
郭丹：《基于主体建模方法的多分辨率城市人口紧急疏散仿真研究》，博士学位论文，华中科技大学，2010 年。
郭进利、周涛、张宁、李季明：《人类行为动力学模型》，上海系统科学出版社 2008 年版。

韩洪云、赵连阁：《灌区农户合作行为的博弈分析》，《中国农村观察》2002 年第 4 期。
韩洪云、赵连阁：《节水农业经济分析》，中国农业出版社 2001 年版。
韩洪云：《灌区农户“水改旱”行为的实证分析》，《中国农村经济》2004 年第 9 期。
韩俊魁：《境外在华对草根组织的培育：基于个案的资源依赖理论解释》，清华大学研究所工作论文，2007 年。
何大韧、刘宗华、汪秉宏：《复杂系统与复杂网络》，高等教育出版社 2010 年版，第 147—158 页。
贺雪峰、郭亮：《农田水利的利益主体及其成本收益分析——以湖北省沙洋县农田水利调查为基础》，《管理世界》2010 年第 7 期。
贺雪峰、罗兴佐等：《乡村水利与农地制度创新：以荆门市划片承包调查为例》，《管理世界》2003 年第 9 期。
贺雪峰：《村庄精英与社区记忆：理解村庄性质的二维框架》，《社会科学辑刊》2000 年第 4 期，第 37—38 页。
贺雪峰：《地权的逻辑：中国农村土地制度向何处去》，中国政法大学出版社 2010 年版。
贺雪峰：《农民用水户协会为何水土不服》，《中国乡村发现》2010 年第 1 期。
胡继连、葛颜祥、周玉玺：《水权市场与农用水资源配置研究：兼论水利设施产权及农田灌溉的组织制度》，中国农业出版社 2005 年版。
胡学家：《发展农民用水户协会的思考》，《中国农村水利水电》2006 年第 5 期。
黄按：《广西农村小型水利体制改革初探》，《广西水利水电》2001 年第 3 期。
黄彬彬：《农民参加用水者协会意愿的影响因素实证分析》，《南昌工程学院学报》2014 年第 3 期。
黄璜：《基于“信任”与“网络”的合作演化》，《软科学》2010 年第 2 期。
黄璜：《基于社会资本的合作演化研究——“基于主体建模”方法的博

弈推演》,《中国软科学》2010 年第 9 期。

黄璜:《社会科学研究中“基于主体建模”方法评述》,《国外社会科学》2010 年第 5 期。

黄珺、顾海英、朱国玮:《中国农户合作行为的博弈分析和现实阐释》,《中国软科学》2005 年第 12 期。

黄少安、宫明波:《委托—代理与农村供水系统制度创新——以山东省临朐县农村供水协会为例》,《理论学刊》2009 年第 4 期。

黄玮强、庄新田:《复杂社会网络视角下的创新合作与创新扩散》,中国经济出版社 2012 年版。

黄宗智:《长江三角洲小农家庭与乡村发展》,中华书局 2000 年版。

黄祖、徐旭初:《基于能力和关系的合作治理——对浙江省农民专业合作社治理结构的解释》,《浙江社会科学》2006 年第 1 期。

黄祖辉、徐旭初、冯冠胜:《农民专业合作组织发展的影响因素分析:对浙江省农民专业合作组织发展现状的探讨》,《中国农村经济》2002 年第 3 期。

黄祖辉:《中国农民合作组织发展的若干理论与实践问题》,《中国农村经济》2008 年第 11 期。

焦长权:《政权“悬浮”与市场“困局”:一种农民上访行为的解释框架——基于鄂中 G 镇农民农田水利上访行为的分析》,《开放时代》2010 年第 6 期。

[英] 杰瑞·斯托克:《地方治理研究:范式、理论与启示》,载《浙江大学学报》(人文社会科学版)2007 年第 2 期。

金恒镳:《台湾人工林的适应性管理》,《生态系统研究与管理简报》2008 年第 5 期。

孔祥智、李保江:《城镇化影响农业可持续发展的机理分析》,《人文杂志》1999 年第 5 期。

孔祥智、史冰清:《农户参加用水者协会意愿的影响因素分析》,《中国农村经济》2008 年第 10 期。

孔祥智、涂圣伟:《新农村建设中农户对公共物品的需求偏好及影响因素研究——以农田水利设施为例》,《农业经济问题》2006 年第

10 期。
李德丽：《用水户加入农民用水合作组织的意愿及影响因素分析》，《中国农学通报》2014 年第 14 期。
李瑞昌：《政策网络：经验事实还是理论创新》，《中共浙江省委党校学报》2004 年第 1 期。
李友生、高虹、任庆恩：《参与式灌溉管理与我国灌溉管理体制改革》，《南京农业大学学报》（社会科学版）2004 年第 4 期。
连洪泉、周业安：《异质性和公共合作：调查和实验证据》，《经济学动态》2015 年第 9 期。
联合国千年生态系统评估理事会：《入不敷出——自然资产与人类福祉》，赵士洞等译，中国环境科学出版社 2007 年版。
刘芳、史晋川：《组织关系视角下的农民合作组织行政科层化问题研究：以用水协会（WUA）的构建和发展为例》，《农业经济问题》2009 年第 9 期。
刘凤丽、彭世彰：《灌区参与式管理模式探讨》，《水利水电科技进展》2004 年第 2 期。
刘静等：《中国中部用水者协会对农户生产的影响》，《经济学（季刊）》2008 年第 2 期。
刘军：《社会网络分析导论》，中国社会科学出版社 2004 年版。
刘欣：《农村水利公共设施的供给与需求分析》，《中国农村水利水电》2007 年第 7 期。
陆文聪、叶建：《粮食政策市场化改革与浙江农作物生产反应：价格、风险和订购》，《浙江大学学报》2004 年第 3 期。
［美］罗伯特 · D. 帕特南：《使民主运转起来》，王列、赖海榕译，转引自郭正林《如何评估农村治理的制度绩效》，《中国行政管理》2005 年第 4 期。
［美］罗伯特 · 阿格拉诺夫、［美］迈克尔 · 麦圭尔：《协作性公共管理：地方政府新战略》，李玲玲等译，北京大学出版社 2007 年版。
［美］罗伯特 · 阿克塞尔罗德：《合作的复杂性：基于参与者竞争与合作的模型》，上海人民出版社 2008 年版。

[美] 罗伯特·阿克塞尔罗德：《合作的进化》，上海世纪出版集团2007年版，第3页。
罗家德：《社会网络分析讲义》，社会科学文献出版社2005年版。
罗兴佐、贺雪峰：《乡村水利的社会基础》，《开放时代》2004年第2期。
罗兴佐：《农民合作灌溉的瓦解与近年我国的农业旱灾》，《水利发展研究》2008年第5期。
罗兴佐：《税费改革后的农田水利：困境与对策》，《调研世界》2005年第11期。
罗兴佐：《治水：国家介入与农民合作——荆门五村农田水利研究》，湖北人民出版社2006年版。
马培衢、刘伟章：《集体行动逻辑与灌区农户灌溉行为分析——基于中国漳河灌区微观数据的研究》，《财经研究》2006年第12期。
[美] 曼瑟尔·奥尔森：《集体行动的逻辑》，上海三联书店2011年版。
孟戈、邱元锋：《福建省大中型灌区水权界定及交易研究》，《水利经济》2009年第5期。
苗珊珊：《社会资本多维异质性视角下农户小型水利设施合作参与行为研究》，《中国人口·资源与环境》2014年第12期。
穆瑞杰、朱春奎：《复杂性网络治理研究》，《河南社会科学》2005年第3期。
穆贤清、黄祖辉、陈崇德、张小蒂：《我国农户参与灌溉管理的产权制度保障》，《经济理论与经济管理》2004年第12期。
[法] 皮埃尔·卡蓝默：《破碎的民主——试论治理的革命》，高凌瀚译，生活·读书·新知三联书店2005年版，第101—102页。
钱杭：《共同体理论视野下的湘湖水利集团：兼论“库域型”水利社会》，《中国社会科学》2008年第2期。
[日] 青木昌彦：《沿着均衡点演进的制度变迁》，载于科斯、诺思、威廉姆森等《制度、契约与组织——从新制度经济学角度的透视》，经济科学出版社2003年版。
邱枫、米加宁、梁恒：《基于主体建模仿真的公共政策分析框架》，《东

北农业大学学报》（社会科学版）2013 年第 4 期。

时和兴：《复杂性时代的多元公共治理》，《人民论坛》2012 年第 6 期。

史定华：《网络度分布理论》，高等教育出版社 2011 年版。

水利部：《关于加强基层水利服务机构能力建设的指导意见（水农〔2014〕189 号）》（http：//zwgk. mwr. gov. cn/zfxxgkml/201408/P020140811490060830175. pdf）。

水利部、中央编办、财政部：《关于进一步健全完善基层水利服务体系的指导意见（水农〔2012〕254 号）》（http：//219. 142. 62. 192/infomationlist. do? method = showDetailInfoList&catalogid = 7&formId = 14901）。

水利部农水司：《全国农民用水户协会发展迅速》，《中国水利》2006 年第 24 期。

孙亚范：《农民专业合作经济组织利益机制及影响因素分析：基于江苏省的实证研究》，《农业经济问题》2008 年第 9 期，第 48—56 页。

［美］特里·L. 库珀：《行政伦理学》，张秀琴译，中国人民大学出版社 2001 年版。

田炜、邓贵仕、武佩剑：《基于复杂网络与演化博弈的群体行为策略分析》，《计算机应用研究》2008 年第 8 期。

仝志辉：《农民用水户协会与农村发展》，《经济社会体制比较》2005 年第 4 期。

［法］托克维尔：《论美国的民主》，董果良译，商务印书馆 1988 年版。

［英］托尼·麦克格鲁：《走向真正的全球治理》，载李惠斌《全球化与公民社会》，广西师范大学出版社 2003 年版，第 94 页。

万里：《水利产权制度改革理论与实务》，中国水利水电出版社 1998 年版。

汪普庆：《我国蔬菜质量安全治理机制及其仿真研究》，博士学位论文，华中农业大学，2009 年。

汪小帆、李翔、陈关荣：《网络科学导论》，高等教育出版社 2012 年版。

王爱国：《关于发展节水灌溉的方向与对策思考》，《中国水利》2011

年第6期。

王会：《农民的小机井还能打多深?》，《老区建设》2010年第5期，第25—26页。

王金霞、黄季焜、[美] Scott Rozelie：《激励机制、农民参与和节水效应：黄河流域灌区水管理制度改革的实证研究》，《中国软科学》2004年第11期。

王金霞、黄季焜、[美] Scott Rozelle：《地下水灌溉系统产权制度的创新与理论解释——小型水利工程的实证研究》，《经济研究》2000年第4期。

王金霞、徐志刚、黄季、[美] Scott Rozelle：《水资源管理制度改革、农业生产与反贫困》，《经济学（季刊）》2005年第1期。

王晓娟、李周：《灌溉用水效率及影响因素分析》，《中国农村经济》2005年第7期。

王亚华：《中国用水户协会改革：政策执行视角的审视》，《管理世界》2013年第6期。

温铁军：《别让农民合作社成为新的形象工程》（http：//www. southcn. com/opinion/commentator/jizhe/200610090730. htm）。

向青、黄季焜：《地下水灌溉系统产权演变和种植业结构调整研究》，《管理世界》2000年第5期。

项继权：《集体经济背景下的乡村治理》，华中师范大学出版社2002年版，第164页。

行龙：《“水利社会史”探源：兼论以水为中心的山西社会》，《山西大学学报》（哲学社会科学版）2008年第1期。

徐绪松：《复杂科学管理》，北京科学出版社2010年版。

许学英：《建立科学水价管理体系促进水资源可持续利用》，《中国水利报》2002年6月1日。

许志方、张泽良：《各国用水户参与灌溉管理经验述评》，《中国农村水利水电》2002年第6期。

薛莉、武华光、胡继连：《农用水集体供应机制中“公地悲剧”问题分析》，《山东社会科学》2004年第9期。

［希腊］亚里士多德：《政治学》，吴寿彭译，商务印书馆 1965 年版。
姚洋：《以市场替代农民的公共合作》，《华中师范大学学报》（人文社会科学版）2004 年第 5 期。
叶航：《公共合作中的社会困境与社会正义——基于计算机仿真的经济学跨学科研究》，《经济研究》2012 年第 8 期。
应星：《草根动员与农民群体利益的表达机制——四个个案的比较研究》，《社会学研究》2007 年第 2 期，第 13 页。
郁建兴：《当代中国社会建设中的协同治理——一个分析框架》，《学术月刊》2012 年第 8 期。
［美］约翰·H. 米勒、［美］斯科特·E. 佩奇：《复杂适应系统：社会生活计算模型导论》，隆云滔译，上海人民出版社 2012 年版。
张兵、王翌秋：《农民用水者参与灌区用水管理与节水灌溉研究——对江苏省皂河灌区自主管理排灌区模式运行的实证分析》，《农业经济问题》2004 年第 3 期。
张发、宣慧玉：《重复囚徒困境博弈中社会合作的仿真》，《系统工程理论方法应用》2004 年第 2 期。
张骞文：《基于多主体的网络消费者购买决策模拟研究》，硕士学位论文，山东大学，2011 年。
张军：《合作团队的经济学：一个文献综述》，上海财经大学出版社 1999 年版。
张康之：《论参与治理、社会自治与合作治理》，《行政论坛》2008 年第 6 期。
张康之：《论高度复杂性条件下的社会治理变革》，《国家行政学院学报》2014 年第 4 期。
张陆彪、刘静、胡定寰：《农民用水户协会的绩效与问题分析》，《农业经济问题》2003 年第 2 期。
赵立娟：《农民用水者协会形成及有效运行的经济分析——基于内蒙古世行三期灌溉项目区的案例分析》，博士学位论文，内蒙古农业大学，2009 年。
赵世瑜：《分水之争：公共资源与乡土社会的权力和象征》，《中国社会科学》2005 年第 2 期。
折晓叶、陈婴婴：《项目制的分级运作机制和治理逻辑：对“项目进村”案例的社会学分析》，《中国社会科学》2011 年第 4 期。
郑春美、唐建新、汪兴元：《PPP 模式在我国农村基础设施建设中的应用研究——基于湖北宜都农村水利设施建设的案例研究》，《福建论坛·人文社会科学版》2009 年第 12 期。
郑通汉：《制度激励与灌区的可持续运行——从河套灌区水价制度和供水管理体制改革的调查引起的思考》，《中国水利》2002 年第 1 期。
郑通汉：《制度激励与灌区可持续运行》，《中国水利》2002 年第 1 期。
钟玉秀：《国外用水户参与灌溉管理的经验和启示》，《水利发展研究》2002 年第 5 期。
周雪光：《权威体制与有效治理：当代中国国家治理的制度逻辑》，《开放时代》2011 年第 10 期。
周玉玺、胡继连、周霞：《基于长期合作博弈的农村小流域灌溉组织制度研究》，《水利发展研究》2002 年第 5 期。
周业安、连洪泉、陈叶烽、左聪颖、叶航：《社会角色、个体异质性和公共品自愿供给》，《经济研究》2013 年第 1 期。
李垚、曹文文、段清伟：《农业节水灌溉制度的经济学分析——对衡水市桃城区水价改革实践的思考》，《价格理论与实践》2012 年第 9 期。
刘红梅、王克强、黄智俊：《农户采用节水灌溉技术激励机制的研究》，《中国水利》2006 年第 19 期。
牛坤玉、吴健：《农业灌溉水价对农户用水量影响的经济学分析》，《中国人口·资源与环境》2010 年第 9 期。
马晓河、崔红志：《建立土地流转制度，促进区域农业生产规模化经营》，《管理世界》2002 年第 11 期。
王克强：《我国灌溉水价格形成机制的问题及对策》，《经济问题》2007 年第 1 期。
许朗、黄莺：《农业灌溉用水效率及其影响因素分析——基于安徽省蒙城县的实地调查》，《资源科学》2012 年第 34 期。
于法稳、屈忠义、冯兆忠：《灌溉水价对农户行为的影响分析——以内蒙古河套灌区为例》，《中国农村观察》2005 年第 4 期。
刘红梅、王克强、黄智俊：《我国农户学习节水灌溉技术的实证研究——基于农户节水灌溉技术行为的实证分析》，《农业经济问题》2008 年第 4 期。

后　记

农田灌溉基础设施是典型的农村公共物品，灌溉系统集合了物理基础设施（泵站、渠道和堰塘）、社会基础设施（如信任、互惠、社会关系网络），制度规则设施（如激励、合作、监督与惩罚）等人与自然耦合系统的关键要素，涉及不同的治理机制和集体行动难题，是一个难以从单一学科视角来研究的复杂性问题。理解这种复杂自适应系统的演化过程需要多学科知识的交叉与融合，综合应用自然科学与社会科学的多种分析工具和方法，才能更好地揭示灌溉治理中主体合作行为的本质规律、形成机制和演化路径。

本书即是在复杂系统理论视角下对农田灌溉合作行为演进与促发机制研究的一次尝试，书中结合了实地社会调查、案例分析与制度比较，以及计算机仿真和社会网络分析等交叉学科方法，从公共资源治理的制度理论、政策网络理论、适应性治理及复杂性科学的理论维度对我国农田水利“最后一公里”问题的成因、影响因素和可行的解决路径进行探讨；创造性地提出了我国农田水利内生型合作治理框架，指出从外源型合作向内生型合作转变是农村基层治水组织的制度选择。

从 2011 年 4 月开始，书稿写作从最初的选题设计、收集资料、实地调研、数据分析与写作，前后历经五年时间，尽管期间也将研究触角延伸至不同地区农田水利合作组织的制度比较（如台湾农田水利会）、人—自然耦合系统的案例研究、生态系统服务价值的实现机制与方式、田野实验方法在利益主体经济行为中的应用，以及基于主体建模在资源环境经济学中的应用等方面，但研究旨趣始终围绕如何推动公共资源利用过程中的有效合作，促进适应性治理和实现自然资源的“恢复力”与可持续发展。

在这个过程中，笔者指导厦门大学经济学院学生利用寒暑假到农村基层开展社会调研，收集全国各个灌区灌溉自组织治理成功与失败的典型村庄数据，并利用这些数据进行多元统计分析，完成课程论文与实习报告；指导学生利用经济学院虚拟仿真教学实验室开展灌溉水资源治理相关的公共物品实验，探究在不同的假设条件下，资源占用者之间的社会关系网络结构的变化情况，社会资本在集体行动有效达成过程中的作用以及灌溉合作行为扩散的影响因素与过程等。书稿体现了笔者长期的教学思考与投入，也培养了一批对该领域感兴趣、学有心得的研究生，他们的毕业论文写作以及发表文章都围绕本书主题进行，形成了上下级不断延续的研究队伍，有利于该研究主题的人才储备和知识积累。具体而言，中国人民大学社会学系研究生刘齐参与了对山东省农田水利合作组织发展现状的实地调查，并为本书第六章、第八章的实地调查数据做了系统的统计和分析工作。厦门大学经济系研究生郑宏元参与厦门翔安区灌溉用水收费问题的写作；刘志成、兰巧珍参与江西鲤波农民用水协会的定性调查；柯毅、黄铭、邱韦玮及公共事务学院研究生林誉对第八章湖北省农民用水协会实地调研的数据收集、统计与整理做出了贡献，其中柯毅承担了农户灌溉合作意愿影响因素的地区比较、调研报告初稿，黄铭承担农民用水合作组织绩效评估研究的初稿写作，并协助对计算机仿真数据进行定量分析，韦玮和吴希则协助对书稿体例、格式的校正和编辑。

同时，还要感谢为课题组实地调查提供各种便利的接待单位和个人，如湖北省宜昌市水利局、当阳市水利局、半月镇水利站、东风灌区管理站、东风三干渠农民用水协会、黄林支渠农民用水协会、江西省万载县鲤波农民用水协会等，特别是半月镇水利站站长杨波、东风三干渠农民协会会长黄立方、黄林支渠农民用水协会会长宋爱平、宜昌市水利局办公室主任刘院生；没有他们的协助与配合，书稿很难得以顺利完成。

中国社会科学出版社对本书的出版给予了大力支持，本书的责任编辑赵丽为此付出了辛勤的劳动，在此表示由衷的感谢。同时，感谢国家自然科学基金和厦门大学中央高校基本科研业务费项目资金的支持。

蔡晶晶

2016 年 11 月